建筑信息模型（BIM）技术应用系列新形态教材

Revit 建模与“1+X”（BIM）实战教程

祖庆芝 主编

清华大学出版社
北 京

内 容 简 介

本书以一个别墅项目建模为主线，完整讲解建模过程。在讲解别墅项目建模的过程中，本书穿插讲解图学会组织的全国 BIM 技能等级考试（一级）中的考点，读者不仅可以掌握别墅项目的建模方法和技巧，同时可以掌握图学会等级考试（一级）的考点；围绕教育部力推的“1+X”（BIM）职业技能等级考试，第 18 章提供“1+X”（BIM）初级和中级（结构工程方向）实操试题供读者进行实战来检验学习效果。同时，本书第 2 章和第 3 章精讲族和概念体量的创建，可以解决广大 Revit 2018 初学者不知如何下手建立族和概念体量的问题。

本书语言通俗易懂，通过讲述建模步骤并配合操作界面截图，使读者能事半功倍地掌握相关操作；在此基础上，配备同步教学操作视频，读者扫描书中二维码即可观看并跟随视频操作，能够直观、快速地掌握建模步骤和技巧。

本书可作为高等院校、高职高专土建类相关专业 BIM 课程的教材，也可作为全国 BIM 技能等级考试（一级）培训教程，同时可以作为“1+X”建筑信息模型（BIM）职业技能等级证书考试辅导教材。

图书在版编目（CIP）数据

Revit 建模与“1+X”（BIM）实战教程 / 祖庆芝主编 .—北京：清华大学出版社，2022.1（2025.1 重印）
建筑信息模型（BIM）技术应用系列新形态教材
ISBN 978-7-302-58491-9

Ⅰ. ① R…　Ⅱ. ①祖…　Ⅲ. ①建筑设计－计算机辅助设计－应用软件－高等学校－教材
Ⅳ. ① TU201.4

中国版本图书馆 CIP 数据核字（2021）第 123291 号

责任编辑：杜　晓
封面设计：曹　来
责任校对：赵琳爽
责任印制：宋　林

出版发行：清华大学出版社
网　　址：https://www.tup.com.cn, https://www.wqxuetang.com
地　　址：北京清华大学学研大厦A座　　**邮　　编：**100084
社 总 机：010-83470000　　**邮　　购：**010-62786544
投稿与读者服务：010-62776969，c-service@tup.tsinghua.edu.cn
质量反馈：010-62772015，zhiliang@tup.tsinghua.edu.cn
课件下载：https://www.tup.com.cn, 010-83470410
印 装 者：三河市龙大印装有限公司
经　　销：全国新华书店
开　　本：185mm×260mm　　**印　　张：**21　　**字　　数：**468千字
版　　次：2022年1月第1版　　**印　　次：**2025年1月第5次印刷
定　　价：59.90元

产品编号：092772-01

前　言

20 世纪 80 年代，CAD 的应用成为建筑行业从用手工画图到计算机绘图的一次技术革命；现在，BIM（Building Information Modeling）应用也将成为建筑行业从二维向三维和协同工作方式变革的又一次技术革命。在建筑工程领域，BIM 融合了三维建模、专业应用软件、可视化、仿真、数据共享、数据交换等技术，遵循相关标准和系统工作导则的 BIM 软件已经开始应用在一些大型复杂工程的设计和施工中。BIM 技术正在推动建筑工程设计、建造、运维、管理等多方面的变革，将在 CAD 技术的基础上迎来更广泛的应用。BIM 技术作为一种新的技能，有着越来越大的社会需求，正在成为我国相关人员就业的新亮点。国内高等学校、中高职院校建筑类各专业目前均开设了 BIM 建模相关课程，选择一本既适合 BIM 课程教学，又能满足备考全国 BIM 技能等级考试（一级）以及“1+X”（BIM）建筑信息模型职业技能等级考试的教材非常不容易，本书的编写和出版恰好满足了这些需求。

本书以一个经典别墅项目建模为主线，按照标高、轴网→墙体、门窗、幕墙→楼板→屋顶→楼梯和栏杆扶手（包含坡道、台阶、洞口等）→室内外构件→场地→二维图表处理→模型可视化表现的建模顺序来讲解；为配合图学会组织的全国BIM技能等级考试（一级），作者在讲解小别墅建模的过程中，根据图学会一级等级考试大纲的要求，穿插考点讲解，以二维码的方式呈现相应考点的真题建模视频，并且设计了真题实战演练环节，读者不仅可以掌握别墅项目的建模方法和技巧，同时可以掌握图学会一级等级考试的考点；围绕教育部力推的“1+X”（BIM）职业技能等级考试，第 18 章精讲“1+X”（BIM）建筑信息模型职业技能等级考试初级实操试题和中级（结构工程方向）实操试题。同时，本书第 2 章和第 3 章精讲族和概念体量的创建，可解决广大 Revit 2018 初学者不知如何下手建立族和概念体量的问题。

作为基于 Revit 2018 软件的教材，本书具有以下特点。

（1）录制了 100 个小时左右的高清同步配套教学视频，以提高读者的学习效率。为了便于读者高效率地掌握建模思路和步骤，作者为本书每个建模操作步骤录制了大量的高清同步教学视频，在视频中首先针对每个题目讲解题目识图，让读者看懂题目，接着讲解每一步的详细操作步骤。

（2）内容涵盖建筑专业、结构专业。本书主要围绕别墅项目的建模，讲述建筑专业如何来建立模型，具有很强的实用性，也有很高的实际应用价值和参考性。

（3）免费提供针对别墅项目建模步骤同步模型文件、所有真题以及真题的配套项目文件、族文件、样板文件、CAD 文件（若有）等。

（4）本书语言通俗易懂，以建模步骤文字讲解搭配操作界面截图。在建模步骤讲解过程中，把建模步骤进行了分解，通过在图片上注解的方式让读者尤其是 Revit 2018 初学者知道每一步应该单击哪一个按钮或者菜单，讲解更加简洁明了。

本书由漳州职业技术学院祖庆芝任主编。

本书在编写过程中得到漳州职业技术学院建筑工程学院叶腾教授、康玉文教授等人的大力支持和帮助，在此向他们表示深深的感谢！还要感谢清华大学出版社责任编辑杜晓女士在本书的策划、编写和统稿中所给予的大力帮助和支持！

在本书编写过程中，作者参考了大量文献，在此谨向这些文献的作者表示衷心的感谢。虽然编写过程中以科学、严谨的态度，力求叙述准确、完善和精益求精，但由于作者水平有限，书中难免有疏漏和不足之处，恳请读者批评、指正。感谢您选择本书，希望您能够把对本书的意见和建议告诉我们。

祖庆芝于福建漳州

2021 年 11 月

本书配套模型、素材下载

目　录

第 1 章　Revit 2018 基础知识

概　述

本章将从 Revit 2018 软件的工作界面、基本工具的应用等方面介绍使用该软件建模的基本知识，为读者深入学习后续章节奠定基础。

课程目标

- 熟悉 Revit 2018 软件的工作界面；
- 掌握 Revit 2018 基本工具的应用；
- 熟悉 Revit 2018 快捷键设置的基本方法以及图元选择的五种方法。

1.1　Revit 2018 的工作界面

1.1.1　Revit 2018 主程序的启动

Revit 2018 是标准的 Windows 应用程序。可以像 Windows 其他软件一样通过双击快捷方式启动 Revit 2018 主程序。

启动 Revit 2018 主程序后，其应用界面如图 1-1 所示。应用界面中主要包含项目和族两大区域，分别用于打开或创建项目以及打开或创建族。Revit 2018 中已整合了包括建筑、结构、机电各专业的功能，因此，项目区域中提供了建筑、结构、机械、构造等项目创建的快捷方式。单击不同类型的项目快捷方式，将采用各项目默认的项目样板进入新项目创建环境。

微课：Revit 2018 主程序的启动

小知识

项目区域中可以打开、新建各种类型的文件。第一次运行 Revit 2018 时，项目区域右侧将显示样例项目；如果已经使用 Revit 2018 进行过建模操作，那么右侧将会显示最近打开过的项目。

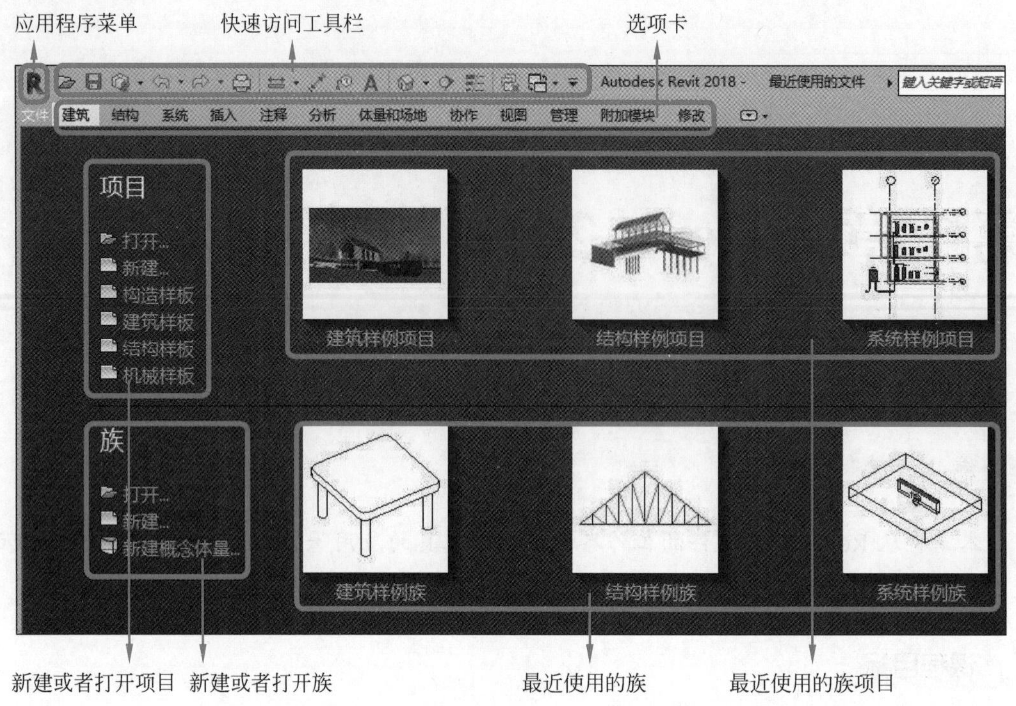

图 1-1 Revit 2018 的应用界面

1.1.2 Revit 2018 工作界面

微课：Revit 2018 工作界面

单击“应用界面→项目→建筑样板”按钮，可直接进入 Revit 2018 工作界面，如图 1-2 所示。

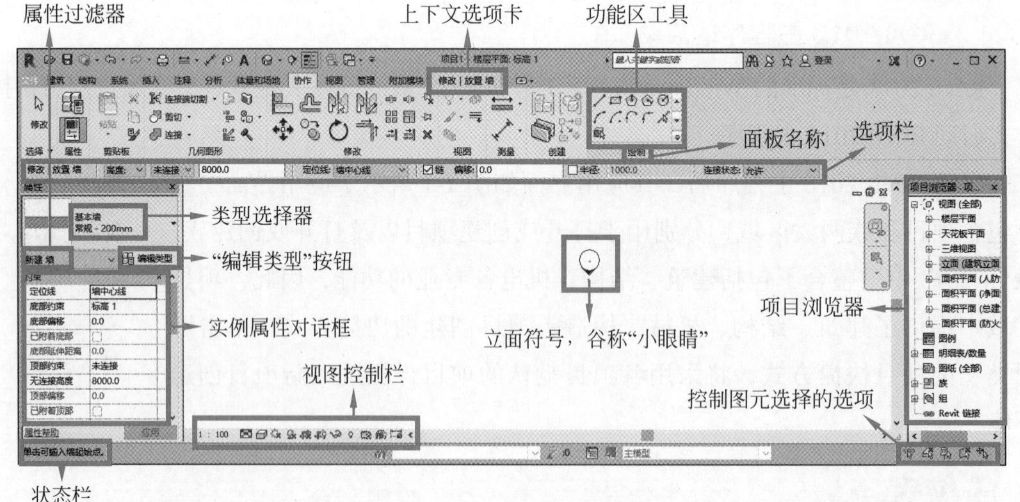

图 1-2 Revit 2018 工作界面

1. 应用程序菜单

单击界面左上角“文件”按钮可以打开应用程序菜单列表，如图 1-3 所示。

图 1-3　应用程序菜单列表

微课：应用程序菜单

小知识

新建、保存、打印、关闭 Revit 等操作均可以在“应用程序菜单”下执行。在“应用程序菜单”中，可以单击各菜单右侧的箭头查看每个菜单项的展开选择项，然后单击列表中各选项执行相应的操作。

2. 功能区

（1）功能区提供了在创建项目或族时所需要的全部工具。在创建项目文件时，功能区如图 1-4 所示。功能区主要由选项卡、面板和工具组成。

微课：功能区

“建筑”选项卡

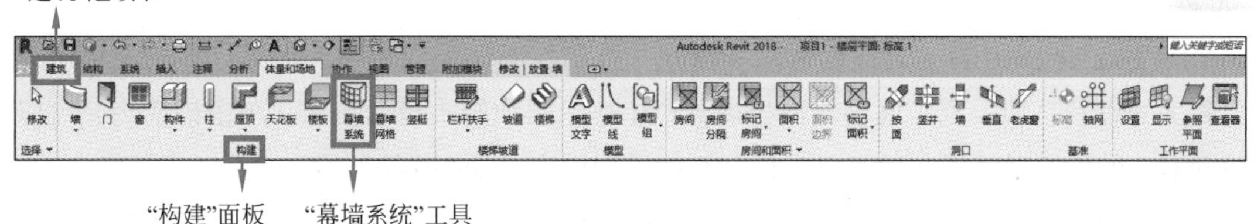

图 1-4　功能区

（2）功能区有三种类型的绘图模式：第一种是只需要单击就可调用工具，第二种是单击下拉箭头来显示附加的相关工具，第三种是分隔线，如果看到按钮上有一条线把按钮分隔为两个区域，那么分割线上部显示的是最常用的工具。

小知识

如果看到按钮上有一条线将按钮分割为两个区域，单击上部按钮可以访问最常用的工具，单击下部按钮可显示相关工具的列表，如图 1-5 所示。

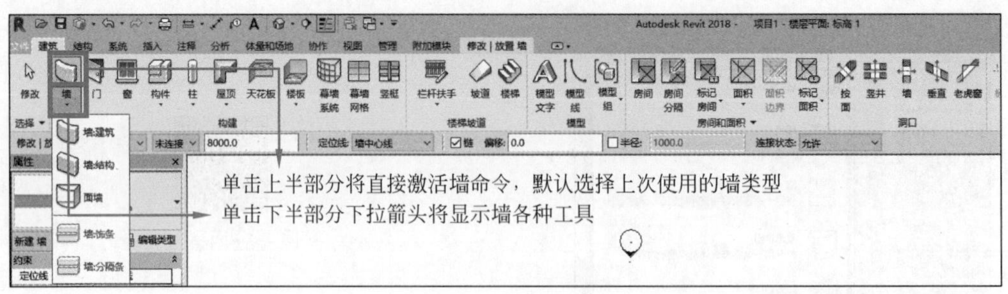

图 1-5　单击相应按钮显示相关工具

如果同一个工具按钮中存在其他工具或命令，则会在工具图标下方显示下拉箭头，单击该箭头，可以显示附加的相关工具；与此类似，如果在工具面板中存在未显示的工具，界面会在面板名称位置显示下拉箭头，如图 1-6 所示。

图 1-6　下拉列表中包含的附加工具

（3）Revit 2018 各工具根据性质和用途，分布在不同的面板中。如果存在与面板中工具相关的设置选项，则界面会在面板名称栏中显示斜向箭头设置按钮。单击该箭头，可以打开对应的设置对话框，对工具进行详细的通用设定，如图 1-7 所示。

（4）当鼠标光标停留在功能区的某个工具上时，在默认情况下，Revit 2018 会显示工具提示，对该工具进行简要说明，若光标在该功能区上停留的时间较长，会显示附加信息。

3. 快速访问工具栏

工具栏默认放置了一些常用的命令和按钮，可以根据需要自定义快速访问工具栏或重新排列顺序，通过勾选或取消勾选以显示命令或隐藏命令。例如，要在快速访问栏中创建墙工具，如图 1-8 中①所示，可右键单击功能区“墙”按钮，在弹出的快捷菜单中选择“添加到快速访问工具栏”，即可将墙及其附加工具同时添加至快速访问工具栏中。使用类似的方式，在快速访问工具栏中右击任意工具，选择“从快速访问工具栏中删除”，可以将该工具从快速访问工具栏中移除。

微课：快速访问工具栏

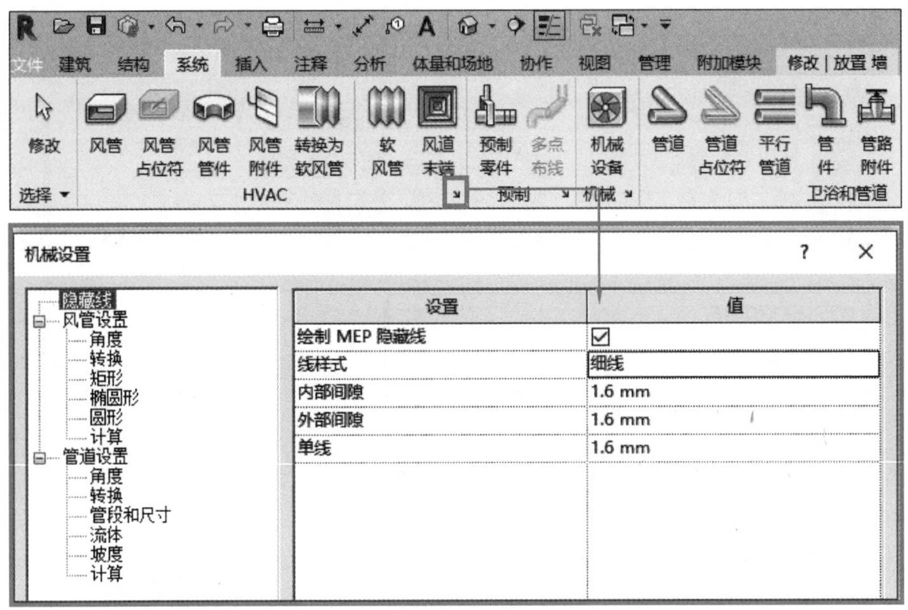

图 1-7　单击“斜向箭头”，打开“机械设置”对话框

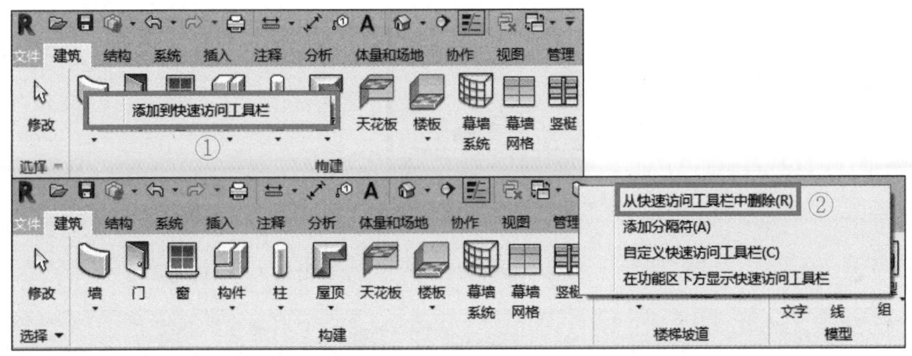

图 1-8　将墙工具添加到快速访问工具栏

快速访问工具栏可能会显示在功能区下方。可在快速访问工具栏上单击“自定义快速访问工具栏”下拉菜单，选择“在功能区下方显示”，如图 1-9 中①所示。单击“自定义快速访问工具栏”下拉菜单，在列表中选择“自定义快速访问工具栏”选项，界面将弹出如图 1-9 中②所示的“自定义快速访问工具栏”对话框。使用“自定义快速访问工具栏”对话框，可以重新排列快速访问工具栏中工具的显示顺序，并根据需要添加分隔线。勾选“自定义快速访问工具栏”对话框中的“在功能区下方显示”复选框，也可以修改快速访问工具栏的位置。

4. 上下文选项卡

激活某些工具或者选择图元时，软件会自动增加并切换到一个包含一组只与该工具或图元的上下文相关工具的“上下文选项卡”。

微课：上下文选项卡和选项栏

例如，单击“墙”工具时，界面将显示“修改 | 放置 墙”上下文选项卡，其中显示如图 1-10 所示的面板。退出该工具时，上下文选项卡即会关闭。

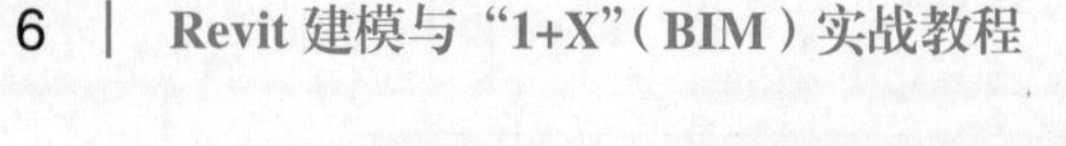

“自定义快速访问工具栏”下拉菜单

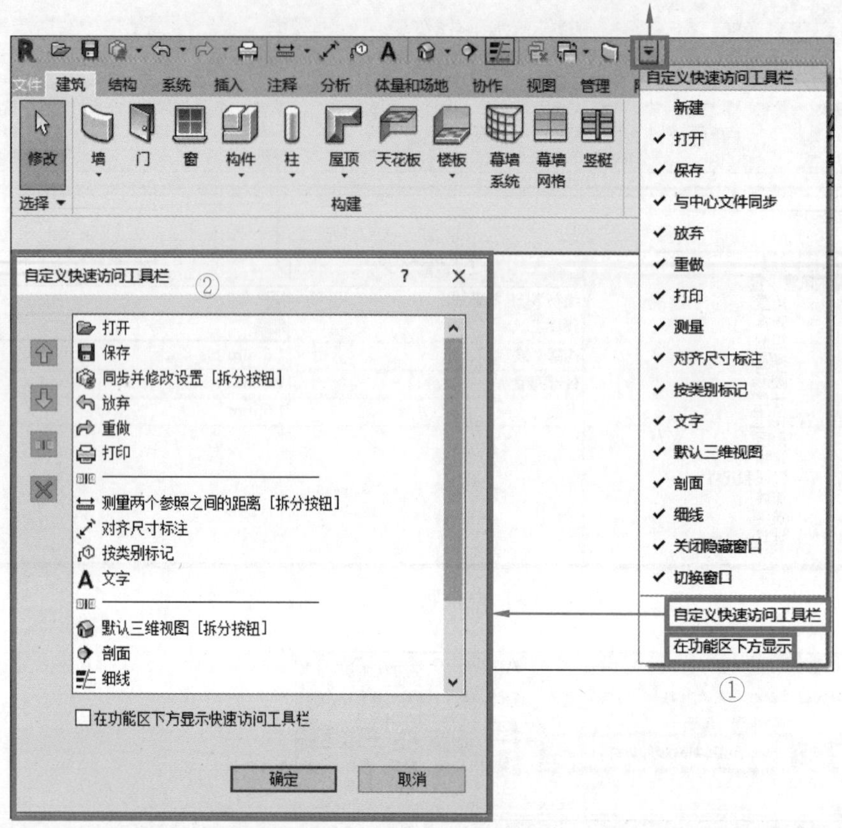

图 1-9　调整工具栏显示顺序及快速访问工具栏的位置

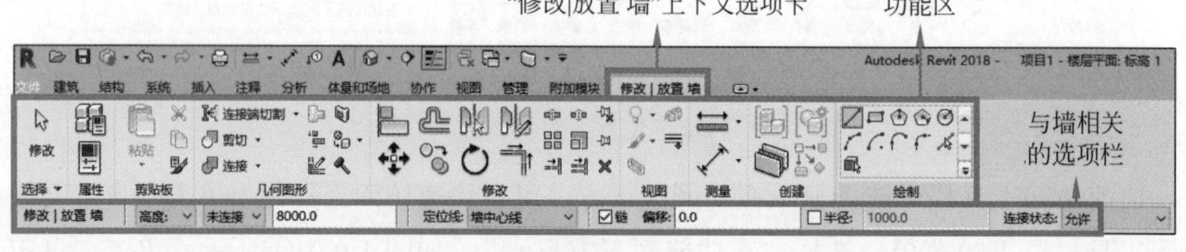

图 1-10　上下文选项卡

5. 选项栏

在大多数情况下，选项栏与上下文选项卡同时出现或退出，其内容根据当前命令或选择图元的变化而变化。

选项栏默认位于功能区下方，用于设置当前正在执行的操作的细节。选项栏的内容类似于 AutoCAD 的命令提示行，其内容因当前所执行的工具或所选图元的不同而不同。图 1-10 所示为使用墙工具时，选项栏的设置内容。

可以根据需要将选项栏移动到 Revit 窗口的底部，右击选项栏，选择“固定在底部”选项即可。

6. 项目浏览器

项目浏览器用于显示当前项目中所有视图、明细表、图纸、族、组、链接的 Revit

模型和其他部分的逻辑层次。展开或折叠各分支时，界面将显示下一层项目。选中某视图并右击，打开相关下拉菜单，可以对该视图进行“复制”“删除”“重命名”和“查找相关视图”等相关操作。图 1-11 所示为项目浏览器中包含的项目内容。项目浏览器中，项目类别前显示“+”，表示该类别中还包括其他子类别项目。在 Revit 中进行项目设计时，最常用的操作就是利用项目浏览器在各视图间切换。

微课：项目浏览器

如果不小心关闭了项目浏览器，单击“视图”选项卡→“窗口”面板→“用户界面”下拉列表→“项目浏览器”选项，即可重新打开项目浏览器。

右击项目浏览器对话框任意栏目名称，在弹出的快捷菜单中选择“搜索”选项，可以打开“在项目浏览器中搜索”对话框，如图 1-11 中②③所示。可以使用该对话框在项目浏览器中对视图、族及族类型等名称进行查找定位。

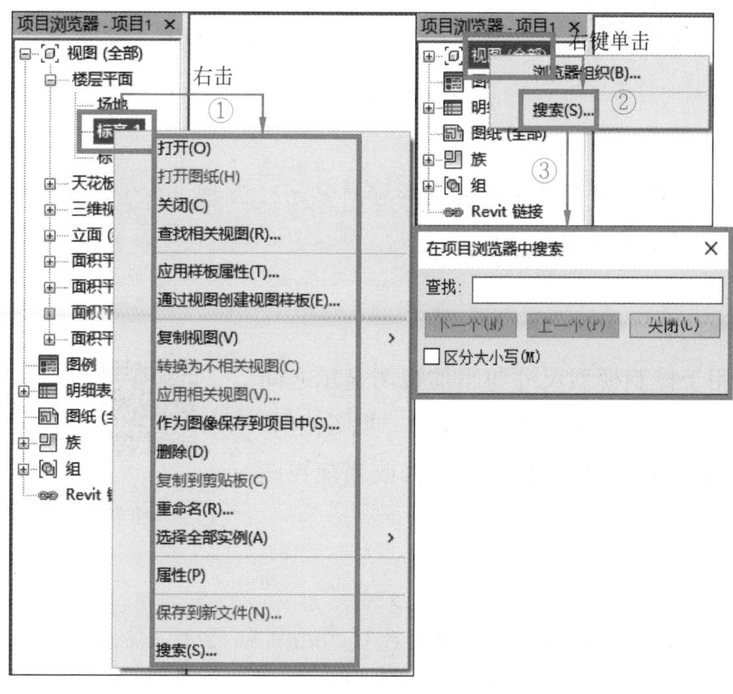

图 1-11 项目浏览器

7. 实例属性对话框

Revit 2018 默认将“实例属性”对话框显示在界面左侧。通过“实例属性”对话框，可以查看和修改用来定义图元属性的参数。在任何情况下，按键盘快捷键“Ctrl+1”，均可打开或关闭“实例属性”对话框。当选择图元对象时，“实例属性”对话框将显示当前所选择对象的实例属性；如果未选择任何图元，则“实例属性”对话框上将显示活动视图的属性。

微课：实例属性对话框

8. 绘图区域

微课：绘图区域

绘图区域显示当前项目的楼层平面视图以及图纸和明细表视图。在 Revit 中，每当切换至新视图时，都将在绘图区域创建新的视图窗口，且保留所有已打开的其他视图。

在默认情况下，绘图区域的背景颜色为白色。使用“视图”选项卡→“窗口”面板中的“平铺”或者“层叠”工具，可设置所有已打开视图排列方式为“平铺”或者“层叠”。

9. 视图控制栏

视图控制栏位于窗口底部，状态栏右上方，其命令从左至右分别是视图比例、详细程度、视觉样式、打开日光 / 关闭日光 / 日光设置、打开阴影 / 关闭阴影、显示渲染对话框（仅 3D 视图显示该按钮）、打开裁剪视图 / 关闭裁剪视图、显示裁剪区域 / 隐藏裁剪区域、保存方向并锁定视图 / 恢复方向并锁定视图 / 解锁视图（仅 3D 视图显示该按钮）、临时隐藏 / 隔离、显示隐藏的图元，如图 1-12 所示。通过视图控制栏，可以对视图中的图元进行显示控制。

微课：视图控制栏

1 : 100

图 1-12　视图控制栏

小知识

由于在 Revit 中各视图均采用独立的窗口显示，因此，在任何视图中进行视图控制栏的设置，均不会影响其他视图。

1）视图比例

视图比例用于控制模型尺寸与当前视图显示之间的关系。如图 1-13 所示，单击视图控制栏“视图比例”按钮，在比例列表中选择比例值，即可修改当前视图的比例。

微课：视图比例、详细程度

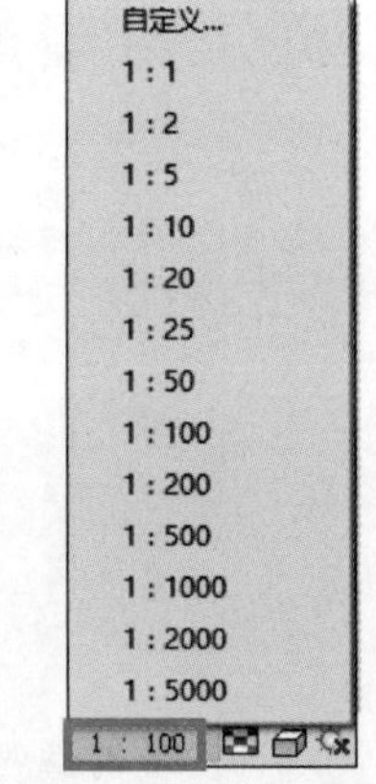

图 1-13　视图比例

小知识

无论视图比例如何调整，均不会修改模型的实际尺寸，仅会影响当前视图中添加的文字、尺寸标注等注释信息的相对大小。Revit 2018 允许为项目中的每个视图指定不同比例，也可以创建自定义视图比例。

2）视图详细程度

Revit 2018 提供了三种视图详细程度：粗略、中等、精细。软件中的图元可以在族中定义在不同视图详细程度模式下要显示的模型。软件通过视图详细程度控制同一图元在不同状态下的显示，以满足出图的要求。例如，在平面布置图中，平面视图中的窗可以显示为 4 条线；但在窗安装大样中，平面视图中的窗将显示为真实的窗截面。

3）视觉样式

视觉样式用于控制模型在视图中的显示方式。如图 1-14 所示，Revit 提供了 6 种显示视觉样式:“线框”“隐藏线”“着色”“一致的颜色”“真实”“光线追踪”。显示效果逐渐增强，但所需要的系统资源也越来越大。一般平面或剖面施工图可设置为线框或隐藏线模式，这样系统消耗资源较小，项目运行较快。

微课：视觉样式

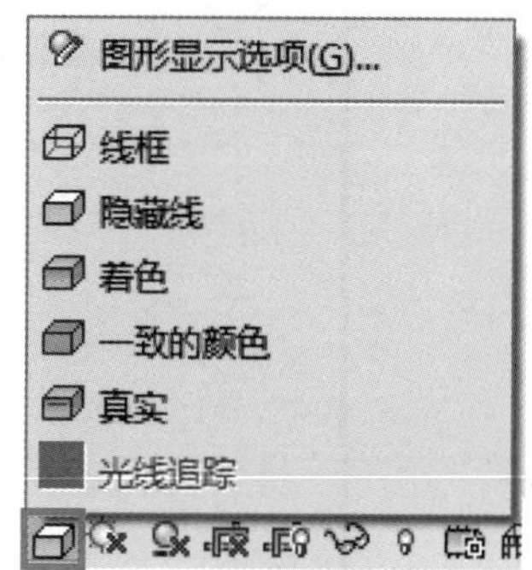

图 1-14 视觉样式

4）阴影控制

在视图中，可以通过打开 / 关闭阴影开关显示模型的光照阴影，增强模型的表现力。在日光路径按钮中，还可以对日光进行详细设置。

5）裁剪视图、显示 / 隐藏裁剪区域

视图裁剪区域定义了视图中用于显示项目的范围，由两个工具组成：是否启用裁剪及是否显示剪裁区域。可以单击“显示裁剪区域”按钮在视图中显示裁剪区域，再通过“启用裁剪”按钮将视图裁剪功能启用，通过拖曳裁剪边界，可对视图进行裁剪。裁剪后，界面将不显示裁剪框外的图元。

微课：裁剪视图、显示 / 隐藏裁剪区域

6）临时隐藏 / 隔离图元选项和显示隐藏图元选项

在视图中，可以根据需要临时隐藏任意图元。如图 1-15 所示，选择图元后，单击“临时隐藏 / 隔离图元”按钮，界面将弹出隐藏或隔离图元选项。可以分别对所选择图元进行隐藏和隔离。其中,“隐藏图元”选项将隐藏所选图元;“隔离图元”选项将在视图隐藏所有未被选定的图元。可以根据图元（所有选择的图元对象）或类别（所有与被选择的图元对象属于同一类别的图元）的方式对图元的隐藏或隔离进行控制。

微课：临时隐藏 / 隔离图元选项和显示隐藏图元选项

临时隐藏图元是指当关闭项目后，重新打开项目时被隐藏的图元将恢复显示。视图中临时隐藏或隔离图元后，视图周边将显示蓝色边框。此时，再次单击“隐藏或隔离图元”命令，可以选择“重设临时隐藏 / 隔离”选项恢复被隐藏的图元。选择“将隐藏 / 隔离应用到视图”选项，视图周边蓝色边框消失，将永久隐藏不可见图元，即无论任何时候，图元都将不再显示。

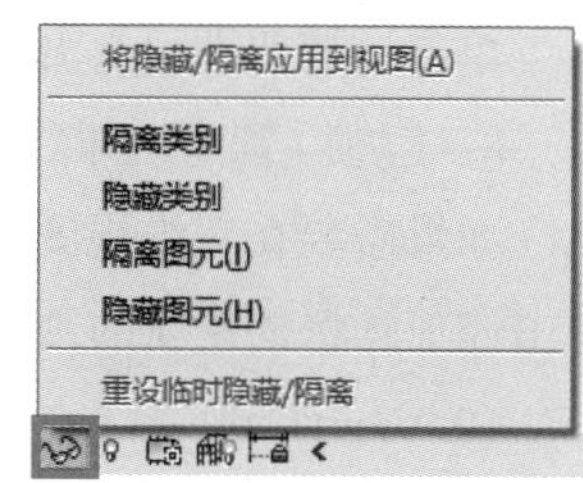

图 1-15 “临时隐藏 / 隔离图元（类别）”选项

要查看项目中隐藏的图元，可以单击视图控制栏中“显示隐藏的图元”按钮，如图 1-16 所示。Revit 会将显示彩色边框，所有被隐藏的图元均会显示为亮红色。

单击被隐藏的图元，然后单击“显示隐藏的图元”面板中的“取消隐藏图元”选项（图 1-17），可以恢复图元在视图中的显示。注意，恢复图元显示后，务必单击“切换显示隐藏图元模式”按钮，或再次单击视图控制栏中“显示隐藏的图元”按钮，返回正常显示模式。

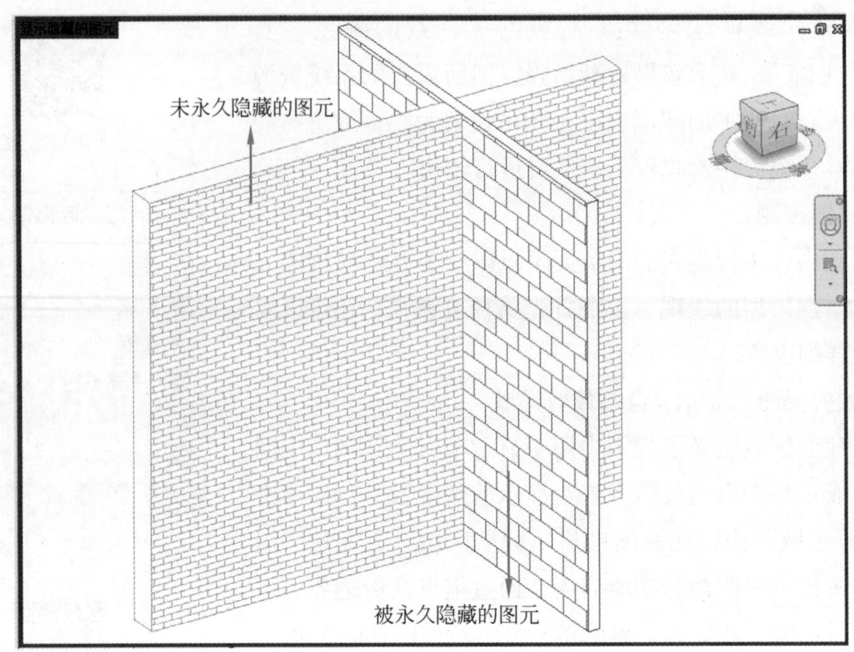

图 1-16　显示隐藏的图元

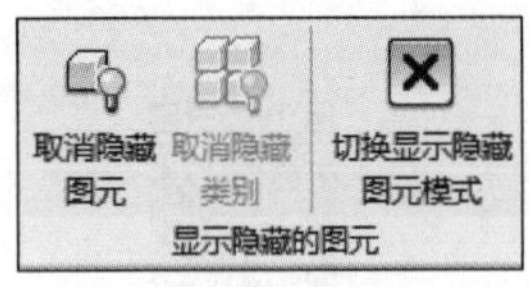

图 1-17　取消隐藏图元

小知识

也可以在选择隐藏的图元后右击，在弹出的快捷菜单中选择“取消在视图中隐藏”子菜单中的“按图元”选项，取消对图元的隐藏。

7）渲染（仅三维视图才可使用）

单击该按钮即可打开渲染对话框，以便对渲染质量、光照等进行详细的设置。

8）解锁 / 锁定三维视图（仅三维视图才可使用）

如果需要在三维视图中进行三维尺寸标注及添加文字注释信息，需要先锁定三维视图。单击该工具将创建新的锁定三维视图。锁定的三维视图不能旋转，但可以平移和缩放。

10. View Cube

View Cube 是一个三维导航工具，可指示模型的当前方向，并调整视点，如图 1-18 所示。

小知识

通过单击 View Cube 的面、顶点或边，可以在模型的各立面、等轴测视图间进行切换。按住鼠标左键并拖曳 View Cube 下方的圆环指南针，还可以将三维视图的方向修改为任意方向，其作用与按住键盘 Shift 键和鼠标中键并拖曳的效果类似。主视图是随模型一同存储的特殊视图，可以方便地返回已知视图或熟悉的视图，可以将模型的任何视图定义为主视图：在 View Cube 上右击，然后单击“将当前视图设定为主视图”即可，如图 1-18 中④所示。

微课：View Cube

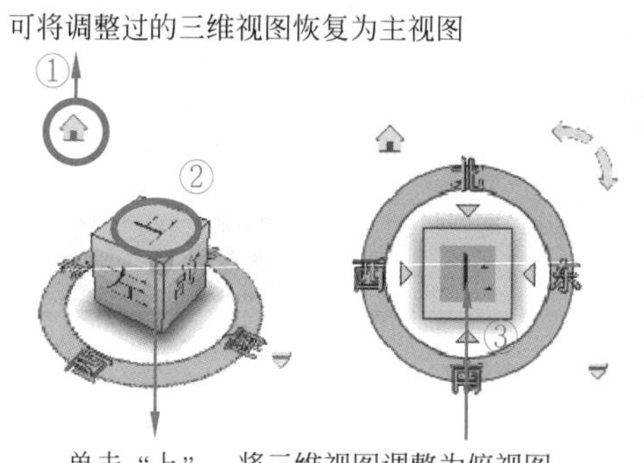

图 1-18　View Cube

11. 导航栏

Revit 2018 提供了“导航栏”工具条，激活（或关闭）导航栏的方式，如图 1-19 所示。

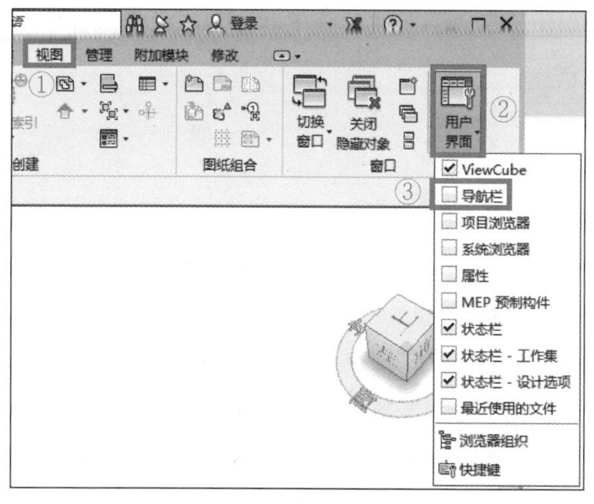

微课：导航栏

图 1-19　“导航栏”

在默认情况下，导航栏位于视图右侧 View Cube 下方，如图 1-20 中①所示。在任意视图中，都可通过导航栏对视图进行控制。导航栏主要提供两类工具：视图平移查看工具和视图缩放工具。单击导航栏中上方第一个圆盘图标，将进入全导航控制盘（导航盘）控制模式，如图 1-20 中②所示，全导航盘将跟随鼠标指针的移动而移动。导航盘中提供缩放、平移、动态观察（视图旋转）等命令，移动鼠标指针至导航盘中命令位置，按住左键不动即可执行相应的操作。

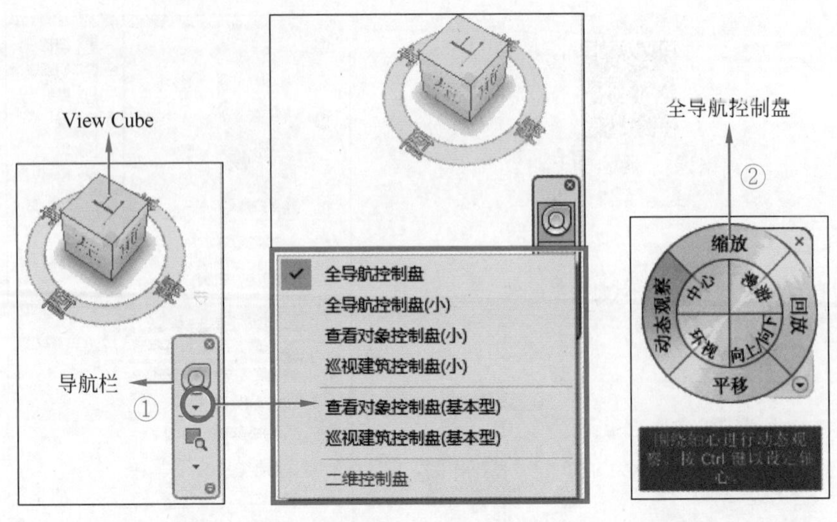

图 1-20 导航栏

导航栏中的“缩放”工具用于修改窗口中的可视区域。单击缩放工具下拉箭头，可以查看 Revit 提供的缩放选项，如图 1-21 中①所示。勾选下拉列表中的缩放模式，就能实现缩放。在实际操作中，最常使用的缩放工具为“区域放大”，如图 1-21 中②所示，使用该缩放命令时，Revit 允许用户绘制任意的范围窗口区域，将该区域范围内的图元放大至充满窗口显示。任何时候使用视图控制栏缩放列表中“缩放全部以匹配”选项，如图 1-21 中③所示，都可以缩放显示当前视图中的全部图元。在 Revit 中，双击鼠标中键，也会执行“缩放全部以匹配”操作。

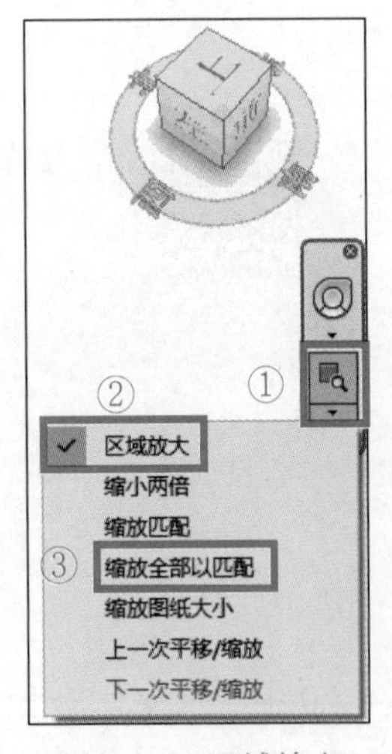

图 1-21 区域放大

小知识

可以通过鼠标、View Cube 和视图导航栏对 Revit 视图进行平移、缩放等。在平面、立面或三维视图中，可以通过滚动鼠标对视图进行缩放；按住鼠标中键并拖动，可以实现视图的平移。在默认三维视图中，按住 Shift 键并按住鼠标中键拖动鼠标，可以实现对三维视图的旋转。

1.2 基本工具的应用

常规的编辑工具适用于软件的整个建模过程中，如移动、复制、旋转、阵列、镜像、对齐、拆分、修剪、偏移等编辑工具（图 1-22），下面主要以墙体的编辑为例进行详细介绍。

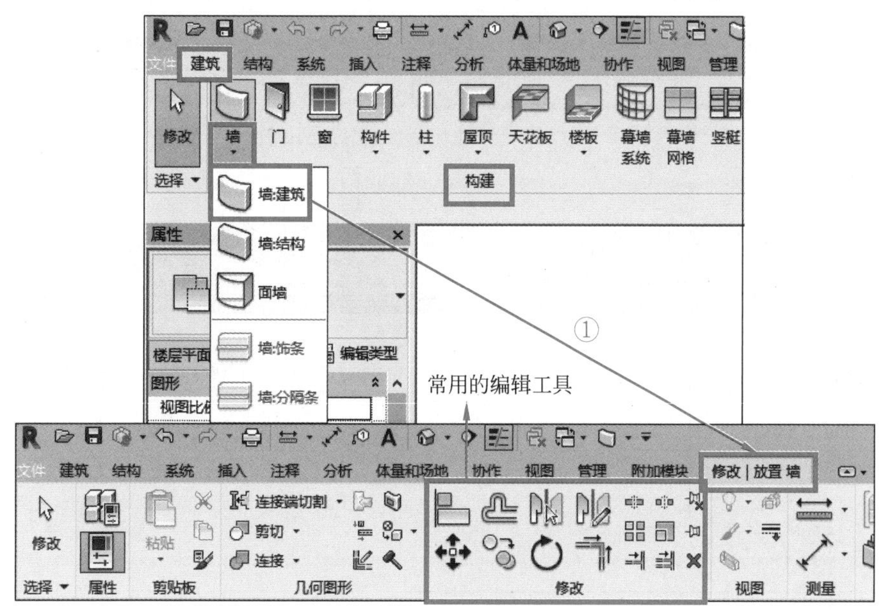

图 1-22　常规的编辑工具

单击“修改 | 放置 墙”上下文选项卡“修改”面板相应编辑工具，如图 1-22 所示。

（1）复制：可复制一个或多个选定图元，并生成副本。勾选选项栏选项，如图 1-23 中②所示，拾取复制的参考点和目标点可复制多个墙体到新的位置，复制的墙与相交的墙自动连接。

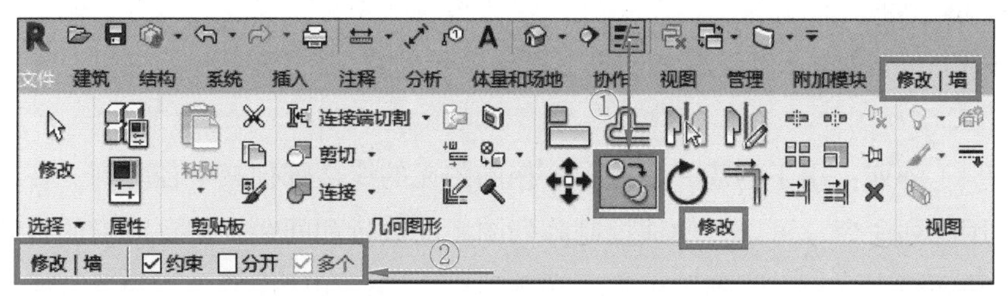

图 1-23　“复制”工具

微课：复制、移动和旋转

小知识

可以通过勾选选项栏中“多个”选项实现连续复制图元。“约束”的含义是只能正交复制。结束复制命令可以右击，在弹出的快捷菜单中单击“取消”按钮，或者连续按 Esc 键两次可以终止复制命令。

（2）移动：能将一个或多个图元从一个位置移动到另一个位置。

（3）旋转：拖曳“中心点”可改变旋转的中心位置（图 1-24）。鼠标拾取旋转参照位置和目标位置，旋转墙体。也可以在选项栏设置旋转角度值后回车旋转墙体。

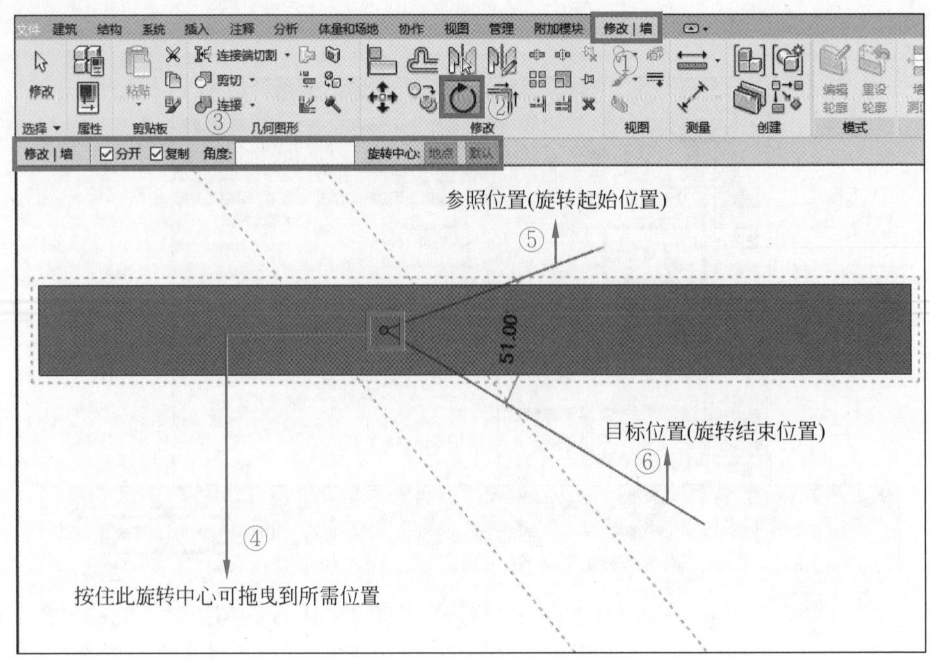

图 1-24 “旋转”工具

小知识

使用“旋转”工具可使图元绕指定轴旋转。系统默认旋转中心位于图元中心。移动光标至旋转中心标记位置，按住鼠标左键不放将其拖曳至新的位置，松开鼠标左键可设置旋转中心的位置。然后单击确定旋转起点位置，再确定旋转终点位置，就能确定图元旋转后的位置。在执行“旋转”命令时，勾选选项栏中的“复制”选项，可以在旋转时创建所选图元的副本，而在原来位置上保留原始对象。

微课：阵列、镜像、缩放、对齐

（4）阵列：用于创建一个或多个相同图元的线性阵列或半径阵列。在族中使用阵列命令，可以方便地控制阵列图元的数量和间距，如百叶窗的百叶数量和间距。选择“阵列”工具，在选项栏中进行相应设置：不勾选“成组并关联”复选框；输入阵列的数量（项目数）；选择“移动到”选项“第二个”或者“最后一个”；在视图中拾取参考点和目标点位置，二者间距将作为第一个墙体和第二个或最后一个墙体的间距值，自动阵列墙体，如图 1-25 所示。

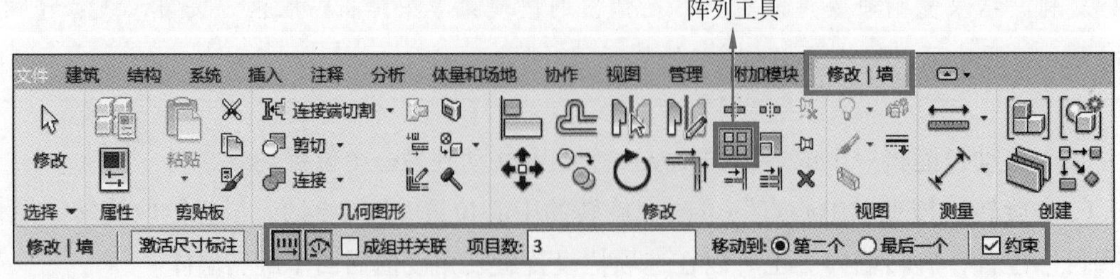

图 1-25 “阵列”工具

小知识

如勾选选项栏“成组并关联”选项，阵列后的墙将自动成组，需要编辑该组才能调整墙体的相应属性；“项目数”包含被阵列对象在内的墙体个数；勾选“约束”选项，可保证正交。

（5）镜像：单击“修改”面板→“镜像 - 拾取轴”或“镜像 - 绘制轴”按钮镜像墙体，如图 1-26 所示。

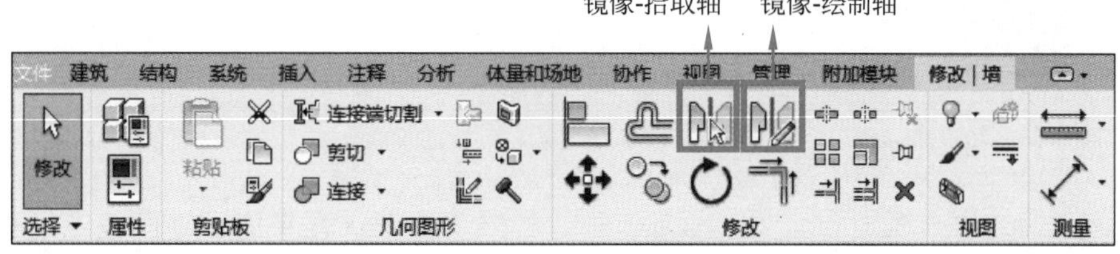

图 1-26 “镜像”工具

小知识

“镜像”工具使用一条线作为镜像轴，对所选模型图元执行镜像（反转其位置）。确定镜像轴时，既可以拾取已有图元作为镜像轴，也可以绘制临时轴。顾名思义，“镜像 - 拾取轴”在拾取已有对称轴线后，可以得到与“原像”轴对称的“镜像”；而“镜像 - 绘制轴”则需要自己绘制对称轴。通过选项栏，可以确定镜像操作时是否需要复制原对象。

（6）缩放：选择墙体，单击“缩放”工具，选择选项栏 ◉图形方式 ○数值方式 比例: 2 缩放方式“图形方式”，单击整道墙体的起点、终点，以此来作为缩放的参照距离，再单击墙体新的起点、终点，确认缩放后的大小距离。“数值方式”直接输入比例数值，按 Enter 键确认即可。

（7）对齐：将一个或多个图元与选定位置对齐，如图 1-27 所示。使用“对齐”工具时，要求先单击选择对齐的目标位置，再单击选择要移动的对象图元，选择的对象将自动对齐至目标位置。对齐工具可以以任意的图元或参照平面为目标，在选择墙对象图元时，还可以在选项栏中指定首选的参照墙的位置。

小知识

“对齐”工具通常用于对齐墙、梁和线，也可以用于对齐其他类型的图元。在平面视图、三维视图及立面图等视图中都能进行操作。选择对象时，可以使用 Tab 键精确定位。要将多个对象对齐至目标位置时，勾选选项栏中的“多重对齐”选项即可。

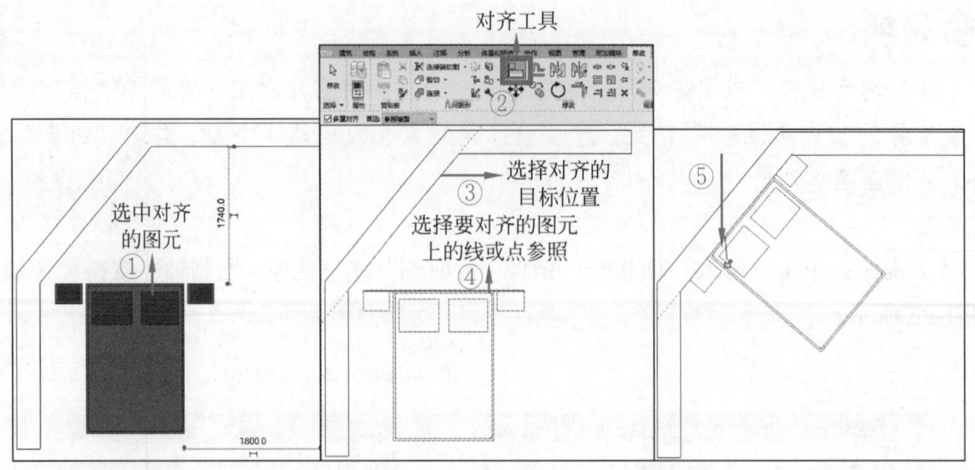

图 1-27 “对齐”工具

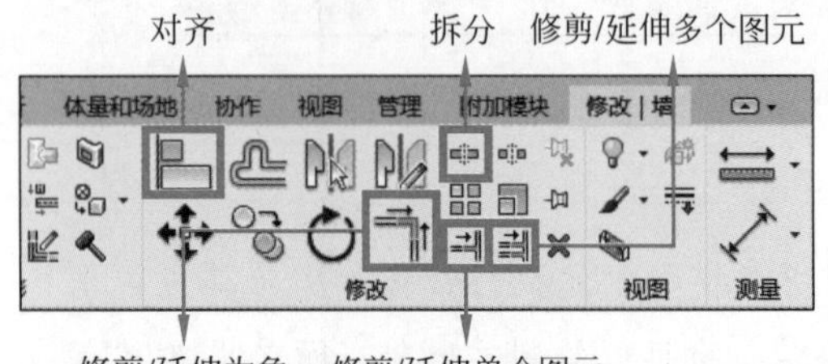

图 1-28 “修剪 / 延伸单个图元”或者“修剪 / 延伸多个图元”工具

(8)拆分：在平面、立面或三维视图中，鼠标单击墙体的拆分位置，即可将墙水平或垂直拆分成几段。

(9)修剪：单击“修剪”按钮即可以修剪墙体。

(10)延伸：单击“修剪 / 延伸单个图元”或者“修剪 / 延伸多个图元”，既可以修剪也可以延伸墙体，如图 1-28 所示。

微课：拆分、修剪、延伸、偏移

小知识

使用“修剪”和“延伸”工具时，必须先选择修剪或延伸的目标位置，再选择要修剪或延伸的对象。对于多个图元修剪工具，可以在选择目标后，多次选择要修改的图元，这些图元都将延伸至所选择的目标位置。可以将这些工具用于墙、线、梁或支撑等图元的编辑。在修剪或延伸编辑时，鼠标单击拾取的图元位置将被保留。

(11)偏移：在选项栏 ○图形方式 ◉数值方式 偏移: 1000.0 ☑复制 设置偏移，选择“图形方式”偏移或者“数值方式”偏移。

小知识

可以在选项栏中指定拖曳图形方式或输入距离数值方式来偏移图元。不勾选复制时，生成偏移后的图元时，将删除原图元（相当于移动图元）。如偏移时需生成新的构件，勾选“复制”选项；选择“数值方式”直接在“偏移”后输入数值，仍需注意“复制”选项的设置。

微课：解锁锁定和删除

（12）（解锁 / 锁定）：对于特定图元，如果为了防止因误操作而受到改动，可按“锁定”按钮进行锁定，执行这个操作后，即使在被选中的情况下使用“移动”等命令，对其也不会产生影响。同理，也可按“解锁”按钮将其解锁。

（13）删除：删除工具可将选定图元从绘图中删除，和按 Delete 键直接删除的效果一样。

1.3　快捷键

微课：快捷键

如图 1-3 中③所示，单击“文件”下拉列表右下角的“选项”按钮，可以打开“选项”对话框，单击“用户界面→快捷键”右侧的“自定义”按钮 自定义(C)... ，可以打开“快捷键”对话框，如图 1-29 所示。单击“视图”选项卡→“窗口”面板→“用户界面”下拉列表→“快捷键”按钮，也可以打开“快捷键”对话框。用户可根据自己的工作需要自定义快捷键。

图 1-29　“快捷键”对话框

小知识

在 Revit 中使用快捷键时，直接按键盘对应字母即可，输入完成后无须输入空格或回车。

1.4　图元选择

微课：图元选择

在 Revit 2018 中，要对图元进行修改和编辑，必须选择图元。在 Revit 2018 中可以使用五种方式进行图元的选择，即点选、框选、按过滤器选择、选择全部实例、Tab 键选图元。

1. 点选

移动光标至任意图元上，Revit 将高亮显示该图元并在状态栏中显示有关该图元的信息，单击选择被高亮显示的图元。

小知识

在选择时如果多个图元彼此重叠，可以移动光标至图元位置，按 Tab 键，Revit 将循环高亮显示各图元，当要选择的图元高亮显示后，单击鼠标左键将选择该图元。

选择多个图元时，按住 Ctrl 键，逐个单击要选择的图元。取消选择时，按住 Shift 键，单击已选择的图元，可以将该图元从选择集中删除。

2. 框选

按住鼠标左键，从右下角向左上角拖曳光标，则虚线矩形范围内的图元和被矩形边界碰及的图元被选中。或者按住鼠标左键，从左上角向右下角拖曳光标，则仅有实线矩形范围内的图元被选中。在框选过程中，按住 Ctrl 键，可以继续用框选或其他方式选择图元。按住 Shift 键，可以用框选或其他方式将已选择的图元从选择集中删除。

3. 按过滤器选择

选中不同图元后，进入“修改 | 选择多个”上下文选项卡，单击“选择”面板→“过滤器”按钮，可在“过滤器”对话框中勾选或者取消勾选图元类别，可过滤已选择的图元，只选择所勾选的类别。

4. 选择全部实例

选择某个图元，然后右击，从弹出的菜单中单击“选择全部实例→在视图中可见（或在整个项目中）”选项，软件会自动选中当前视图或整个项目中所有相同类型的图元实例。这是编辑同类图元最快速的选择方法。

5. Tab 键选图元

用 Tab 键可快速选择相连的一组图元，移动光标到其中一个图元附近，当图元高亮显示时，按 Tab 键，相连的这组图元会高亮显示，再单击就选中了相连的一组图元。

第 2 章　族的创建

概　述

全国 BIM 技能等级考试（一级）的考查中，专项考点族的创建是必考内容；从某种意义上来说，掌握了族的创建方法，就意味基本通过了等级考试，因此，掌握族的创建方法是很重要的。

课程目标

- 掌握拉伸、融合、旋转、放样、放样融合等工具的应用。

2.1　三维族的创建

1. 选择各种三维模型族样板可以创建各类建筑模型族

创建模型族的工具主要有两种：①基于二维截面轮廓进行扫掠得到的模型，称为实心模型；②基于已经建立模型的切剪而得到的模型，称为空心形状。

创建实心模型的工具包括拉伸、融合、旋转、放样、放样融合等创建方式；创建空心形状的工具包括空心拉伸、空心融合、空心旋转、空心放样、空心放样融合等创建方式，如图 2-1 所示。

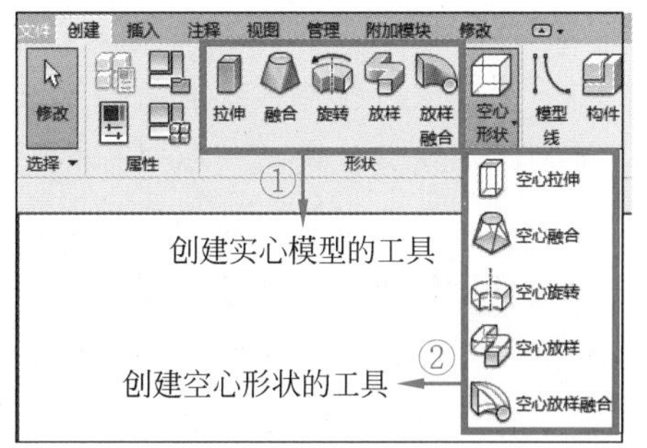

图 2-1　创建实心模型和空心形状的工具

2. 创建三维模型族

1）拉伸和空心拉伸

拉伸工具是通过绘制一个二维封闭截面（轮廓）沿垂直于截面所在工作平面的方向进行拉伸，精确控制拉伸深度后得到的拉伸模型。

下面创建一个拉伸模型：①打开软件 Revit 2018，单击“应用界面→族→新建”按钮，打开“新建 - 选择族样板文件”对话框，选择“公制常规模型 .rft”族样板，单击“打开”按钮，进入族编辑器界面，系统默认进入“参照标高”楼层平面视图；②单击“创建”选项卡→“形状”面板→“拉

微课：拉伸和空心拉伸

伸”按钮，进入“修改 | 创建拉伸”上下文选项卡，选择“绘制”面板中的“直线”绘制方式绘制一个二维轮廓，如图 2-2 中⑥所示；③在选项栏设置“深度”为“1500.0”（或者在“实例属性”对话框“约束”下设置“拉伸起点：0.0；拉伸终点：1500.0”），单击“模式”面板→“完成编辑模式”按钮“√”，如图 2-2 中⑦所示；④在项目浏览器中切换到三维视图，显示三维模型，如图 2-3 所示；⑤创建拉伸后，若发现拉伸深度不符合要求，可以在“实例属性”对话框→“约束”重新设置“拉伸起点和拉伸终点值”，也可以在三维视图中通过选择拉伸模型，然后拖曳造型控制柄来调整其拉伸深度，如图 2-3 中②所示。

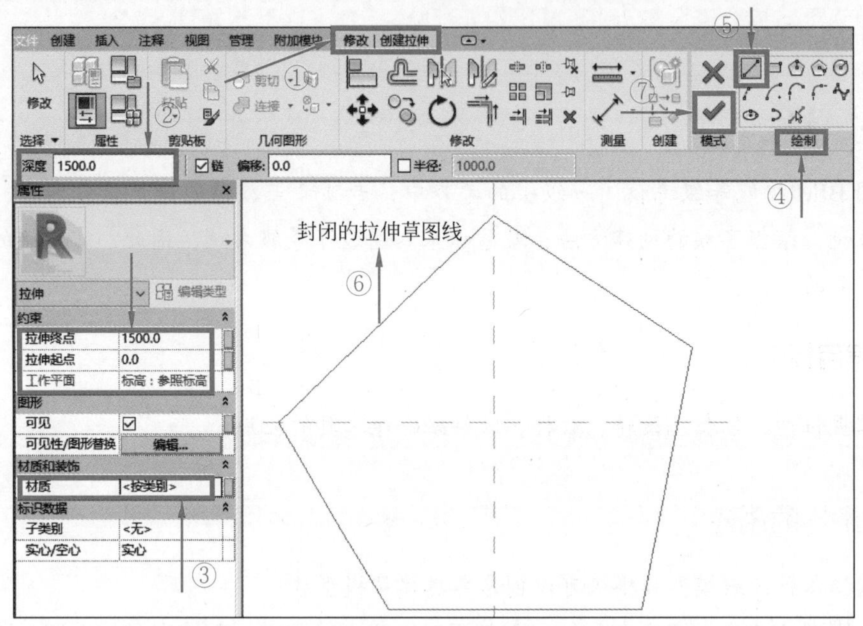

图 2-2　绘制二维轮廓，设置拉伸深度

小知识

创建空心拉伸形状有两种方法：①与创建实心拉伸模型思路相似，进入族编辑器界面，系统默认进入“参照标高”楼层平面视图；单击“创建”选项卡→“形状”面板→“空心”下拉列表→“空心拉伸”按钮，选择合适的绘制方式绘制二维轮廓，选项栏设置深度值，单击“模式”面板→“完成编辑模式”按钮“√”，完成空心拉伸形状的创建；②先创建拉伸实心模型，选择实心拉伸模型，在“实例属性”对话框中，将“标识数据”→“实心 / 空心”下拉列表选项设置为“空心”，如图 2-4 所示。

2）融合

融合工具适合于在两个平行平面上的形状（实际上也是端面）进行融合建模。

微课：融合

下面创建一个融合模型：①打开软件 Revit 2018，单击“应用界面→族→新建”按钮，打开“新建 - 选择族样板文件”对话框，选择“公制常规模型 .rft”族样板，单击“打开”按钮，进入族编辑器界面，系统默认进入“参照标高”楼

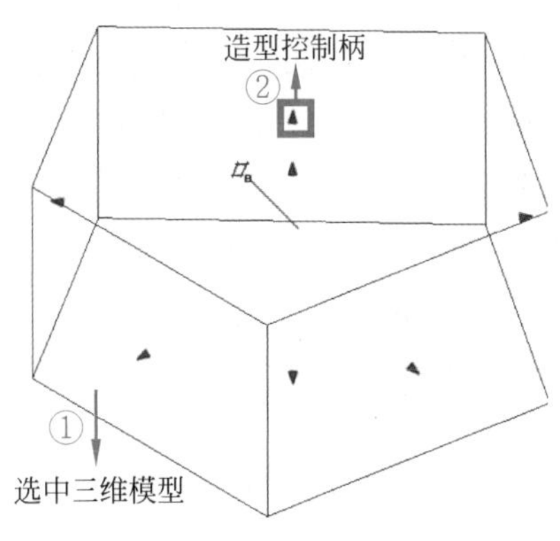

图 2-3　选择拉伸模型，通过拖曳造型控制柄来调整拉伸深度

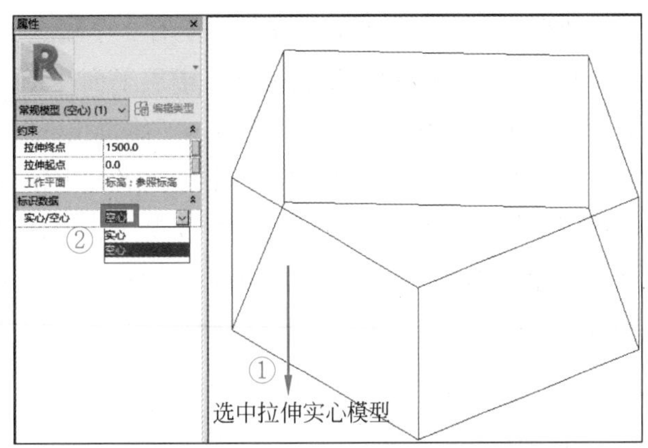

图 2-4　将实心拉伸模型设置为空心拉伸形状

层平面视图；②单击“创建”选项卡→“形状”面板→“融合”按钮，进入“修改 | 创建融合底部边界”上下文选项卡，选择“绘制”面板中的“矩形”绘制方式绘制一个矩形，如图 2-5 中⑥所示；③单击“修改 | 创建融合底部边界”上下文选项卡→“模式”面板→“编辑顶部”按钮，如图 2-5 中⑦所示，切换到“修改 | 创建融合顶部边界”上下文选项卡，选择“绘制”面板中的“圆”绘制方式绘制一个圆，如图 2-5 中⑧所示；④在选项栏设置“深度”为“12000.0”（或者在“实例属性”对话框“约束”下设置“第一端点：0.0，第二端点：12000.0”），如图 2-5 中②所示；单击“模式”面板“完成编辑模式”按钮“√”；⑤在项目浏览器中切换到三维视图，显示三维模型；⑥创建融合模型后，可以在三维视图中拖动造型控制柄来改变形体的深度，如图 2-6 中②所示；⑦从图 2-6 中的三维融合模型可以看出，矩形的四个角点两两与圆上 2 点融合，没有得到扭曲的效果，需

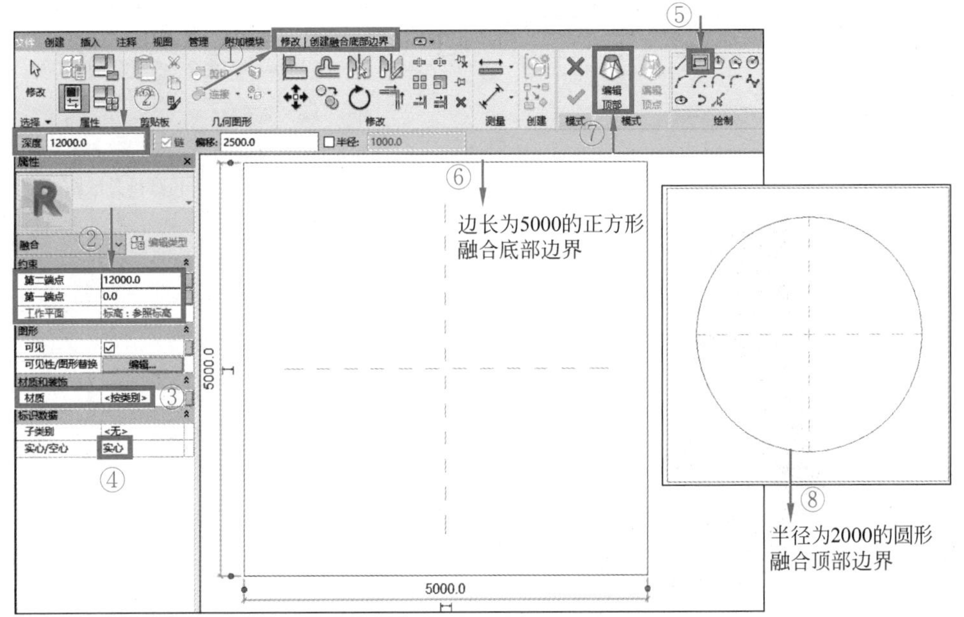

图 2-5　绘制底部矩形和顶部圆，设置融合限制条件

要重新编辑一下圆形截面（默认圆上有 2 个端点）；⑧接下来需要再添加 2 个新点与矩形一一对应；⑨切换到“参照标高”楼层平面视图，选择融合模型，切换到“修改 | 融合”上下文选项卡，单击“模式”面板→“编辑顶部”按钮，进入“修改 | 编辑融合顶部边界”上下文选项卡，单击“修改”面板→“拆分图元”按钮，然后在圆上放置四个拆分点，即可将圆拆分成四部分，如图 2-7 中③所示；单击“模式”面板→“完成编辑模式”按钮“√”，如图 2-7 中④所示；在项目浏览器中切换到三维视图，显示三维模型，如图 2-7 中⑤所示。

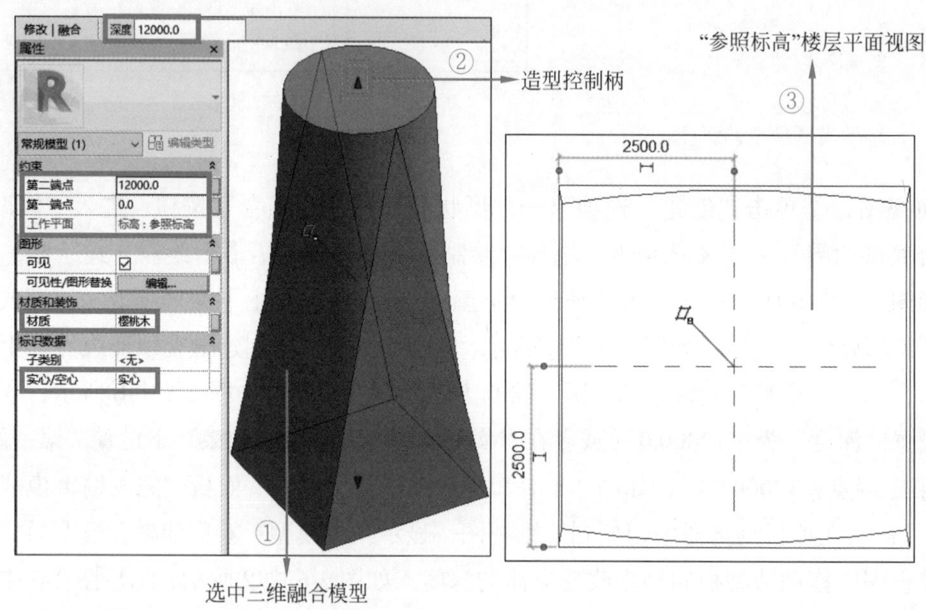

图 2-6　融合模型

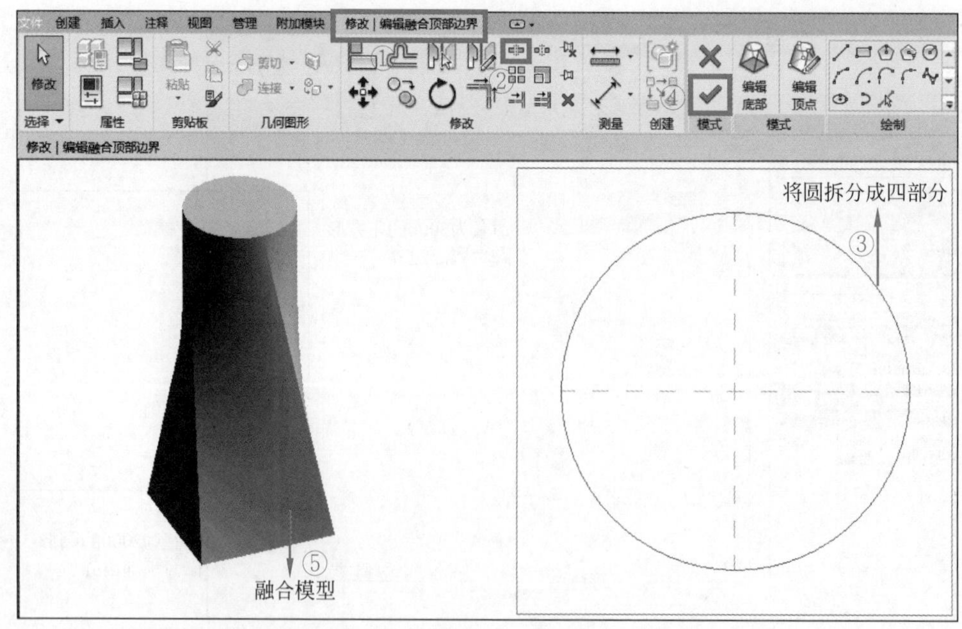

图 2-7　编辑后的融合模型

3）旋转

微课：旋转

旋转工具可以用来创建由一根旋转轴旋转封闭二维轮廓而得到的三维模型。二维轮廓必须是封闭的，而且必须绘制旋转轴。通过设置二维轮廓旋转的起始角度和旋转角度，就可以旋转任意角度。若旋转轴与二维轮廓相交，则产生一个实心三维模型；当旋转轴与二维轮廓有一定距离时，则产生一个圆环三维模型。

（1）创建形状模型 1：①打开软件 Revit 2018，单击“应用界面→族→新建”按钮，打开“新建 - 选择族样板文件”对话框，选择“公制常规模型 .rft”族样板，单击“打开”按钮，退出“新族 - 选择族样板文件”对话框，系统自动默认进入“参照标高”楼层平面视图；②单击“创建”选项卡→“基准”面板→“参照平面”按钮，绘制新的参照平面，如图 2-8 中①所示；③单击“创建”选项卡→“形状”面板→“旋转”按钮，自动切换至“修改 | 创建旋转”上下文选项卡；④激活“绘制”面板→“边界线”按钮；⑤单击“绘制”面板→“圆”按钮，绘制如图 2-8 中②所示圆；⑥激活“绘制”面板→“轴线”按钮，单击“绘制”面板→“直线”按钮，绘制如图 2-8 中③所示旋转轴；⑦单击“模式”面板→“完成编辑模式”按钮“√”，完成旋转模型的创建，结果如图 2-9 所示。

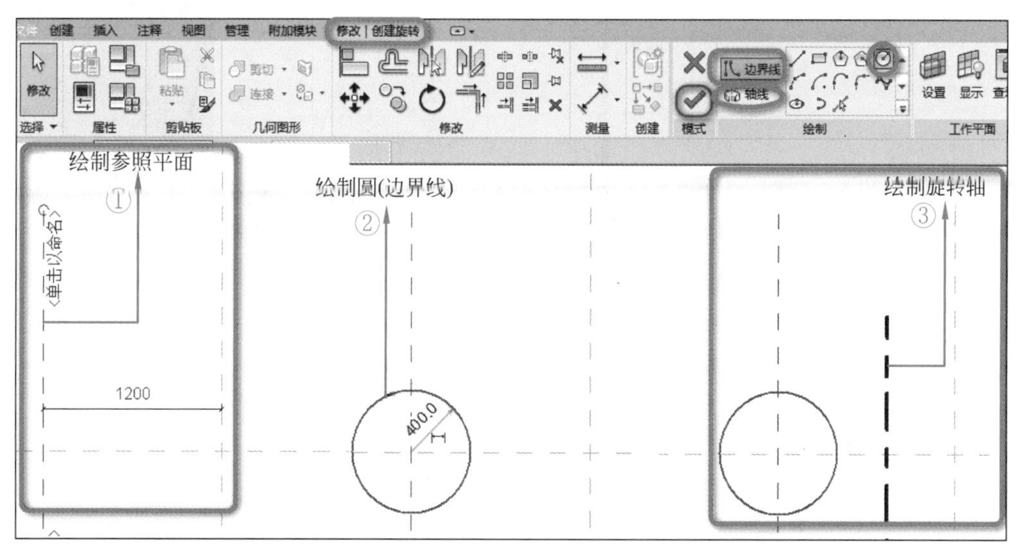

图 2-8　绘制参照平面、边界线和旋转轴

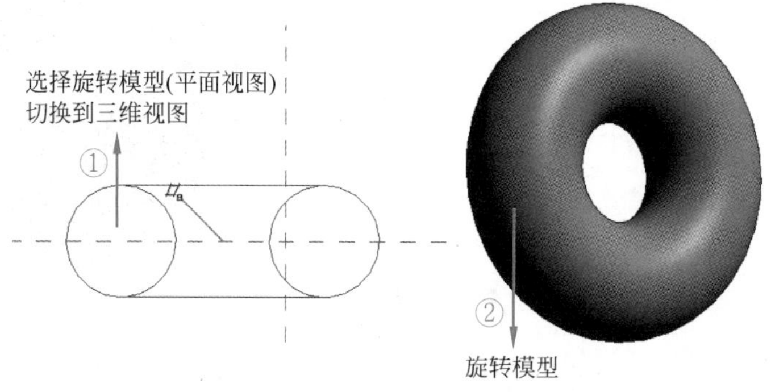

图 2-9　创建的三维旋转模型

（2）创建形状模型 2：①打开软件 Revit 2018，单击“应用界面→族→新建”按钮，打开“新建 - 选择族样板文件”对话框，选择“公制常规模型 .rft”族样板，单击“打开”按钮，退出“新族 - 选择族样板文件”对话框，系统自动默认进入“参照标高”楼层平面视图；②切换到“前”立面视图，单击“创建”选项卡→“形状”面板→“旋转”按钮，自动切换至“修改 | 创建旋转”上下文选项卡；激活“边界线”按钮；单击“绘制”面板→“矩形”按钮，绘制如图 2-10 中①所示矩形；③激活“轴线”按钮，单击“绘制”面板→“直线”按钮，绘制如图 2-10 中②所示旋转轴；④单击“模式”面板→“完成编辑模式”按钮“√”，完成旋转模型的创建，结果如图 2-10 中③、④所示；⑤采用同样的步骤，让旋转轴与二维轮廓之间有一定的距离，如图 2-11 中①、②所示，单击“模式”面板→“完成编辑模式”按钮“√”，完成旋转模型的创建，结果如图 2-11 中③、④所示。

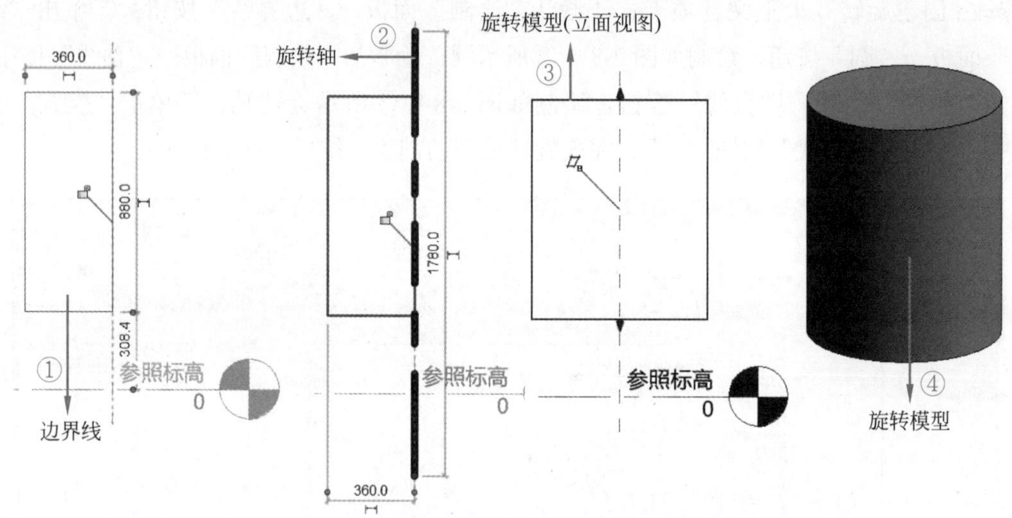

图 2-10 绘制边界线和旋转轴，生成三维旋转模型
（二维轮廓与旋转轴之间没有一定的距离）

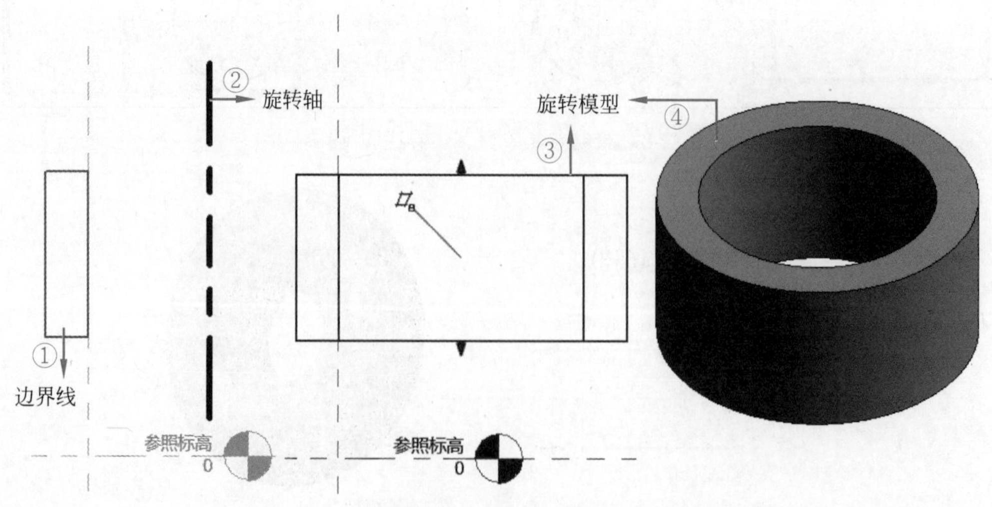

图 2-11 绘制边界线和旋转轴，生成三维旋转模型
（二维轮廓与旋转轴之间有一定的距离）

4）放样

放样工具用于创建需要绘制或者应用轮廓，并且沿路径拉伸此轮廓的族的一种建模方式。要创建放样三维模型，就需要绘制路径和轮廓。路径可以是开放的或者封闭的，但是轮廓必须是封闭的。需要注意的是，轮廓必须在与路径垂直的平面上。

微课：放样

创建一个放样模型步骤如下：①打开软件 Revit 2018，单击“应用界面”→“族”→“新建”按钮，打开“新建”→“选择族样板文件”对话框，选择“公制常规模型 .rft”族样板，单击“打开”按钮，退出“新族 - 选择族样板文件”对话框，系统自动默认进入“参照标高”楼层平面视图；②单击“创建”选项卡→“形状”面板→“放样”按钮，自动切换至“修改 | 创建放样”上下文选项卡；③单击“放样”面板中的“绘制路径”按钮，自动切换至“修改 | 放样 > 绘制路径”上下文选项卡，单击“绘制”面板→“样条曲线”绘制方式绘制路径，软件自动在垂直于路径的一个点上生成一个工作平面，如图 2-12 中⑥所示；④单击“模式”面板→“完成编辑模式”按钮“√”，退出路径编辑模式；⑤单击“修改 | 创建放样”上下文选项卡→“放样”面板中的“编辑轮廓”按钮，在弹出的“转到视图”对话框中选择“立面：前”，在“前”视图中绘制封闭的放样轮廓，如图 2-13 中⑨所示；⑥单击“模式”面板→“完成编辑模式”按钮“√”，退出轮廓编辑模式；⑦单击“模式”面板→“完成编辑模式”按钮“√”，完成放样模型的创建，结果如图 2-14 所示。

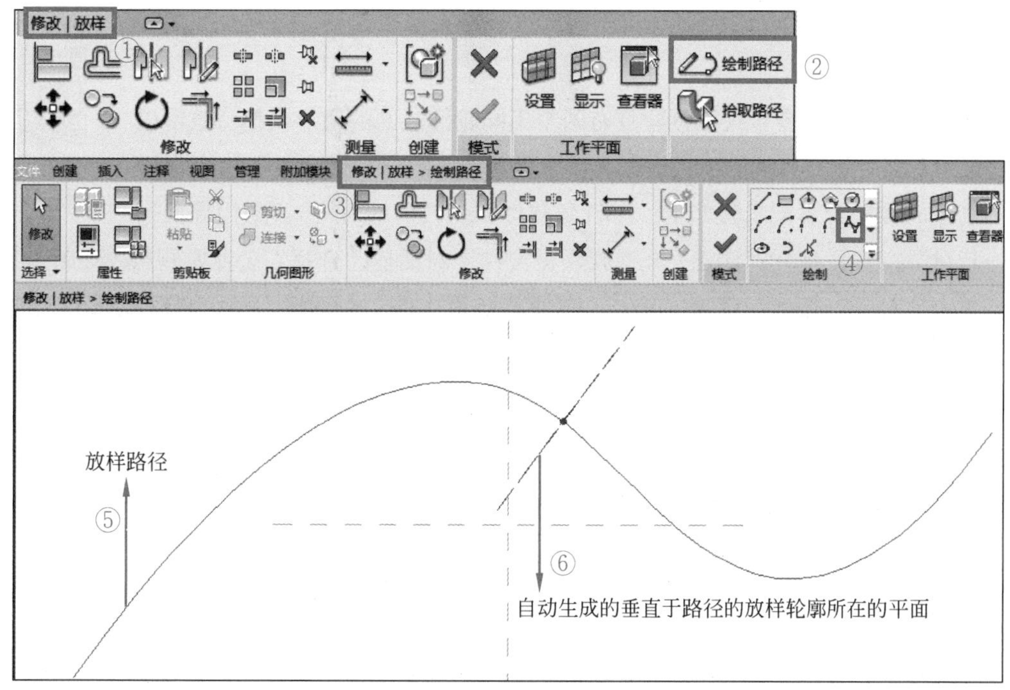

图 2-12　绘制放样路径

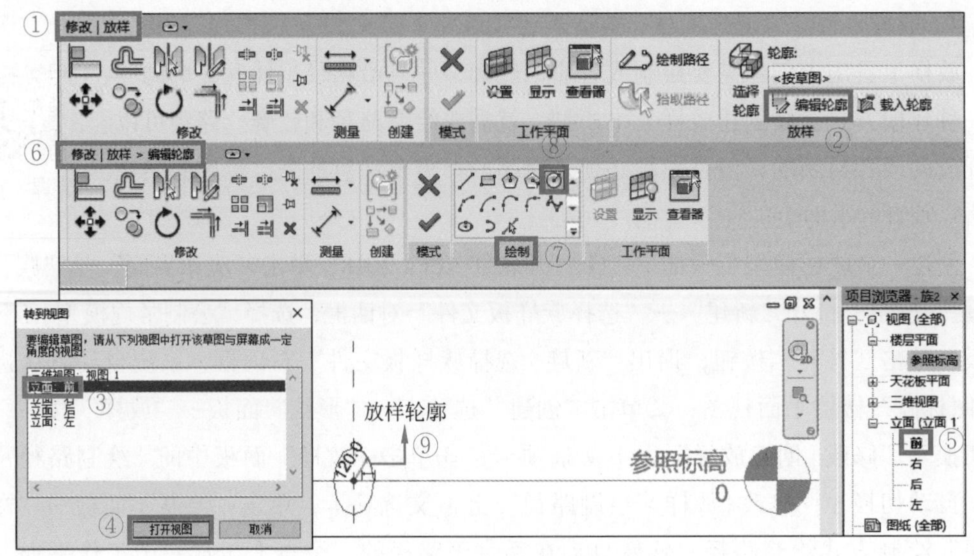

图 2-13　绘制放样轮廓

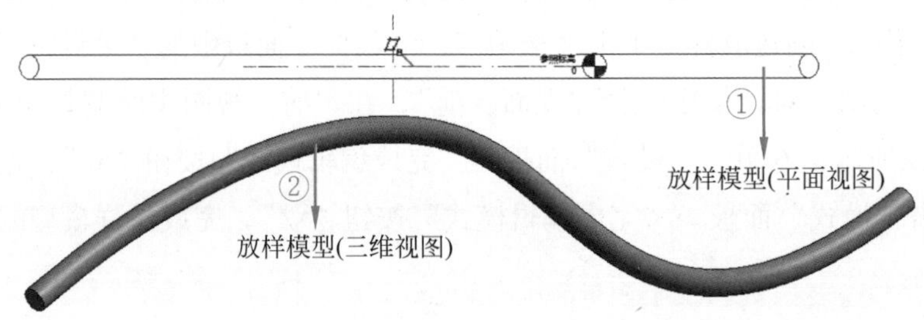

图 2-14　放样模型

5）放样融合

微课：放样融合

使用放样融合命令，可以创建具有两个不同轮廓截面的融合模型，也可以创建沿指定路径进行放样的放样模型，实际上兼备了放样和融合命令的特性。

创建放样融合模型步骤如下：①打开软件Revit 2018，单击“应用界面→族→新建”按钮，打开“新建 - 选择族样板文件”对话框，选择“公制常规模型 .rft”族样板，单击“打开”按钮，退出“新族 - 选择族样板文件”对话框，系统自动默认进入“参照标高”楼层平面视图；②单击“创建”选项卡→“形状”面板→“放样融合”按钮，自动切换至“修改 | 创建放样融合”上下文选项卡；③单击“放样融合”面板中的“绘制路径”按钮，自动切换至“修改|放样融合>绘制路径”上下文选项卡，单击“绘制”面板→“样条曲线”绘制方式绘制路径，软件自动在垂直于路径的一个起点和一个终点上各生成一个工作平面，如图 2-15 中⑨、⑩所示；④单击“模式”面板→“完成编辑模式”按钮“√”，退出路径编辑模式；⑤激活“修改 | 创建放样融合”上下文选项卡→“放样融合”面板→“选择轮廓 1”按钮，单击“编辑轮廓”按钮，在弹出的“转到视图”对话框中选择“三维视图：视图 1”视图中绘制截面轮廓，如图 2-16 中⑨所示；⑥激活“修改|创建放样融合”上下文选项卡→“放样融合”面板→“选择轮廓 2”按钮，单击“编辑轮廓”按钮，在弹出的“转到视图”对话框中选择“三维视图：视图 1”视图中绘制截面轮廓，利

用拆分工具将绘制的轮廓 2（圆）拆分成 4 部分，如图 2-17 所示；⑦单击“模式”面板→“完成编辑模式”按钮“√”，退出轮廓编辑模式；⑧单击“模式”面板→“完成编辑模式”按钮“√”，完成放样融合模型的创建，结果如图 2-18 所示。

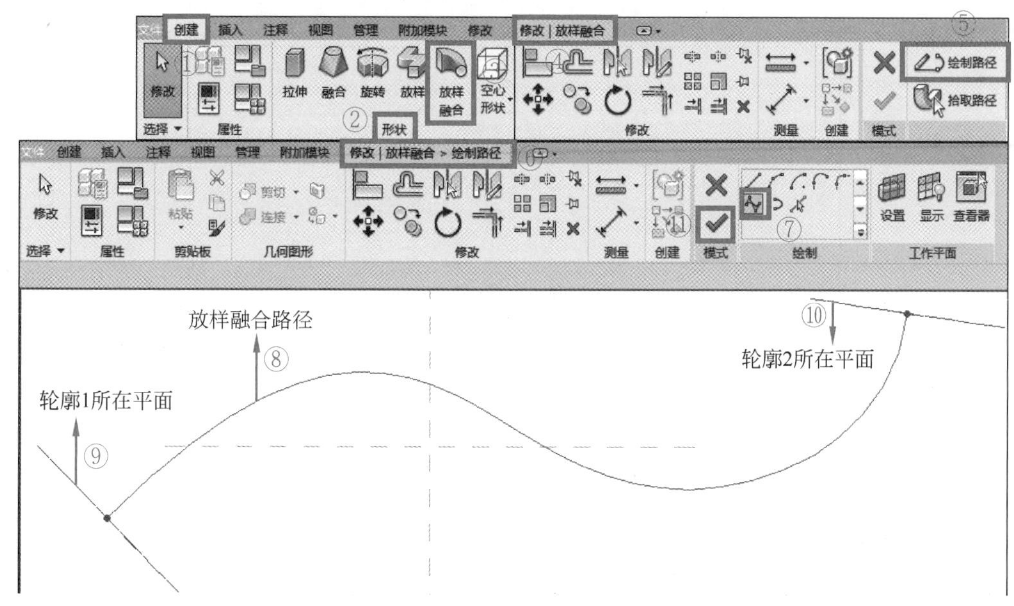

图 2-15　绘制放样融合路径

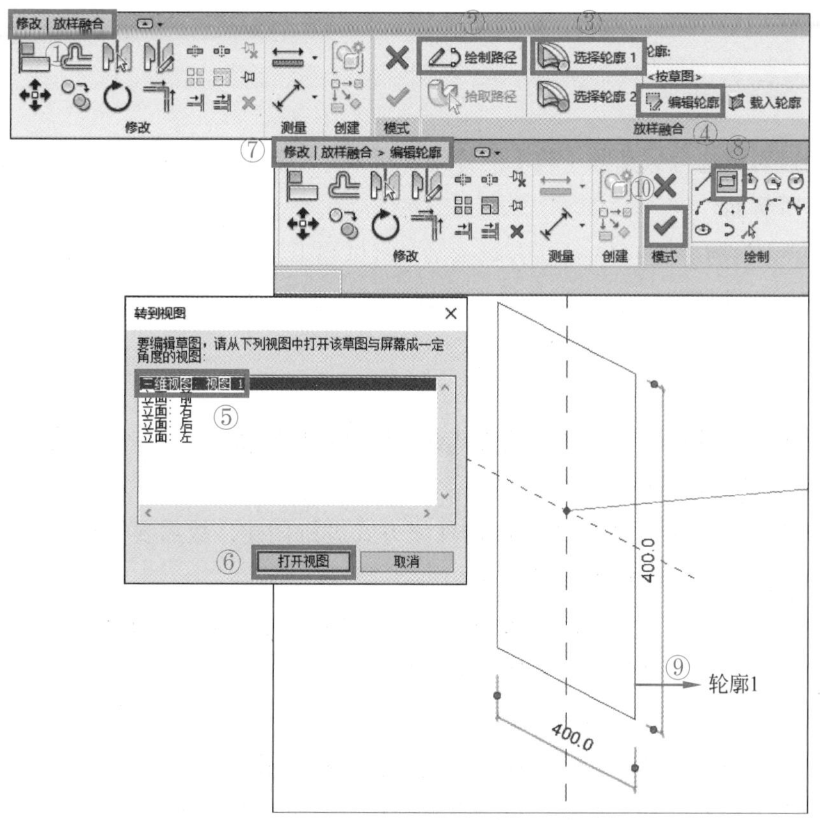

图 2-16　绘制轮廓 1

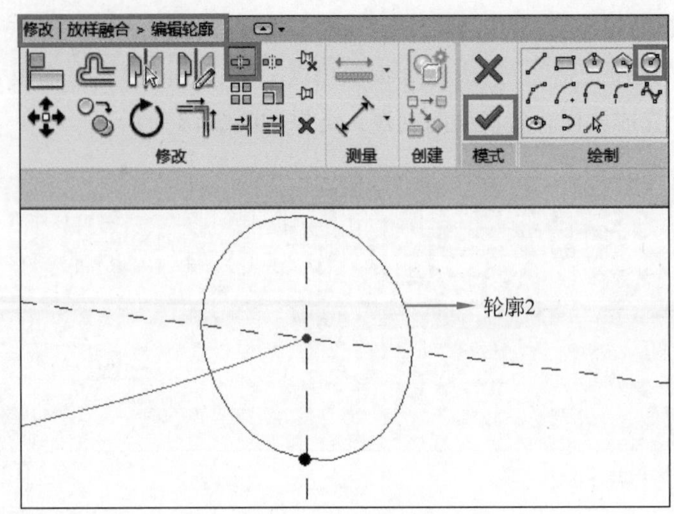

图 2-17　绘制轮廓 2

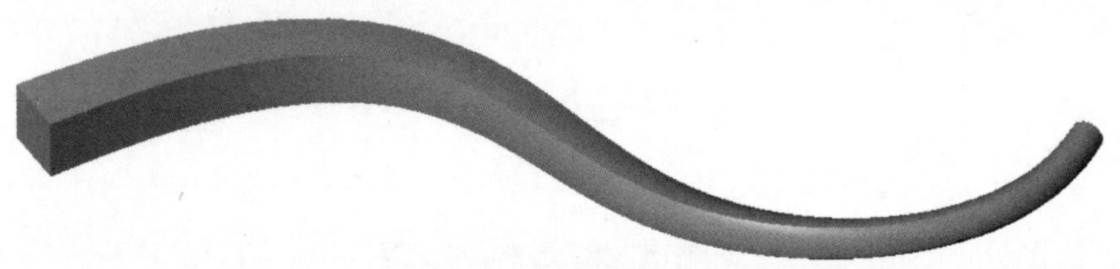

图 2-18　放样融合模型

2.2　经典真题解析

下面通过对精选考试真题（族）的详细解析来介绍族的建模和解题步骤，希望对广大读者朋友有所帮助。

（1）（第十六期全国 BIM 技能等级考试一级试题第二题“园林木桥”）根据给定尺寸，用构件集方式创建园林木桥，材质如图 2-19 所示，未标明尺寸与样式不作要求，请将模型以“园林木桥 + 考生姓名 .×××”为文件名保存到考生文件夹中。

【解析】

① 本题要求应用构件集（族）的方式建立园林木桥模型；

② 文件名:“园林木桥 + 考生姓名”；

③ 文件格式：题目明确要求使用构件集方式进行创建，故需要使用建族的方式创建模型（一般选择公制常规模型族样板）；

④ 考查的建模方式：族实心形体的创建（拉伸和放样方法创建实心形体）；

⑤ 材质赋予：柱、地板和梁材质均为木材。

【本题注意点】

① 梁、地板和护栏均可使用拉伸进行创建；立柱采用放样进行绘制；

② 模型左右对称、前后对称，故结合复制和镜像命令进行绘制。

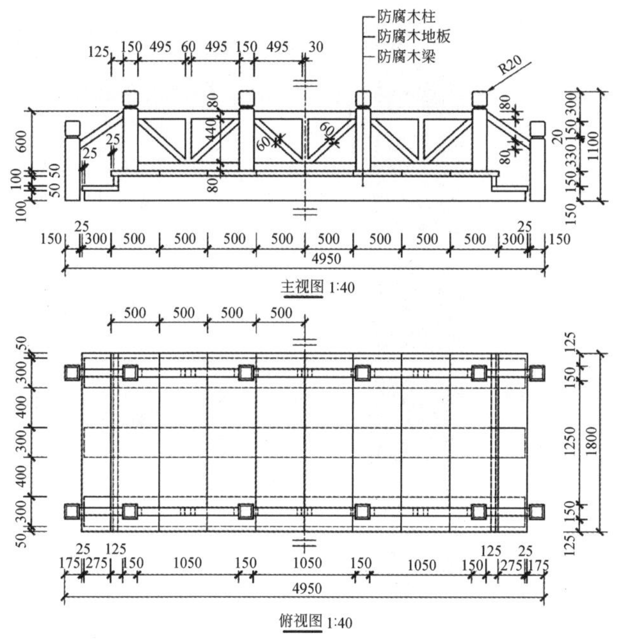

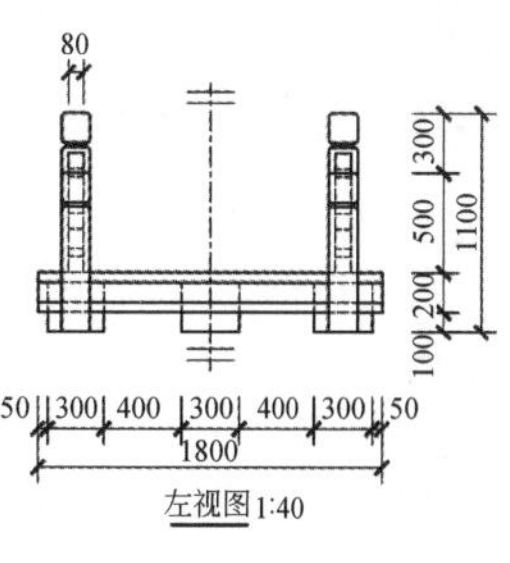

微课：第十六期第二题
“园林木桥”

图 2-19　第十六期第二题“园林木桥”

【本题考点】

本题考点见图 2-20。

本题完成模型如图 2-21 所示。

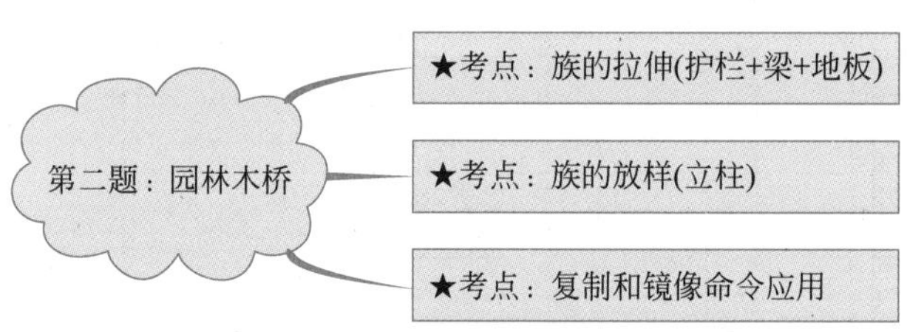

图 2-20　第十六期第二题“园林木桥”考点

图 2-21　第十六期第二题“园林木桥”模型

（2）（第二期全国 BIM 技能等级考试一级试题第四题“百叶窗”）根据给定的尺寸标注建立“百叶窗”构建集。

① 按图 2-22 中的尺寸建立模型。

② 所有参数采用图 2-22 中参数名字命名，设置为类型参数，扇叶个数可通过参数控制，并对窗框和百叶窗百叶赋予合适材质，请将模型文件以“百叶窗”为文件名保存到考生文件夹中。

③ 将完成的“百叶窗”载入项目中，插入任意墙面中示意。

	微课：第二期第四题【百叶窗】01——题目说明		微课：第二期第四题【百叶窗】02——题目分析

	微课：第二期第四题【百叶窗】03——介绍族样板		微课：第二期第四题【百叶窗】04——添加参数
	微课：第二期第四题【百叶窗】05——添加参数		微课：第二期第四题【百叶窗】06——墙体开洞
	微课：第二期第四题【百叶窗】07——窗框创建		微课：第二期第四题【百叶窗】08——创建百叶片族
	微课：第二期第四题【百叶窗】09——百叶片载入百叶窗中		微课：第二期第四题【百叶窗】10——百叶片对齐处理
	微课：第二期第四题【百叶窗】11——阵列百叶片		微课：第二期第四题【百叶窗】12——添加百叶片个数参数
	微课：第二期第四题【百叶窗】13——平立面表达和载入项目文件验证		

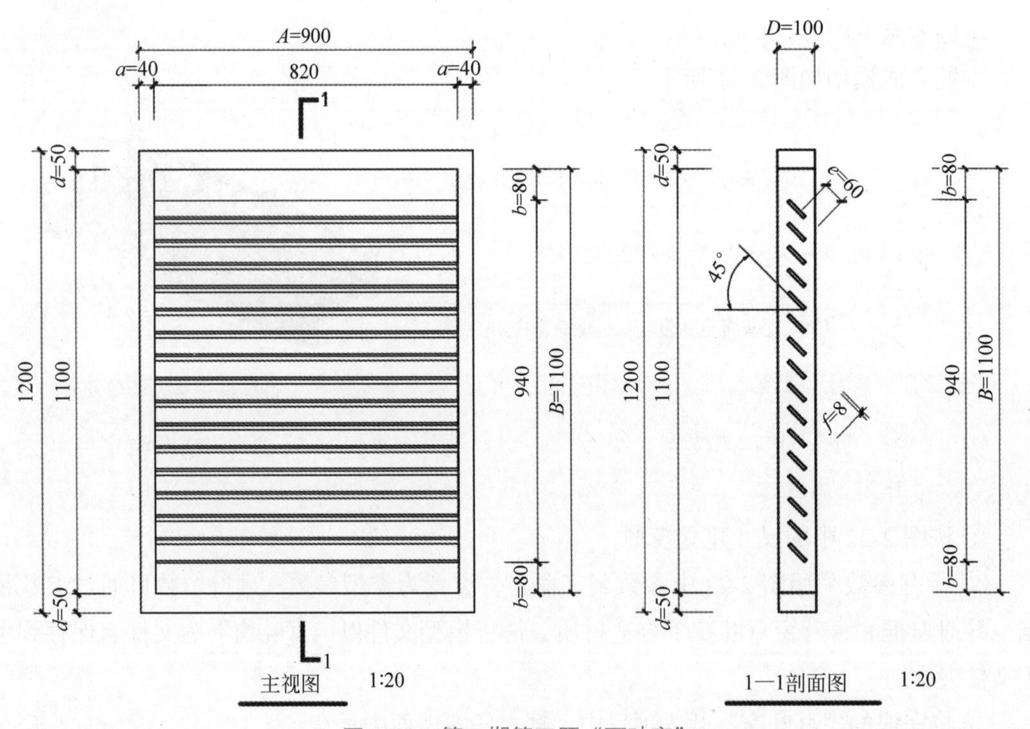

图 2-22　第二期第四题“百叶窗”

小知识

①百叶窗与一般窗户在构造上不同，窗百叶片比较多，同时本题要求对百叶片的个数进行参数控制；②所有参数设置为类型参数（注意与实例参数的区别），对尺

寸标注添加参数，需要使用“标签”添加参数；③窗框和百叶片通过实心拉伸创建；④绘制拉伸轮廓时，应注意与参照平面的锁定，同时需要注意不要过度约束，避免出错；⑤本题创建过程中，应该灵活应用参照平面、锁定、等分（EQ）等工具；⑥注意正确识图，了解相关尺寸；⑦正确选择合适的族样板。

（3）（第八期全国 BIM 技能等级考试一级试题第四题“U 形墩柱”）根据图 2-23 给定数据，用构件集形式创建 U 形墩柱，整体材质为混凝土，请将模型以“U 形墩柱”为文件名保存到考生文件夹中。

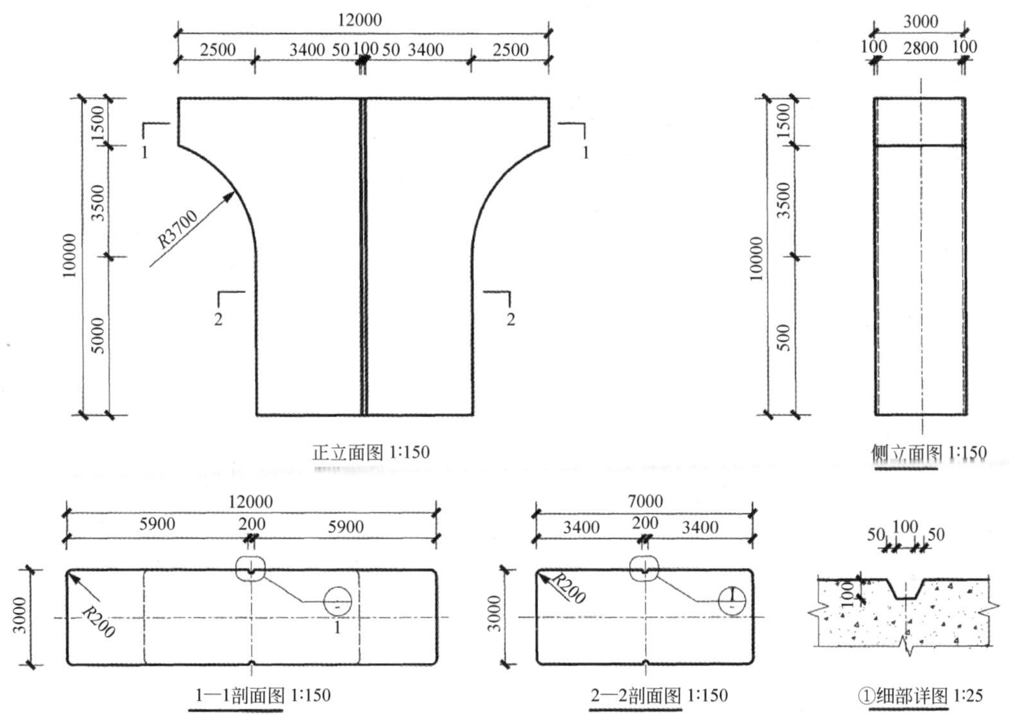

图 2-23　第八期第四题“U 形墩柱”

微课：第八期第四题“U 形墩柱”

小知识

本题主要考查拉伸和放样工具创建模型；应特别注意的是，拾取路径时，必须首先拾取圆弧部分，否则放样创建模型会失败；此外，应注意镜像工具的灵活应用。

（4）（第十期全国BIM技能等级考试一级试题第四题“陶立克柱”）根据图 2-24 给定尺寸，用构建集形式建立陶立克柱的实体模型，并以“陶立克柱”为文件名保存到考生文件夹中。

微课：第十期第四题“陶立克柱”

（5）（第十二期全国 BIM 技能等级考试一级试题第一题“台阶”）根据图 2-25 给定尺寸建立台阶模型，图中所有曲线均为圆弧，请将模型文件以“台阶 + 考生姓名”为文件名保存到考生文件夹中。

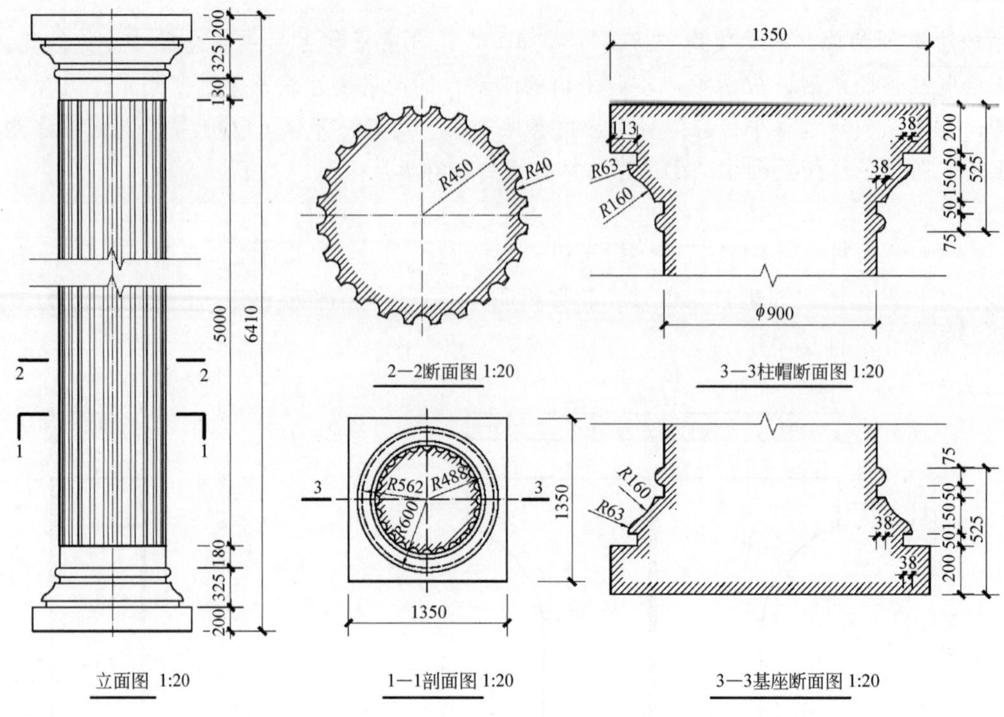

图 2-24　第十期第四题“陶立克柱”

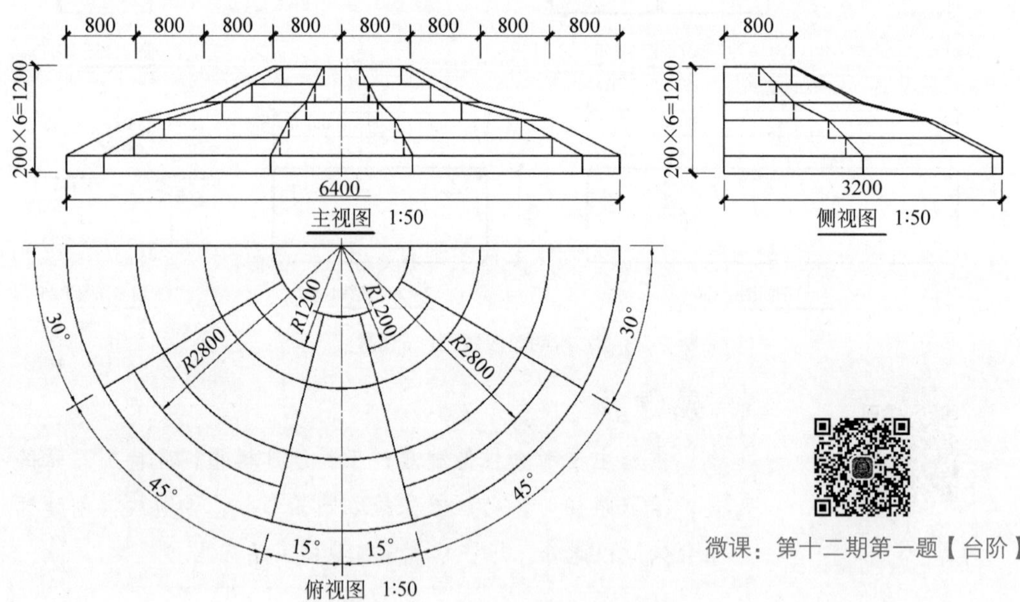

图 2-25　第十二期第一题“台阶”

（6）（第十二期全国 BIM 技能等级考试一级试题第二题“斜拉桥”）根据图 2-26 给出的对称斜拉桥的左半部分的三视图，用构件集的形式，创建该斜拉桥的三维模型，请将模型文件以“斜拉桥 + 考生姓名”为文件名保存到考生文件夹下。题中倾斜拉索直径为 500mm，拉索上方交于一点，该点位于柱中心距顶端 5m 处。

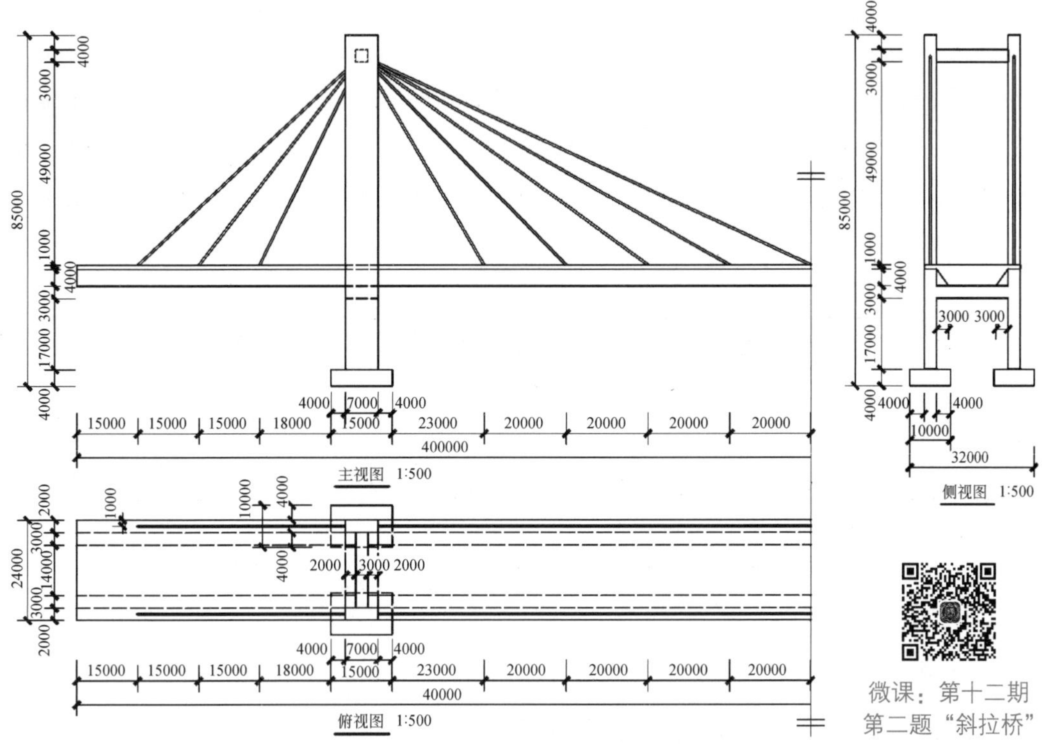

图 2-26　第十二期第二题“斜拉桥”

（7）（第十二期全国 BIM 技能等级考试一级试题第二题“纪念碑”）根据图 2-27 给定的投影图及尺寸，用构建集方式创建模型，请将模型文件以“纪念碑＋考生姓名”为文件名保存到考生文件夹中。

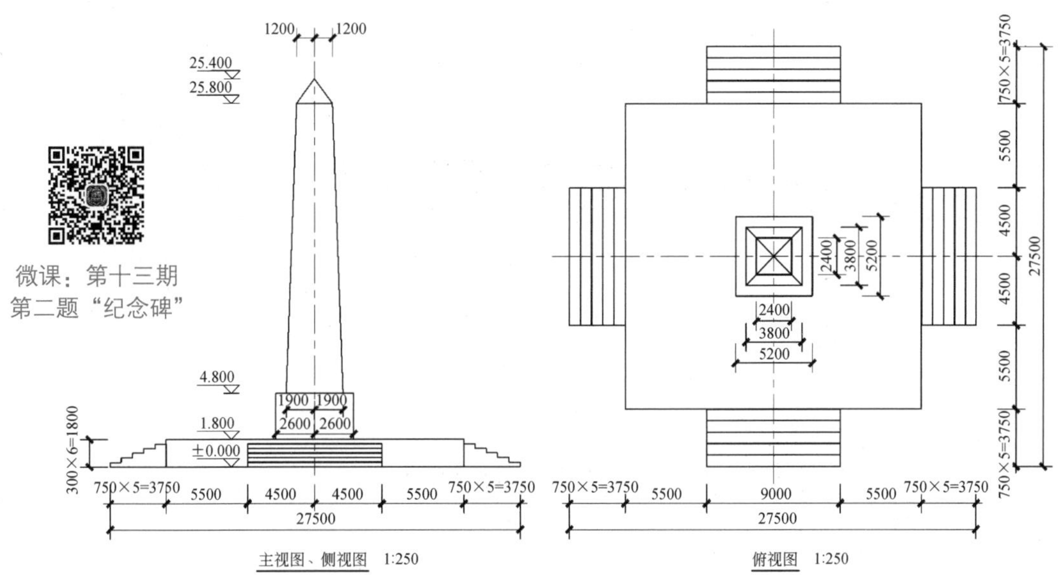

图 2-27　第十三期第二题“纪念碑”

（8）（第十五期全国 BIM 技能等级考试一级试题第二题 “栏杆扶手”）根据图 2-28 给定尺寸建立无障碍坡道模型，墙体与坡道材质请参照第一题“无障碍坡道”1—1 剖面图和 3—3 剖面图，自定义地形尺寸；根据给定尺寸，在已经建立好无障碍坡道模型的基础上，用构建集方式创建栏杆扶手，材质为不锈钢，1—1 剖面、2—2 剖面、3—3 断面图的剖切位置详俯视图（图 2-29），未标明尺寸与样式不作要求；请将模型文件分别以“无障碍坡道 + 考生姓名 .×××”“栏杆扶手 + 考生姓名 .×××”为文件名保存到考生文件夹中。

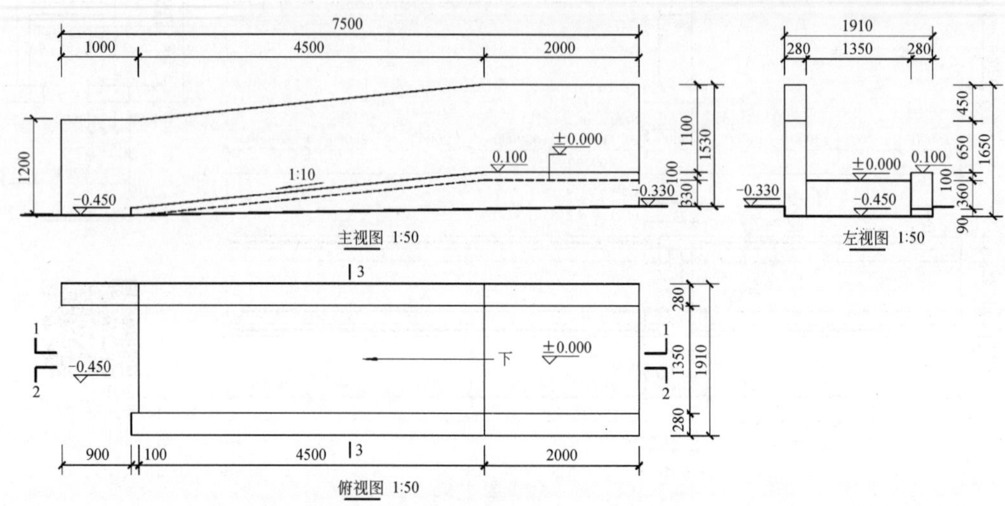

图 2-28　第十五期第一题“无障碍坡道”

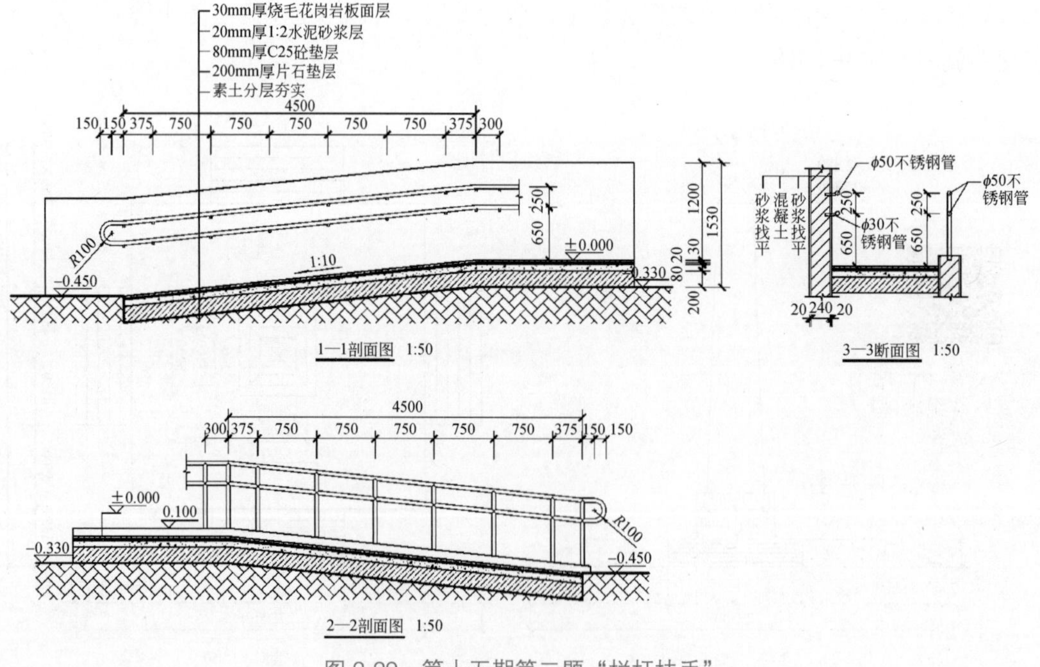

图 2-29　第十五期第二题“栏杆扶手”

微课：第十五期第一题“无障碍坡道”

微课：第十五期第二题“栏杆扶手”

小知识

第十五期一级考题中首次出现了关联题，即第一题要求建立无障碍坡道，第二题要求在已经建立好无障碍坡道的基础上建立栏杆扶手；若看不懂第一题题目，甚至没思路，那么第二题基本拿不到分。因此，从某种意义上来说增加了考试的难度，但是这样的思路对于引导考生熟悉实际项目且考取证书很有帮助，可以让考生更好地在实际项目中应用 BIM 相关建模技能。

2.3　真题实战演练

扫描题目下方二维码，进入以下题目视频学习。

（1）第一期全国 BIM 技能等级考试一级试题第四题“双扇窗”。

（2）第四期全国 BIM 技能等级考试一级试题第四题“栏杆”。

（3）第五期全国 BIM 技能等级考试一级试题第四题“椅子”。

（4）第六期全国 BIM 技能等级考试一级试题第三题“螺母”。

（5）第七期全国 BIM 技能等级考试一级试题第三题“榫卯结构”。

（6）第九期全国 BIM 技能等级考试一级试题第四题“直角支吊架”。

（7）第十期全国 BIM 技能等级考试一级试题第二题“台阶”。

（8）第十一期全国 BIM 技能等级考试一级试题第三题“鸟居”。

（9）第十三期全国 BIM 技能等级考试一级试题第一题“砌块”。

（10）第十四期全国 BIM 技能等级考试一级试题第一题“六边形门洞”。

（11）第十四期全国 BIM 技能等级考试一级试题第二题“桥墩”。

	微课：第一期第四题“双扇窗”		微课：第四期第四题“栏杆”
	微课：第五期第四题“椅子”		微课：第六期第三题“螺母”
	微课：第七期第三题“榫卯结构”		微课：第九期第四题“直角支吊架”
	微课：第十期第二题“台阶”		微课：第十一期第三题“鸟居”

	微课：第十三期第一题“砌块”		微课：第十四期第一题“六边形门洞”
	微课：第十四期第二题“桥墩”		

本章重点讲述了族的创建方法，同时精选了若干道比较经典的真题进行了详细的解析，最后把往期考过的建族的真题设计成真题实战演练；只要读者认真研读本章内容，同时加强训练，就可以快速掌握族的创建方法。

第 3 章　概念体量

概　述

在全国 BIM 技能等级一级考试中，概念体量也是每期必考的重点内容，体量形状创建方式灵活，生产何种形状由软件智能判断。因此，备考人员必须熟练掌握概念体量的相关概念以及具体的应用。

课程目标

- 掌握创建概念体量模型的四种基本方法。

3.1　创建三维体量模型

3.1.1　体量的创建方式

微课：体量的创建方式

单击“应用界面”→“族”→“新建概念体量”按钮，在弹出的“新建概念体量—选择样板文件”对话框中选择“公制体量 .rft”的族样板，单击“打开”按钮进入概念体量建模环境，过程和结果如图 3-1 所示。

图 3-1　体量的创建方式

3.1.2 初识三维空间

微课：初识三维空间

概念体量建模环境，系统默认为三维视图。当需要创建三维标高定位高程的时候，选中三维标高，同时按住 Ctrl 键和鼠标左键，并垂直向上拖动，即可以复制多个三维标高，如图 3-2 所示。

3.1.3 在面上绘制和在工作平面上绘制

（1）在面上绘制，即在模型图元的表面上绘制，而在工作面上绘制，即在我们绘制的工作平面上进行绘制几何图形。

（2）在绘图区绘制几何图形并创建模型，如图 3-3 中①所示；再次单击模型线绘制时，功能区有两种方式，如图 3-3 中②和③所示；单击在面上绘制圆，如图 3-3 中④所示。

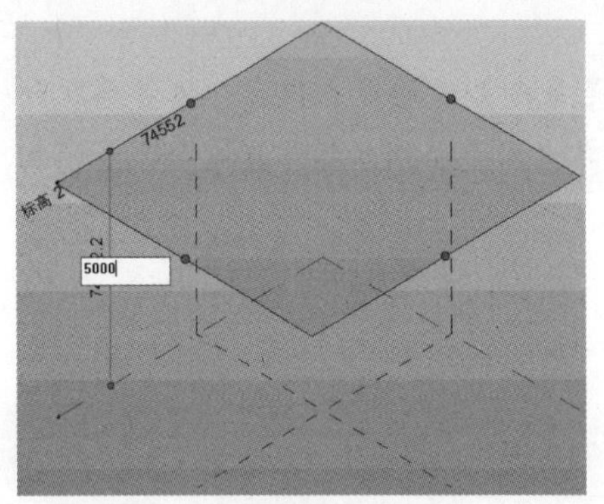

图 3-2 复制多个三维标高

微课：在面上绘制和在工作平面上绘制

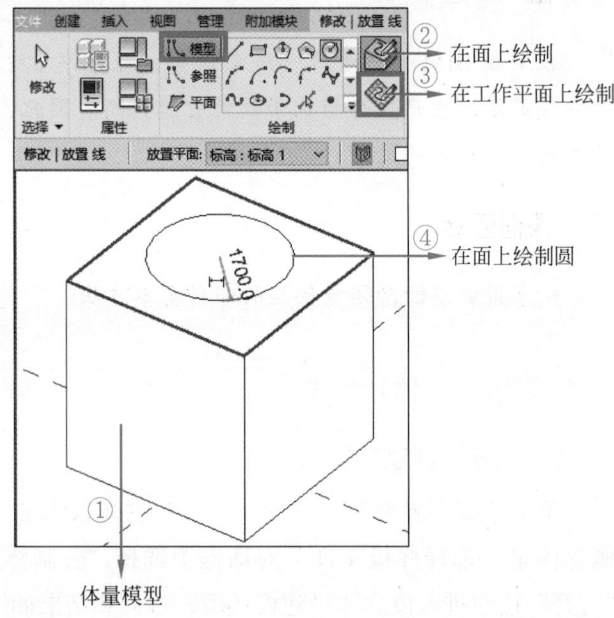

图 3-3 在面上绘制圆

（3）切换到“南”立面视图，在绘图区域绘制一条水平参照平面 AA，如图 3-4 中①所示；单击“修改”选项卡→“工作平面”面板→“设置”按钮，如图 3-4 中②所示；在弹出的“工作平面”对话框中勾选“拾取一个平面”选项，如图 3-4 中③所示，单击“确定”按钮退出“工作平面”对话框；拾取刚绘制的参照平面 AA，在弹出的“转到视图”对话框中选中“楼层平面：标高 1”，单击“打开视图”按钮，如图 3-4 中⑥和⑦所示。

（4）激活“绘制”面板“在工作平面上绘制”按钮，确认选项栏“放置平面：参照平面：AA”，绘制任意的几何图形（模型线）BB，如图 3-5 中②所示；切换到三维视图，查看创建的模型线 BB，如图 3-5 中③所示。

（5）隐藏矩形模型线 BB，选中圆形模型线，创建一个实心圆柱体，如图 3-6 中④所示。

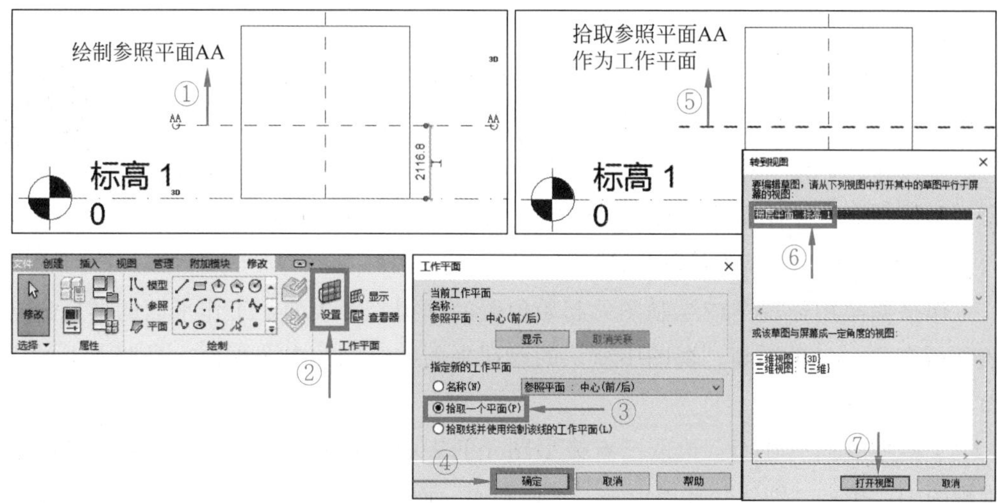

图 3-4 设置工作平面

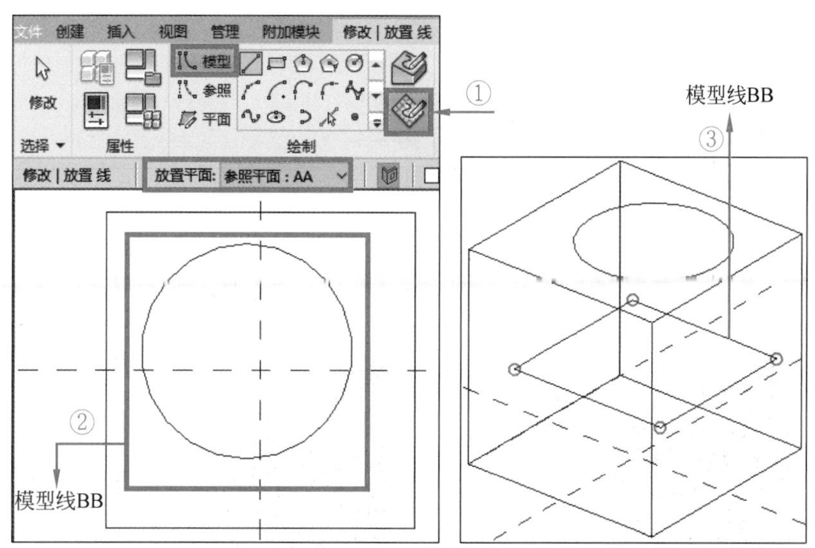

图 3-5 在工作平面上创建模型线

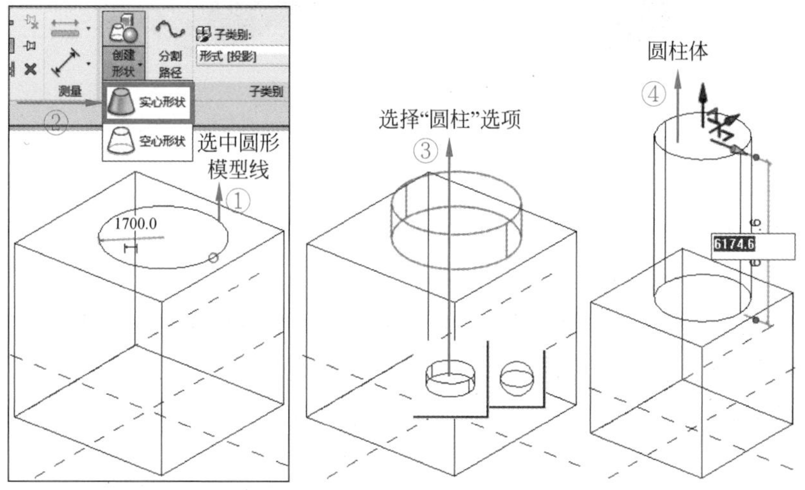

图 3-6 创建一个实心圆柱体

3.1.4 选择合适的工作平面绘制模型线

微课：选择合适的工作平面绘制模型线

根据实际情况选择合适的工作平面绘制模型线；选择绘制的这些模型线，单击“形状”面板→“创建形状”下拉列表→“实心形状”或者“空心形状”按钮，创建三维体量模型。工作平面、模型线是创建体量的基本要素。另外，在概念体量建模环境（体量族编辑器）中创建体量时，工作平面、模型线的使用比构件族的创建更加灵活。

工作平面是用作视图或绘制图元起始位置的虚拟二维表面。工作平面的形式包括模型表面所在面、三维标高、视图中默认的参照平面或绘制的参照平面、参照点上的工作平面。

（1）模型表面所在面：拾取已有模型图元的表面所在面作为工作平面；在族编辑器三维视图中，单击“创建”选项卡→“工作平面”面板→“设置”按钮，再拾取一个已有图元的一个表面来作为工作平面，单击激活“显示”按钮，该表面显示为蓝色，如图 3-7 所示。

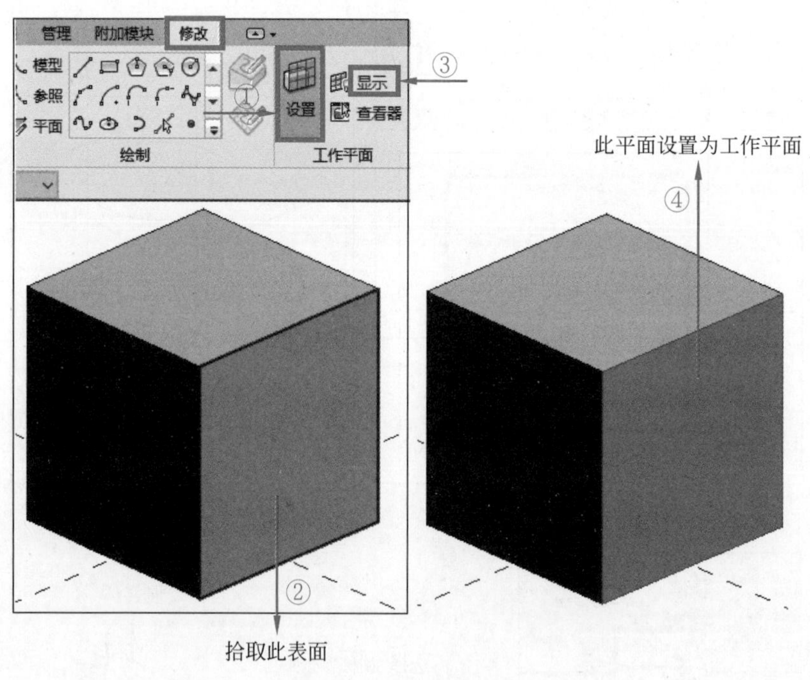

图 3-7 设置工作平面

小知识

在族编辑器三维视图中，单击“创建”选项卡→“工作平面”面板→“设置”按钮后，直接默认为“拾取一个平面”，如果是在其他平面视图，则会弹出“工作平面”对话框，需要手动选择“拾取一个平面”，或指定新的工作平面“名称”来选择参照平面，如图 3-4 所示。

（2）三维标高：在体量族编辑器三维视图中，软件提供了三维标高面，可以在三维视图中直接创建标高，作为体量创建中的工作平面。在体量编辑器三维视图中，单击“创建”选项卡→“基准”面板→“标高”按钮，光标移动到绘图区域现有标高面上方，光标下方会出现间距显示（临时尺寸标注），可在位编辑器中直接输入间距数值，例如“30000”，即 30m，按 Enter 键即可完成三维标高的创建，如图 3-8 所示。创建完成的标高，其高度可以通过修改标高下面的临时尺寸标注进行修改；同样，三维视图标高可以通过“复制”或“阵列”工具进行创建。

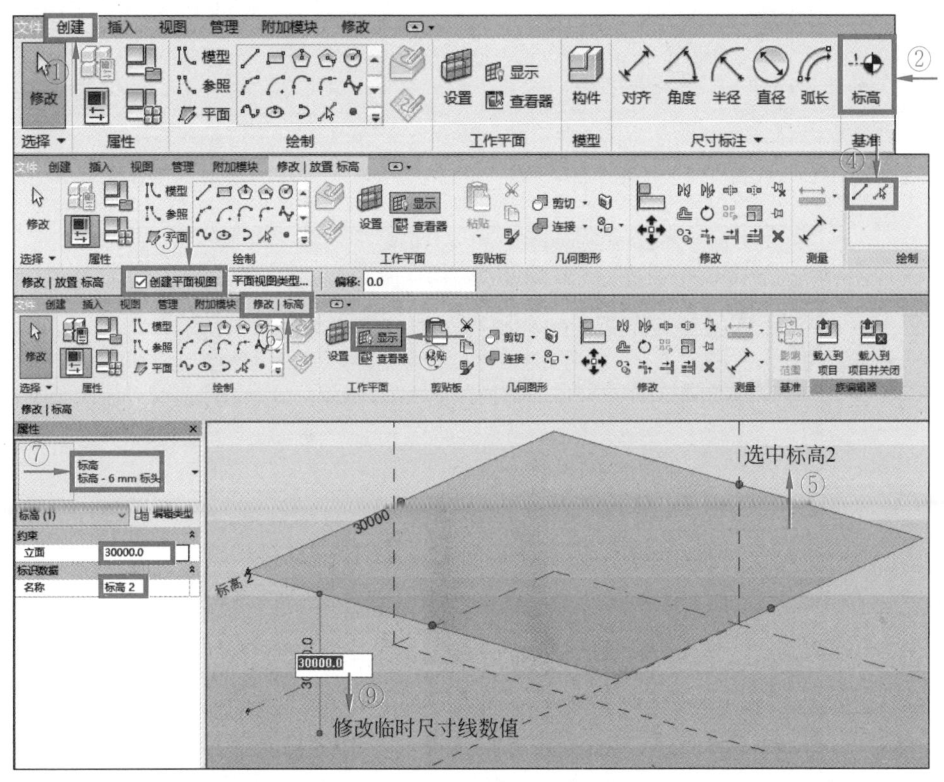

图 3-8　三维标高的创建

单击“创建”选项卡→“工作平面”面板→“设置”按钮，光标选择标高平面，即可将标高平面设置为当前工作平面，单击激活“创建”选项卡→“工作平面”面板→“显示”按钮，界面可始终显示当前工作平面，如图 3-9 所示。

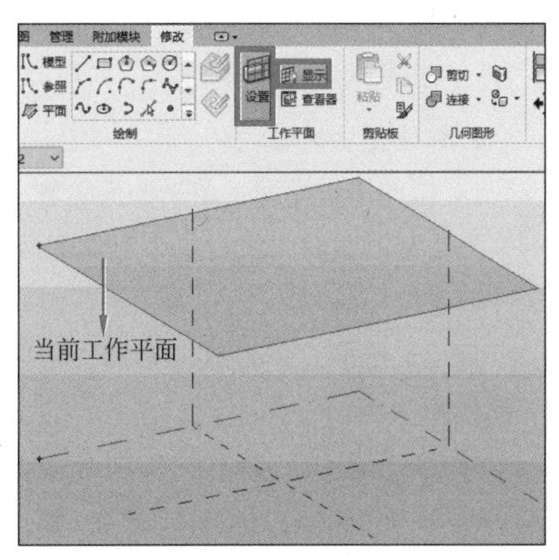

图 3-9　显示当前工作平面

（3）默认的参照平面或绘制的参照平面：在体量编辑器三维视图中，可以直接选择与立面平行的“中心（前/后）”或“中心（左/右）”参照平面作为当前工作平面，如图 3-10 所示。

（4）参照点上的工作平面：每个参照点都有三个互相垂直的工作平面。单击“创建”选项卡→“工作平面”面板→“设置”按钮，光标放置在“参照点”位置，按 Tab 键可以切换选择“参照点”三个互相垂直的“参照面”作为当前工作平面，如图 3-11 所示。

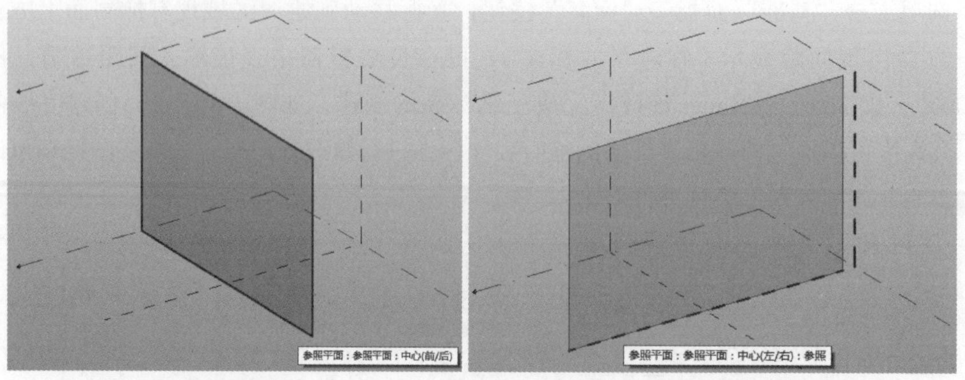

图 3-10 设置“中心（前 / 后）”或“中心（左 / 右）”参照平面作为工作平面

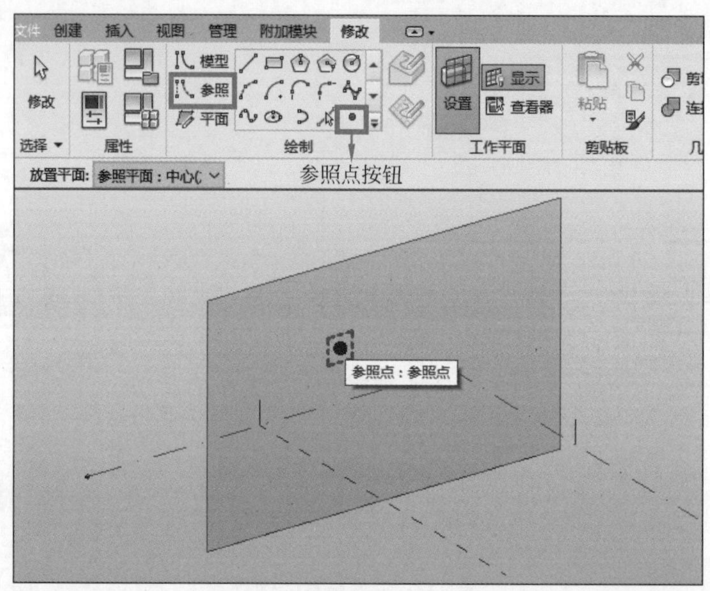

图 3-11 参照点上的工作平面

3.1.5 创建概念体量模型

1. 拉伸体量模型

1）拉伸体量模型：单一截面轮廓（闭合）

微课：拉伸体量模型

当绘制的截面曲线为单个工作平面上的闭合轮廓时，Revit 将自动识别轮廓并创建拉伸模型。

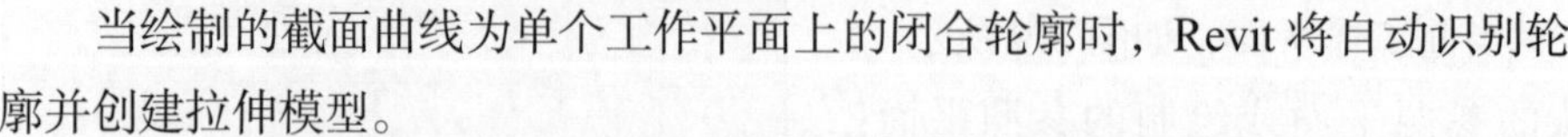

打开三维概念体量族编辑器；切换到“标高 1”楼层平面视图且设置“标高 1”楼层平面视图为当前工作平面；单击“创建”选项卡→“绘制”面板→“模型线”按钮，进入“修改 | 放置线”上下文选项卡；激活“在工作平面上绘制”按钮，确认选项栏“放置平面”为“标高：标高 1”；在“绘制”面板中选择绘制的方式为“矩形”，绘制边长为 50000 的正方形模型线，如图 3-12 中⑤所示；切换到三维视图，单击刚绘制的正方形

模型线，进入“修改 | 线”上下文选项卡，单击“形状”面板→“创建形状”下拉列表→“实心形状”按钮，修改立方体高度的临时尺寸数值为“40000”，如图 3-12 中⑧所示。

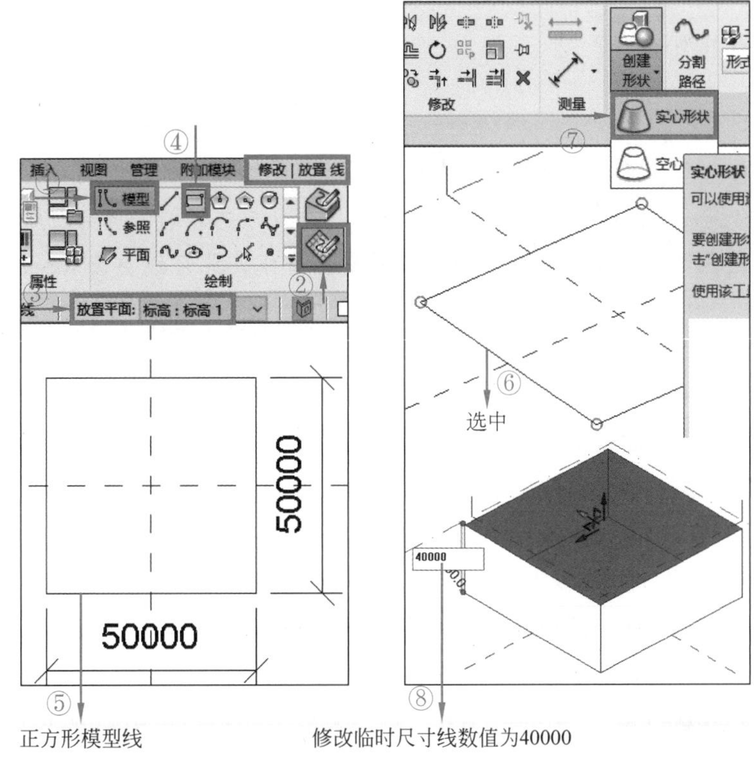

图 3-12　创建拉伸体量模型

2）拉伸体量曲面：单一截面轮廓（开放）

打开三维概念体量族编辑器；设置“标高 1”楼层平面视图为当前工作平面；单击“创建”选项卡→“绘制”面板→“模型线”按钮，进入“修改 | 放置线”上下文选项卡；激活“在工作平面上绘制”按钮，确认选项栏“放置平面”为“标高：标高 1”；在“绘制”面板中选择绘制的方式为“圆心 - 端点弧”，绘制如图 3-13 中所示的开放轮廓；单击

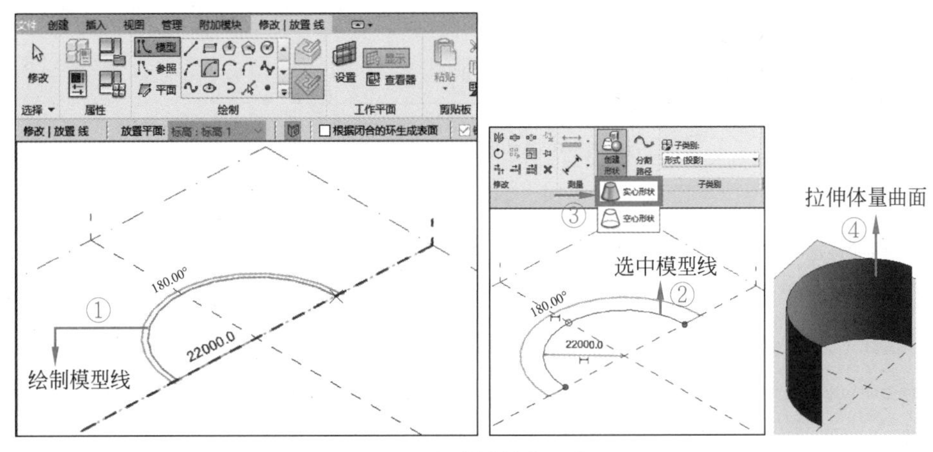

图 3-13　创建拉伸体量曲面

刚绘制的开放轮廓，进入“修改 | 线”上下文选项卡，单击“形状”面板→“创建形状”下拉列表→“实心形状”按钮，Revit 自动识别轮廓，并自动创建如图 3-13 中④所示的拉伸体量曲面。

2. 旋转体量模型

小知识

如果在同一工作平面上绘制一条直线和一个封闭轮廓，将会创建旋转模型；如果在同一工作平面上绘制一条直线和一个开放的轮廓，将会创建旋转曲面。直线可以是模型直线，也可以是参照直线，此直线会被 Revit 识别为旋转轴。

微课：旋转体量模型

（1）打开三维概念体量族编辑器；设置“标高 1”楼层平面视图为当前工作平面；切换到“标高 1”楼层平面视图；单击“创建”选项卡→“绘制”面板→“模型线”按钮，进入“修改 | 放置线”上下文选项卡，在“绘制”面板中选择绘制的方式为“直线”，绘制如图 3-14 中①和②所示的封闭图形 AA 和与封闭图形不相交的直线 BB；切换到三维视图，同时选中绘制的封闭图形 AA 和与封闭图形不相交的直线 BB，进入“修改 | 线”上下文选项卡，单击“形状”面板→“创建形状”下拉列表→“实心形状”按钮，如图 3-14 中③和④所示；创建的旋转体量模型如图 3-14 中⑤所示。

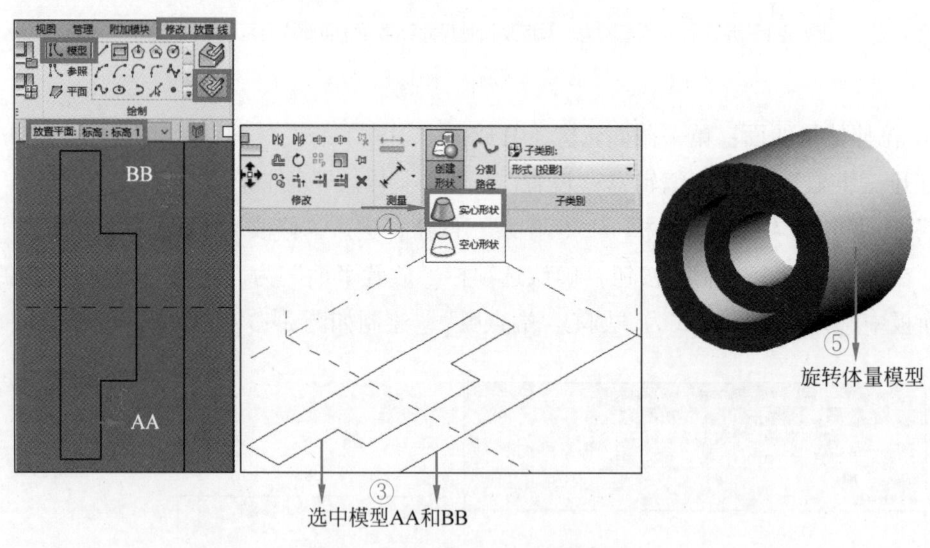

图 3-14 创建旋转体量模型

（2）选中旋转体量模型，进入“修改 | 形式”上下文选项卡，单击“模式”面板→“编辑轮廓”按钮，显示轮廓和直线，如图 3-15 中③所示；通过 View Cube 工具将视图切换为上视图（三维视图状态），然后重新绘制封闭轮廓为圆形 CC，如图 3-13 中⑤所示；单击“模式”面板→“完成编辑模式”按钮，完成旋转体量模型的更改，结果如图 3-15 中⑦所示。

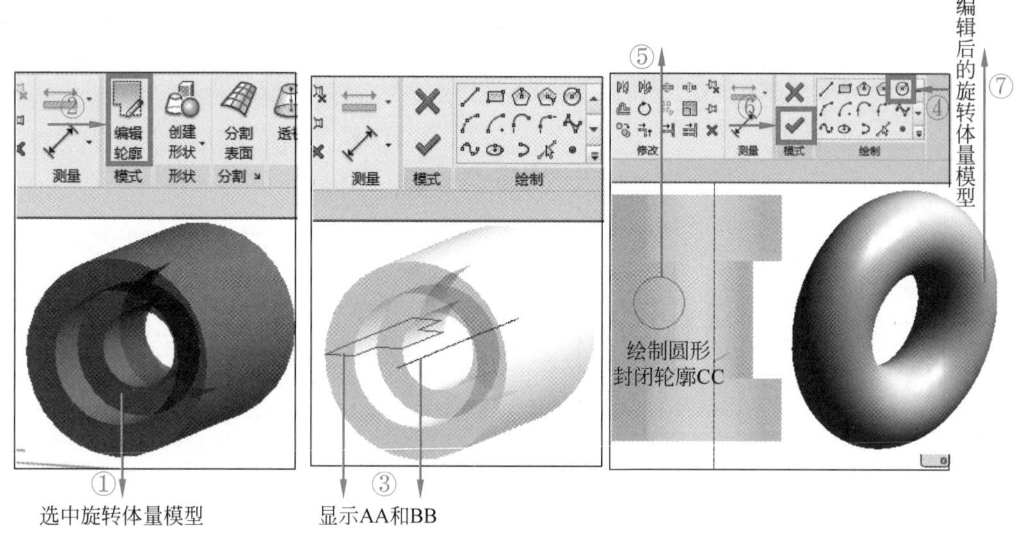

图 3-15　旋转体量模型的编辑和修改

（3）重新打开三维概念体量族编辑器；设置“标高 1”楼层平面视图为当前工作平面；切换到“标高 1 楼层平面视图”；单击“创建”选项卡→“绘制”面板→“模型线”按钮，进入“修改 | 放置线”上下文选项卡，在“绘制”面板中选择绘制的方式为“直线”，绘制开放图形和直线；切换到三维视图，同时选中开放图形和直线，进入“修改 | 线”上下文选项卡，单击“形状”面板→“创建形状”下拉列表→“实心形状”按钮，创建的旋转体量模型如图 3-16 所示；创建的融合体量模型如图 3-17 所示。

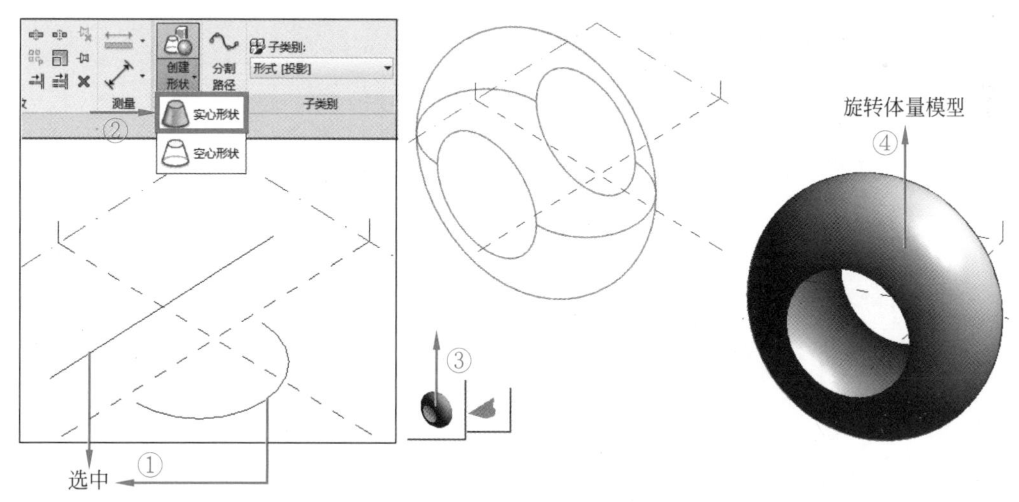

图 3-16　创建的旋转体量模型

3. 放样体量模型

小知识

在概念设计环境中，放样要基于沿某个路径的二维轮廓创建。轮廓垂直于用于定义路径的一条或多条线而绘制。

微课：放样体量模型

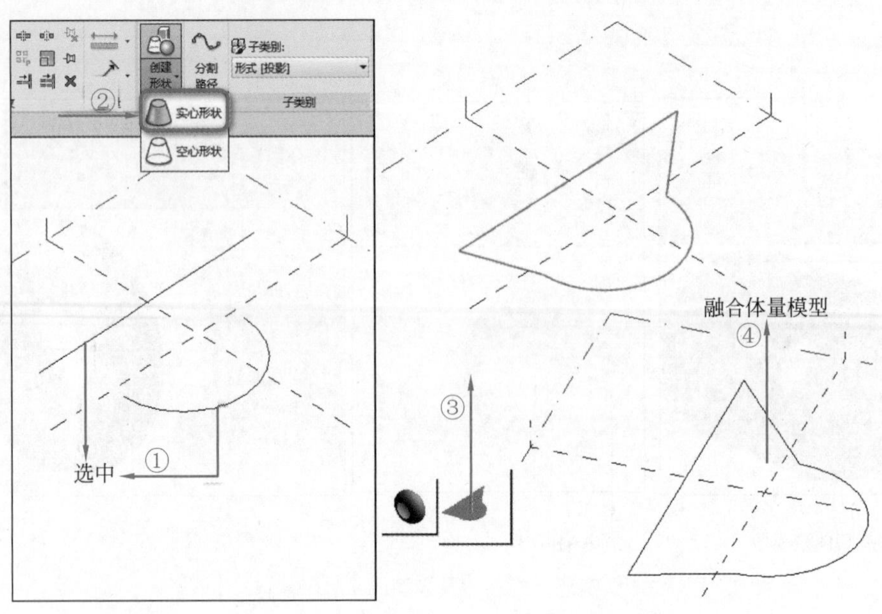

图 3-17　创建的融合体量模型

（1）打开三维概念体量建模环境；设置“标高 1”楼层平面视图为当前工作平面；单击“创建”选项卡→“绘制”面板→“模型线”按钮，进入“修改 | 放置线”上下文选项卡，在“绘制”面板中选择绘制的方式为“通过点的样条曲线”，绘制如图 3-18 中①所示的图形；在“绘制”面板中选择绘制的方式为“点”，确定“在工作平面上绘制”，然后放置一个点，如图 3-18 中②所示。

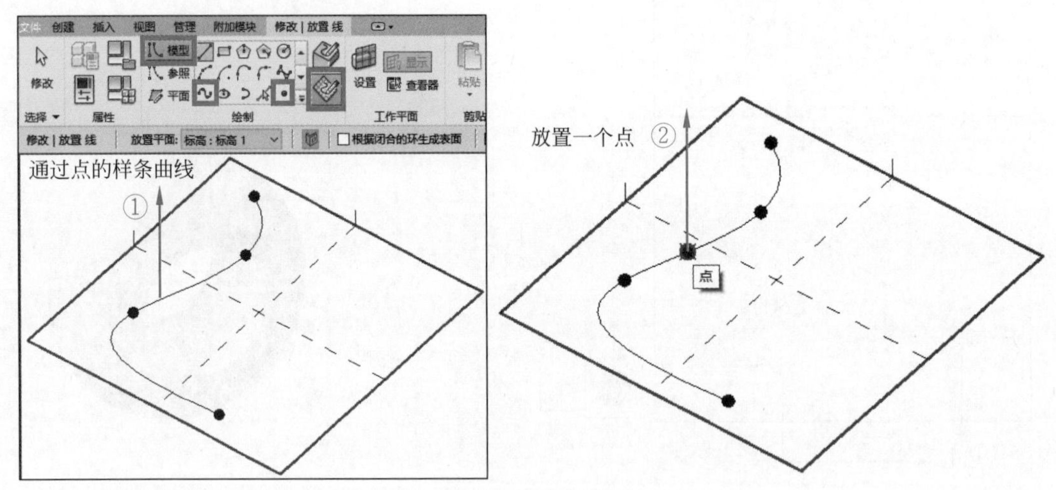

图 3-18　绘制样条曲线和放置点

（2）单击“工作平面”面板“设置”按钮，把光标放在刚刚放置的“点”上，通过 Tab 键进行切换，当显示与路径垂直的工作平面时，单击，则此与路径垂直的工作平面将被设置为当前工作平面，单击“工作平面”面板“显示”按钮，如图 3-19 所示。**特注：**实际上，在三维视图状态下，选中点，将显示垂直于路径的工作平面。

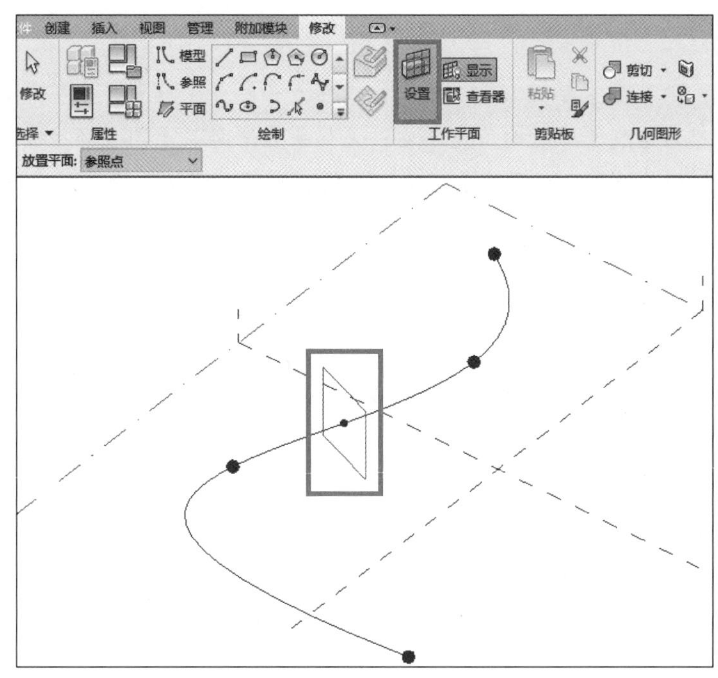

图 3-19　设置工作平面

（3）在“绘制”面板中选择绘制的方式为“圆”，在当前工作平面上绘制圆，如图 3-20 中②所示；按住 Ctrl 键选中封闭轮廓（圆）和路径（样条曲线），单击“形状”面板→“创建形状”下拉列表→“实心形状”按钮，软件将自动完成放样体量模型的创建，如图 3-20 中⑤所示。

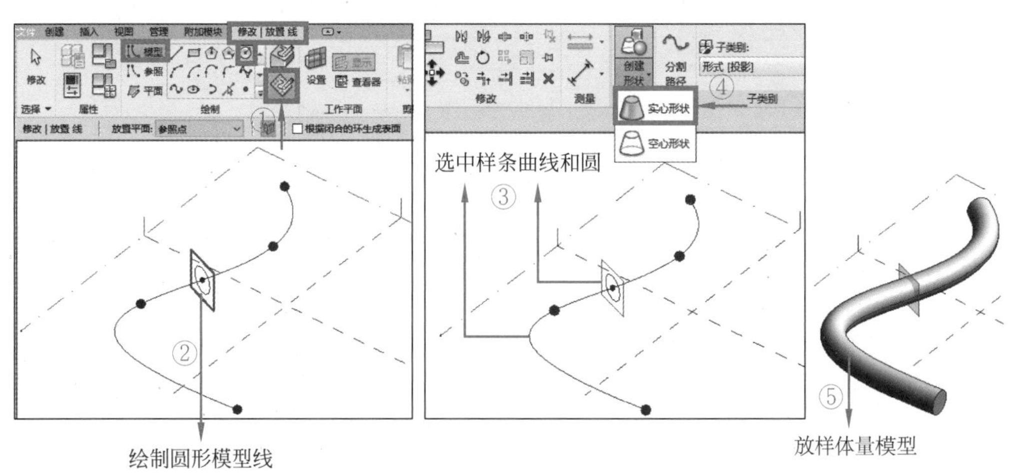

图 3-20　放样体量模型的创建

小知识

若要编辑路径，请选中放样模型，然后单击“编辑轮廓”按钮，重新绘制放样路径即可；若需要编辑截面轮廓，请选中放样模型两个端面之一的封闭轮廓线，再单击“编辑轮廓”按钮，即可编辑轮廓形状和尺寸。

小知识

为了得到一个垂直于路径的工作平面，往往先在路径上放置一个参照点，然后指定该点的一个面作为绘制轮廓时的工作平面；②如果轮廓是基于闭合环生成的，可以使用多分段的路径来创建放样；如果轮廓不是闭合的，则不会沿多分段路径进行放样。

4. 放样融合体量模型

小知识

在概念设计环境中，放样融合要基于沿某个路径放样的两个或多个二维轮廓而创建。轮廓垂直于用于定义路径的线。

微课：放样融合体量模型

（1）打开三维概念体量建模环境；设置“标高 1”楼层平面视图为当前工作平面；单击“创建”选项卡→“绘制”面板→“模型线”按钮，进入“修改 | 放置线”上下文选项卡，使用“创建”选项卡下“绘制”面板中的工具，绘制一系列连在一起的线来构成路径 A，如图 3-21 中④所示；单击“创建”选项卡下“绘制”面板中的“点图元”按钮，确定“在面上绘制”，然后沿路径放置放样融合轮廓的参照点 B 和 C，如图 3-21 中⑤和⑥所示；选择参照点 B，拾取工作平面，并在其工作平面上绘制一个闭合轮廓 D；以同样的方式，选择参照点 C，拾取工作平面，并在其工作平面上绘制一个闭合轮廓 E，如图 3-21 中⑨和⑩所示。

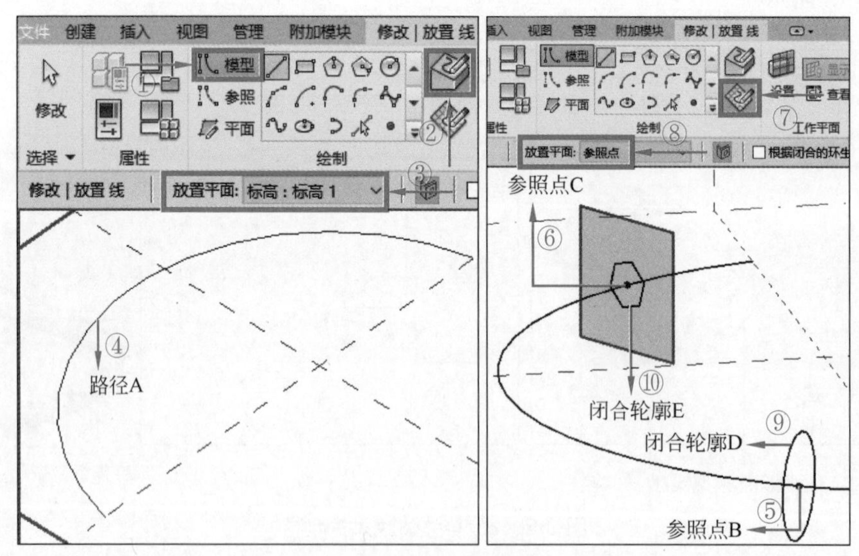

图 3-21　绘制路径和轮廓

（2）同时选中路径 A、封闭轮廓 D 和封闭轮廓 E，如图 3-22 中①所示；单击“修改 | 线”选项卡→“形状”面板→“创建形状”下拉列表→“实心形状”按钮，创建放样融合体量模型，如图 3-22 中③所示。

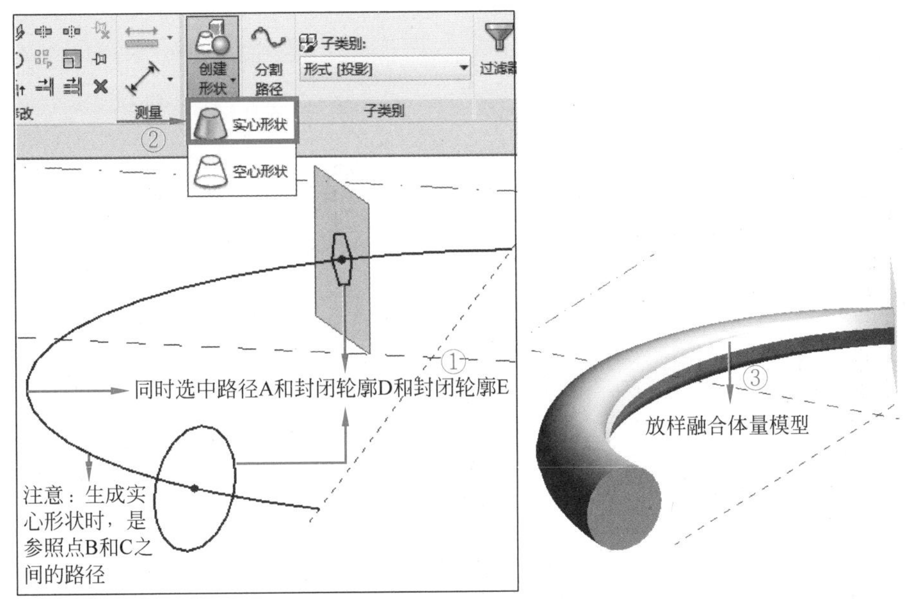

图 3-22　放样融合体量模型

3.1.6　实心与空心的剪切

微课：实心与空心的剪切

一般情况下，空心模型将自动剪切与之相交的实体模型，如图 3-23 所示。

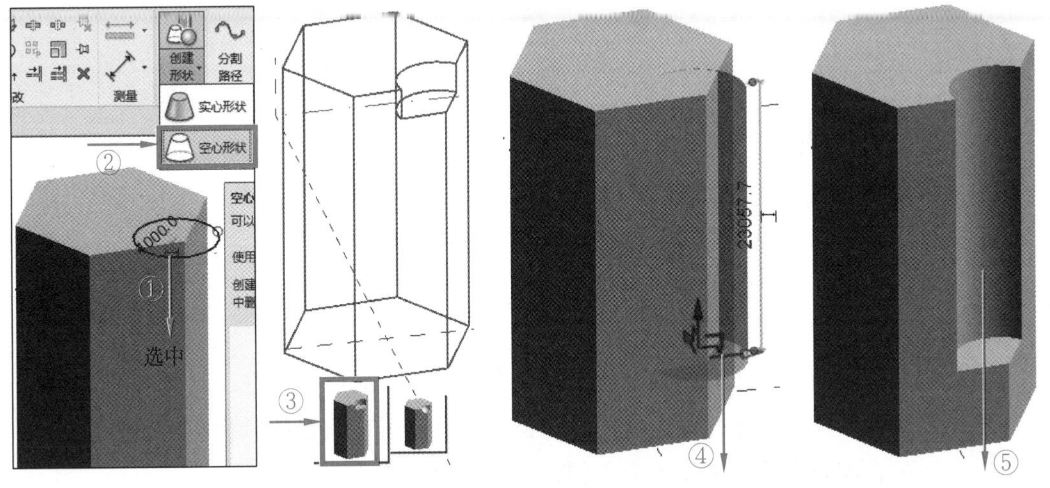

图 3-23　空心模型将自动剪切与之相交的实体模型

3.2　经典真题解析

下面通过对精选考试真题（概念体量）的详细解析来介绍概念体量的建模和解题步骤，希望对广大读者朋友有所帮助。

（1）（第十六期全国 BIM 技能等级考试一级试题第三题“高塔”）根据图 3-24 给定的尺寸，用体量方式创建高塔模型，未标明尺寸的部分不作要求，请将模型以“高塔 + 考生

姓名 .×××”为文件名保存到考生文件夹。

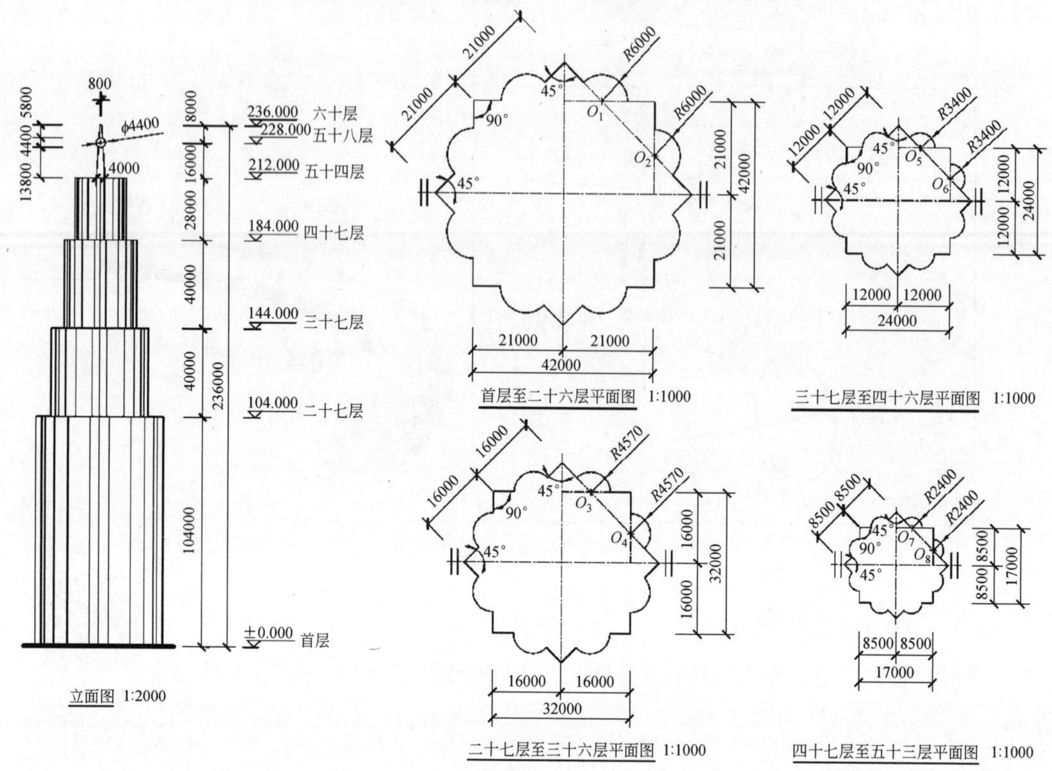

图 3-24 第十六期第三题“高塔”

【解析】

① 本题要求使用体量方式创建高塔模型；

② 文件名：“高塔 + 考生姓名”；

③ 文件格式：未标明尺寸部分不作要求；文件格式题目未明确；

④ 考查的建模方法：体量中创建标高、拉伸、旋转。

【本题注意点】

① 此题若使用缩放方法，则弧线轮廓尺寸会有误差，需要手动进行调整；

② 顶部旋转形体的尺寸标注未使用直径符号，读者可视作矩形形状；

③ 灵活配合使用修剪、镜像等命令创建轮廓较为快捷。

【本题考点】

本题考点见图 3-25。

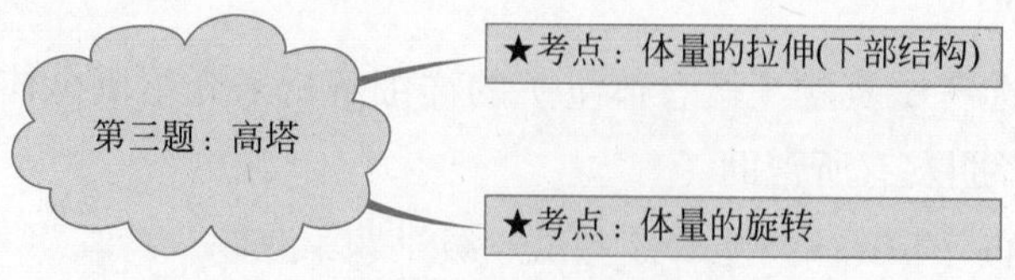

图 3-25 第十六期第三题“高塔”考点

本题完成模型如图 3-26 所示。

图 3-26　第十六期第三题“高塔”模型

微课：第十六期第三题“高塔”

（2）（第三期全国 BIM 技能等级考试一级试题第三题“杯型基础”）根据图 3-27 给定的投影尺寸，创建形体体量模型，基础底标高为 -2.1m，设置该模型材质为混凝土。请将模型体积用“模型体积”为文件名、以文本格式保存在考生文件夹中，模型文件以“杯型基础”为文件名保存到考生文件夹中。

微课：第三期第三题“杯型基础”

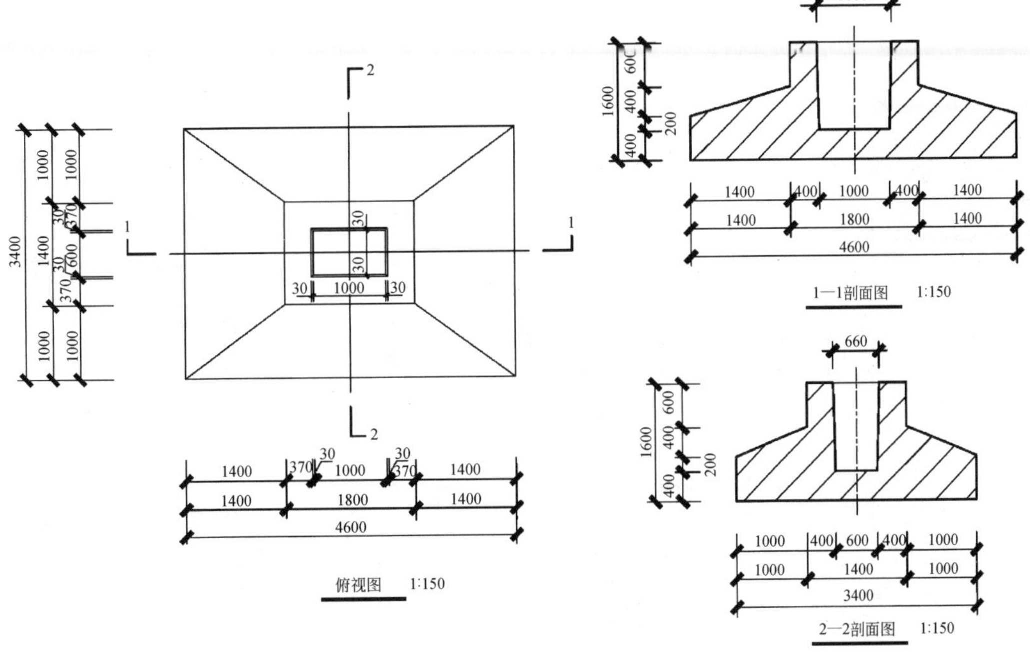

图 3-27　第三期第三题“杯型基础”

小知识

本题体量为杯型基础。首先从南北立面绘制实心形状进行拉伸，再到东西立面进行空心拉伸，将多余的部分剪切掉，最后通过空心融合创建中间的四棱台洞口。绘制时，注意绘制参照平面和设置相应的工作平面，修改材质即可完成体量创建。模型体积有软件本身自动进行统计。体量的创建过程和思路与族基本相同。本题主要考察了创建基本实心形状和空心形状以及空心剪切的方法；在绘制体量的过程中，灵活使用参照平面可以大大加快模型的创建速度；本题比较简单，主要考察考生的操作熟练程度。

小技巧

灵活掌握参照平面的使用可使体量创建事半功倍，通过绘制和平面尺寸一致的参照平面，可以快速地绘制相应的平面形状；在拉伸体量时，可以有不同的拉伸形状进行“拼接”，也可以拉伸一个整体体量模型，再使用空心体量剪切进行修剪；当需要切割一个体量时，需要在一个实心体量在位编辑的情况下绘制一个空心体量，单独绘制空心体量时，系统会被提示没有切割的图元而无法完成；此外，对于形状不规则的体量，可以分开绘制，然后使用“连接几何形状”命令进行连接。

（3）（第五期全国 BIM 技能等级考试一级试题第三题“水塔”）图 3-28 为水塔。请按图示尺寸要求建立该水塔的实心体量模型，水塔水箱上、下曲面均为正十六面面棱台。最终以“水塔”为文件名保存在考生文件夹中。

微课：第五期第三题“水塔”

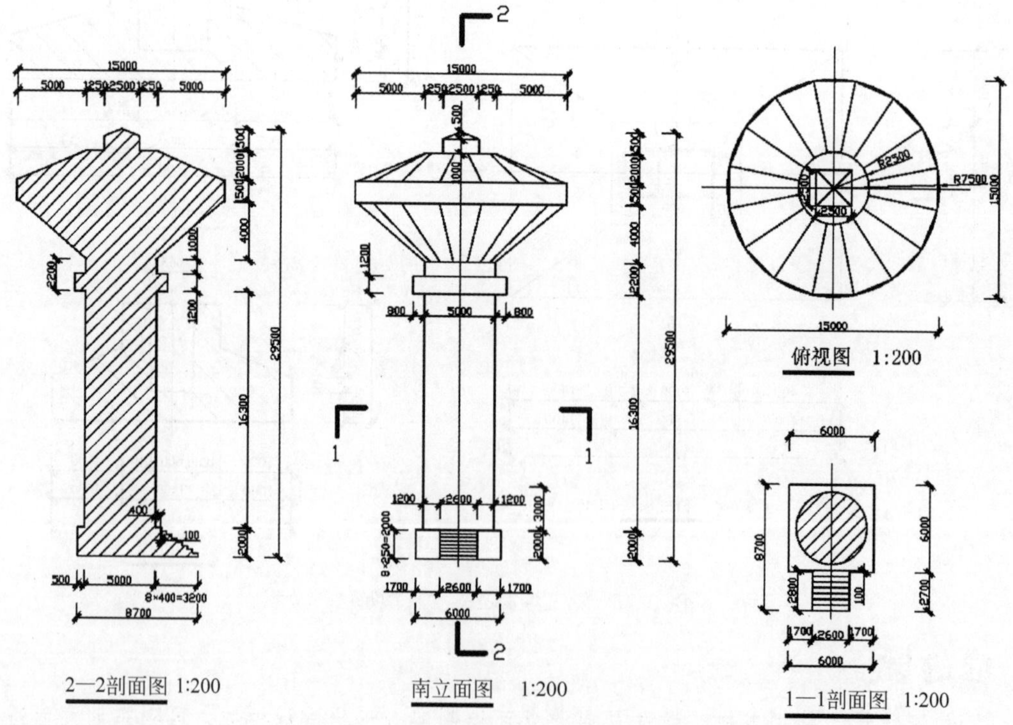

图 3-28 第五期第三题“水塔”

3.3 真题实战演练

（1）第一期全国 BIM 技能等级考试一级试题第一题“体量”。

小知识

根据题目，顶部和底部分别为一个圆和一个椭圆，通过创建实心形状生成（实际上是通过融合而成的）；计算该体量的体积，可以通过选择已经创建好的体量，查看左侧“实例属性”对话框“体积”即可，实际上也可以通过使用明细表的功能来统计体积。最后把这个项目文件命名为“体量”，保存到考试文件夹里，本题即解决。

（2）第二期全国 BIM 技能等级考试一级试题第一题“斜墙”。
（3）第四期全国 BIM 技能等级考试一级试题第三题“牛腿柱”。
（4）第六期全国 BIM 技能等级考试一级试题第四题“体量楼层”。
（5）第七期全国 BIM 技能等级考试一级试题第四题“仿央视大厦”。
（6）第八期全国 BIM 技能等级考试一级试题第三题“体量模型”。
（7）第九期全国 BIM 技能等级考试一级试题第三题“建筑形体”。
（8）第十期全国 BIM 技能等级考试一级试题第三题“柱脚”。
（9）第十一期全国 BIM 技能等级考试一级试题第二题“桥面板 + 考生姓名”。
（10）第十二期全国 BIM 技能等级考试一级试题第三题“方圆大厦 + 考生姓名”。
（11）第十三期全国 BIM 技能等级考试一级试题第三题“拱桥 + 考生姓名”。
（12）第十四期全国 BIM 技能等级考试一级试题第三题“建筑体量 + 考生姓名”。
（13）第十五期全国 BIM 技能等级考试一级试题第三题“隧道 + 考生姓名”。

	微课：第一期第一题“体量”01——题目分析		微课：第一期第一题“体量”02——第一种方法
	微课：第一期第一题“体量”03——第二种方法		微课：第二期第一题“斜墙”01——题目分析
	微课：第二期第一题“斜墙”02——第一种方法		微课：第二期第一题“斜墙”03——第二种方法
	微课：第二期第一题“斜墙”04——第三种方法		微课：第四期第三题“牛腿柱”
	微课：第六期第四题“体量楼层”		微课：第七期第四题“仿央视大厦”

	微课：第八期第三题“体量模型”		微课：第九期第三题“建筑形体”
	微课：第十期第三题“柱脚”		微课：第十一期第二题“桥面板”
	微课：第十二期第三题“方圆大厦”		微课：第十三期第三题“拱桥”
	微课：第十四期第三题“建筑体量”		微课：第十五期第三题“隧道”

本章重点讲述了概念体量的创建方法，同时精选了几道比较经典的真题进行了详细的解析，最后把往期考过的创建概念体量的真题设计成真题实战演练；只要读者认真研读本章内容，同时加强训练，就能快速掌握概念体量的创建方法。

第 4 章　新建和保存别墅项目文件

概　述

从本章开始，将以图 4-1 所示的别墅项目为例，按照常规的设计流程，从新建别墅项目文件开始，到打印出图结束，详细讲解别墅项目建立 Revit 模型的全过程，以便让初学者用最短的时间全面掌握 Revit 2018 的建模方法。本章介绍如何新建和保存“别墅”项目文件，准备开始建立本别墅项目 Revit 模型。

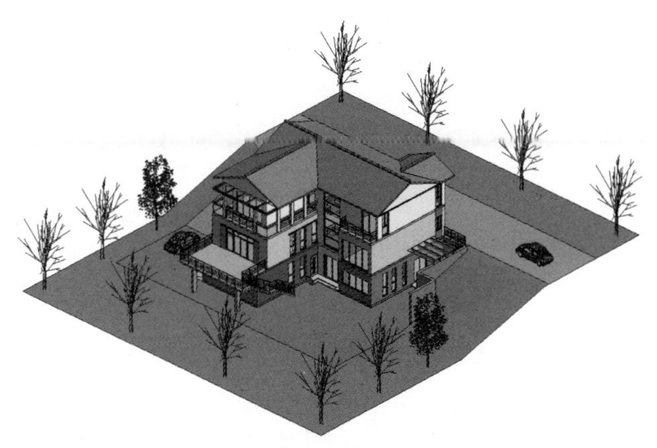

图 4-1　别墅项目三维模型

课程目标

- 掌握“新建”和“保存”项目文件的方法。

4.1　新建别墅项目文件

4.1.1　新建别墅项目

小知识

本书素材中包含了“别墅项目样板文件 2018.rte”文件，该文件已经载入别墅项目所需的各类族，同时符合中国国标设计规范的要求。

微课：新建别墅项目

（1）项目是整个别墅项目的联合文件，所有视图以及明细表都包含在项目文件中，创建新的别墅项目文件是开始建立 Revit 模型的第一步。

（2）单击 Revit 2018 的应用界面左侧“项目→新建”按钮，界面将弹出“新建项目”对话框，如图 4-2 所示；在“新建项目”对话框中单击“浏览”按钮，指定“别墅项目样板文件 2018.rte”文件作为样板文件创建本别墅项目。

（3）在“新建项目”对话框中勾选“新建”项目，单击“确定”按钮，退出“新建项目”对话框，系统自动进入 Revit 2018 工作界面，且系统将“1F”楼层平面图作为默认视图，窗口中将出现带有四个立面标高符号（俗称“小眼睛”）的空白区域，我们将在这个窗口中创建所需要的别墅项目 Revit 模型，如图 4-3 所示。

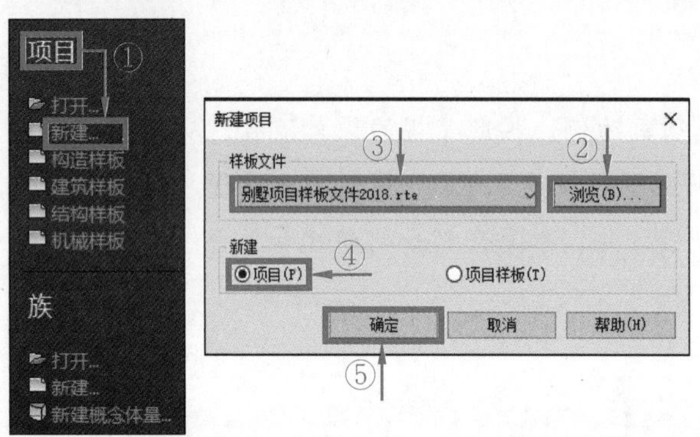

图 4-2 “新建项目”对话框

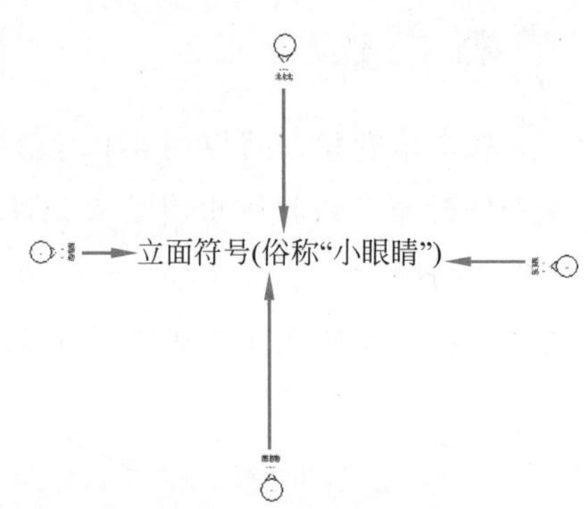

图 4-3 “1F”楼层平面视图

4.1.2 项目设置

（1）单击“管理”选项卡→“设置”面板→“项目信息”按钮，界面弹出“项目信息”对话框；在“项目信息”对话框中输入项目信息，如当前项目的名称、编号、地址、发布日期等信息，这些信息可以被后续图纸视图调用，如图 4-4 所示。

微课：项目设置

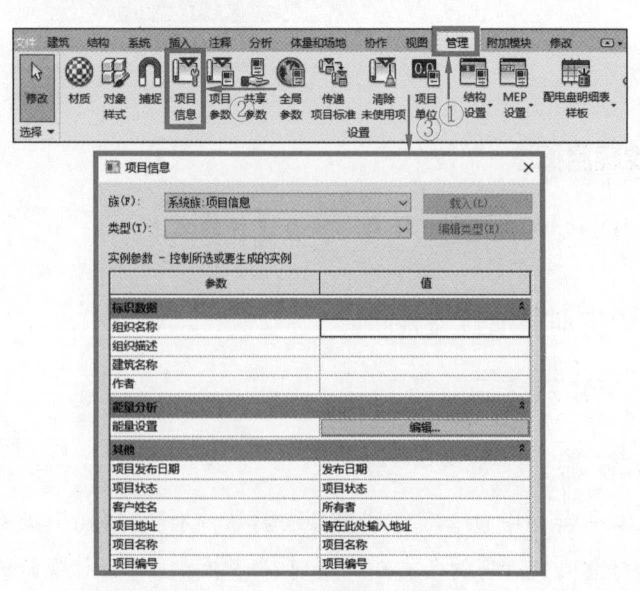

图 4-4 “项目属性”对话框

（2）单击“管理”选项卡→“设置”面板→“项目单位”按钮，界面弹出“项目单位”对话框；单击“长度”选项组中的“格式”列按钮，将长度单位设置为毫米（mm）；单击“面积”选项组中的“格式”列按钮，将面积单位设置为平方米（m^2）；单击“体积”选项组中的“格式”列按钮，将体积单位设置为立方米（m^3）；如图 4-5 所示。如果默认单位与上述一致，则直接单击“确认”按钮，关闭“项目单位”对话框。

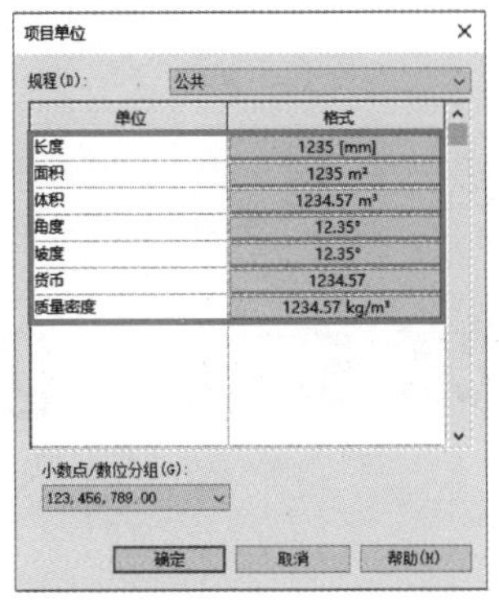

图 4-5　“项目单位”对话框

4.2　保存文件

单击“文件”按钮，在弹出的“下拉列表中”单击“另存为→项目”按钮，如图 4-6 中①所示；在弹出的“另存为”对话框中，单击该对话框右下角“选项”按钮，如图 4-6 中③所示；将弹出的“文件保存选项”对话框中最大备份数由默认的“3”改为“1”，如图 4-6 中④所示，目的是减少计算机中保存的备份文件数量。设置保存路径，输入文件名“别墅 01- 新建项目”，文件类型默认为“.rvt”，单击“保存”按钮，即可保存别墅项目文件。

微课：保存项目

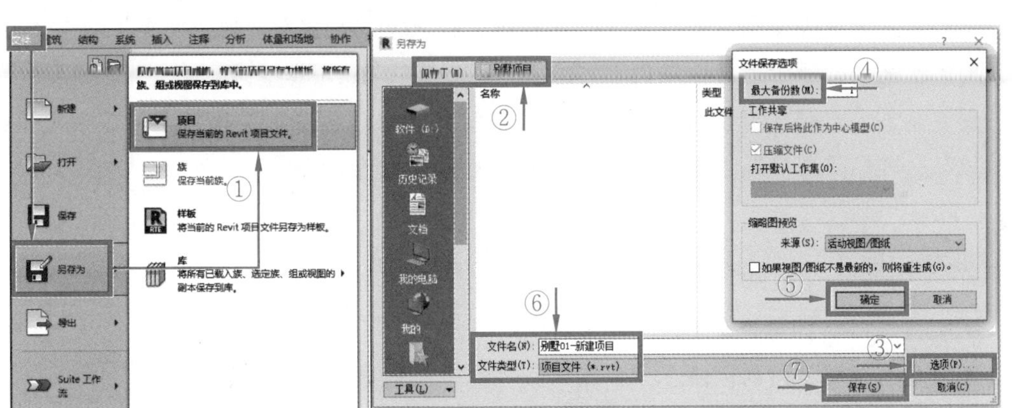

图 4-6　保存别墅项目文件

本章主要讲述了如何选择“别墅项目样板文件 2018.rte”文件新建别墅项目，同时介绍了如何进行“项目信息”和“项目单位”设置，最后介绍了如何保存别墅项目文件。第 5 章将从创建别墅项目标高和轴网开始，逐步完成别墅项目 Revit 模型的创建工作。

第 5 章　创建标高和轴网

概　述

第 4 章新建了“别墅 01- 新建项目”项目文件，本章将为别墅项目创建标高与轴网，以方便平面图和立面图建立模型捕捉定位。

本章需重点掌握标高和轴网的 2D、3D 显示模式的不同作用；熟悉影响范围命令的应用方法；掌握标高标头和轴网的显示控制，以及如何生成对应标高的平面视图等功能应用。

小知识

标高用来定义楼层层高及生成平面视图；在 Revit 2018 中，轴网确定了一个不可见的工作平面，用于为构件定位。在建立本别墅项目 Revit 模型时，建议先创建标高，再创建轴网。这样，立面视图中轴线的顶部端点将自动位于最上面一层标高线之上，轴线与所有标高线相交，所有楼层平面视图中会自动显示轴网。

课程目标

- 创建与编辑标高的方法；
- 创建与编辑轴网的方法。

5.1　创建标高和编辑标高

5.1.1　创建标高

微课：创建标高

小知识

在 Revit 2018 中，“标高”命令必须在立面或者剖面视图中才能应用，因此在正式开始对别墅项目建立模型前，必须事先打开一个立面视图。

打开素材中的“别墅 01- 新建项目 .rvt”文件，开始创建标高。

（1）在项目浏览器中展开“立面（建筑立面）”项，双击视图名称“南”进入南立面视图，如图 5-1 所示。

小知识

系统默认设置了两个标高，即“1F”楼层平面视图和“2F”楼层平面视图。随后我们将创建所需的其他标高。只有使用“标高”命令创建标高时，Revit 2018 才会自动为每个新标高创建相应楼层平面图。

（2）单击选择“2F”标高线，这时在“1F”标高线与“2F”标高线之间会显示一条蓝色临时尺寸标注，同时标高标头名称及标高值也都变成蓝色显示（蓝色显示的文字、标注等单击即可在位编辑修改）。

（3）在蓝色临时尺寸标注值上单击激活文本框，输入新的临时尺寸数值为“3300”后按 Enter 键确认，将“2F”标高值修改为 3.3m，如图 5-2 所示。

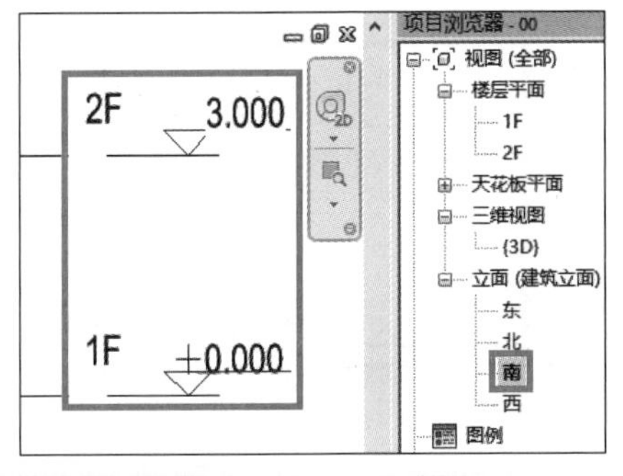

图 5-1　“南”立面视图

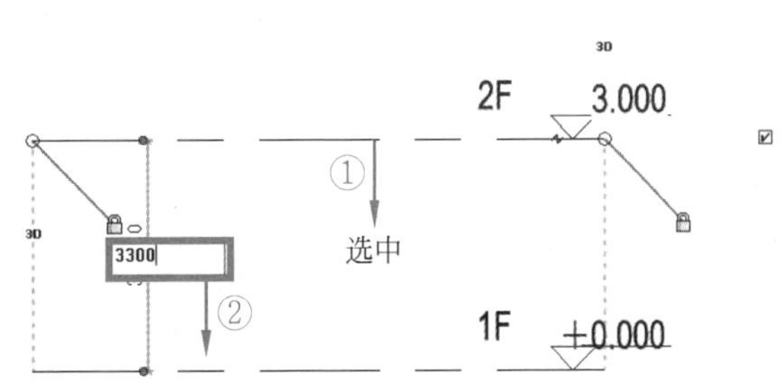

图 5-2　“2F”标高值修改为 3.3m

（4）选中“2F”标高线，切换到“修改 | 标高”上下文选项卡；单击“创建”面板→“创建类似”按钮，系统自动切换到“修改 | 放置标高”上下文选项卡，如图 5-3 所示。

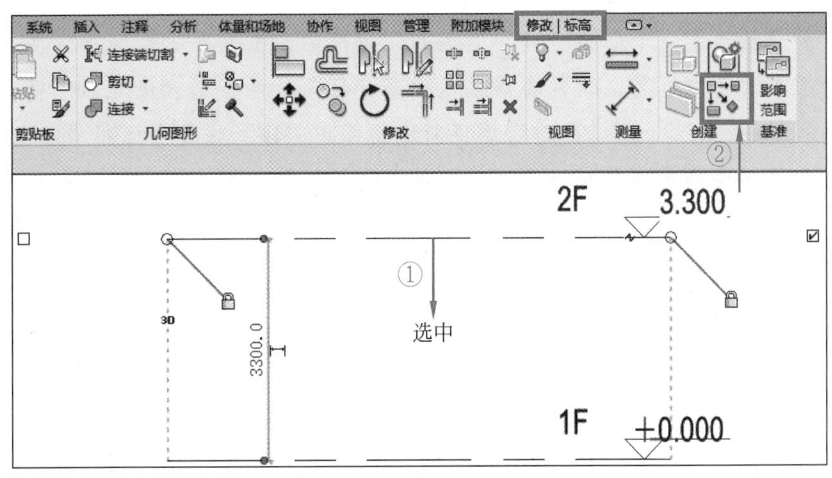

图 5-3　激活“创建类似”工具

（5）移动光标到视图中的“2F”标高线左侧标头上方，当出现绿色标头对齐虚线时，单击捕捉标高起点；从左向右移动光标到“2F”标高线右侧标头上方，当出现绿色标头对齐虚线时，再次单击捕捉标高终点，创建标高“3F”，如图 5-4 所示。

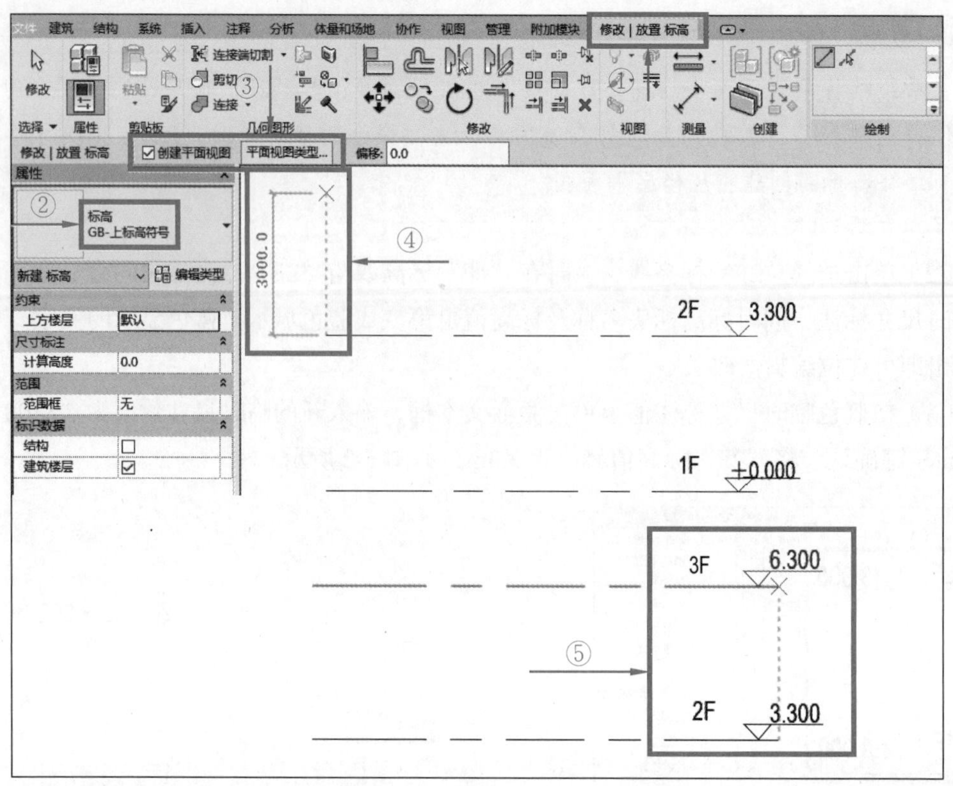

图 5-4 创建标高“3F”

小知识

要调整哪一个标高的尺寸，就应单击激活该标高，然后进行修改，否则会误修改其他标高的尺寸。如果直接删除新建标高，则之后再添加的标高会默认依次排序。也就是说，如果新建了一个名为“3F”的标高，删除后，立面显示已经不存在“3F”标高，但如果再次新建标高，软件会默认从标高“4F”开始，那么该立面中就会显示标高“2F”和标高“4F”，所以此时需要将新建的标高“4F”修改为标高“3F”，这样之后再添加的标高序号才恢复正确顺序。当放置光标以创建标高时，如果光标与现有标高线对齐，则光标和该标高线之间会显示临时的垂直尺寸标注；创建标高期间不必考虑标高数值，创建完成后，可用与修改“2F”标高值相同的方法调整其临时尺寸线数值，修改为“3000 毫米”即可。

（6）选中“2F”标高线，进入“修改 | 标高”上下文选项卡；单击“修改”面板→“复制”按钮，选项栏勾选“约束”和“多个”，移动光标，在“2F”线上单击捕捉一点作为复制基点，然后垂直向下移动光标，输入间距值“3750”按 Enter 键确认后，复制新的标高，如图 5-5 所示。

（7）继续向下移动光标，分别输入间距值“2850”“200”，按 Enter 键确认后，复制另外两个新的标高。

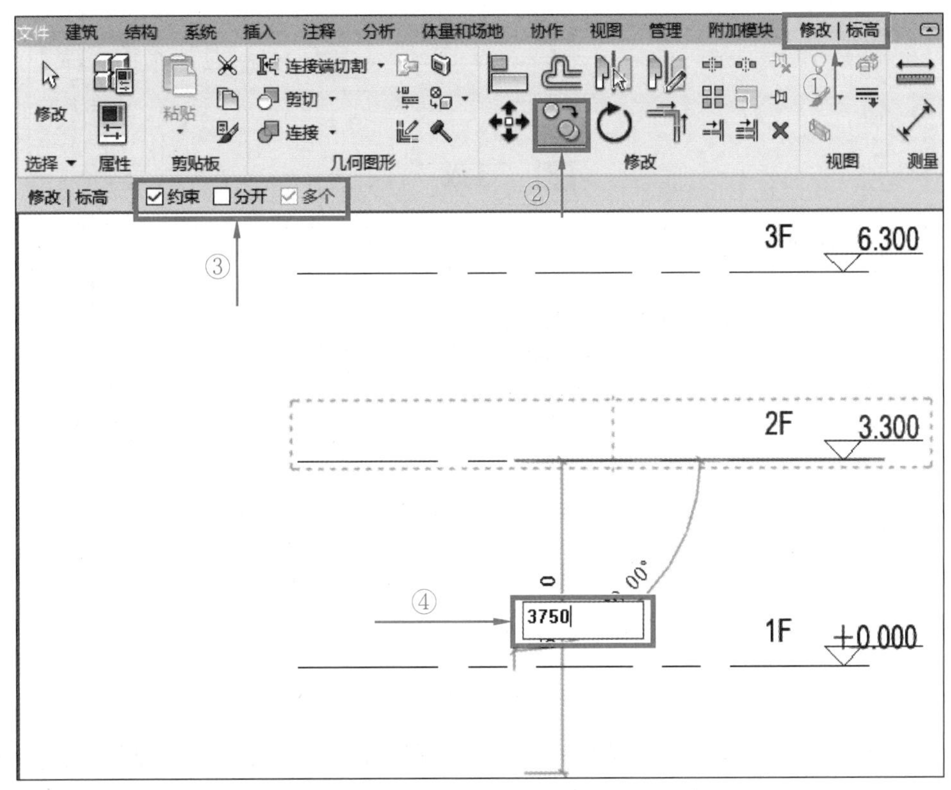

图 5-5　“复制”命令创建标高“0F”

注意：此时标高标头名称没有续接前面的“3F”排列。

（8）分别选择新复制的 3 条标高线，单击蓝色的标头名称激活文本框，分别输入新的标高名称“0F”“-1F”“-1F-1”后，按 Enter 键确认。结果如图 5-6 所示。

（9）双击标高“1F”的名称“1F”，将其改为“F1”，界面弹出如图 5-7 中②所示的对话框，选择“是”，则重命名了项目浏览器“楼层平面”项下的楼层平面名称；同理，可将标高“2F”的名称修改为“F2”，将标高“3F”的名称修改为“F3”。

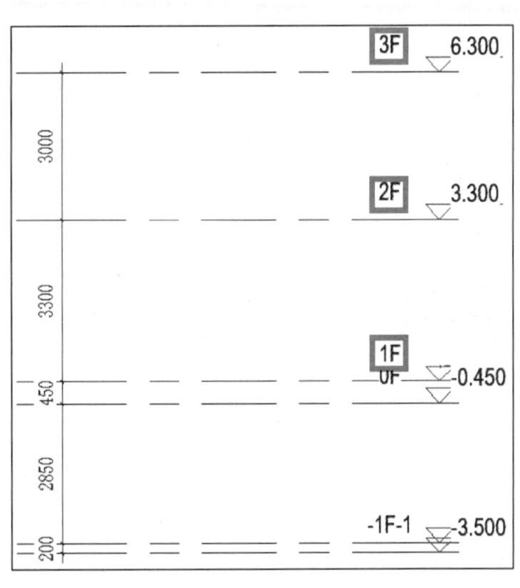

图 5-6　新复制的 3 个标高“0F”“-1F”“-1F-1”

小知识

在 Revit 2018 中复制的标高是参照标高，因此新复制的标高标头都是黑色显示，而且在项目浏览器中的“楼层平面”项下也没有创建新的楼面平面视图。

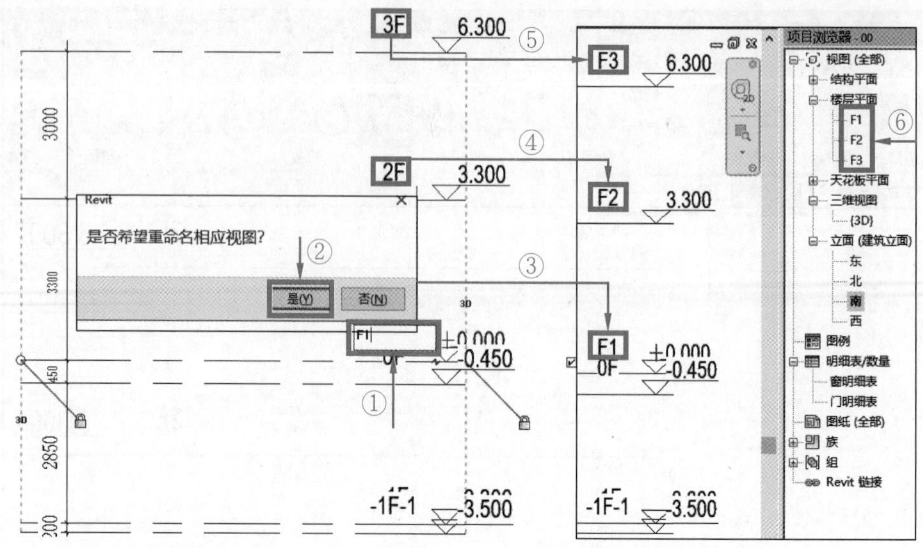

图 5-7　修改标高名称，项目浏览器中相应楼层平面名称同步更新

至此，别墅项目的各个标高就创建完成了。

5.1.2　编辑标高

（1）按住 Ctrl 键，同时单击拾取标高“0F”和标高“-1F-1”，从左侧类型选择器下拉列表中选择“标高：GB- 下标高符号”类型，两个标头自动向下翻转方向，如图 5-8 所示。

微课：编辑标高

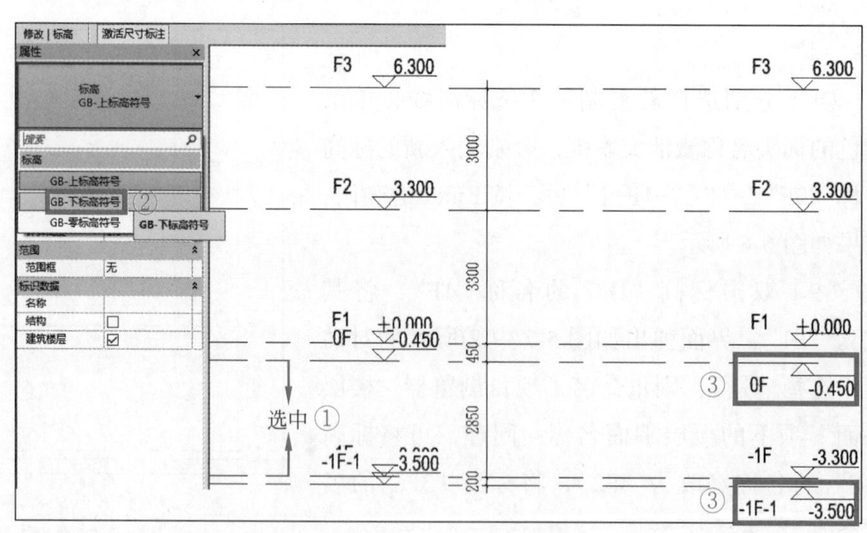

图 5-8　设置标高“0F”和“-1F-1”标头类型为“标高：GB- 下标高符号”

（2）单击“视图”选项卡→“创建”面板→“平面视图”下拉列表→“楼层平面”按钮，打开“新建楼层平面”对话框，如图 5-9 所示；从“新建楼层平面”对话框的下面列表中选择“-1F”，单击“确定”按钮后，在项目浏览器中创建了新的楼层平面“-1F”，并自动打开“-1F”楼层平面视图作为当前视图。

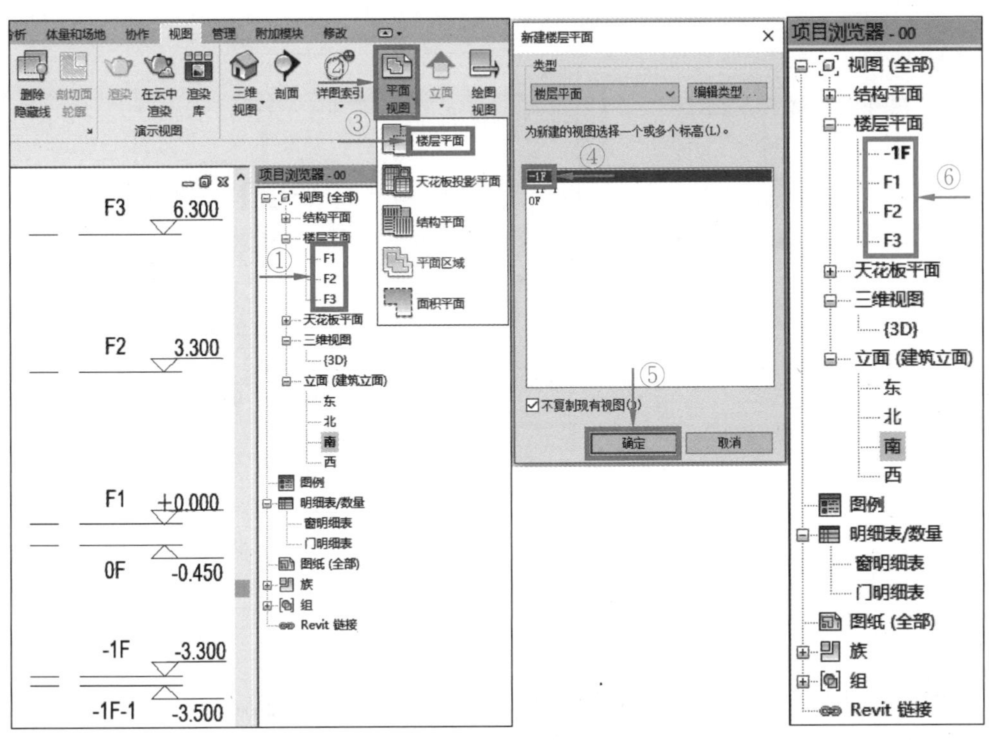

图 5-9　创建“-1F”楼层平面图

（3）在项目浏览器中双击“立面（建筑立面）”项下的“南”，回到“南”立面视图中，发现标高“-1F”标头变成蓝色显示，如图 5-10 所示。

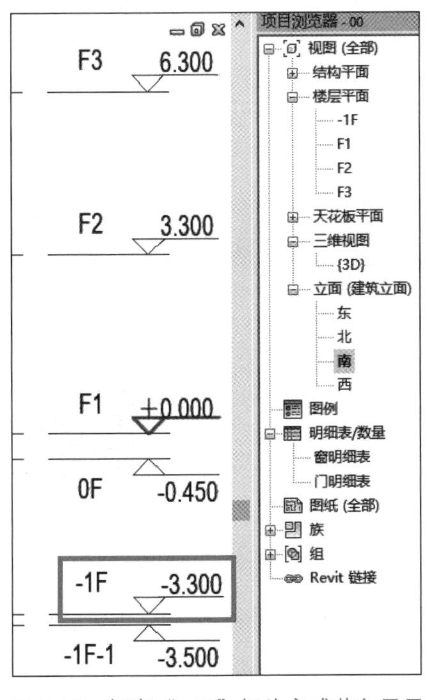

图 5-10　标高“-1F”标头变成蓝色显示

小知识

选择任意一根标高线，界面会显示临时尺寸、一些控制符号和复选框，如图 5-11 所示，可以编辑其尺寸值，单击并拖曳控制符号，可整体或单独调整标高标头位置、控制标头隐藏或显示等操作。如点击添加弯头处，可将标头相对标高线产生偏移，并通过端点拖曳控制柄调整标头偏移量；标头对齐锁定状态，拖曳一根标高线，可一起调整其余标高线；在一个视图中，调整一条标高线时，3D 视图将改动应用到其他视图中，而 2D 视图仅对本视图产生作用，通常默认为 3D 视图，以减少调整的工作量；调整标高线位置，既可修改临时尺寸数值（以 mm 为单位），也可修改标高数字（以 m 为单位，精确到小数点后 3 位）。

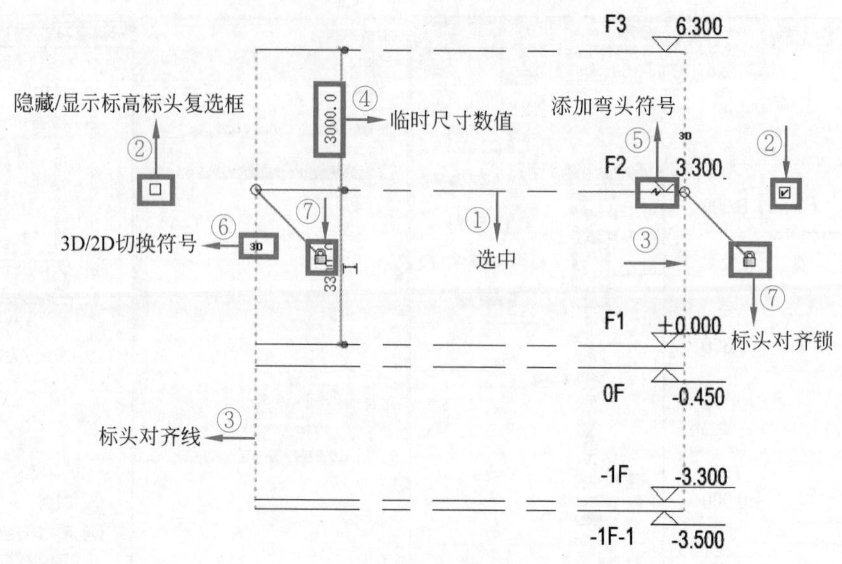

图 5-11 临时尺寸、控制符号和复选框

小知识

选择与其他标高线对齐的标高线时，界面将会出现一个锁以显示对齐；如果水平移动标高线，则全部对齐的标高线会随之移动，如图 5-12 所示；选中某一标高后的蓝色虚线是对齐作用，在锁定状态下拖动蓝色圆点，所有标高线都能同时进行联动拉伸，而单击“锁”标志能够将选中的标高解锁，此时拖曳蓝色圆点，则可只对这一标高线进行拉伸。

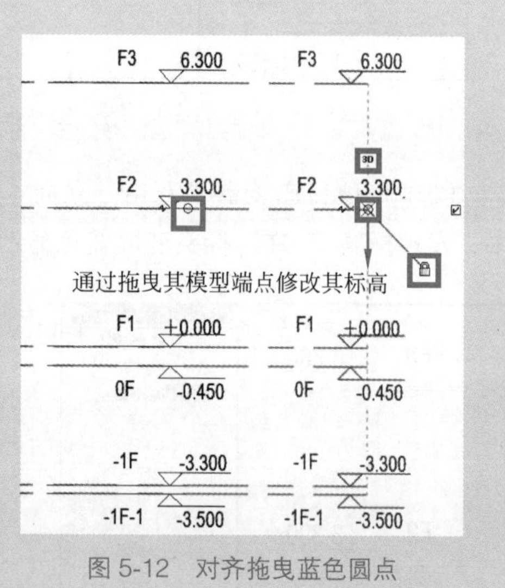

图 5-12 对齐拖曳蓝色圆点

5.2 创建轴网和编辑轴网

5.2.1 创建轴网

微课：创建轴网

我们将在楼层平面视图中创建轴网。

小知识

在 Revit 2018 中，只需要在任意一个楼层平面视图中创建一次轴网，它就会自动在其他楼层平面视图和立面、剖面视图中显示出来。

（1）在项目浏览器中双击“楼层平面”项下的“F1”，打开“F1”楼层平面视图。“F1”楼层平面视图默认有 4 个立面符号，且默认为正东、正西、正南、正北观察方向，创建轴网应确保位于 4 个小眼睛观察范围之内；也可以框选 4 个小眼睛，根据别墅项目平面视图的尺寸大小，在正交方向分别移动 4 个“小眼睛”至合适的位置，如图 5-14 所示。

（2）单击“建筑”选项卡→“基准”面板→“轴网”按钮，系统切换到“修改 | 放置轴网”上下文选项卡，如图 5-13 中②所示；确认左侧类型选择器中轴网的类型为“轴网 6.5mm 编号”，如图 5-13 中③所示；单击“编辑类型”按钮，在弹出的“类型属性”对话框中设置参数，如图 5-13 中⑤所示；单击“确定”按钮，退出“类型属性”对话框；单击“绘制”面板中默认的“直线”按钮，开始创建轴网，如图 5-13 中⑦所示。

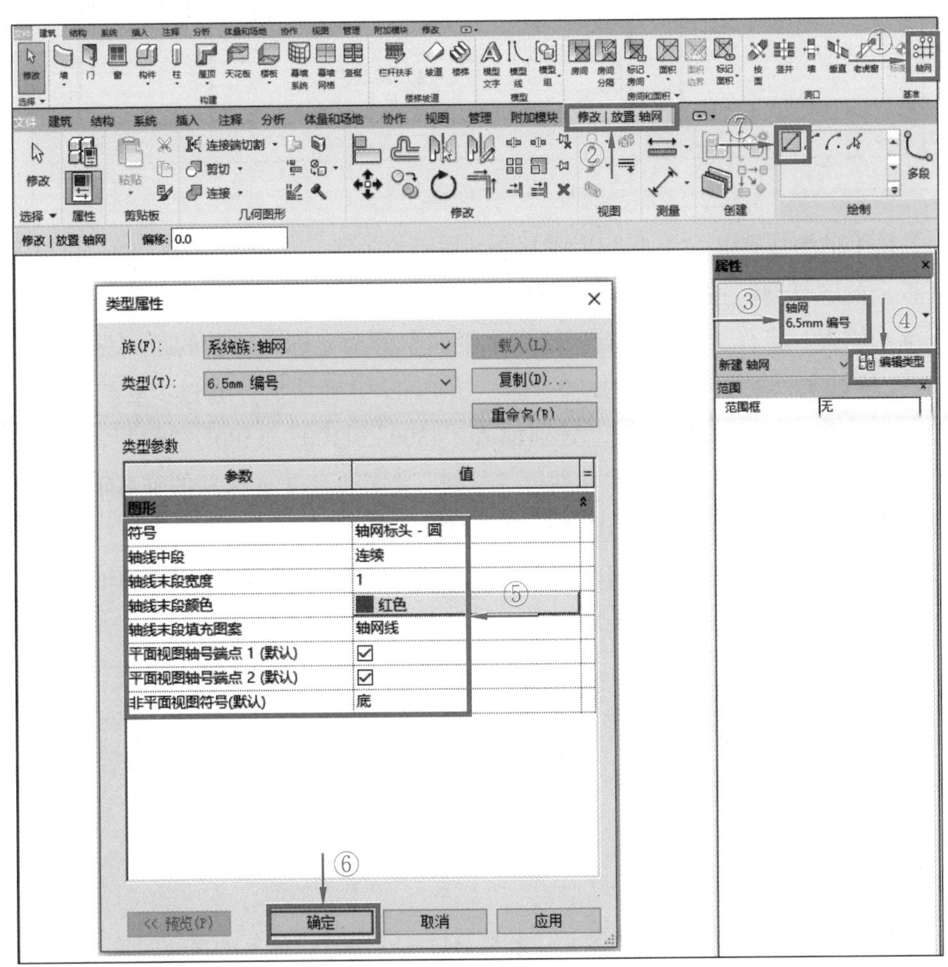

图 5-13　激活“轴网”工具

（3）移动光标至 4 个“小眼睛”围成的矩形范围偏左下角的适当位置；单击作为轴线的起点，而后垂直向上移动光标至适当位置，再次单击作为轴线的终点，按 2 次 Esc 键，完成第一条垂直轴线的创建；在“别墅项目样板文件 2018.rte”样板文件的基础上，第 1 条轴线的编号是“9”，立即双击轴线编号数字，将其修改为“1”，则①轴就创建完成了。过程和结果如图 5-14 所示。

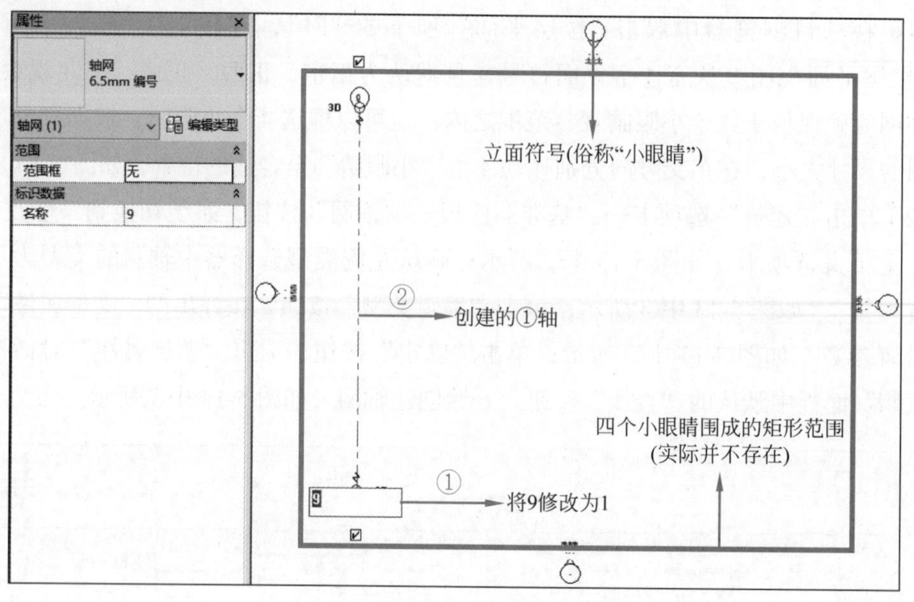

图 5-14 创建①轴

（4）在①轴的基础上，“复制”生成其余 8 根垂直轴线。先单击选择①轴，再单击“修改”面板上的“复制”按钮，同时选项栏勾选“约束”和“多个”复选框；移动光标在①轴上单击捕捉一点作为复制基点，然后水平向右移动光标，移动的距离尽可能大一些（注意越大越好），输入间距值“1200”后，按 Enter 键确认后，通过“复制”工具创建了②轴；保持光标位于②轴右侧，分别输入“4300”“1100”“1500”“3900”“3900”“600”“2400”后按 Enter 键确认，便一次性通过“复制”工具创建了 8 根新的垂直轴线；此时在①轴编号的基础上，轴线编号自动递进为②～⑨。

（5）双击轴线编号数字，将⑧轴轴线编号改为附加轴线编号 1/7，⑨轴轴线编号修改为⑧。创建的垂直轴线结果如图 5-15 所示。

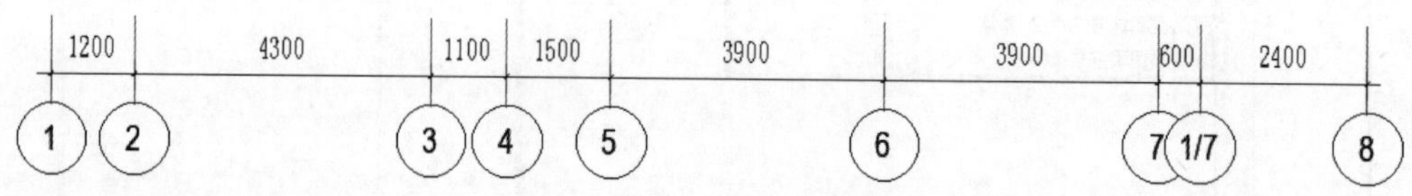

图 5-15 创建的 9 根垂直轴线

小知识

Revit 2018 会自动为每个轴线编号；若要修改轴线编号，请双击编号，输入新值，然后按 Enter 键即可修改轴线编号数值；可以使用字母作为轴线的编号值，若将第一个轴线编号修改为字母，则所有后续的轴线将进行相应的更新；此外，与标高名称类似，轴线编号也具有自动叠加功能，且在删除某轴线编号后虽不显示，但系统中依然存在该轴线编号，因此需要对新建的轴线编号进行修改，确保后续所添轴线编号是正确的；当创建轴线时，可以让各轴线的头部和尾部相互对齐；若所有轴线是对齐的，则选择其中任意一根轴线时会出现一个锁以指明对齐，则移动轴网范围，则所有对齐的轴线都会随之移动。

（6）选中⑧轴，切换到“修改 | 轴网”上下文选项卡；单击“创建”面板→“创建类似”按钮，系统自动切换到“修改 | 放置轴网”上下文选项卡；单击“绘制”面板→“直线”按钮，移动光标到“F1”楼层平面视图中①轴标头左上方位置，单击捕捉一点作为轴线起点，然后从左向右水平移动光标到⑧轴右侧一段距离后，再次单击捕捉轴线终点，即可创建第一条水平轴线。

（7）选中刚创建的水平轴线，修改轴线编号为“A”，则创建完成了 A 号轴线。

（8）在 A 号轴线基础上，通过“复制”工具，创建 B~I 号轴线。移动光标，在 A 号轴线上单击捕捉一点作为复制基点，然后垂直向上移动光标，分别输入“4500”“1500”“4500”“900”“4500”“2700”“1800”“3400”后按 Enter 键确认，完成 B~I 号轴线的创建。结果如图 5-16 所示。

（9）选择 I 号轴线，修改轴线编号为“J”，则创建完成了 J 号轴线（目前的软件版本还不能自动排除 I、O、Z 等轴线编号，必须手动修改，确保轴线编号满足我国建筑制图规范的要求）。创建完成后的轴网如图 5-17 所示，确保轴网在 4 个立面符号范围内。

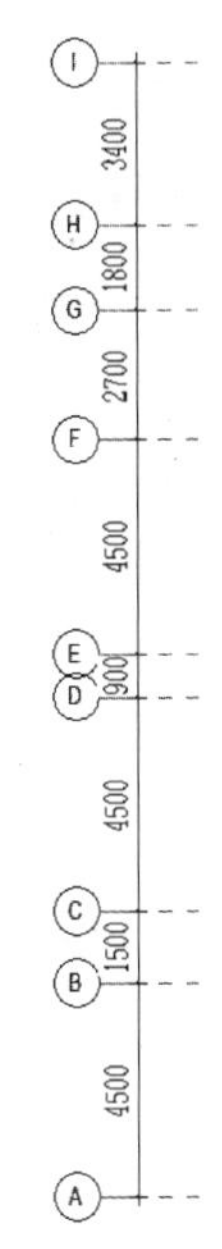

图 5-16　创建完成的 B~I 号轴线

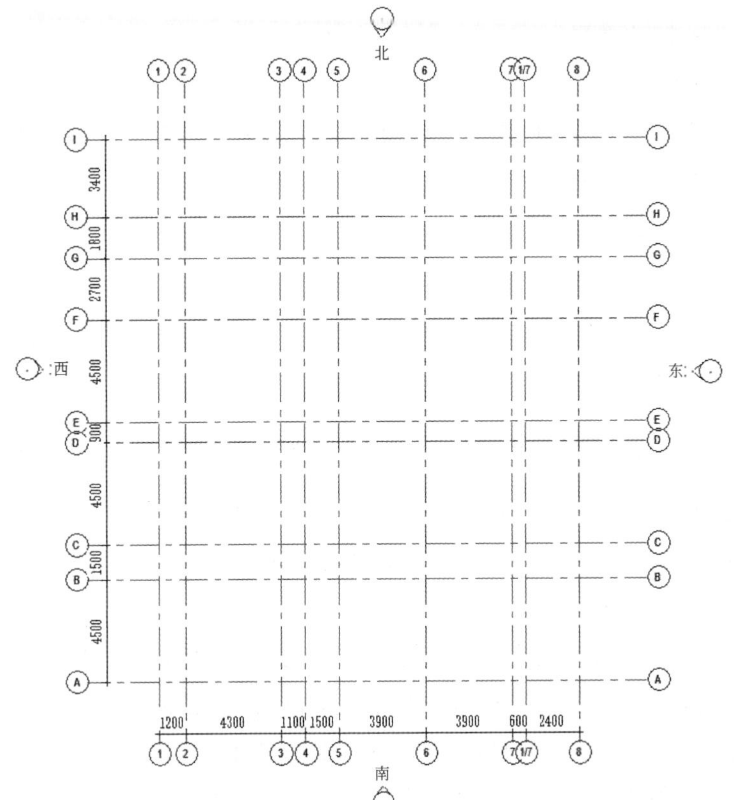

图 5-17　创建完成后的轴网

小知识

为了校对轴网尺寸是否正确，单击“注释”选项卡→“尺寸标注”面板→“对齐”按钮，从左到右单击垂直轴线，最后在⑧轴右侧空白之处单击，便可连续标注出开间方向的尺寸，如图 5-15 所示。重复单击“尺寸标注”面板上的“对齐”按钮，标注进深方向的尺寸，如图 5-16 所示。

5.2.2 编辑轴网

微课：编辑轴网

创建完轴网后，需要在楼层平面视图和立面视图中手动调整轴线标头位置，修改⑦轴和 1/7 号轴线、D 号和 E 号轴线标头干涉等，以满足出图需求。

小知识

和标高编辑方法一样，选中任意一根轴线，界面会显示临时尺寸、一些控制符号和复选框，如图 5-18 所示；可编辑其尺寸值，单击并拖曳控制符号，可整体或单独调整标高标头位置、控制标头隐藏或显示、标头偏移等操作。

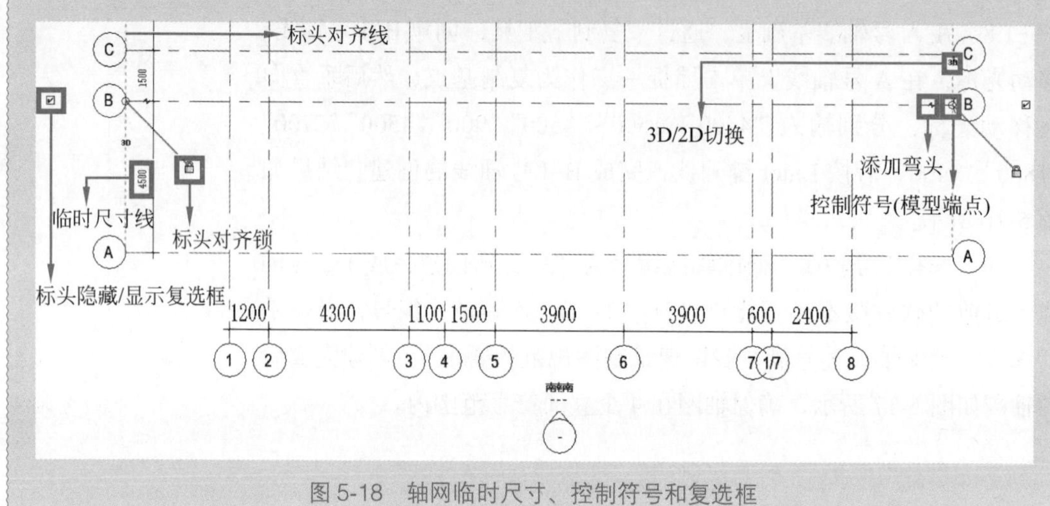

图 5-18　轴网临时尺寸、控制符号和复选框

（1）选择 D 号轴线，单击轴线两侧标头位置的“添加弯头”符号，偏移 D 号轴线标头；同理偏移 1/7 轴线标头。结果如图 5-19 所示。

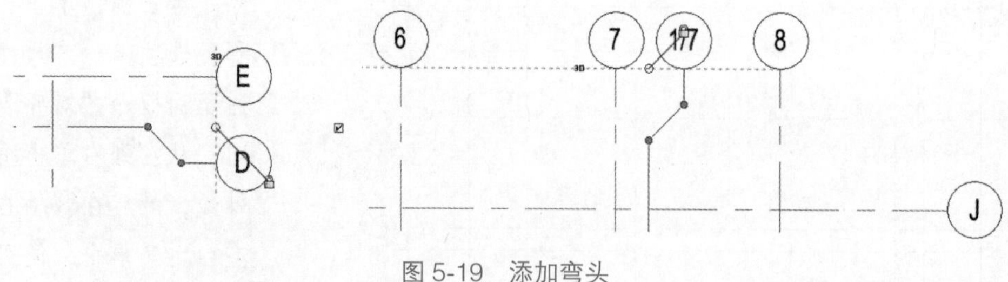
图 5-19　添加弯头

（2）在项目浏览器中双击“立面（建筑立面）”项下的“南”进入“南”立面视图，应用前述编辑标高和轴网的方法，调整轴网标头位置、添加弯头，确保标高线和轴网线相交，以及左右出头长度适中，结果如图 5-20 所示。

（3）框选所有标高线和轴网线（所有对象变成蓝色）；单击“修改 | 选择多个”上下文选项卡→“基准”面板→“影响范围”按钮，在弹出的“影响基准范围”对话框中勾选“立面：北”，单击“确定”按钮，退出“影响基准范围”对话框，则将“南”立面视图所有效果传递到“北”立面视图，如图 5-21 所示。重复上述方法，调整“东”立面视图的标高和轴网，最终效果与图 5-20 相似，然后通过“影响范围”命令将效果传递到“西”立面视图。

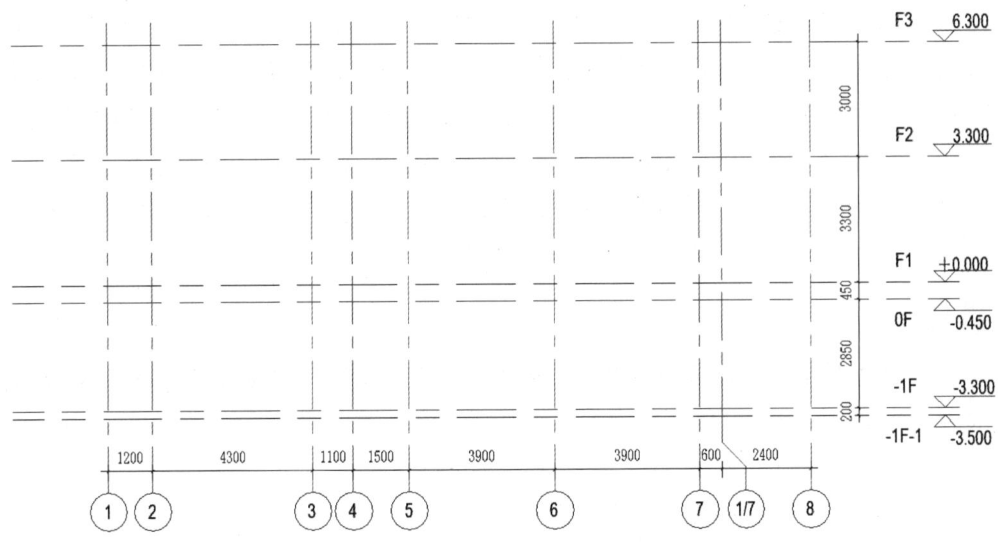

图 5-20 “南立面视图”调整标头位置、添加弯头

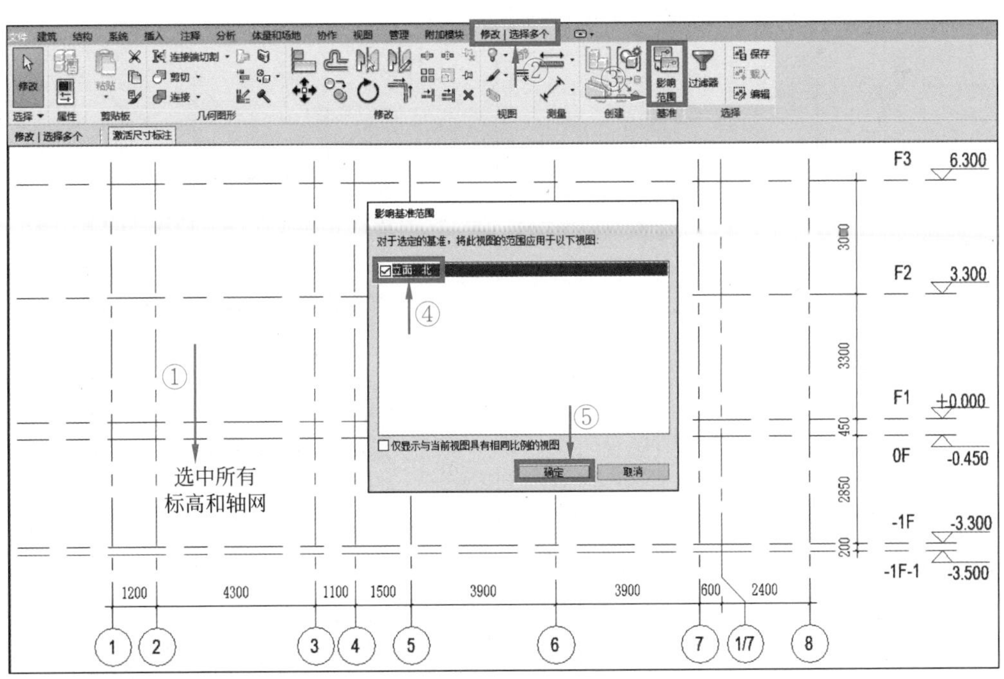

图 5-21 将“南”立面所有效果传递到“北”立面视图

小知识

在“模型端点”控制符号上按住鼠标左键拖曳，可整体调整所有标头的位置；如果先单击打开“标头对齐锁”，然后拖曳，即可单独移动一根标头的位置，如图 5-18 所示。

（4）在项目浏览器中双击“楼层平面”项下的“F1”，系统切换到“F1”楼层平面视图；调整轴线标头，保证轴线相交，以及出头长度适中，同时保证整个轴网都必须位于

4 个“小眼睛”的观察范围；而后框选所有轴网，单击“修改 | 轴网”上下文选项卡→“修改”面板→“锁定”按钮，将所有轴网锁定（确保后续建模过程中，轴网相对尺寸不得变动），如图 5-22 所示；在所有轴网依然处于被选中状态下，单击“影响范围”按钮，在弹出的“影响基准范围”对话框中勾选所有楼层平面视图，将“F1”楼层平面视图中的所有效果传递到其他楼层平面视图中；同理，切换到“东”立面视图，锁定所有标高线（确保后续建模过程中，不得变动标高线的相对尺寸）。

小知识

与“锁定”命令相反的操作就是“解锁”命令；被锁定的对象，如果需要调整，必须先“解锁”后才可编辑。

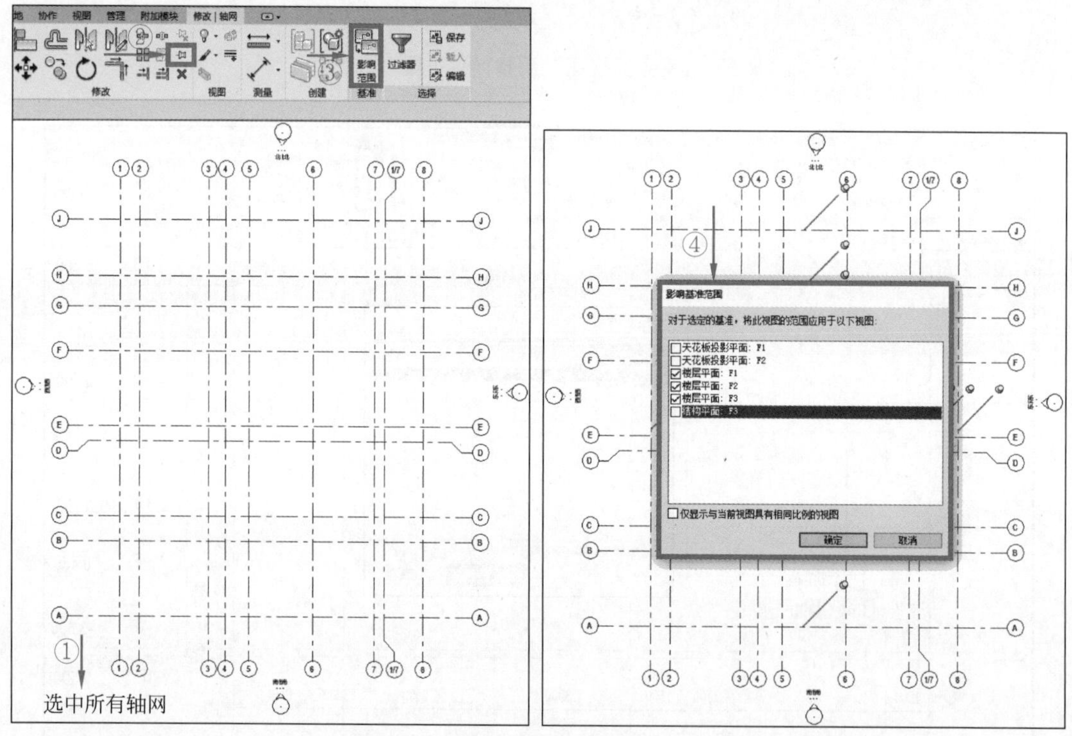

图 5-22　将“F1”楼层平面视图所有效果传递到各楼层平面视图，锁定轴网

小知识

锁定图元系统默认无法进行选择；若有必要选择锁定图元，必须激活右下角“选择锁定图元”按钮，如图 5-23 所示。

至此，本章已完成别墅项目标高和轴网的创建，单击“文件”按钮，在弹出的下拉列表中单击“另存为→项目”按钮，在弹出的“另存为”对话框中，输入文件名“别墅 02-标高轴网”，单击“保存”按钮，即可保存别墅项目文件。

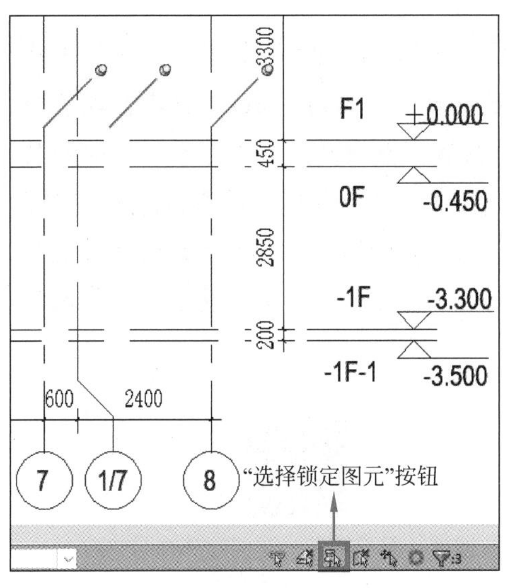

图 5-23 "选择锁定图元"按钮

小知识

如果立面图中某轴线顶部端点低于某个标高线，则这个标高线以上楼层平面视图不显示此轴线；本别墅项目"先创建标高，再创建轴网"，该顺序能够保证在立面图中轴线顶部端点将自动位于最顶一层的标高线之上，轴线与所有标高线相交，从而保证所有楼层平面视图中会自动显示所有轴网线。

5.3 经典真题解析

下面通过对精选考试真题（创建标高轴网）的详细解析来介绍创建标高和轴网步骤。

（第三期全国 BIM 技能等级考试一级试题第一题"标高轴网"）某建筑共 50 层，其中首层地面标高为 ±0.000，首层层高 6.0m，第二至第四层层高 4.8m，第五及以上各层均层高 4.2m（见图 5-24）。请按要求建立项目标高，并建立每个标高的楼层平面视图。并且，请按照以下平面图中的轴网要求绘制项目轴网。最终结果以"标高轴网"为文件名保存为样板文件，放在考生文件夹中。

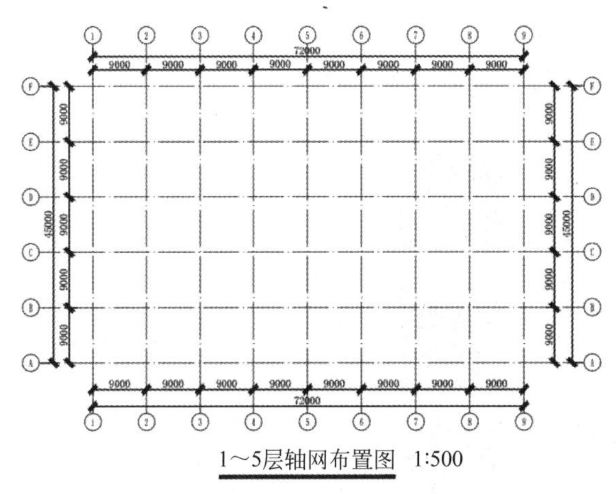

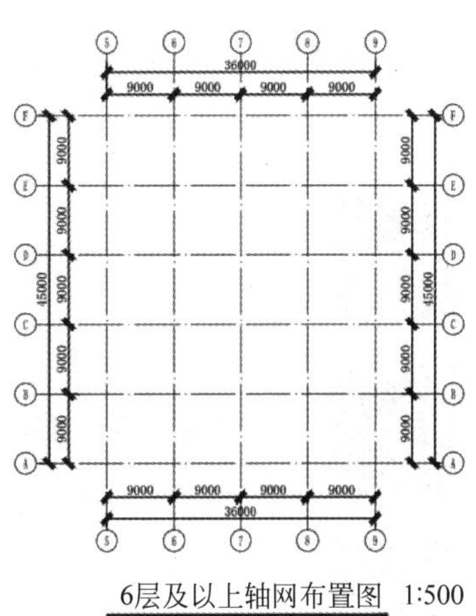

图 5-24　第三期第一题"标高轴网"

小知识

标高和轴网是建筑设计中重要的定位信息。标高用于反映建筑构件在高度方向上的定位情况；创建完标高后，需要切换至平面视图绘制轴网，轴网用于在平面视图中定位图元。标高和轴网绘制简单，但是需要注意轴网是三维的图元，若在立面图中将其拖动至标高下方，则该标高所在平面视图不显示轴网；轴网在 3D 条件下修改的内容会在整个项目中变化，而在 2D 条件下修改的内容需要通过“影响范围”影响到其他视图；故可以利用 2D 轴网与 3D 轴网适用范围的不同进行轴网的调整和修改；层高相同的标高，可以通过复制或者阵列命令快速完成。本题标高 3~ 标高 5 建议通过复制命令或者阵列命令进行绘制，但是标高 6~ 标高 51 使用阵列命令更为简洁，但使用阵列命令时，建议不要勾选“成组并关联”按钮。

微课：第三期第一题“标高轴网”
01——创建标高

微课：第三期第一题“标高轴网”
02——创建轴网

5.4 真题实战演练

扫描下方二维码观看真题演练视频讲解。

（1）第四期全国 BIM 技能等级考试一级试题第一题“轴网”。

（2）第五期全国 BIM 技能等级考试一级试题第一题“标高轴网”。

（3）第六期全国 BIM 技能等级考试一级试题第一题“轴网”。

（4）第七期全国 BIM 技能等级考试一级试题第一题“标高轴网”。

（5）第八期全国 BIM 技能等级考试一级试题第一题“标高轴网”。

（6）第九期全国 BIM 技能等级考试一级试题第一题“标高轴网”。

（7）第十期全国 BIM 技能等级考试一级试题第一题“轴网”。

（8）第十一期全国 BIM 技能等级考试一级试题第一题“屋顶”。

	微课：第四期第一题“轴网”		微课：第五期第一题“标高轴网”
	微课：第六期第一题“轴网”		微课：第七期第一题“标高轴网”
	微课：第八期第一题“标高轴网”		微课：第九期第一题“标高轴网”
	微课：第十期第一题“轴网”		微课：第十一期第一题“屋顶”

本章学习了标高和轴网的常用创建和编辑方法，介绍了标高和轴网的 2D、3D 显示模式的不同作用，同时精选了一些比较经典的真题进行了详细的解析，最后把往期考过的创建标高轴网的真题设计成真题实战演练整理出了相应微课的内容；只要读者认真研读本章内容，同时加强训练，即可快速掌握标高轴网的创建方法。从第 6 章开始创建别墅项目墙体、门窗和楼板。

第6章　创建墙体、门窗和楼板构件

概　述

第5章完成了别墅项目标高和轴网的创建，从本章开始将从地下一层平面开始，分层逐步完成别墅项目三维模型的设计。

首先自定义地下一层复合墙类型，详细讲解自定义墙体类型的方法，然后逐步绘制地下一层外墙和内墙，并插入地下一层门窗，设置门窗底高度等各项参数，调整门窗开启方向等；最后将拾取外墙位置绘制地下一层楼板轮廓边界线，为地下一层创建楼板。

在完成了地下一层墙体、门窗和楼板后，可以复制地下一层的墙体、门窗和楼板到首层平面，经过局部编辑修改后，即可快速完成新楼层平面设计，而无须从头逐一绘制首层平面的墙体、门窗和楼板等构件，极大地提高了设计效率。因此，在创建首层墙体、门窗和楼板建筑构件时，应首先整体复制地下一层外墙，将其“对齐粘贴”到首层楼层平面，然后用“修剪”和“对齐”等编辑命令修改复制的墙体，并补充绘制首层内墙；然后插入首层门窗，并精确定位其位置，编辑其“底高度”等参数；最后将综合使用“拾取墙”和“线”命令绘制首层楼层边界线，创建带露台的首层平面楼板。

在创建二层平面墙体、门窗和楼板建筑构件时，首先应整体复制首层平面所有墙体、门窗和楼板构件，然后用“修剪”和“对齐”等编辑命令修改复制的墙体，并补充绘制二层内墙；然后放置二层门窗，并精确定位其位置，编辑其“底高度”等参数；最后通过编辑复制的首层楼层边界线的方法，创建新的二层楼板，快速完成二层平面设计。

课程目标

- 掌握新建墙体类型、自定义复合墙构造层的方法；
- 掌握绘制墙体的方法；
- 掌握插入门窗与编辑门窗的方法；熟悉编辑窗台底标高的方法；
- 掌握创建楼层边界线的方法：“拾取墙”和“绘制线”；
- 熟悉选择与过滤构件的方法；
- 熟悉整体复制方法：复制到剪贴板与对齐粘贴；
- 熟悉墙体的各种编辑方法；
- 掌握楼板编辑方法：通过编辑楼层边界线，创建二层楼板。

6.1　创建地下一层外墙

打开第 5 章中已经建立的“别墅 02- 标高轴网”模型文件，将其另存为“别墅 03- 地下一层构件”；在项目浏览器中，双击“楼层平面”项下的“-1F”，打开“-1F”楼层平面视图。

6.1.1　绘制“基本墙 剪力墙”

（1）单击“建筑”选项卡→“构建”面板→“墙”下拉列表→“墙：建筑”按钮，进入“修改 | 放置 墙”上下文选项卡；在左侧类型选择器中确认墙体的类型为“基本墙 剪力墙”；设置左侧“实例属性”对话框中“约束”项下墙体的“定位线”为“墙中心线”，设置“底部约束”为“-1F-1”（不是默认的“-1F”），设置“顶部约束”为“直到标高：F1”，如图 6-1 所示。

微课：绘制“基本墙 剪力墙”

（2）单击“绘制”面板→“直线”按钮，将选项栏“链”勾选，保证连续绘制；移动光标单击捕捉 E 轴和 2 轴交点为绘制墙体起点，沿顺时针方向依次单击捕捉 E 轴和 1 轴交点、F 轴和 1 轴交点、F 轴和 2 轴交点、H 轴和 2 轴交点、H 轴和 7 轴交点、D 轴和 7 轴交点，绘制上半部分墙体，连续按 Esc 键两次，结束“基本墙 剪力墙”墙体的绘制，如图 6-2 所示。

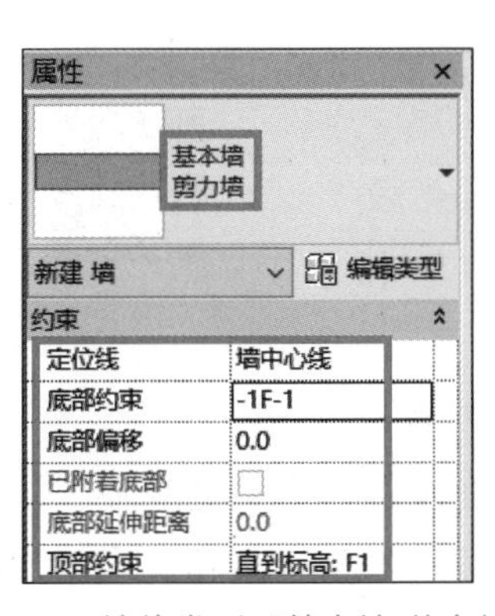

图 6-1　墙体类型“基本墙 剪力墙”

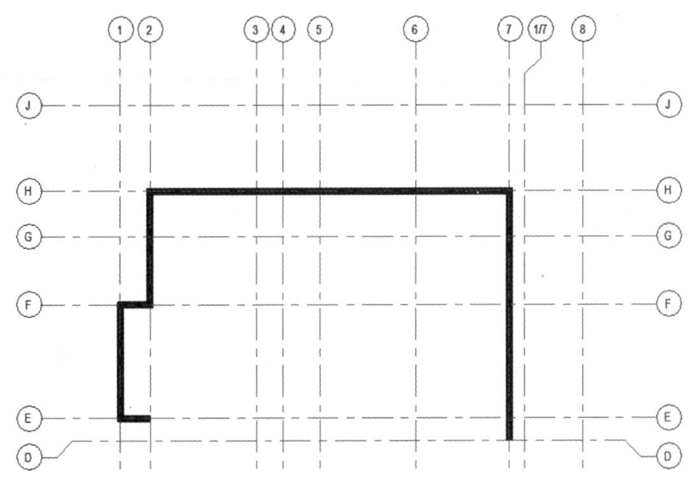

图 6-2　绘制“基本墙 剪力墙”

小知识

按 Esc 键一次可以退出一段墙的绘制，可以接着绘制下一段墙；按 Esc 键两次才是退出墙体绘制命令；为了保证墙体内外的正确性，故外墙的绘制顺序为顺时针方向。

墙体的定位方式用于在绘图区域中指定路径来定位墙体，也就是确定墙体的哪一个平面作为绘制墙体的基准线。

小知识

“底部约束”用于对墙底部位置进行设置；如果墙体并没有从某楼层标高开始，而是下沉或浮起了一定距离，则可以通过“底部偏移”来进行设置，以某一高度为底部限制，正为上浮，负为下沉，如图 6-3 中①所示；“顶部约束”与“底部约束”相似，只是多了一个“未连接”选项，这样能够绘制出与标高没关联的高度。选择“未连接”选项之后，就能同时激活“无连接高度”，如图 6-3 中③所示；若底部和顶部都作了限制，那么“无连接高度”则是灰显，不能进行设置。

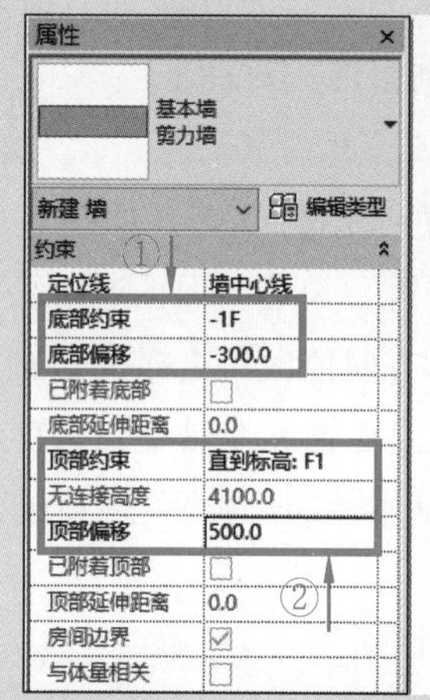

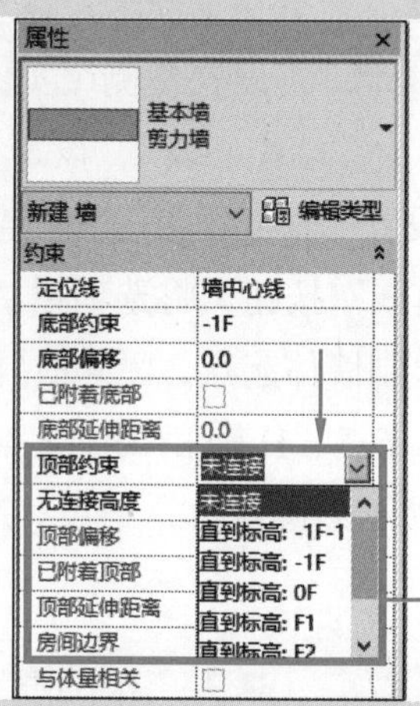

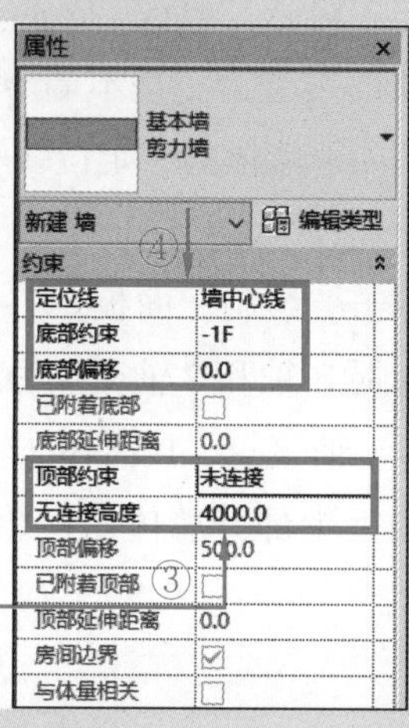

图 6-3 “底部约束”与“顶部约束”

6.1.2 新建墙体类型“外墙饰面砖”和“外墙 - 白色涂料”

微课：新建墙体类型“外墙饰面砖”和“外墙 - 白色涂料”

根据别墅项目的要求，需要在现有“别墅项目样本文件 .rte”文件中已有墙体类型基础上，创建新的墙体类型“外墙饰面砖”和“外墙 - 白色涂料”。

（1）单击“建筑”选项卡→“构建”面板→“墙”下拉列表→“墙：建筑”按钮，进入“修改 | 放置 墙”上下文选项卡，在左侧“类型选择器”下拉列表选择墙体的类型为“基本墙 普通砖 -200mm”，单击“编辑类型”按钮，在弹出的“类型属性”对话框中单击“复制”（相当于另存为）按钮，在弹出的“名称”对话框中输入“外墙饰面砖”，如图 6-4 中③所示，单击“确定”按钮，退出“名称”对话框，完成新建墙体类型的命名。

小知识

不要直接在已有的墙体类型属性中修改，新建墙体类型需要在原有类型基础上复制得到。

（2）单击“类型属性”对话框底部的“预览”按钮，将预览视图中的“视图”项改变为“剖面：修改类型属性”，我们可以预览墙体在剖面视图中的显示样式，如图 6-5 所示。

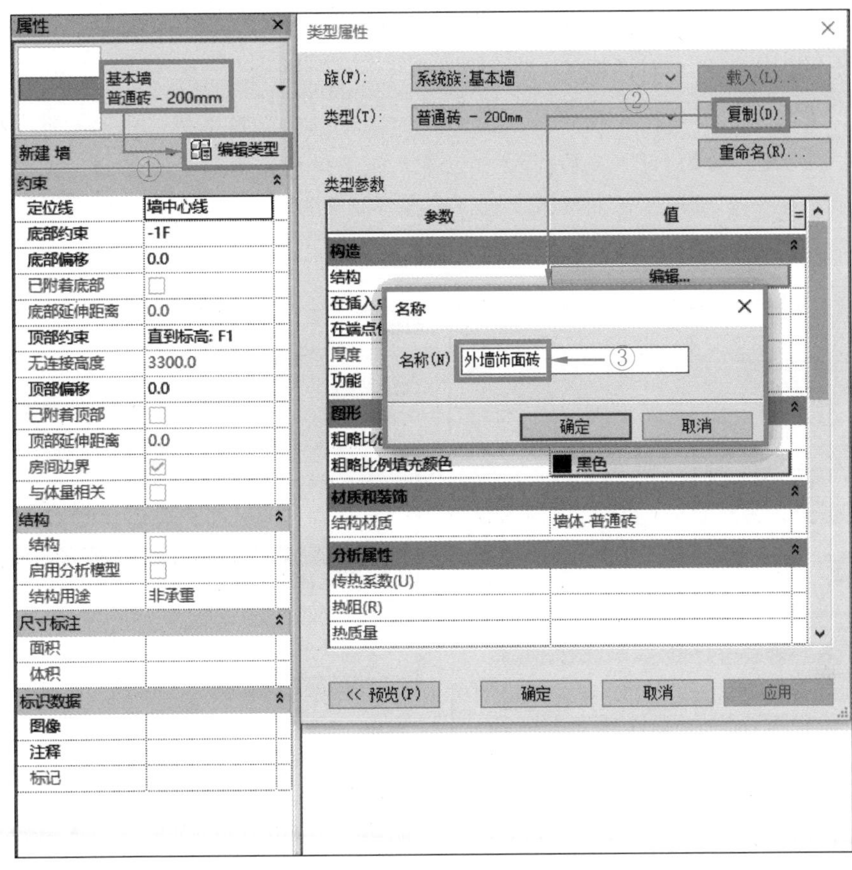

图 6-4　新建墙体类型“外墙饰面砖”

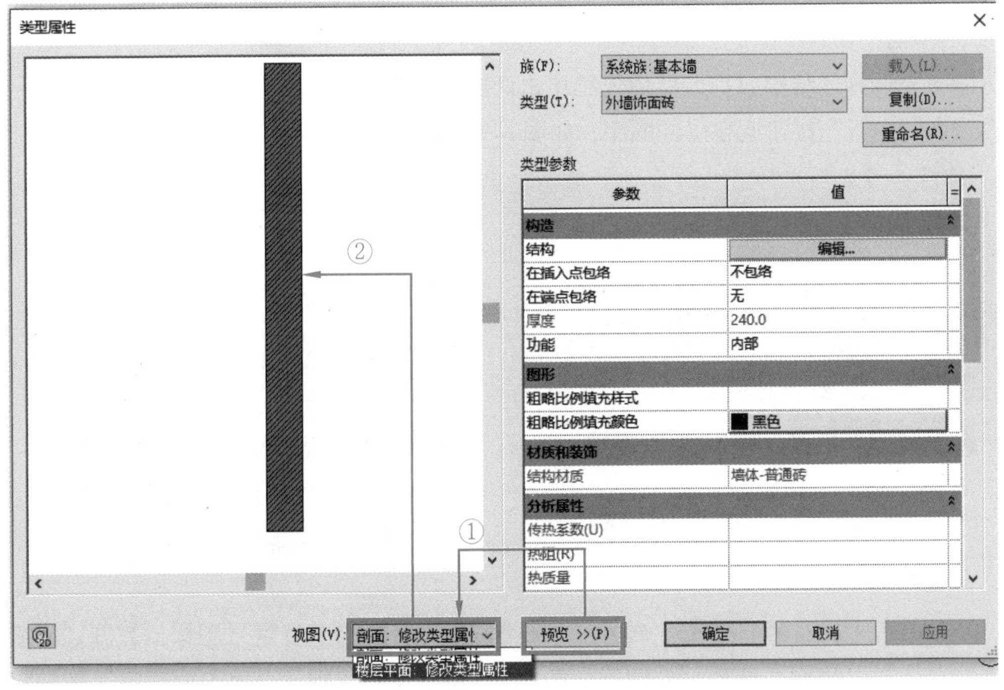

图 6-5　预览墙在剖面视图中的显示样式

（3）单击“类型属性”对话框的“结构”栏中的右侧“编辑…”按钮，如图 6-6 中①所示，弹出“编辑部件”对话框。

注意：看这个对话框中，墙体构造层有外部边和内部边的区别，并且分为上、下两个“核心边界”以及“结构 [1]”三层；“核心边界”表示材质之间的分隔界面，主要作用是作为墙体的定位线参考，所以它虽然没有厚度，却是很重要的定位元素，在设置墙体构造时，一定要注意核心边界的位置是否符合项目中的墙定位要求。

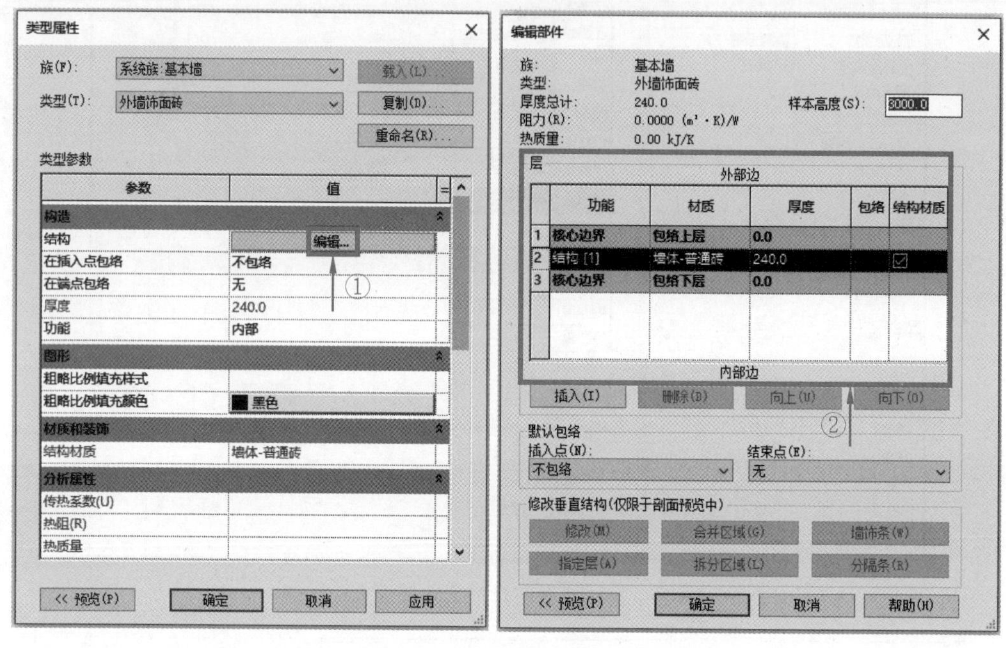

图 6-6 “编辑部件”对话框

（4）先选择“结构 [1]”，然后连续单击两次“插入”按钮，插入两个新层，通过“向上”或者“向下”按钮调整层的顺序，如图 6-7 所示。

注意：可在弹出的“编辑部件”对话框中设置墙的构造，插入并调整墙的构造层后，再分别调整构造的功能、材质和厚度。

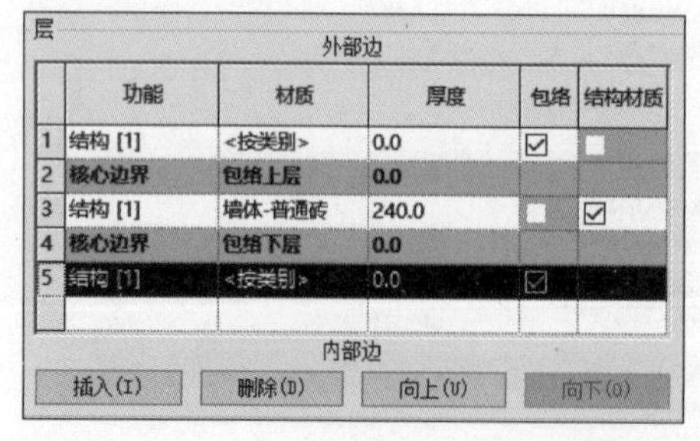

图 6-7 在内外各添加一个面层

小知识

为了保证结构层与饰面层的分隔，需要单击“向上”或者“向下”按钮进行调整，最终使饰面层和结构层之间有核心边界作为间隔，也就是使结构层两边都有核心边界包裹。

（5）单击 1 层右侧“材质”列值“<按类别>”后面的小省略号图标，打开“材质浏览器”对话框，搜索并选择“外墙饰面砖”，如图 6-8 中②所示；单击“确定”按钮退出“材质浏览器”对话框；将 1 层“功能”修改为“面层 1[4]”，设置“厚度”值为“20”；

同理，将 5 层“功能”修改为“面层 2[5]”，使用默认材质，设置“厚度”为“20”；选择“结构 [1]”，设置“厚度”值为 200，结果如图 6-8 中③所示；连续单击“确定”按钮关闭各个对话框，完成一个新建墙体类型。

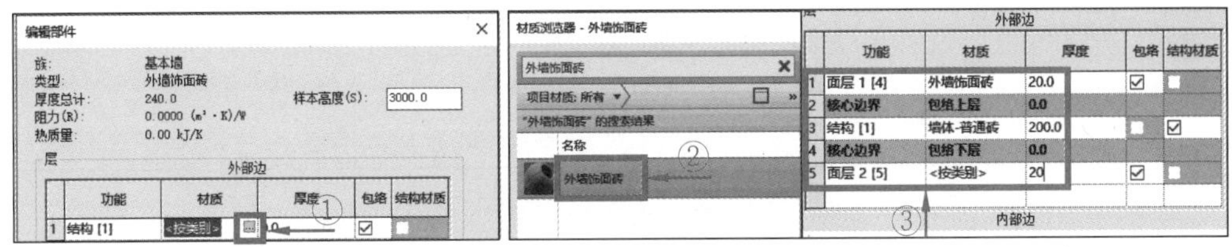

图 6-8　设置墙体构造层

（6）同理，新建“外墙 - 白色涂料”新墙体类型，其构造层设置如图 6-9 所示。

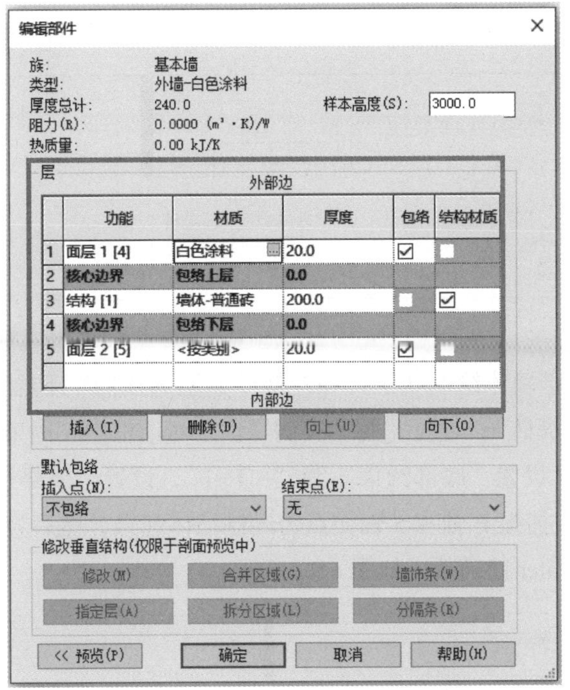

图 6-9　“外墙 - 白色涂料”构造层

6.1.3　绘制“外墙饰面砖”和“外墙 - 白色涂料”墙体

微课：绘制“外墙饰面砖”和“外墙 - 白色涂料”墙体

（1）单击“建筑”选项卡→“构建”面板→“墙”下拉列表→“墙：建筑”按钮，进入“修改 | 放置 墙”上下文选项卡；在左侧类型选择器下拉列表中选择墙体的类型为“基本墙 外墙饰面砖”；设置左侧“实例属性”对话框中“约束”项下墙体的“定位线”为“墙中心线”，设置“底部约束”为“-1F-1”（不是默认的“-1F”），设置“顶部约束”为“直到标高：F1”；单击“绘制”面板→“直线”按钮，将选项栏“链”勾选，保证墙体连续绘制。

（2）移动光标单击捕捉 D 轴和 7 轴交点为绘制墙体起点，沿顺时针方向依次单击捕捉 D 轴和 6 轴交点、E 轴和 6 轴交点，按 Esc 键结束如图 6-10 所示的“外墙饰面砖”墙体绘制。

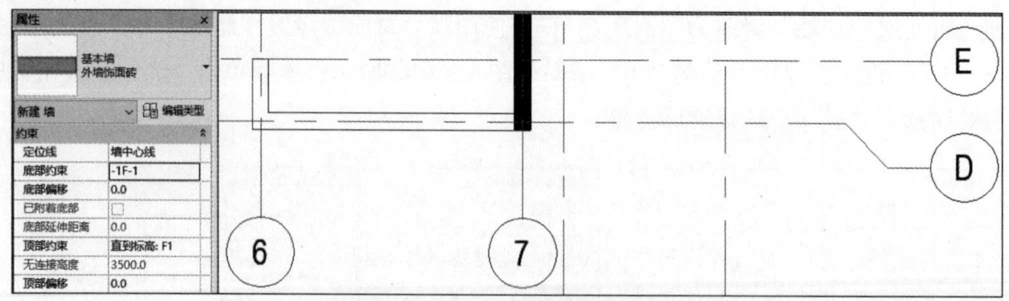

图 6-10 绘制“外墙饰面砖”墙体

（3）此时依然处于墙体绘制状态，紧接着将墙的类型设置为新建的“外墙 - 白色涂料”；设置“底部约束”为“-1F-1”，设置“顶部约束”为“直到标高：F1”；移动光标，单击捕捉 E 轴和 6 轴交点为绘制墙体起点，然后光标水平往左移动，单击捕捉 E 轴和 5 轴交点作为墙体的终点，按 Esc 键结束如图 6-11 所示的“外墙 - 白色涂料”墙体绘制。

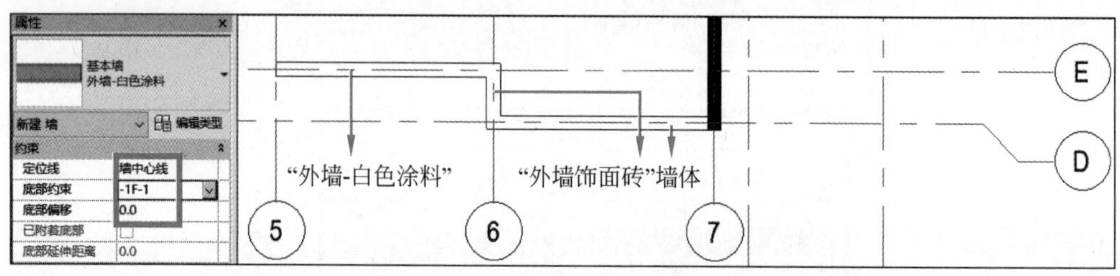

图 6-11 绘制“外墙 - 白色涂料”墙体

（4）此时依然处于墙体绘制状态，在左侧“类型选择器”下拉列表中选择墙体的类型为“基本墙 外墙饰面砖”；设置左侧“实例属性”对话框中“约束”项下墙体的“定位线”为“墙中心线”，设置“底部约束”为“-1F-1”，设置“顶部约束”为“直到标高：F1”；移动光标，单击捕捉 E 轴和 5 轴交点为绘制墙体起点，然后光标垂直向下移动，键盘输入“8280”，按 Enter 键确认，如图 6-12 所示。

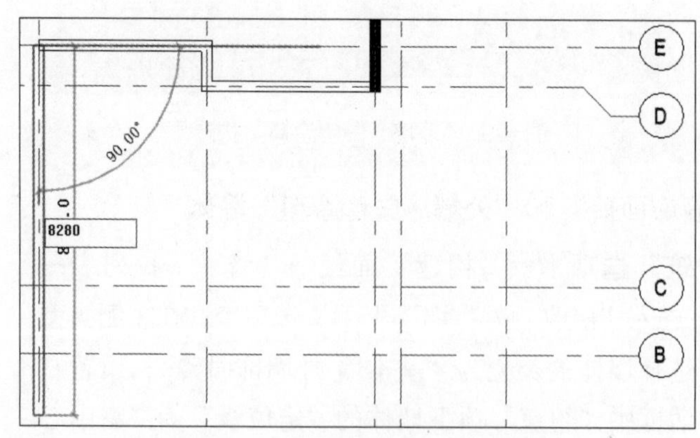

图 6-12 绘制“外墙饰面砖”墙体

（5）光标水平向左移动到 2 轴单击，继续单击捕捉 E 轴和 2 轴交点，按 Esc 键两次退出“外墙饰面砖”墙体绘制命令。绘制的“外墙饰面砖”和“外墙 - 白色涂料”墙体如图 6-13 所示。

（6）单击快速访问工具栏“”按钮，切换到三维视图状态，通过 View Cube 变换观察方向，查看创建的地下一层三种类型外墙墙体的三维模型效果，如图 6-14 所示。

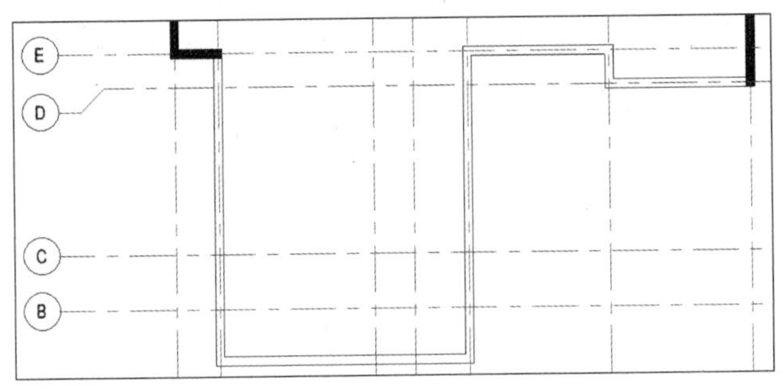

图 6-13　绘制的“外墙饰面砖”和“外墙 - 白色涂料”墙体

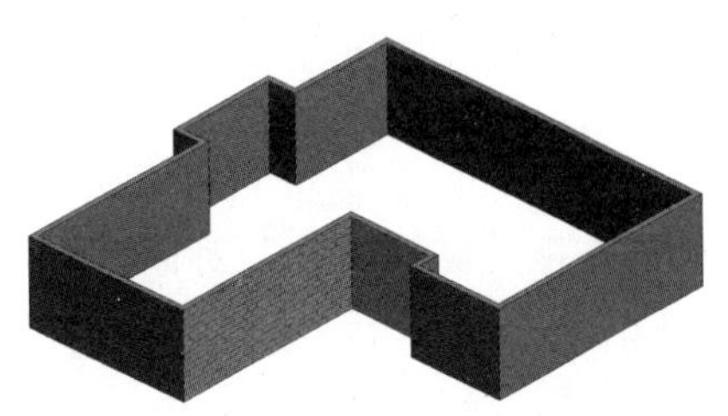

图 6-14　地下一层外墙的三维模型

6.2　创建地下一层内墙

微课：创建地下一层内墙

地下一层的内墙分为“基本墙 普通砖 -200mm”和“基本墙 普通砖 -100mm”两种类型，下面按照上述绘制地下一层外墙的方法绘制地下一层内墙。

（1）切换到“-1F”楼层平面视图，单击“建筑”选项卡→“构建”面板→“墙”下拉列表→“墙：建筑”按钮，进入“修改 | 放置 墙”上下文选项卡；选择墙体的类型为“基本墙 普通砖 -200mm”；设置左侧“实例属性”对话框中“约束”项下的墙体的“定位线”为“墙中心线”，设置“底部约束”为“-1F”(内墙是室内地坪，此前外墙是室外地坪)，设置“顶部约束”为“直到标高：F1”；单击“绘制”面板→“直线”按钮，将选项栏“链”勾选，保证墙体连续绘制，按图 6-15 所示的内墙位置捕捉轴线交点，最后按 Esc 键，绘制完成 5 段地下一层类型为“基本墙 普通砖 -200mm”的内墙。

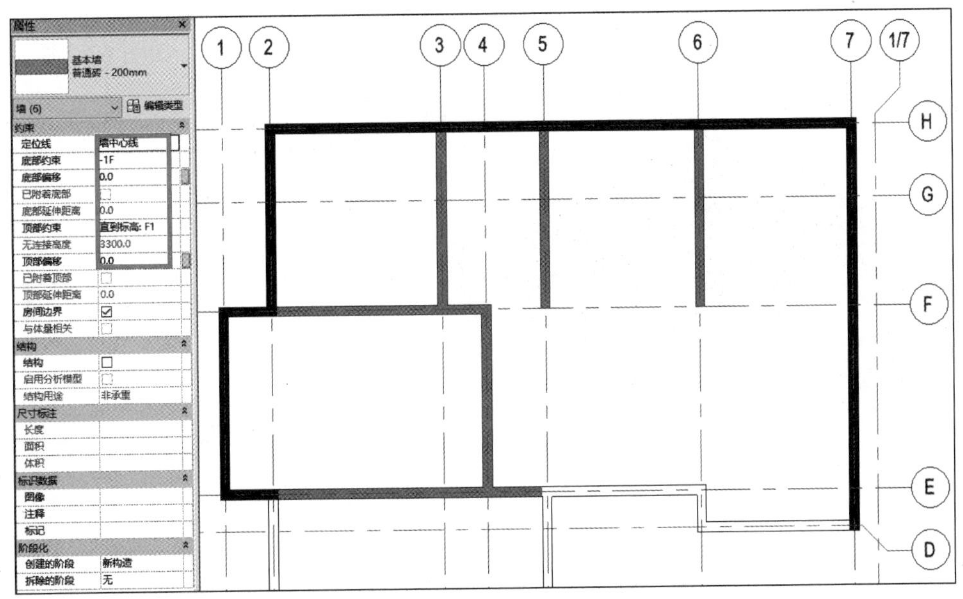

图 6-15　绘制“基本墙 普通砖 -200mm”内墙

小知识

所谓的外墙和内墙只是人为设定的名称，关键是通过设定墙的构造层的厚度、功能、材质来定义墙的种类；内外墙、不同层、不同材质的墙体建议复制新的墙体类型，便于后期的整体编辑和管理；绘制墙时，按住 Shift 键可强制正交。

（2）此时依然处于墙体绘制状态，选择墙体的类型为“基本墙 普通砖 -100mm”；设置左侧“实例属性”对话框中“约束”项下的墙体的“定位线”为“核心面：外部”（此前默认“墙中心线”），设置“底部约束”为“-1F”，设置“顶部约束”为“直到标高：F1”；单击“绘制”面板→“直线”按钮，将选项栏“链”勾选，保证墙体连续绘制；按图 6-16 所示的内墙位置自左至右（即顺时针方向）捕捉轴线交点，最后按 Esc 键两次，绘制完成 3 段“基本墙 普通砖 -100mm”地下一层内墙，退出墙体绘制命令。

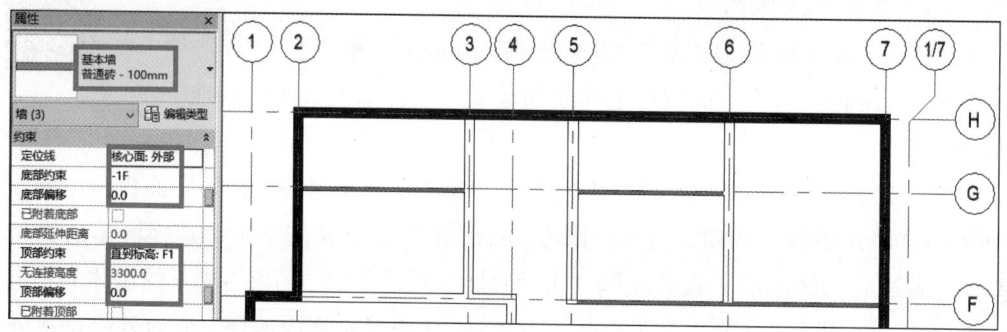

图 6-16　绘制 3 段“基本墙 普通砖 -100mm”地下一层内墙

（3）单击快速访问工具栏“关闭隐藏窗口”按钮，关闭除“-1F”楼层平面视图之外打开的所有视图；单击快速访问工具栏“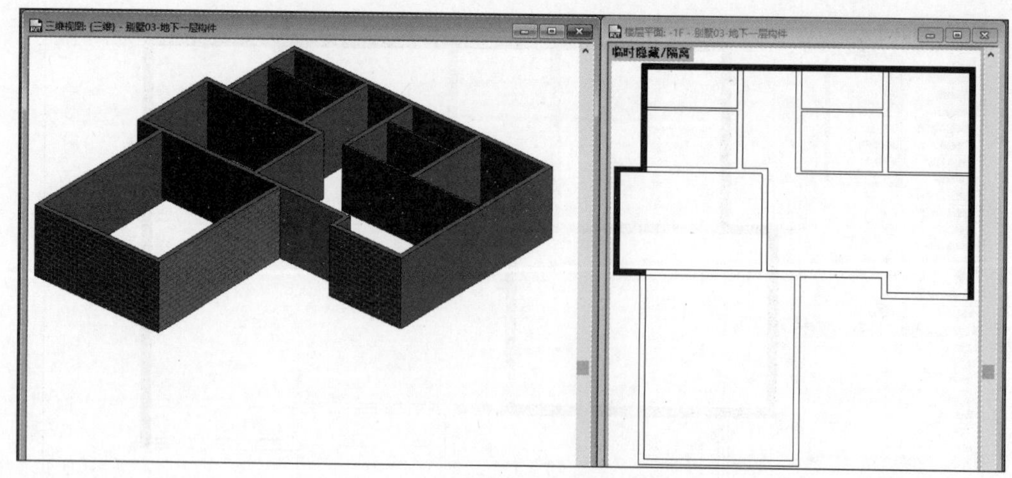”按钮，切换到三维视图状态，通过 View Cube 变换观察方向，查看创建的地下一层墙体的三维模型效果；单击“视图”选项卡→“窗口”面板→“平铺”按钮，平铺“-1F”楼层平面视图和三维视图，如图 6-17 所示。

图 6-17　“-1F”楼层平面视图和三维视图

6.3　放置地下一层门窗

小知识

在楼层平面、立面或三维视图中，可将门窗放置到任意类型的墙上，包括弧形墙、内建墙和基于面的墙（例如斜墙），同时自动在墙上剪切洞口，并放置门窗构件。

微课：放置地下一层门

6.3.1　放置地下一层门

（1）切换到“-1F”楼层平面视图；单击“建筑”选项卡→“构建”面板→“门”按钮，切换到“修改 | 放置 门”上下文选项卡，单击“标记”面板→“在放置时进行标记”按钮，以便对门进行自动标记；确认门的类型为“装饰木门 M0921”，如图6-18所示。

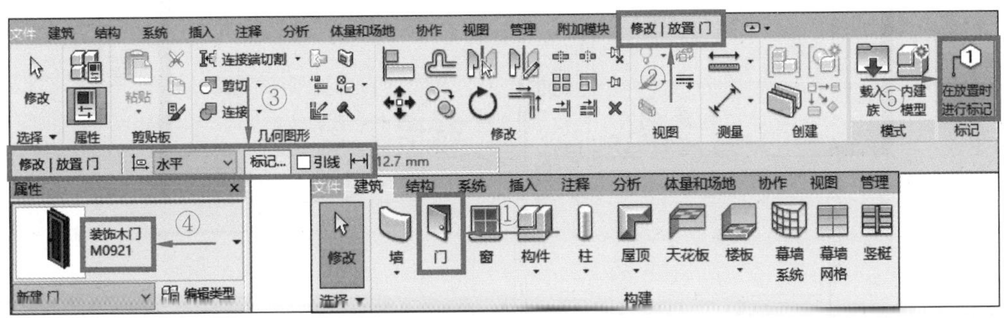

图6-18　激活“门”命令

（2）将光标移动到③轴“基本墙 普通砖 -200mm”的墙上，此时会出现门与周围墙体距离的蓝色相对尺寸，如图6-19中①所示（可以通过相对尺寸大致捕捉门的位置；在楼层平面视图中放置门之前，按空格键可以控制门的左右开启方向，也可单击控制符号，翻转门的上、下、左、右的方向）；在墙上合适位置单击以放置门；在默认情况下，临时尺寸标注指示从门边缘到最近垂直墙的墙表面的距离；调整临时尺寸标注蓝色的控制点，拖动蓝色控制点到F轴（“普通砖 -200mm”墙的中心线上），修改临时尺寸值为“200”，如图6-19中②所示。

（3）修改后的“装饰木门 M0921”门位置，如图6-20所示。

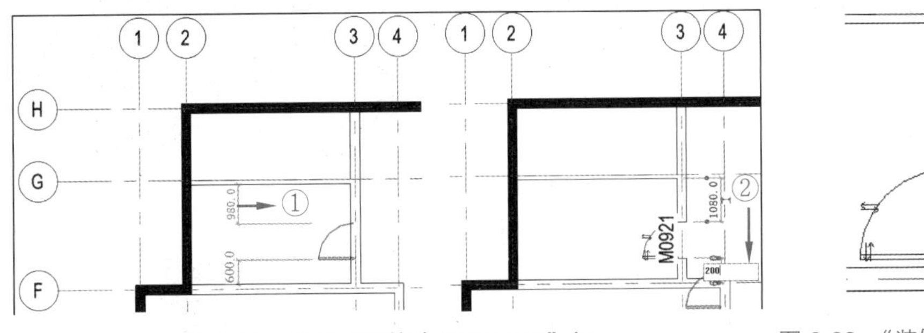

图6-19　放置“装饰木门 M0921”门

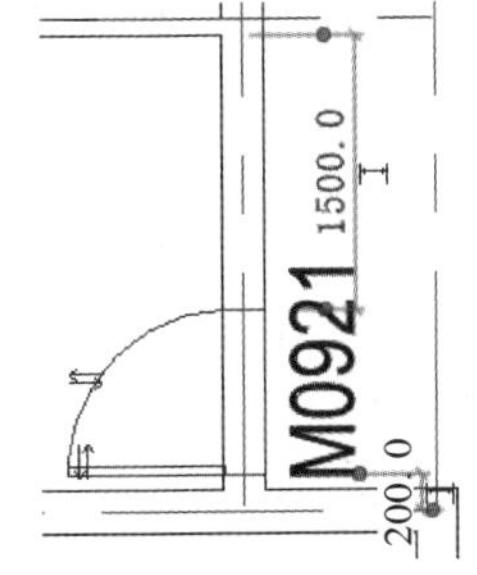

图6-20　“装饰木门 M0921”位置

（4）同理，在“类型选择器”下拉列表中分别选择“卷帘门 JLM5422”“装饰木门 M0921”“装饰木门 M0821”“移门 YM2124”“YM1824　YM3267”门类型，按图 6-21 所示的位置、尺寸、开启方向放置到地下一层墙体上。

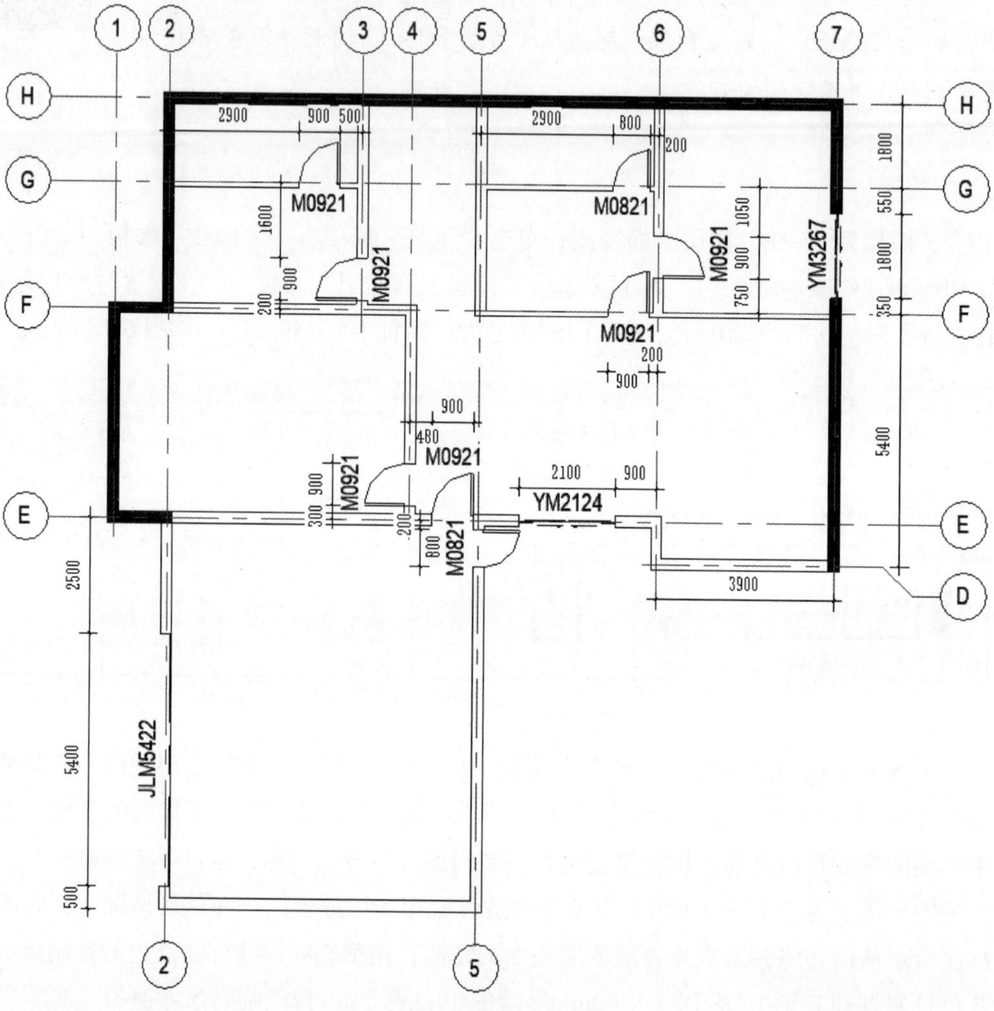

图 6-21　地下一层门的位置

（5）单击快速访问工具栏“”按钮，切换到三维视图状态，通过 View Cueb 变换观察方向，查看放置的地下一层门的三维模型效果，如图 6-22 所示。

图 6-22　地下一层门

6.3.2　放置地下一层窗

（1）（窗和门的放置方法基本一致）切换到“-1F”楼层平面视图；单击“建筑”选项卡→“构建”面板→“窗”按钮，切换到“修改 | 放置 窗”上下文选项卡，单击“标记”面板→“在放置时进行标记”按钮，以便对窗进行自动标记。

微课：放置地下一层窗

（2）在类型选择器下拉列表中选择“推拉窗 1206 C1206”“固定窗 C0823 C0823”“C3415 C3415”“推拉窗 C0624 C0624”类型，按图 6-23 所示位置，在墙上单击将窗放置在合适位置。

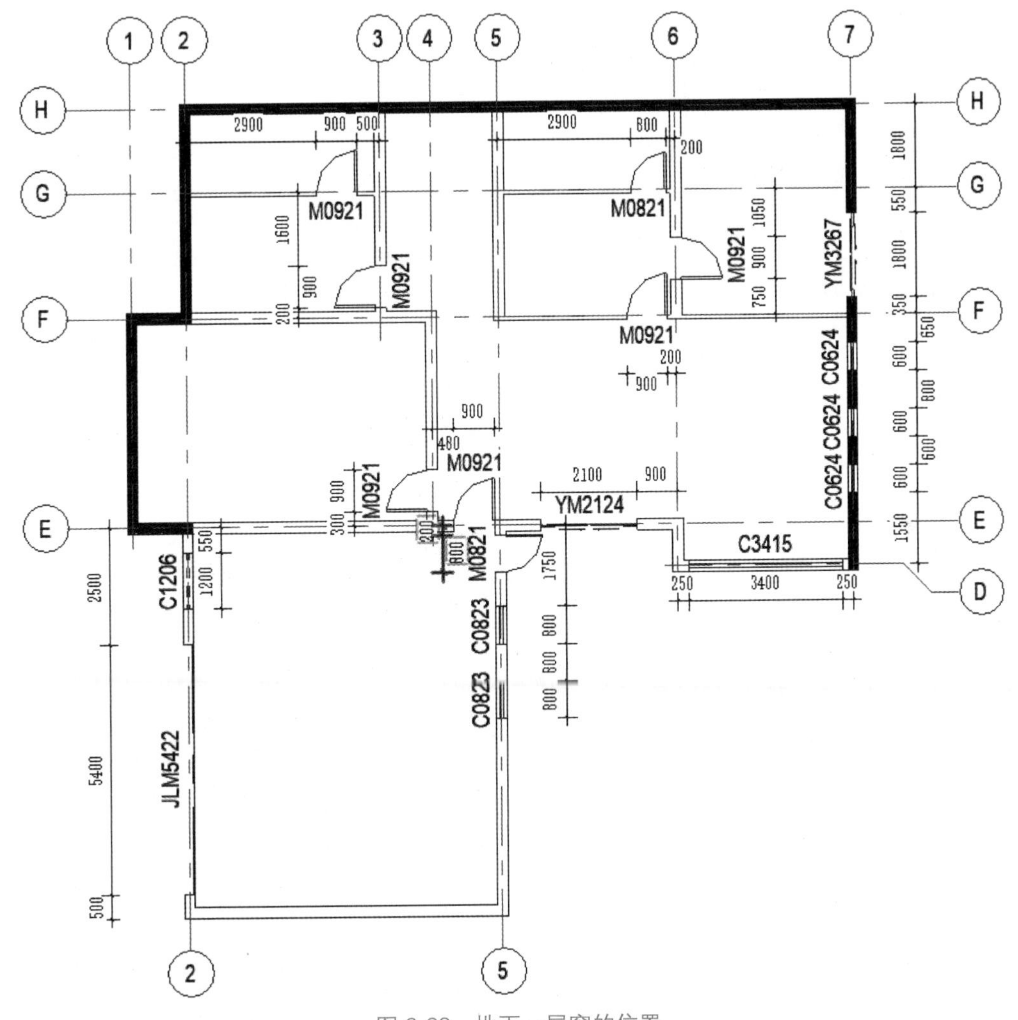

图 6-23 地下一层窗的位置

（3）地下一层窗台底高度不全一致，故在插入窗后需要手动调整窗台高度。几个窗的底高度值为：C0624-250mm、C3415-900mm、C0823-400mm、C1206-1900mm。调整方法如下。

方法一：选择任意一个“固定窗 C0823 C0823”，右击，在弹出的快捷菜单中单击“选择全部实例 - 在视图中可见”选项，则“-1F”楼层平面视图中所有“固定窗 C0823 C0823”被选中，然后在左侧“实例属性”对话框中修改“底高度”值为“400.0”，如图 6-24 所示。

方法二：（切换至立面视图，选择窗，选中临时尺寸界线，修改临时尺寸标注值）双击项目浏览器“立面”（建筑立面）选项中的“东”，切换到“东”立面视图；在“东”立面视图中，如图 6-25 所示，选中“推拉窗 C0624 C0624”窗，调整临时尺寸标注蓝色的控制点，拖动蓝色控制点到“-1F”标高线上，修改临时尺寸标注值为“250”，之后按Enter键确认修改。

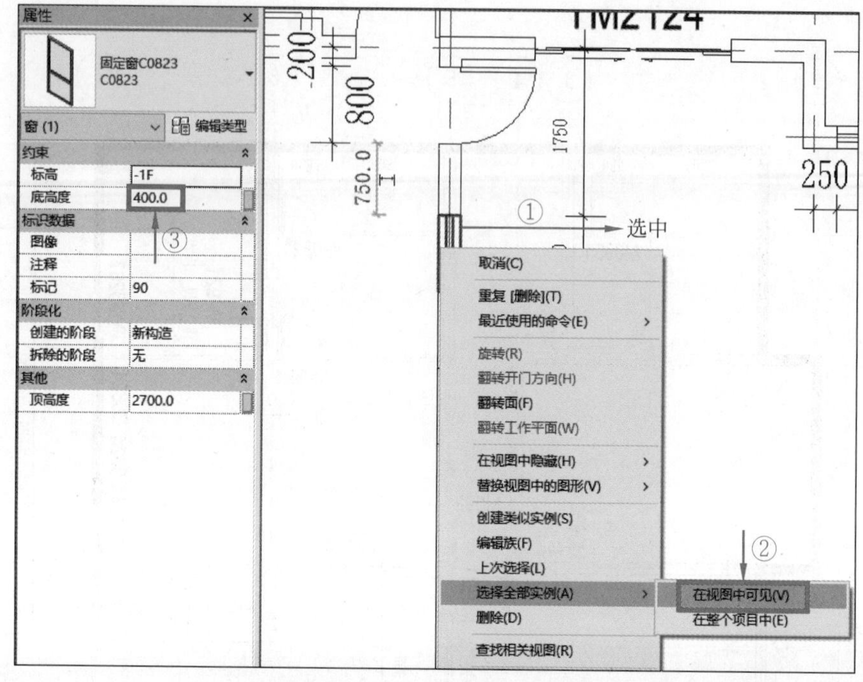

图 6-24 修改“固定窗 C0823 0823”的“底高度”值为“400.0”

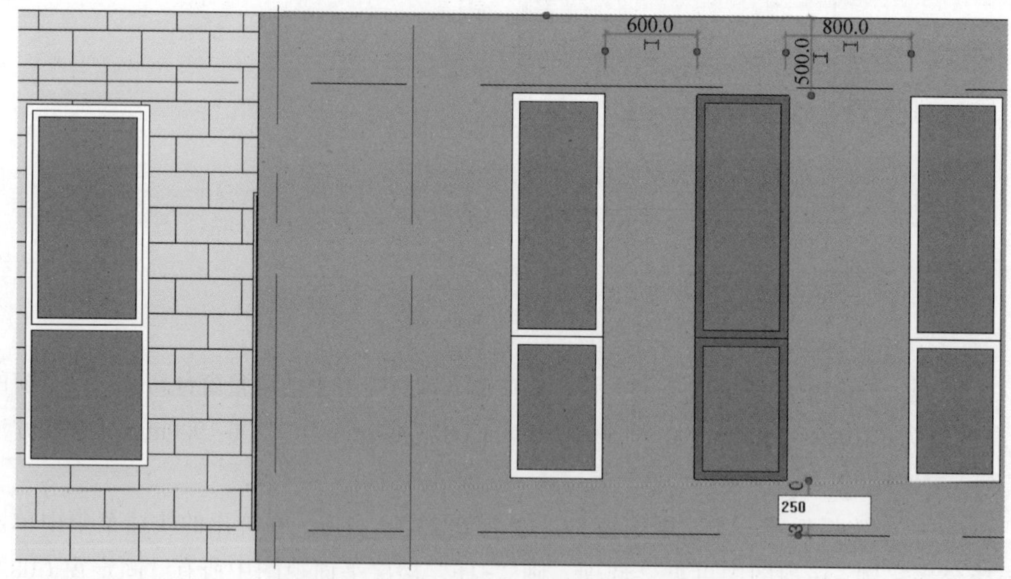

图 6-25 修改临时尺寸线数值调整窗底高度

（4）使用同样方法编辑其他窗的底高度。切换到三维视图，编辑完成后的地下一层窗三维显示如图 6-26 所示。

至此完成地下一层的门窗放置任务。

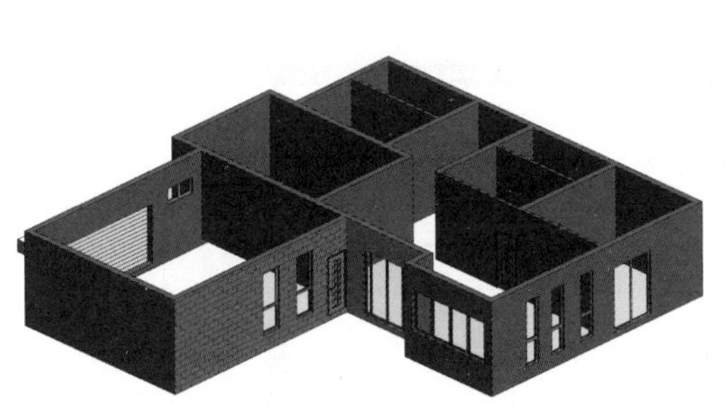

图 6-26　地下一层窗三维显示

小知识

切换到三维视图，观察放置的地下一层门窗三维模型实际效果；在特定视点角度下，个别门窗被遮盖，此时按住 Shift 键，同时按住鼠标中键转动鼠标，旋转整个 3D 模型，以便观察到被遮盖的图元；旋转之后的 3D 模型，可以通过 View Cube 工具切换到 3D 的主视图状态。

6.4　创建地下一层楼板

微课：创建地下一层楼板

（1）切换到“-1F”楼层平面视图；单击“建筑”选项卡→“构建”面板→“楼板”下拉列表→“楼板：建筑”按钮，系统切换到“修改 | 创建楼层边界”上下文选项卡；在“类型选择器”下拉列表中选择楼板的类型为“楼板 常规 -200mm”；在左侧“实例属性”对话框中设置“约束”选项下“标高：-1F”“自标高的高度偏移：0.0”；单击“绘制”面板→“拾取墙”按钮，在选项栏中设置“偏移”为“-20”，不勾选“延伸到墙中（至核心层）”复选框；如图 6-27 所示。

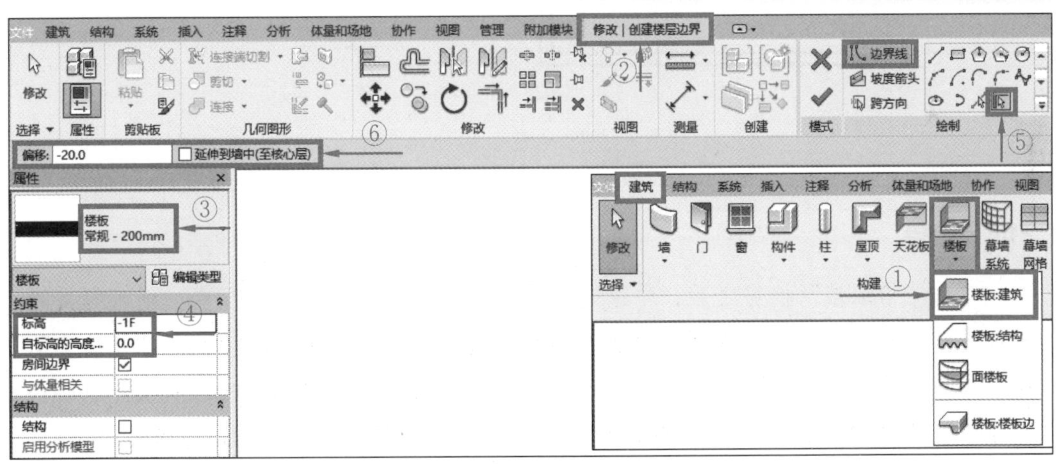

图 6-27　激活“楼板：建筑”命令

（2）移动光标到外墙外边线上，依次单击拾取外墙外边线（自动向内侧偏移 20mm 生成紫色线），或者按 Tab 键全选外墙：先把光标移动到任意一个外墙体外边缘，使其呈蓝色预选状态，再按 Tab 键，整个封闭的外墙边缘呈蓝色预选状态，然后单击生成紫色封闭的楼层边界线，相对整个封闭外墙边缘线向内侧偏移 20mm，如图 6-28 所示；单击“模式”面板→“完成编辑模式”按钮“√”，自此便完成地下一层楼板创建。

（3）切换到三维视图，查看创建的地下一层楼板三维显示。保存别墅项目文件。

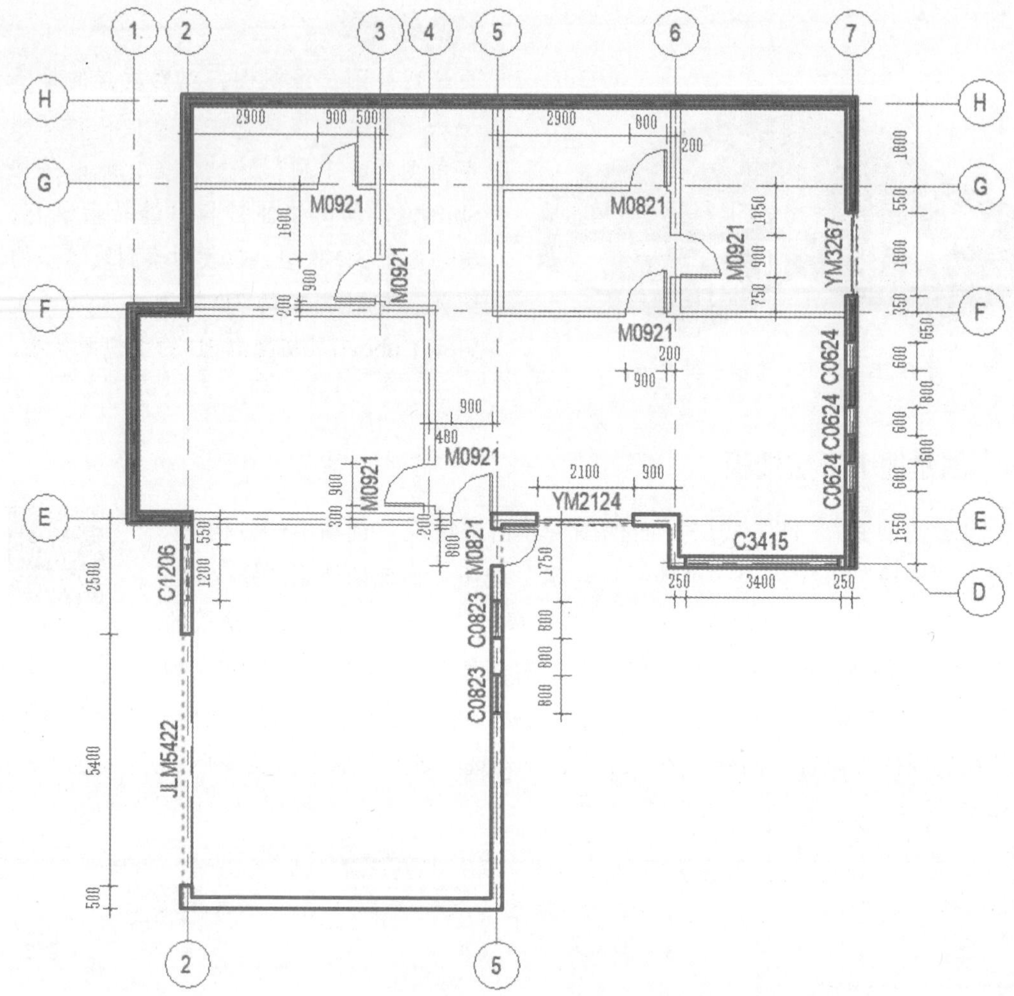

图 6-28　地下一层楼层边界线

小知识

单击“拾取墙”按钮之后，勾选选项栏“延伸到墙中（至核心层）”，则可捕捉到墙体的核心边界，也就是使楼板边界与结构层边界相关联；由于该项目的“外墙饰面砖”和“外墙 - 白色涂料”墙体除了结构层，还有 20 厚的外墙饰面砖，所以此时将偏移量设置为“−20”；“拾取墙”创建的楼板和墙体之间保持关联，当墙体位置改变后，楼板会自动更新。

小知识

Revit 2018 的操作界面中，凡是作为轮廓（边界）编辑的步骤，轮廓线（边界线）均显示为紫色，而只要涉及轮廓编辑，则都需要在轮廓编辑完毕后单击“模式”面板→“完成编辑模式”按钮“√”或“×”进行确定，否则绘图界面保持灰显，无法生成楼板。

6.5　复制地下一层外墙到首层平面

微课：复制地下一层外墙到首层平面

打开已经建立的“别墅 03- 地下一层构件”模型文件，将其另存为“别墅 04- 首层构件”；切换到三维视图。

（1）将光标放在一段外墙上，蓝色预选显示后按 Tab 键，所有外墙将全部蓝色预选显示，单击，外墙将全部选中，构件蓝色亮显，如图 6-29 所示；系统自动切换到“修改 | 墙”上下文选项卡。

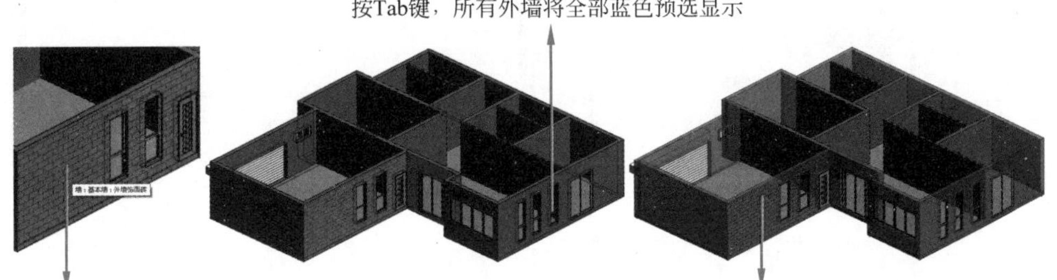

图 6-29　地下一层外墙全部选中

（2）单击“剪贴板”面板“复制到剪贴板”按钮，将所有选中的外墙复制到剪贴板中备用；单击“剪贴板”面板→“粘贴”下拉列表→“与选定的标高对齐”按钮，打开“选择标高”对话框，如图 6-30 所示；在“选择标高”对话框中选择“F1”，单击“确定”按钮退出“选择标高”对话框，则地下一层平面的外墙都被复制到首层楼层平面，同时由于门窗默认是依附于墙体的构件，所以一并被复制。

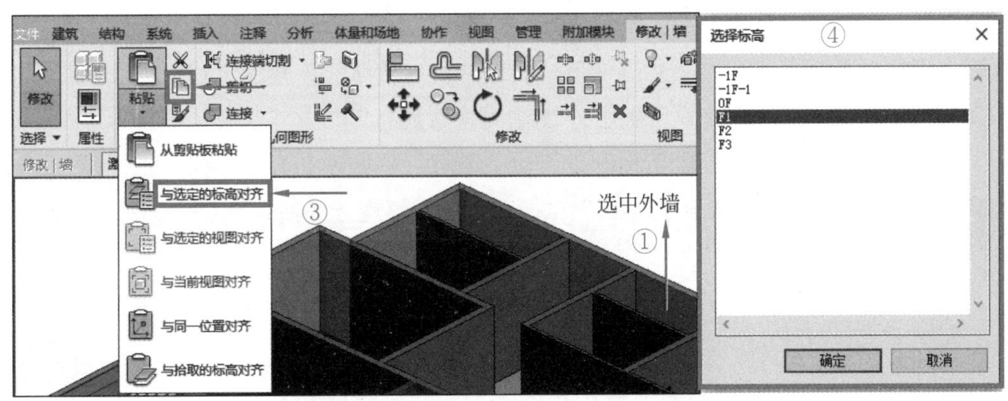

图 6-30　“选择标高”对话框

（3）双击项目浏览器下“楼层平面”项下的“F1”，切换到“F1”楼层平面视图；鼠标放在首层外墙左上角位置向右下角拖动，实框框选到首层所有构件（注意实框和虚框选择图元的差异，此时没有采用从右下角到左上角的虚框，避免碰及轴网对象，实框仅仅框选到外墙及其门窗，没有选择到轴网）；再单击“选择”面板→“过滤器”按钮，打开“过滤器”对话框，如图 6-31 所示，取消勾选“墙”，单击“确定”按钮退出“过滤器”对话框，则选中了首层外墙上的所有门窗，按 Delete 键删除首层外墙上所有门窗。

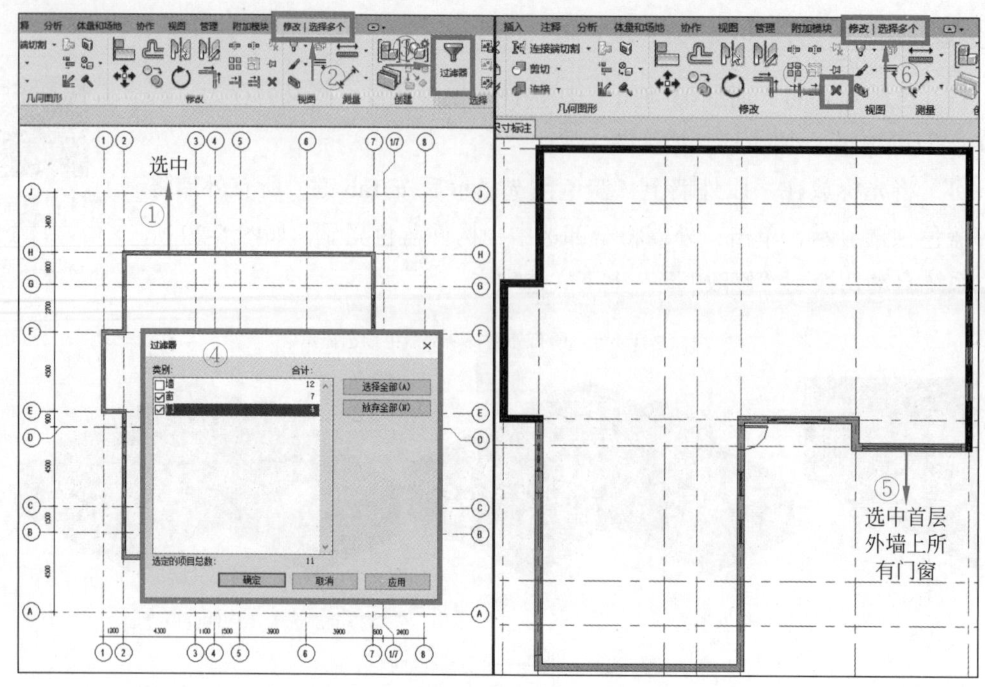

图 6-31　选中首层外墙上所有门窗

小知识

过滤器是按构件类别快速选择一类或几类构件最方便快捷的方法；过滤选择集时，当类别很多而需要选择的类别很少时，可以先单击“放弃全部”，再勾选“门”“窗”等需要的类别；反之，当需要选择的很多，而不需要选择的相对较少时，可以先单击“选择全部”，再取消勾选不需要的类别，以提高选择效率；“复制到剪贴板”工具可将一个或多个图元复制到剪贴板中，然后使用“从剪贴板中粘贴”工具或“对齐粘贴”工具将图元的副本粘贴到其他项目或图纸中；“复制到剪贴板”工具与“复制”工具不同：要复制某个选定图元并立即放置该图元时（例如，在同一个视图中），可使用“复制”工具，在某些情况下可使用“复制到剪贴板”工具，例如需要在放置副本之前切换视图时。

6.6　编辑首层外墙

微课：编辑首层外墙

首层平面外墙与地下一层的外墙并不完全一致，需要手动对复制的首层平面外墙进行局部位置、类型的修改，或绘制新的墙体。

6.6.1　调整外墙位置

先单击选中任意一个墙体图元，则系统自动切换到“修改 | 墙体”上下文选项卡；单击“修改”面板→“对齐”按钮，移动光标单击拾取 B 轴线作为对齐目标位置，再移动光标到 B 轴下方的墙上，按 Tab 键，显示切换到墙的中心线位置单击进行拾取，便移动墙的位置，使其中心线与 B 轴对齐，如图 6-32 所示。

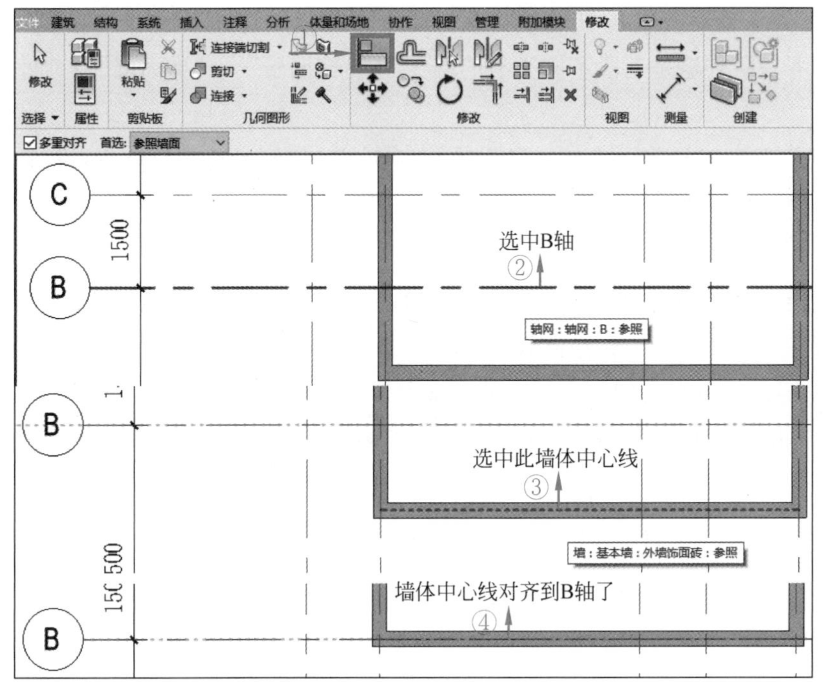

图 6-32　对齐工具调整 B 轴下方的外墙位置

小知识

连续按 Tab 键可以在一个实体附近切换选择图元。

6.6.2　修改外墙实例属性和墙体类型

（1）在“F1”楼层平面视图中实框框选首层所有外墙。

（2）地下一层外墙“底部约束”是“-1F-1”,“顶部约束”是“F1”，外墙高度是 3500；而首层外墙“底部约束”是“F1”,“顶部约束”是“F2”，外墙高度应该是 3300，所以，此时“实例属性”对话框中“约束”选项下“顶部偏移”为“200”；将“顶部偏移”数值由“200”修改为“0”，如图 6-33 所示。

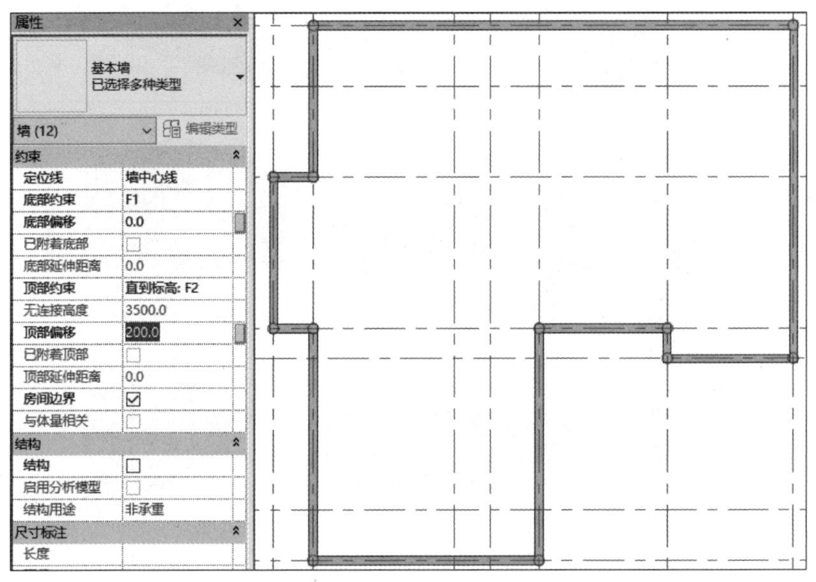

图 6-33　将“顶部偏移”数值由“200”修改为“0”

（3）首层外墙依然处于蓝色亮显的被选中状态，此时左侧类型选择器显示“基本墙 已选择多种类型”；地下一层外墙是三段不同类型的墙：“外墙饰面砖” + “剪力墙” + “外墙 - 白色涂料”。

（4）左侧“类型选择器”下拉列表重新选择“基本墙 外墙 - 机刨横纹灰白色花岗石墙面”，便将首层三段不同类型的外墙，统一修改为“基本墙 外墙 - 机刨横纹灰白色花岗石墙面”。

（5）选择“F1”楼层平面视图中的 E 轴交 5 轴至 E 轴交 6 轴上一段水平墙体，在“类型选择器”下拉列表重新选择“外墙 - 白色涂料”。

（6）切换到三维视图，可以观察到首层外墙的三维显示效果；单击“修改”选项卡→“几何图形”面板→“连接”下拉列表→“连接几何图形”按钮，首先选中地下一层 E 轴交 5 轴至 E 轴交 6 轴上一段水平墙体，接着再选中首层 E 轴交 5 轴至 E 轴交 6 轴上一段水平墙体，则地下一层和首层此部位墙体连接成一个整体，如图 6-34 所示。

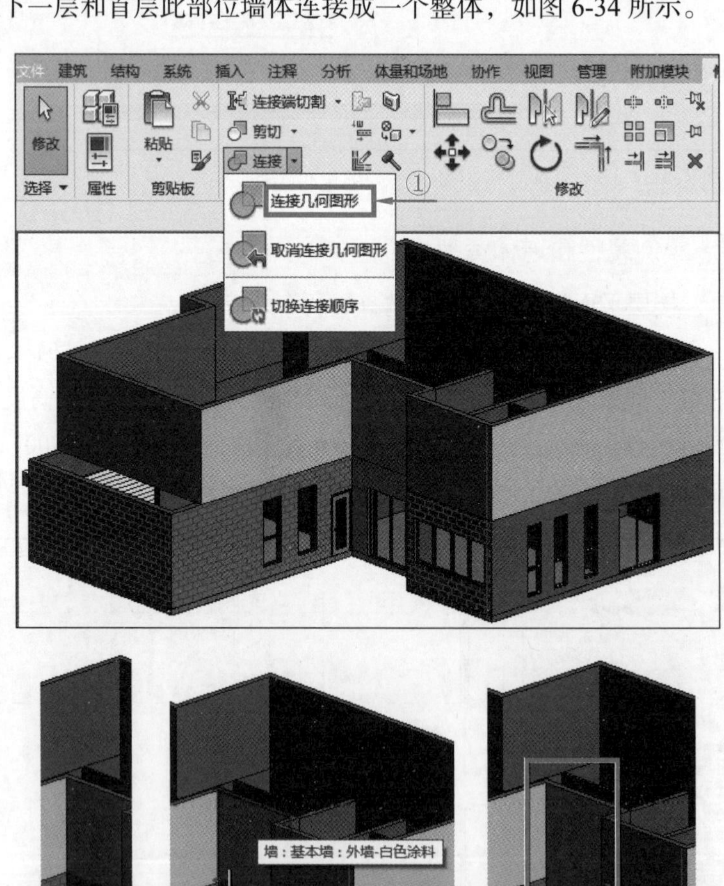

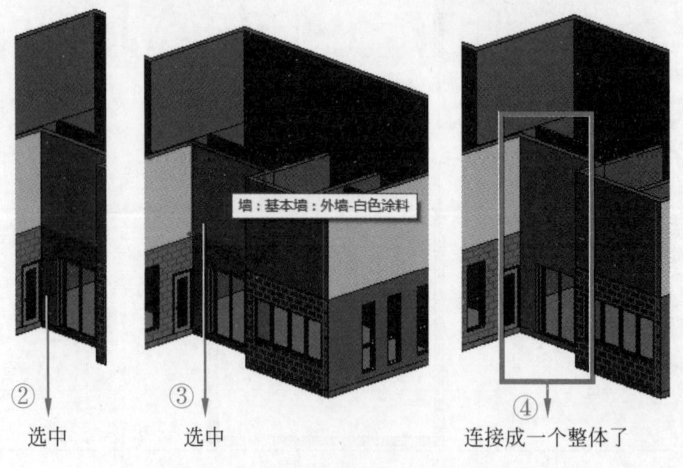

图 6-34 “连接几何图形”工具的应用

6.6.3　增加、拆分、修剪一段外墙

（1）切换到“F1”楼层平面视图。

（2）单击“建筑”选项卡→“构建”面板→“墙”下拉列表→“墙：建筑”按钮，进入“修改 | 放置 墙”上下文选项卡；选择墙体的类型为“基本墙 外墙 - 机刨横纹灰白色花岗石墙面”；设置墙体的“定位线”为“墙中心线”，设置“底部约束”为“F1”，设置“顶部约束”为“直到标高：F2”。

（3）单击“绘制”面板→“直线”按钮，将选项栏“链”勾选，保证墙体连续绘制；移动光标单击捕捉 H 轴和 5 轴交点为绘制墙体起点，然后逆时针单击捕捉 G 轴与 5 轴交点、G 轴与 6 轴交点、H 轴与 6 轴交点，绘制 3 道墙体，如图 6-35 所示。

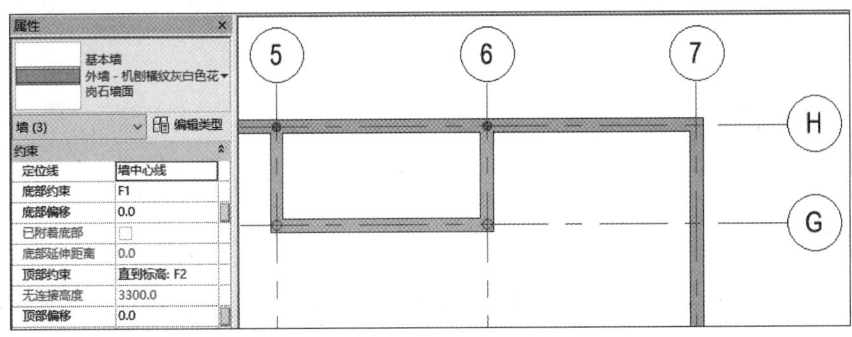

图 6-35　绘制 3 道墙体

（4）再用“修改”面板“对齐”命令，按前述方法，将 G 轴墙的外边线与 G 轴对齐，如图 6-36 所示。

（5）单击“修改”选项卡→“修改”面板→“拆分”按钮，如图 6-37 所示，移动光标到 H 轴上的墙⑤、⑥轴之间任意位置，单击鼠标左键将此段墙拆分为两段。

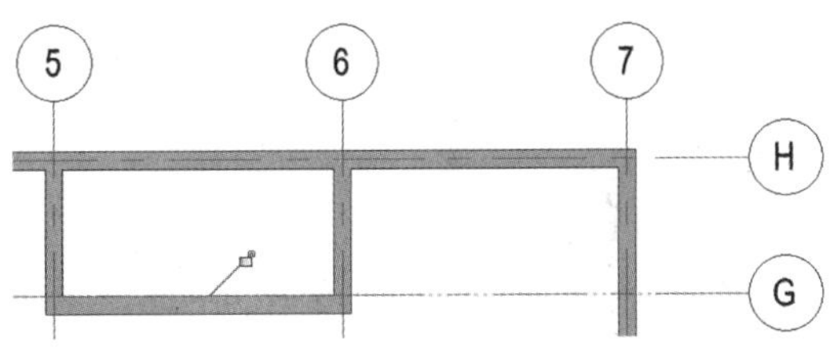

图 6-36　将 G 轴墙的外边线与 G 轴对齐

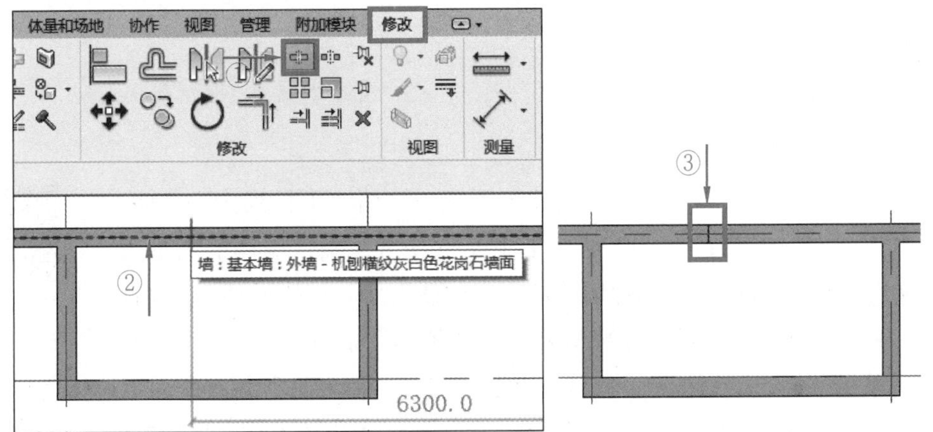

图 6-37　墙拆分为两段

（6）单击“修改”选项卡→“修改”面板→“修剪 / 延伸为角”按钮，移动光标到 H 轴与 5 轴左边的墙上单击，再移动光标到 5 轴的墙上单击，这样右侧多余的墙被修剪掉；同理，用此方法修剪 H 轴与 6 轴右边的墙，如图 6-38 所示。

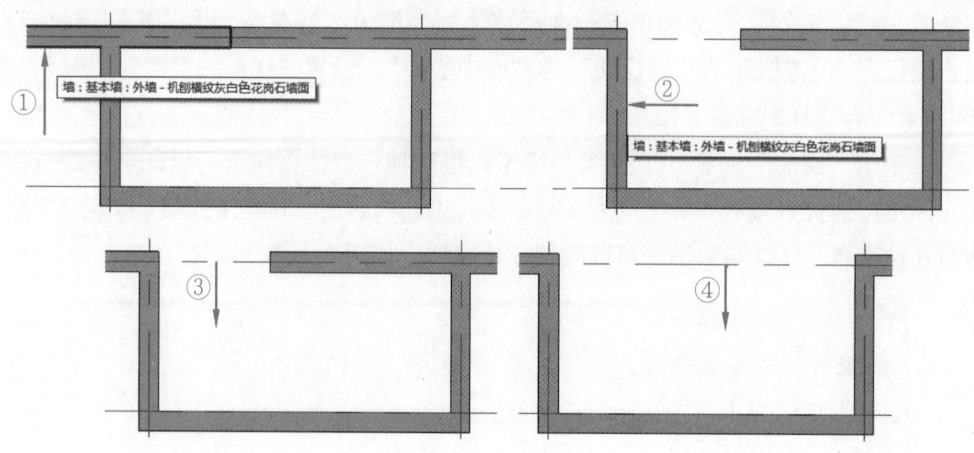

图 6-38 “修剪 / 延伸为角”工具的应用

小知识

用“修剪 / 延伸为角”工具选择对象时，鼠标一定要在形成拐角且必须保留的那一段实体上单击，口诀是“哪里需要点哪里”。

（7）切换到三维视图，观察首层外墙的三维显示效果。

小知识

上述“增加、拆分、修剪一段外墙”方式绘制外墙的方法过于复杂，首先复制地下一层外墙、删除门窗、对齐一段外墙、修改顶部偏移、修改墙体类型，然后绘制一段新墙、拆分、修剪等。编者在这里之所以把简单的问题复杂化，目的就是贯彻“对齐、拆分、修剪”等新命令的学习。

6.7 绘制首层平面内墙

（1）切换到“F1”楼层平面视图。

（2）单击“建筑”选项卡→“构建”面板→“墙”下拉列表→“墙：建筑”按钮，进入“修改 | 放置 墙”上下文选项卡；确认墙体的类型为“基本墙 普通砖 -200mm”；设置墙体的“定位线”为“墙中心线”，设置“底部约束”为“F1”，设置“顶部约束”为“直到标高：F2”。

微课：绘制首层平面内墙

（3）单击“绘制”面板→“直线”按钮，将选项栏“链”勾选，保证墙体连续绘制；绘制 3 段“基本墙 普通砖 -200mm”内墙，按 Esc 键退出该类型内墙绘制；重新选择墙体的类型为“基本墙 普通砖 -100mm”，绘制 5 段“普通砖 100mm”内墙。首层共 8 段内墙，如图 6-39 所示。

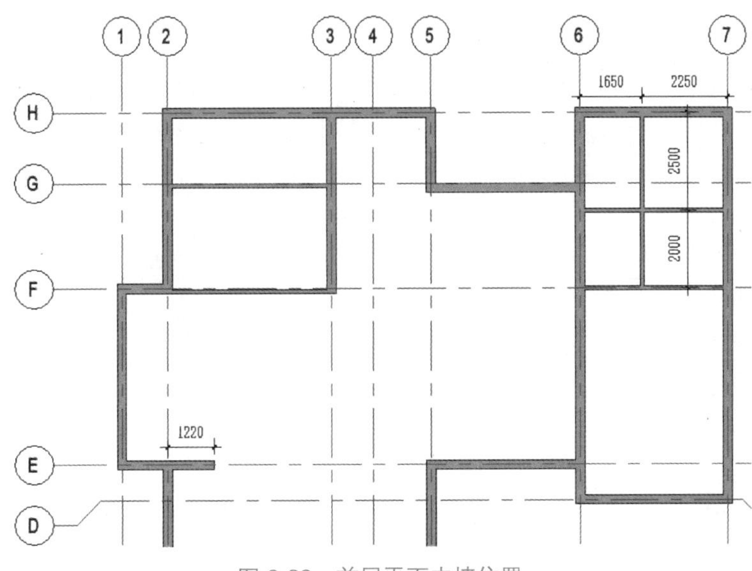

图 6-39　首层平面内墙位置

小知识

上述内墙绘制过程中，按 Esc 键仅退出刚刚一段墙体的绘制，可以选择新起点继续绘制墙体，也可重新选择墙体类型，绘制新类型墙体，连续按 Esc 键两次才是完整退出墙体绘制的命令；中心线与轴线重合的墙体不存在定位尺寸问题，中心线不在轴线上的墙体，每绘制一段，都应该立即修改临时尺寸数字以精确定位墙体，方法与前述门窗临时尺寸修改相同；内墙往往是隔墙功能，类型通常选择普通砖，不像承重构件的外墙需要选择剪力墙类型，墙体的类型选择涉及建筑力学和建筑成本等因素，不可随意确定。

（4）切换到三维视图，观察到首层内墙的三维显示效果。

6.8　放置和编辑首层门窗

创建完成首层平面内外墙体后，即可放置首层门窗。门窗的放置和编辑方法同地下一层。

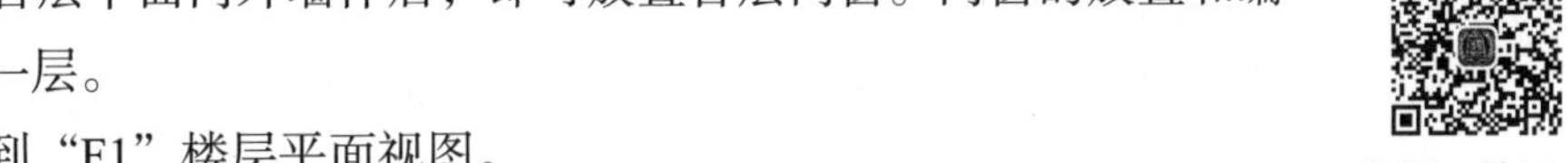

微课：放置和编辑首层门窗

（1）切换到“F1”楼层平面视图。

（2）门类型：“YM3627 YM3624”“装饰木门 M0921”“装饰木门 M0821”“双扇现代门 M1824”“型材推拉门 塑钢推拉门”。

（3）单击“建筑”选项卡→“构建”面板→“门”按钮，切换到“修改 | 放置 门”上下文选项卡；单击“标记”面板→“在放置时进行标记”按钮，分别选择“类型选择器”下拉列表上述门类型，按图 6-40 所示位置移动光标到墙体上单击放置门，并编辑临时尺寸按图 6-40 所示尺寸位置精确定位。

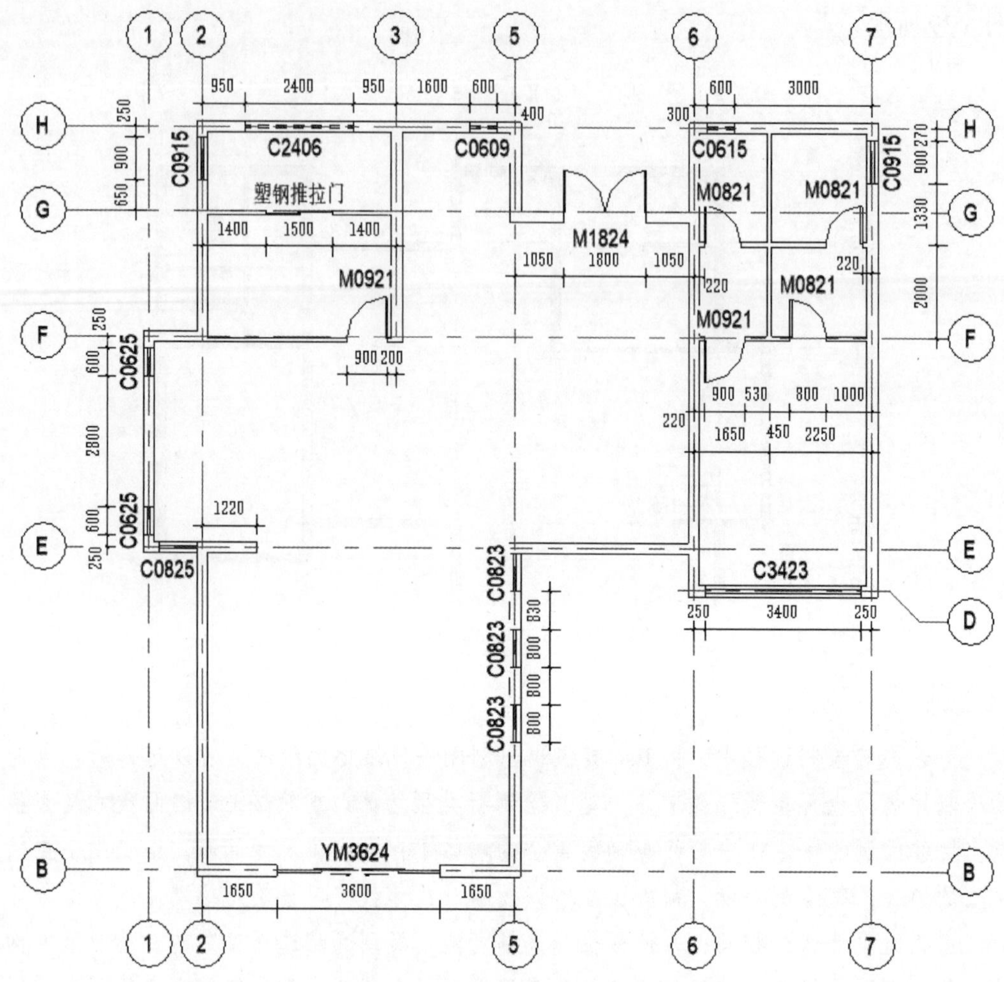

图 6-40 首层门窗位置图

（4）窗类型："推拉窗 C2406 C2406""C0615 C0609""C0615""C0915""C3415 C3423""固定窗 C0823 C0823""推拉窗 C0624 C0825""推拉窗 C0624 C0625"。

（5）单击"建筑"选项卡→"构建"面板→"窗"按钮，切换到"修改 | 放置 窗"上下文选项卡；单击"标记"面板→"在放置时进行标记"按钮；分别选择"类型选择器"下拉列表上述窗类型，按图 6-45 所示位置移动光标到墙体上单击放置窗，并编辑临时尺寸按图 6-40 所示尺寸位置精确定位。

（6）（在"F1"楼层平面视图中选择窗，在"实例属性"对话框中修改"底高度"参数值，调整窗户的底高度）各窗底高度分别为 C2406-1200mm、C0609-1400mm、C0615-900mm、C0915-900mm、C3423-100mm、C0823-100mm、C0825-150mm、CO625-300mm。

小知识

修改窗户 C2406 和 C0609 底高度以后，这两扇窗户在"F1"楼层平面视图中消隐。按 Esc 键两次退出门窗编辑界面，此时"实例属性"对话框的"属性过滤器"显示为

“楼层平面：F1”；向下拖动滑块找到“范围”选项下的“视图范围”；单击“视图范围”右侧“编辑”按钮，界面弹出“视图范围”对话框，将其中“主要范围”中“剖切面”偏移量由默认的“1200”修改为“1500”，如图 6-41 所示，便将形成“F1”楼层平面视图的剖切面相对于基准标高（F1）的偏移量调高为“1500”，高于所有窗户底高度，确保所有窗户洞口的显示。

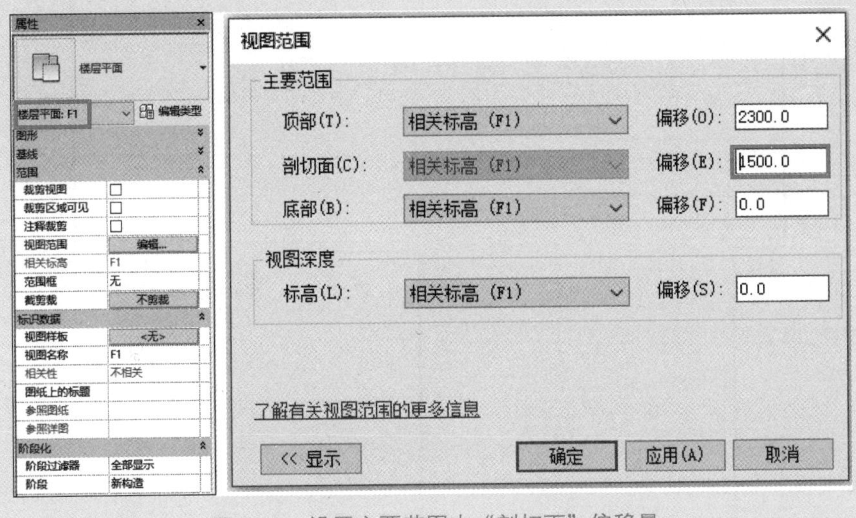

图 6-41　设置主要范围中“剖切面”偏移量

6.9　创建首层楼板

（1）切换到“F1”楼层平面视图。

（2）单击“建筑”选项卡→“构建”面板→“楼板”下拉列表→“楼板：建筑”按钮，系统切换到“修改 | 创建楼层边界”上下文选项卡；确认“类型选择器”下拉列表中楼板的类型为“楼板 常规 -200mm”；设置“约束”选项下“标高：1F”“自标高的高度偏移：0.0”；单击“绘制”面板→“拾取墙”按钮，在选项栏中设置“偏移”为“-20”，不勾选“延伸到墙中（至核心层）”复选框。

微课：创建首层楼板

（3）移动光标到外墙外边线上，墙体外边缘呈蓝色预选状态，再按 Tab 键，整个封闭的外墙边缘呈蓝色预选状态，然后单击，整个首层封闭外墙边缘线向内侧偏移 20mm，生成首层楼板紫色封闭的楼层边界线，如图 6-42 所示。

（4）选中 B 轴下方的楼层边界线；单击“修改”面板→“移动”按钮，选项栏勾选“约束”复选框（启动正交模式），单击任意一点作为移动的基点，移动鼠标垂直向下，输入移动距离“4500”，按 Enter 键确认移动的终点，如图 6-43 所示。

（5）单击“绘制”面板→“线”按钮，绘制两条相互垂直的直线 1 和直线 2，如图 6-44 所示。

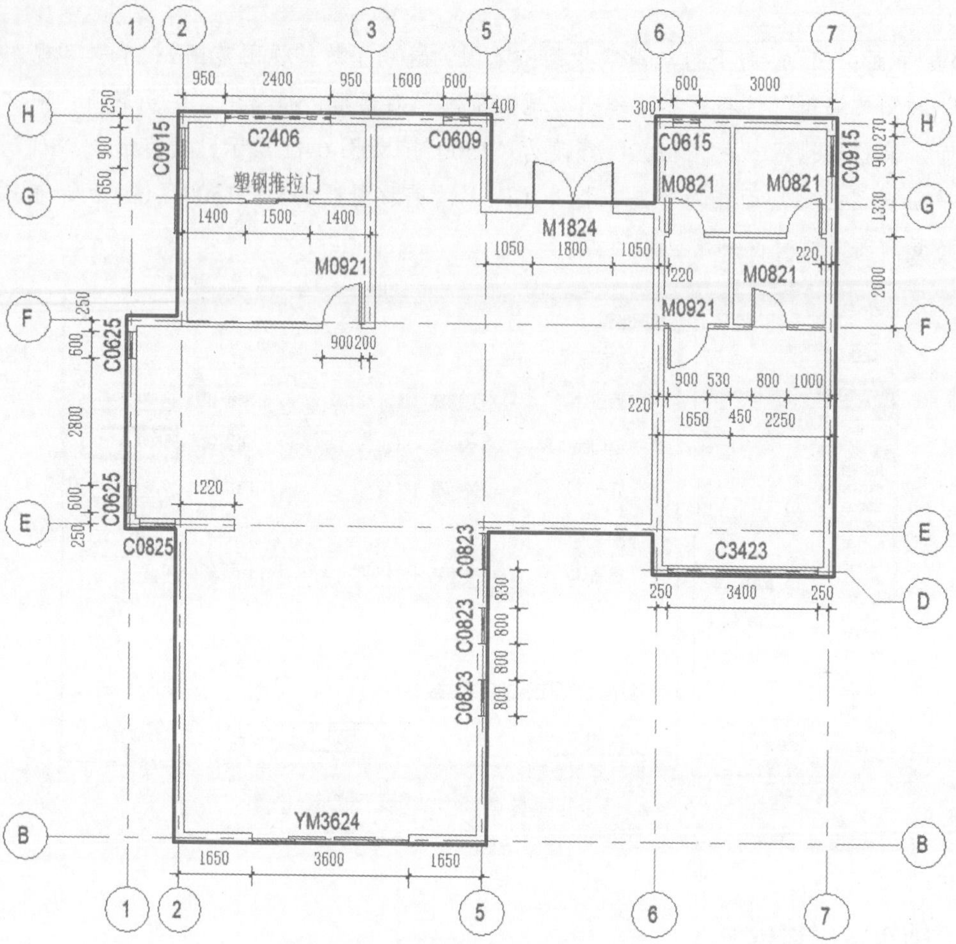

图 6-42　首层楼层边界线

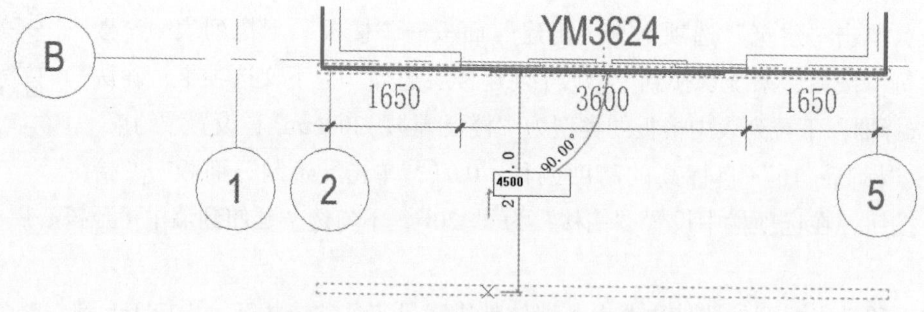

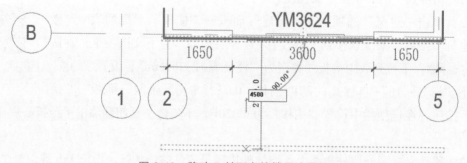

图 6-43　移动 B 轴下方的楼层边界线

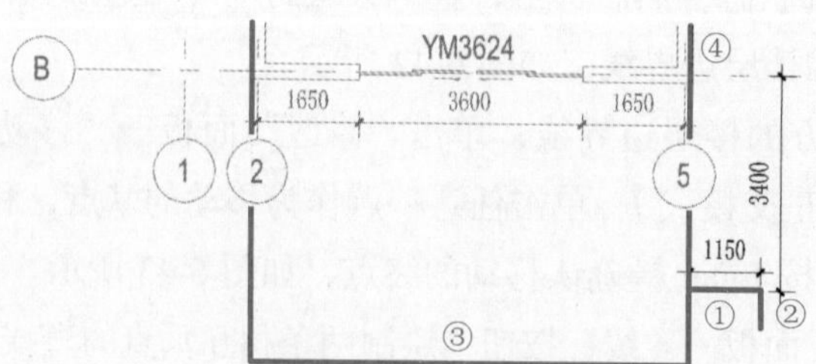

图 6-44　绘制两条相互垂直的边界线

（6）单击“修改”面板→“修剪 / 延伸为角”按钮；分别单击如图 6-44 所示标注为 1 和 4 的线、2 和 3 的线，如图 6-45 所示；完成后的首层楼板紫色封闭的楼层边界线如图 6-46 所示；单击“模式”面板→“完成编辑模式”按钮“√”，弹出的对话框如图 6-47 所示，选择“否”，完成首层楼板创建任务。

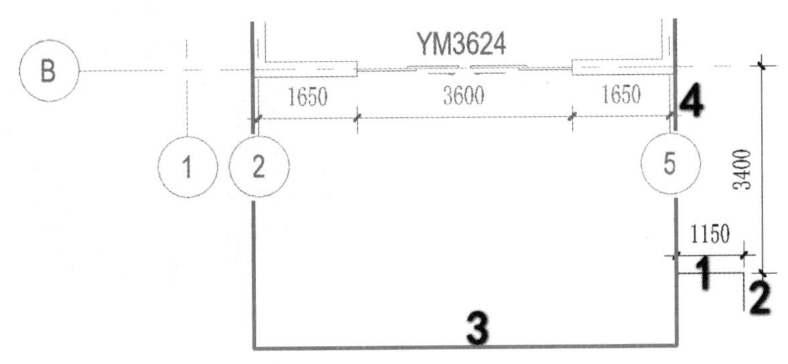

图 6-45　修剪边界线

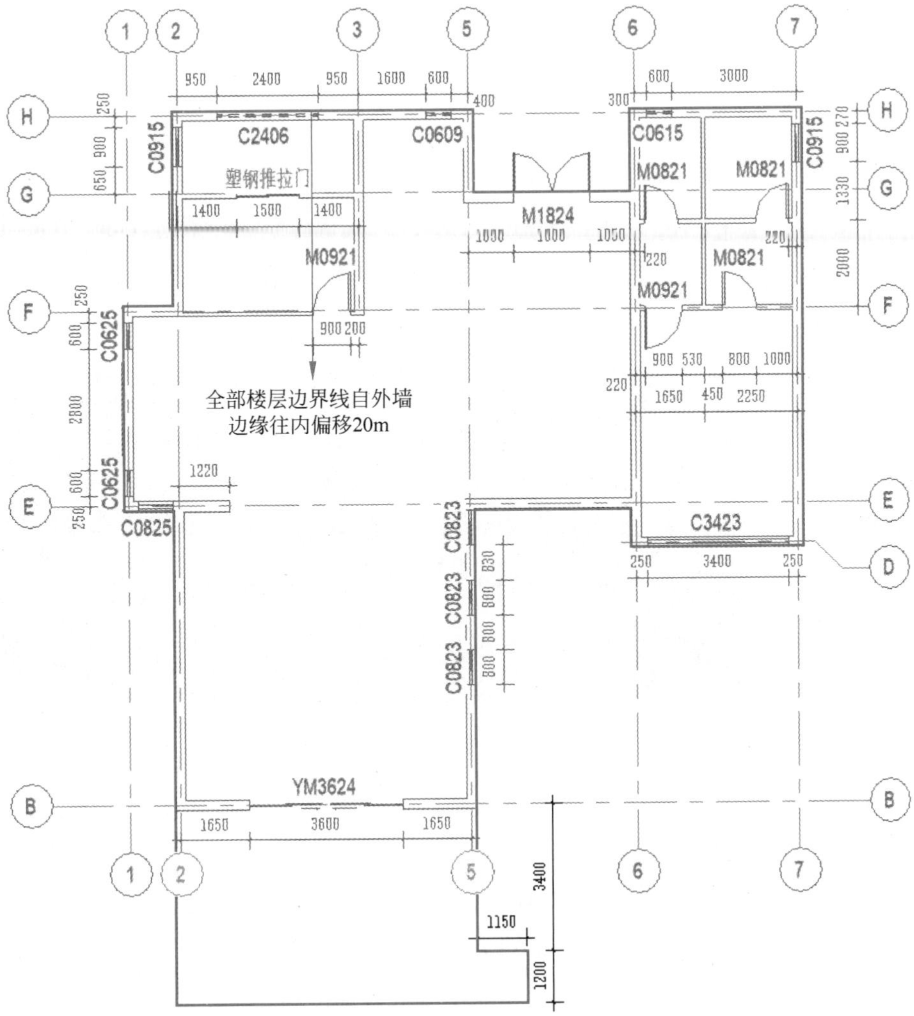

图 6-46　完成后的首层楼层边界线

（7）通过“几何图形”面板→“连接”下拉列表→“连接几何图形”工具，使地下一层墙体与首层楼板连接成为一个整体；切换到 3D 视图，观察地下一层与首层的三维显示整体效果，如图 6-48 所示。保存别墅项目文件。

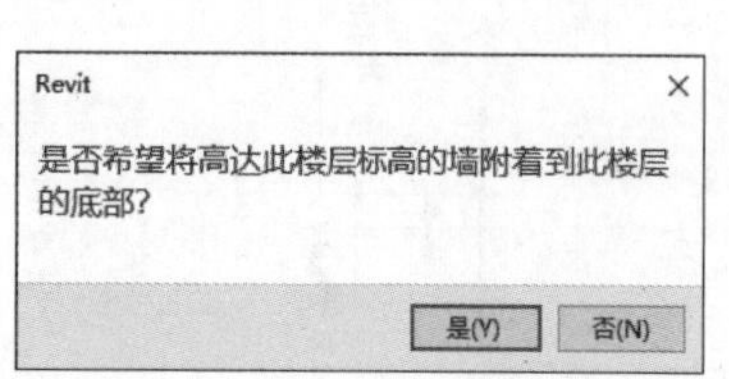

图 6-47　警示对话框

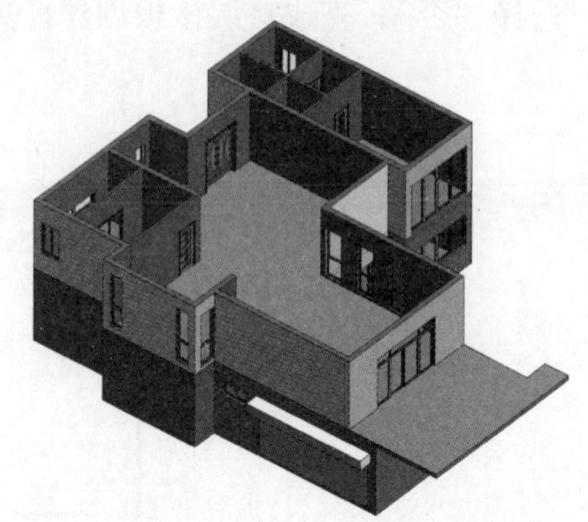

图 6-48　地下一层与首层的三维显示整体效果

至此，首层平面的墙体、门窗和楼板都已经创建完成。

6.10　整体复制首层构件

打开已经建立的“别墅 04- 首层构件”模型文件，将其另存为“别墅 05- 二层构件”。

（1）单击快速访问工具栏“”按钮，切换到三维视图状态，通过 View Cube 变换观察方向为“”，从左上角位置到右下角位置，按住鼠标左键拖曳选择框，框选首层所有构件，如图 6-49 所示。

微课：整体复制首层构件

图 6-49　框选首层所有构件

（2）在构件选择状态下，单击“修改 | 选择多个”上下文选项卡“选择”面板中的“过滤器”按钮，打开“过滤器”对话框，确保只勾选“墙”“门”“窗”“楼板”类别，单击“确定”按钮关闭对话框，如图 6-50 所示，选中“墙”“门”“窗”“楼板”。

（3）单击“剪贴板”面板→“复制到剪贴板”按钮，将所有选中的“墙”“门”“窗”“楼板”复制到剪贴板中备用。

（4）单击“剪贴板”面板→“粘贴”下拉列表→“与选定的标高对齐”按钮，打开

“选择标高”对话框，如图 6-51 所示；单击选择“F2”；单击“确定”按钮退出“选择标高”对话框，则首层平面的“墙”“门”“窗”“楼板”都被复制到二层平面。

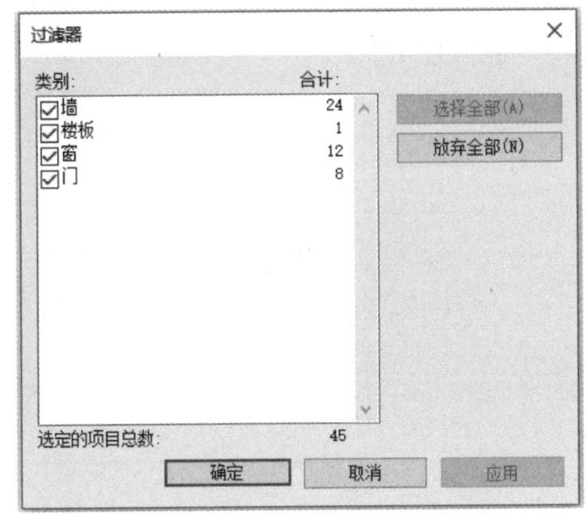

图 6-50　选中“墙”“门”“窗”“楼板”

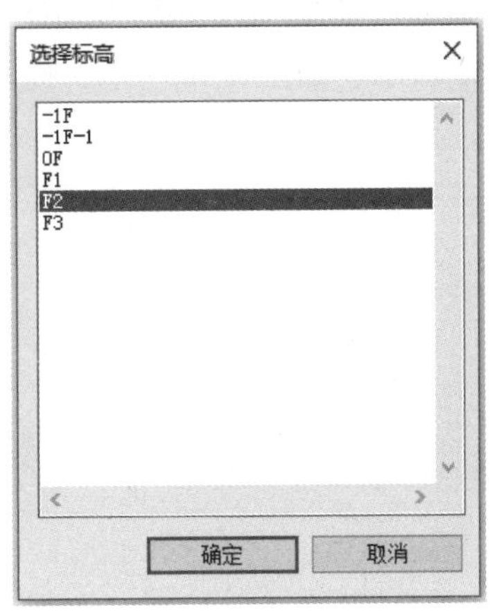

图 6-51　“选择标高”对话框

（5）通过 View Cube 变换观察方向，观察复制到二层的“墙”“门”“窗”“楼板”三维显示效果，如图 6-52 所示。

图 6-52　二层的“墙”“门”“窗”“楼板”三维显示效果

（6）在复制的二层“墙”“门”“窗”“楼板”处于选择状态时，单击“修改 | 选择多个”上下文选项卡→“选择”面板→“过滤器”按钮，打开“过滤器”对话框；确保只勾选“门”“窗”类别，单击“确定”按钮关闭对话框，选择所有门窗，按 Delete 键删除所有门窗。

6.11　编辑二层外墙、内墙

微课：编辑二层外墙、内墙

（1）（复制上来的二层平面墙体，需要手动进行局部位置、类型的调整，或绘制新的墙体）切换到“F2”楼层平面视图，按住 Ctrl 键连续单击选择所有内墙，再按 Delete 键，删除所有内墙。

（2）单击“修改”面板中的“对齐”按钮；如图 6-53 所示，移动光标单击拾取 C 轴线作为对齐目标位置；再移动光标到 B 轴的墙上，按 Tab 键拾取墙的中心线位置单击拾取，如图 6-54 所示；则移动 B 轴上墙的位置使其中心线与 C 轴对齐，如图 6-55 所示；如图 6-56 所示，提示错误，选择“删除图元”。

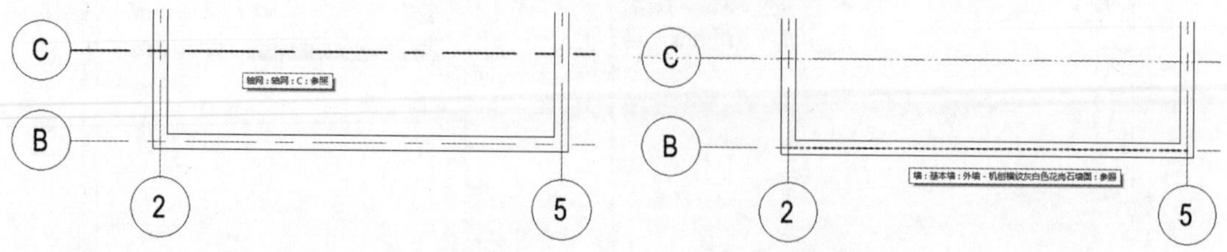

图 6-53 拾取 C 轴线作为对齐目标位置　　图 6-54 拾取墙的中心线位置单击拾取

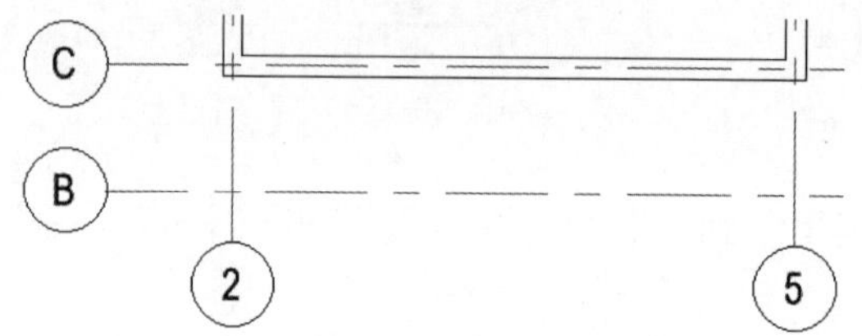

图 6-55 移动墙的位置使其中心线与 C 轴对齐

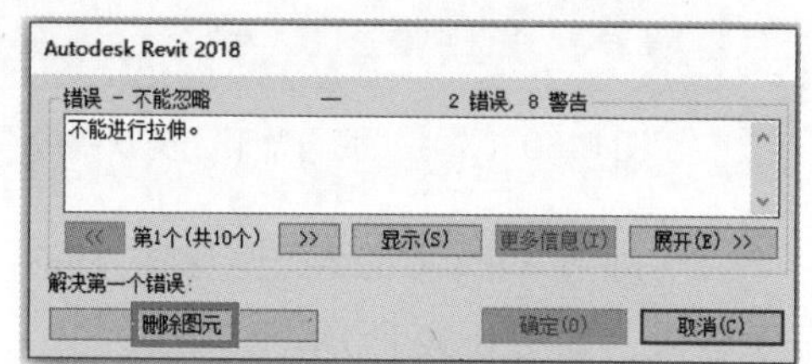

图 6-56 删除图元

（3）同理，以④轴作为对齐目标位置，拾取⑤轴上的墙中心线，使其对齐至 4 轴线，结果如图 6-57 所示。

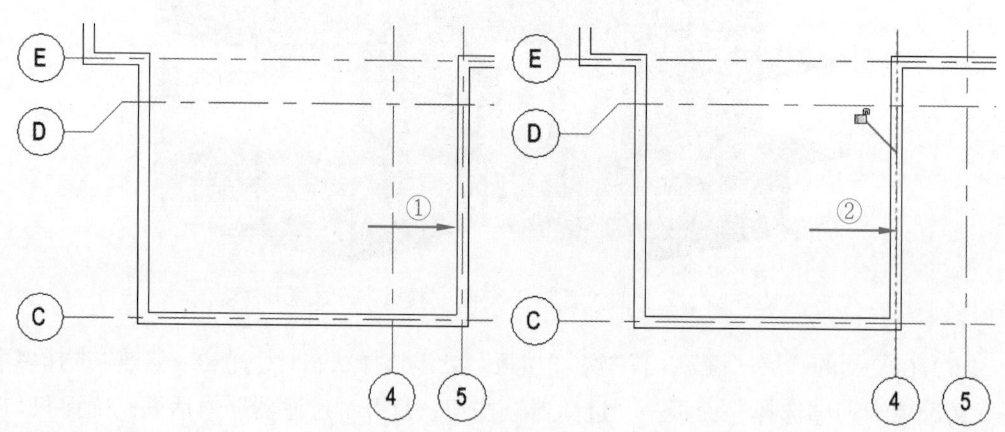

图 6-57 将⑤轴上的墙对齐至④轴

（4）其余部分外墙可以通过“修改”面板→“修剪 / 延伸为角”命令进行修改；修改后墙的位置，如图 6-58 所示。

（5）切换到三维视图，选中二层所有外墙，在“类型选择器”下拉列表中将墙体设置为“基本墙：外墙 - 白色涂料”，更新所有外墙类型；在二层所有外墙处于选中状态时，设置左侧“实例属性”对话框中“约束”下“顶部约束”为“直到标高：F3”，设置“顶部偏移”为“0.0”，如图 6-59 所示，保存别墅项目模型文件。

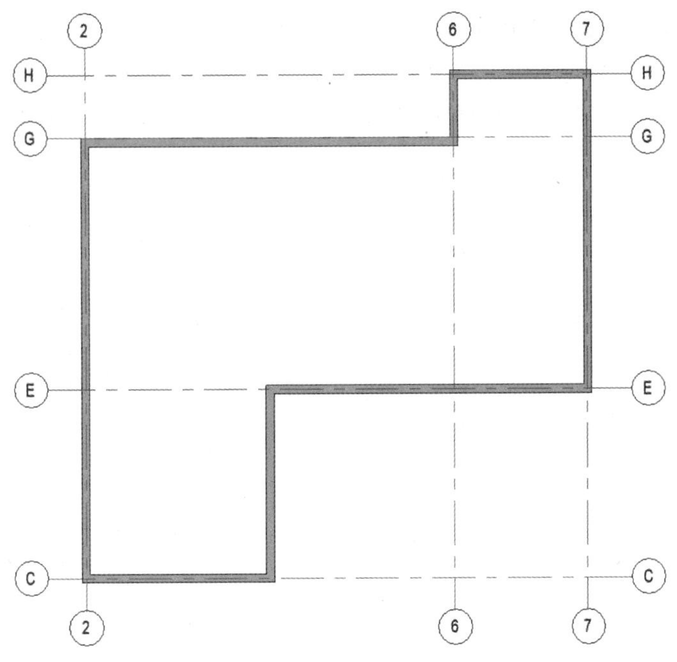

图 6-58　修改后墙的位置

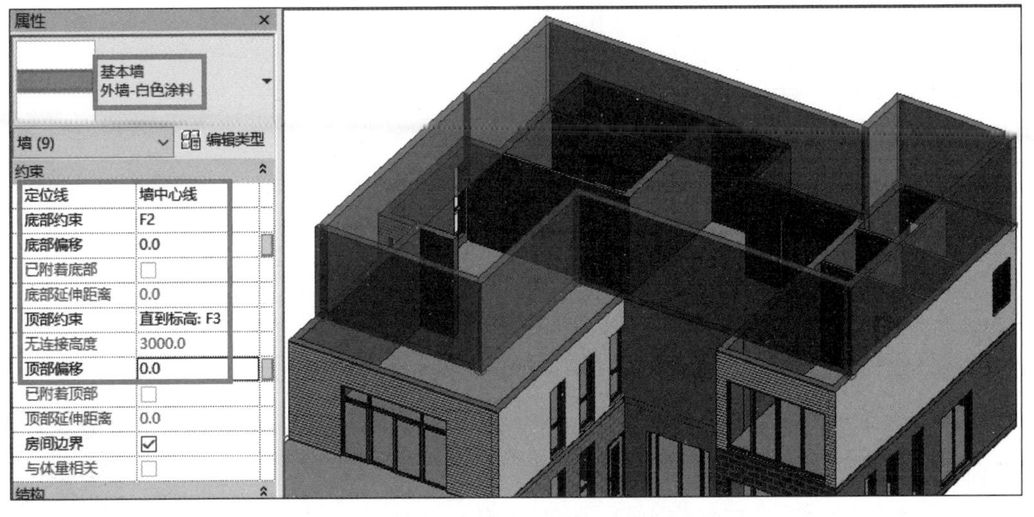

图 6-59　设置墙的类型参数和实例参数

6.12　绘制二层内墙

（1）切换到“F2”楼层平面视图。

微课：绘制二层内墙

（2）单击“建筑”选项卡→“构建”面板→“墙”下拉列表→“墙：建筑”按钮，进入“修改 | 放置 墙”上下文选项卡；设置墙体的类型为“基本墙 普通砖 -200mm”；设置墙体的“定位线”为“墙中心线”，设置“底部约束”为“F2”，设置“顶部约束”为“直到标高：F3”。

（3）单击“绘制”面板→“直线”按钮，将选项栏“链”勾选，保证墙体连续绘制；

绘制 6 段“基本墙 普通砖 -200mm”内墙，按 Esc 键退出该类型内墙绘制；重新选择墙体的类型为“基本墙 普通砖 -100mm”，绘制 6 段“普通砖 100mm”内墙。二层楼层平面视图共 12 段内墙，完成后的二层墙体如图 6-60 所示，保存别墅项目模型文件。

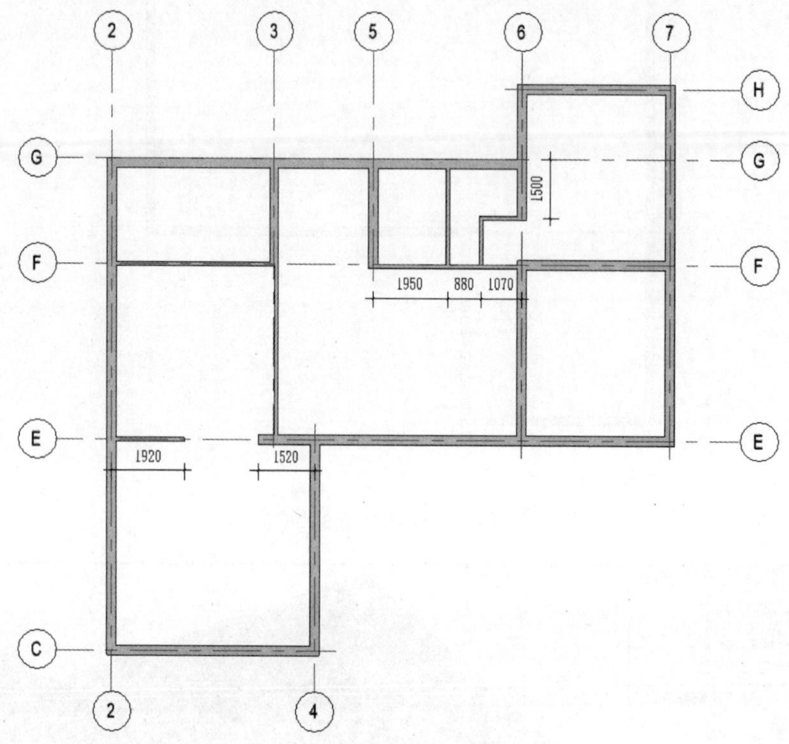

图 6-60　完成后的二层平面墙体

（4）切换到三维视图，观察二层墙体的三维显示整体效果。保存别墅项目模型文件。

6.13　放置和编辑二层门窗

完成二层平面内外墙体后，即可放置二层门窗。门窗放置和编辑方法与此前相同，此处不再详述。

微课：放置和编辑二层门窗

（1）切换到“F2”楼层平面视图；按照如图 6-61 所示的门窗标记及定位尺寸放置门窗。其中，门类型为“移门 YM3324”“装饰木门 M0921”“装饰木门 M0821”“LM0924”“YM1824 YM3267”“门 - 双扇平开 1200 × 2100mm”；窗户类型为“C0615 C0609”“C0615 C1023”“C0923”“C0615”“C0915”。

（2）在“F2”楼层平面视图中分别选择各窗户，在左侧“实例属性”对话框中分别修改各窗“底高度”值为 C0609-1450mm、C0615-850mm、C0923-100mm、C1023-100mm、C0915-900mm。

注意：修改 C0609 窗户底高度为 1450mm 之后，该类型窗户洞口在“F2”楼层平面视图上消失，请按照图 6-41 所示修改“F2”楼层平面视图的“视图范围”的属性值：“剖切面相关标高偏移量”修改为“1500”，C0609 窗户便重新显示出来。

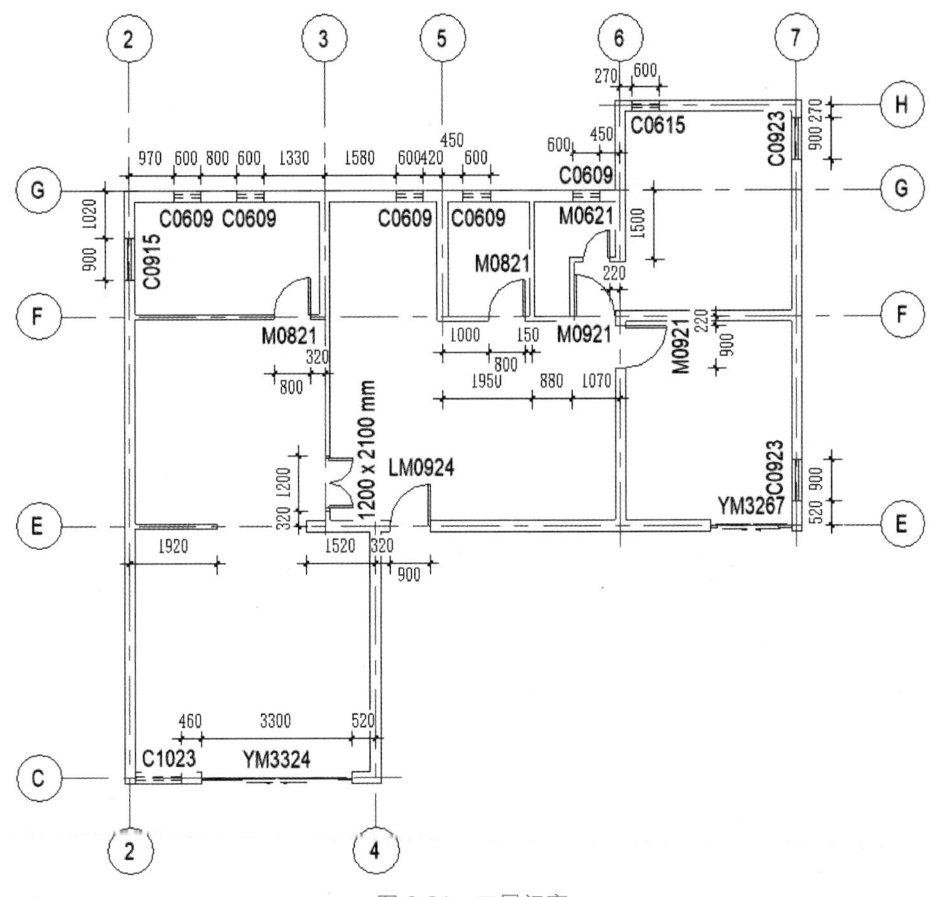

图 6-61　二层门窗

6.14　创建二层楼板

（1）切换到“F2”楼层平面视图；选中二层楼板，系统切换到“修改 | 楼板”上下文选项卡；单击“模式”面板→“编辑边界”按钮，系统切换到“修改 | 楼板 > 编辑边界”上下文选项卡；激活“绘制”面板→“边界线”按钮，综合利用“绘制”面板上的“线”绘制工具以及“修改”面板上的“对齐”和“修剪 / 延伸为角”工具进行边界线的编辑，最终编辑的二层楼层边界线，如图 6-62 所示。

微课：创建二层楼板

小知识

楼层边界线必须是闭合回路，如编辑后无法完成楼板，请检查是否未闭合或重叠。

（2）单击“模式”面板→“完成编辑模式”按钮“√”，界面弹出警告对话框，选择“取消连接图元”，单击“确定”按钮退出警告对话框，完成二层楼板创建任务。

（3）切换到三维视图，观察地下一层、首层和二层的三维显示整体效果。保存别墅项目模型文件。

至此，地下一层、首层和二层平面的墙体、门窗和楼板都已经创建完成。

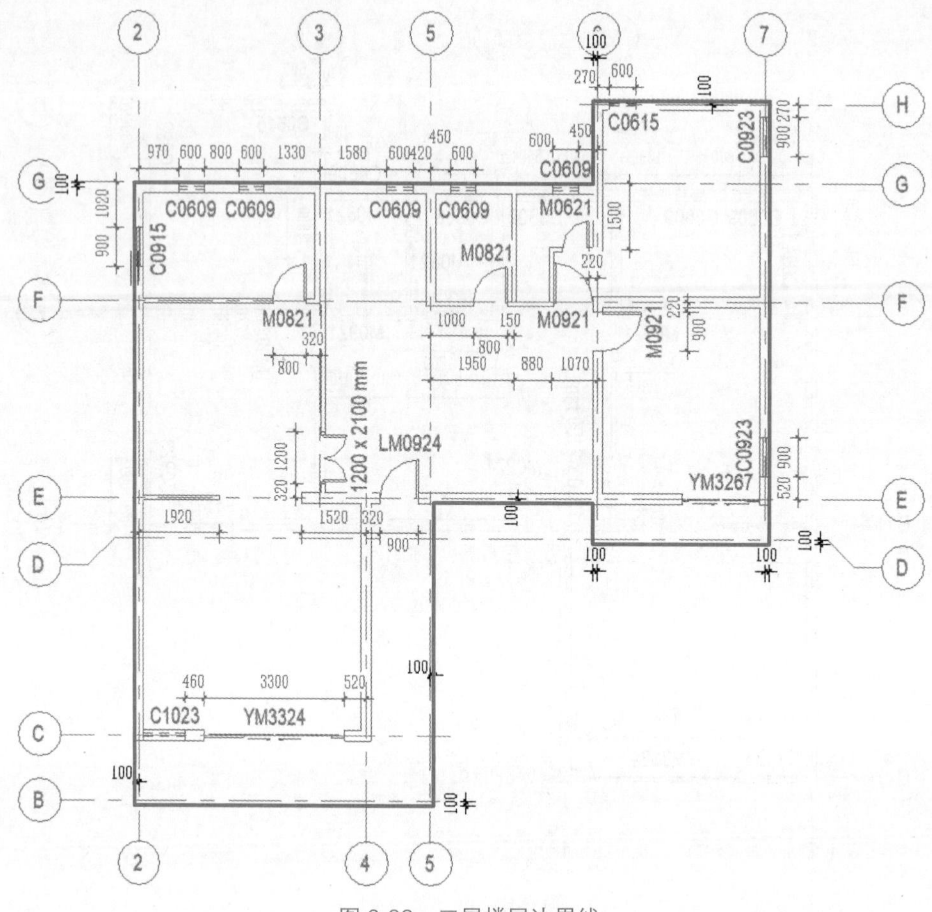

图 6-62 二层楼层边界线

6.15 经典真题解析

下面通过对经典考试真题的详细解析来介绍墙体、楼板的建模和解题步骤。

（1）（第三期全国 BIM 技能等级考试一级试题第二题“墙体”）按照图 6-63 所示，新建项目文件，创建以下墙类型，并将其命名为“等级考试 - 外墙”。之后，以标高 1 到标高 2 为墙高，创建半径为 5000mm（以墙核心层内侧为基准）的圆形墙体。最终结果以“墙体”为文件名保存在考生文件夹中。

小知识

本题考查的是复合墙，通过修改垂直结构的方法将外饰面进行拆分，并且运用“指定层”命令按照题目要求将面层材质指定到拆分的区域，同时要求绘制圆形墙体；拆分区域时，注意将出现的“拆分小刀”放置在需要拆分的面层上；若放置在面层之外，会造成拆分不成功的结果；在“编辑部件”状态下时，若按 Esc 键，会造成全部面层都需要重新编辑的情况。

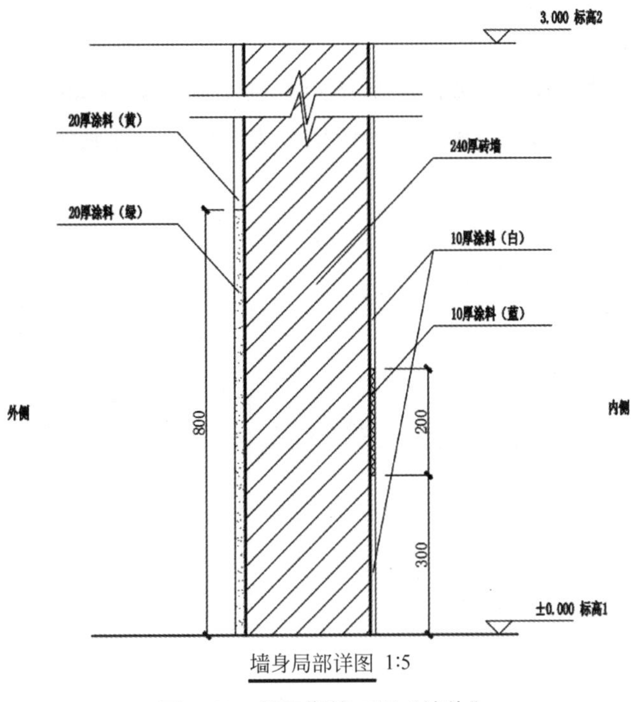

图 6-63　第三期第二题“墙体”

微课：第三期第二题“墙体”

小知识

本题墙体主要考查墙体垂直结构材质的拆分和合并，虽然题目不是很难，但是需要考生认真细心操作；在 Revit 中，墙体可以分为基本墙、复合墙和叠层墙三种类型，本题就是复合墙。

（2）（第四期全国 BIM 技能等级考试一级试题第二题“楼板”）根据图 6-64 中给定的尺寸及详图大样新建楼板，顶部所在的标高为 ±0.000，命名为“卫生间楼板”，构造层保持不变，水泥砂浆层进行放坡，并创建洞口。请将模型以“楼板”为文件名保存到考生文件夹中。

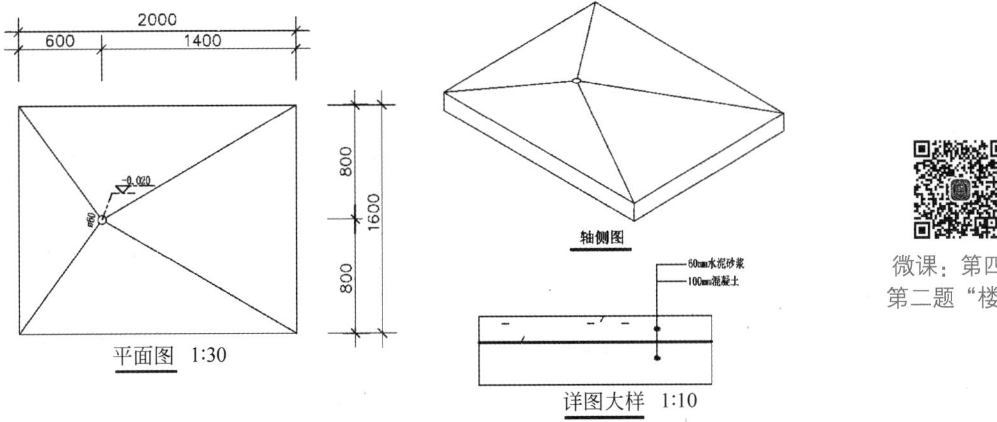

图 6-64　第四期第二题“楼板”

微课：第四期第二题“楼板”

6.16 真题实战演练

根据图 6-65 给定的尺寸绘制墙体并标注，墙体高度为 5000mm，墙外侧 2000mm 以下为外挂大理石，2000mm 以上为涂料 - 白。将模型以“墙体”为文件名保存到考生文件夹中。

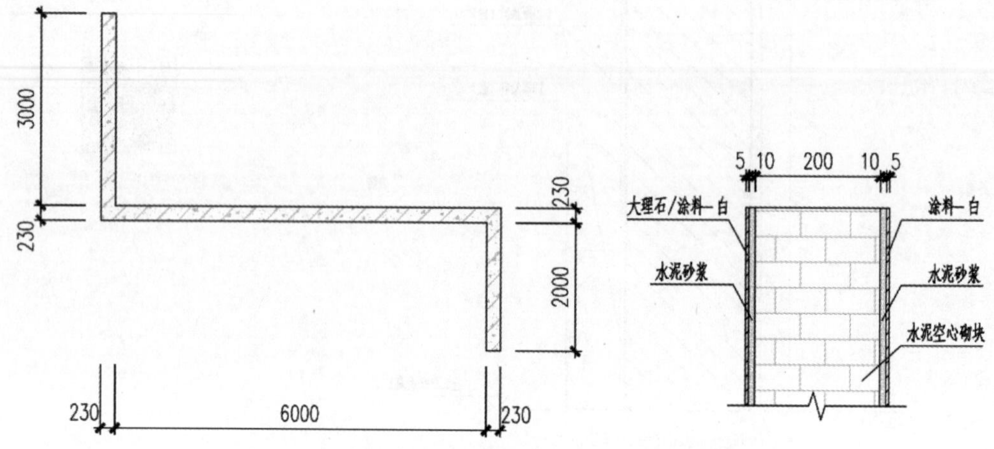

图 6-65　建设教育协会 BIM 技能等级考试初级试题“墙体”

微课：建设教育协会 BIM 技能等级考试初级试题“墙体”

本章学习了墙的绘制和编辑方法以及放置门窗构件的方法，同时学习了创建楼板的方法；并精选了两道比较经典的真题进行详细解析，最后把建设教育协会往期考过的创建墙体的真题设计成真题进行实战演练；只要读者认真研读本专题内容，同时加强训练，就能快速掌握墙体和楼板的创建方法。

第 7 章　创建玻璃幕墙

概　述

幕墙是现代建筑设计中被广泛应用的一种建筑构件，由幕墙网格、竖梃和幕墙嵌板组成。在 Revit 2018 中，根据幕墙的复杂程度将其分为常规幕墙和面幕墙系统两种创建幕墙的方法。常规幕墙是墙体的一种特殊类型，其创建方法和常规墙体相同，并具有常规墙体的各种属性，可以像编辑常规墙体一样编辑常规幕墙。

本章将在 E 轴与⑤轴和⑥轴的墙上嵌入一面常规幕墙，并以常规幕墙为例，详细讲解幕墙网格、竖梃和幕墙嵌板的各种创建和编辑方法。除常规幕墙之外，本章还将简要介绍创建异形幕墙的“面幕墙系统”。

课程目标

- 常规玻璃幕墙的参数设置方法和绘制幕墙的方法；
- 常规幕墙网格的创建和编辑方法；
- 常规竖梃的创建和编辑方法；
- 常规幕墙嵌板的选择和替换为门窗或实体、空嵌板类型的方法；
- 创建面幕墙系统的方法。

7.1　创建别墅项目玻璃幕墙

（1）首先打开第 6 章中已经建立的“别墅 05- 二层构件”模型文件，将其另存为“别墅 06- 常规幕墙”。

微课：创建别墅项目玻璃幕墙

（2）切换到“F1”楼层平面视图；单击“建筑”选项卡→“构建”面板→“墙”下拉列表→“墙：建筑”按钮，进入“修改 | 放置 墙”上下文选项卡；在左侧“类型选择器”下拉列表中选择墙体的类型为“幕墙”；设置左侧“实例属性”对话框→“约束”→中的“底部约束”为“F1”，设置“底部偏移”为“100.0”，设置“顶部约束”为“未连接”，设置“无连接高度”为“5600.0”，如图 7-1 所示；单击“编辑类型”按钮，打开“类型属性”对话框，单击“复制”按钮，输入新的名称“C2156”。

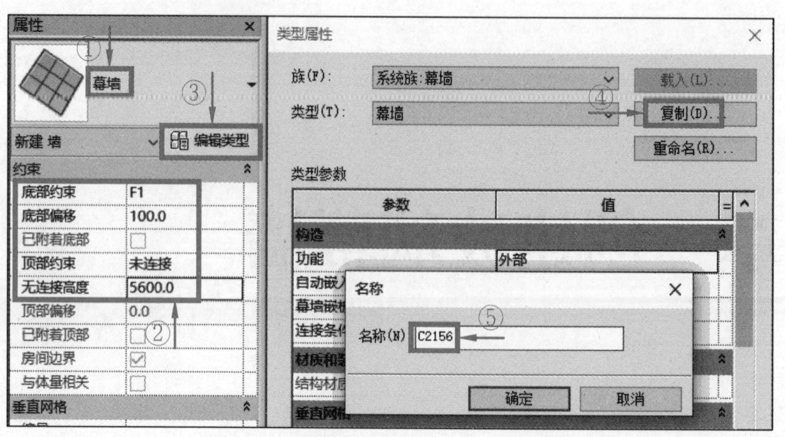

图 7-1 输入新的名称“C2156”

（3）设置类型属性有关参数：勾选“自动嵌入”;“垂直网格”的“布局”参数选择“无”;“水平网格”的“布局”参数选择“固定距离”将“间距”设置为“925.0”，勾选“调整竖梃尺寸”参数；将“垂直竖梃”中的“内部类型”选“无”,“边界 1 类型”和“边界 2 类型”均选为“矩形竖梃：50 × 100mm”；将“水平竖梃”中的“内部类型”“边界 1类型”和“边界2类型”均选为“矩形竖梃：50 × 100mm”，如图 7-2 所示；单击“确定”按钮，关闭“类型属性”对话框。

（4）用与绘制墙体相同的方法，在⑤轴与⑥轴之间的 E 轴墙体上捕捉两点绘制幕墙，尺寸如图 7-3 所示；完成之后，项目浏览器分别切换到“南”立面视图和三维视图，观察幕墙效果，如图 7-4 所示。

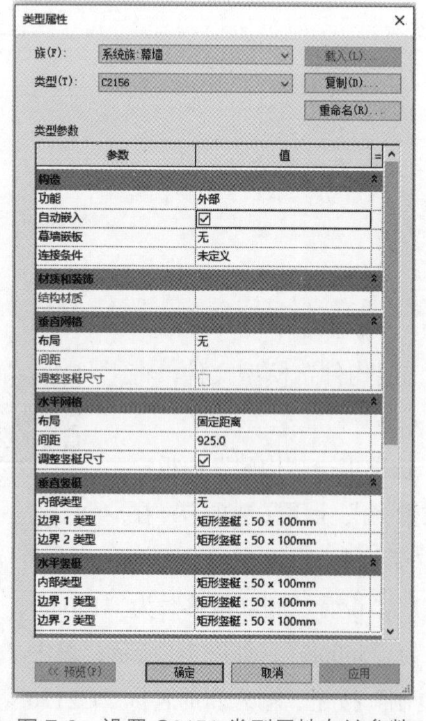

图 7-2 设置 C2156 类型属性有关参数

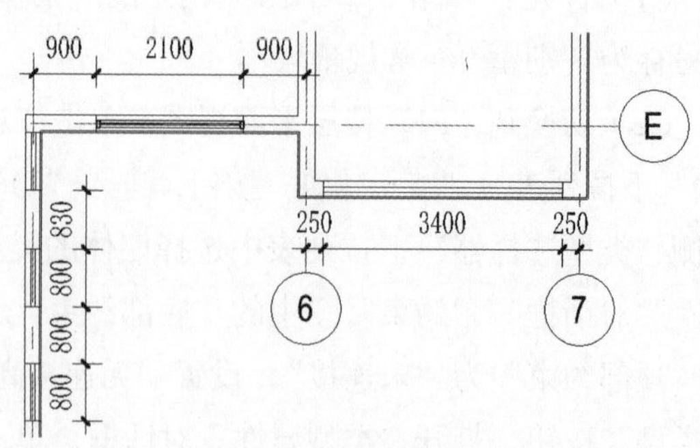

图 7-3 绘制幕墙 C2156

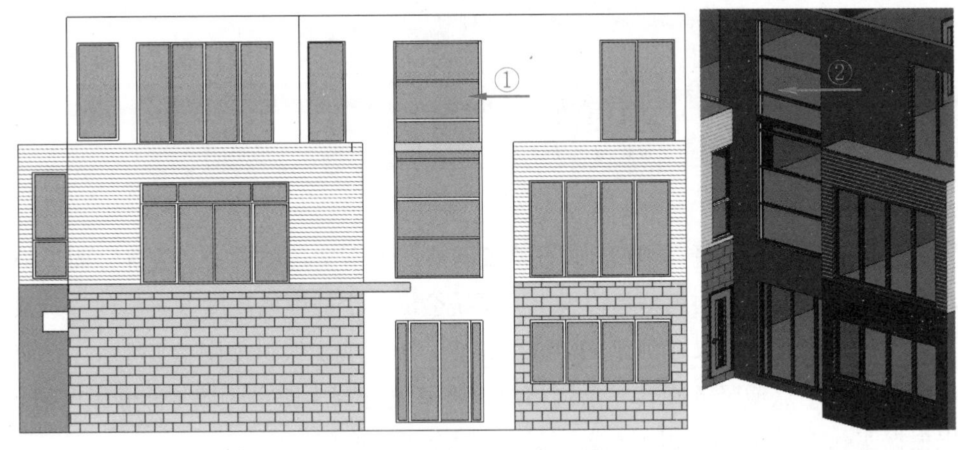

图 7-4　C2156 显示效果

小知识

在创建新的幕墙类型时，可以设置好其嵌板类型、网格线布置规则以及内部与边界竖梃类型；这样就可以直接绘制出特定类型的嵌板和竖梃的幕墙，而无须重复手工创建和替换，便于提高设计效率；也可以先绘制一道普通幕墙，再用“建筑”选项卡→“构建”面板→“幕墙网格”工具手动添加幕墙网格线，然后用“竖梃”工具添加竖梃。

7.2　幕墙编辑方法

微课：幕墙编辑方法

1. 选择“建筑样板”新建一个项目

切换到“标高 1”楼层平面视图；单击“建筑”选项卡→“构建”面板→“墙”下拉列表“墙：建筑”按钮，进入“修改 | 放置 墙”上下文选项卡；在左侧“类型选择器”下拉列表中选择墙体类型为“幕墙”；绘制完成一面长度 18900，高度 9800 的幕墙；切换三维视图，如图 7-5 所示。观察创建好的幕墙，仅是一面光滑玻璃，没有网格线和竖梃。下面为该幕墙添加网格线和竖梃，并将幕墙嵌板替换为门。

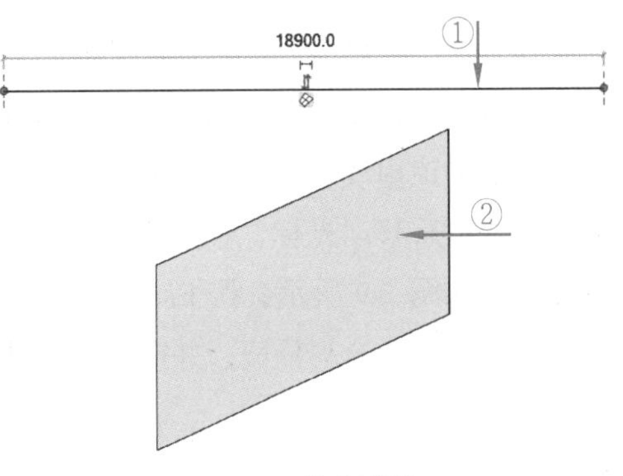

图 7-5　绘制幕墙

2. 编辑幕墙网格

（1）（无论是按规则自动布置了网格的幕墙，还是没有网格的整体幕墙，都可以根据需要手动添加网格细分幕墙；已有的幕墙网格也可以手动添加或删除；在三维视图或立面、剖面视图中，均可编辑幕墙网格）单击“建筑”选项卡→“构建”面板→“幕墙网格”按钮，系统随后出现“修改 | 放置幕墙网格”上下文选项卡，其“放置”面板上有“全部分段”“一段”“除拾取外的全部”等命令，如图 7-6 所示。

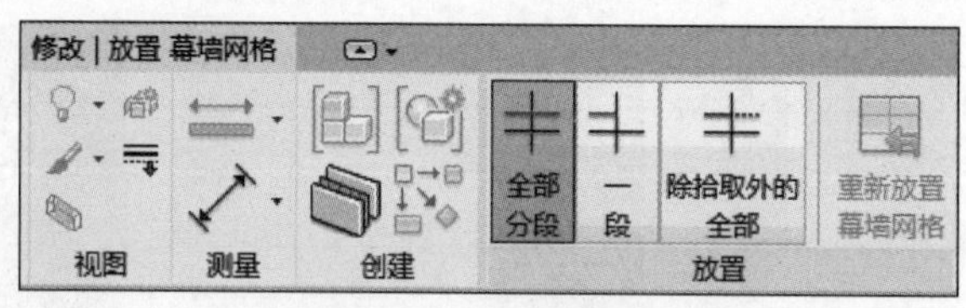

图 7-6 “放置”面板工具

(2)先单击或默认选择“修改 | 放置幕墙网格”上下文选项卡→“放置”面板→“全部分段”按钮，将光标移动到幕墙边界上，系统会沿整个长度或高度方向出现一条预览虚线，单击定位或修改临时尺寸确定网格线的位置，虚线变实线，如图 7-7 所示；目前仅在整个幕墙长宽的中点横竖各旋转一条网格线，将幕墙分割为四个区域（即嵌板区域），自然可以根据实际需要继续添加网格线。该工具适合于整体分割幕墙。

(3)单击“修改 | 放置幕墙网格”上下文选项卡→“放置”面板→“一段”按钮，将光标移动到幕墙内某一块嵌板边界上时，会在该嵌板中出现一段预览虚线，单击该虚线，便给该嵌板添加一段网格线，继续移动光标自动识别嵌板边界，如图 7-8 所示，添加 2 根网格线，将之前较大的嵌板分割为细小的嵌板。该工具适用于幕墙局部细化。

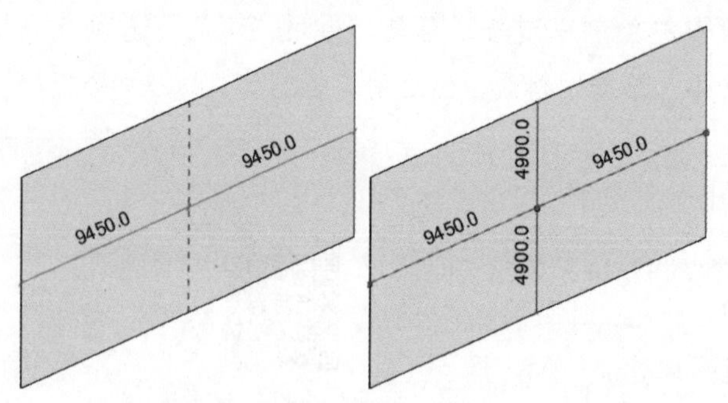

图 7-7 将幕墙分割为四个区域

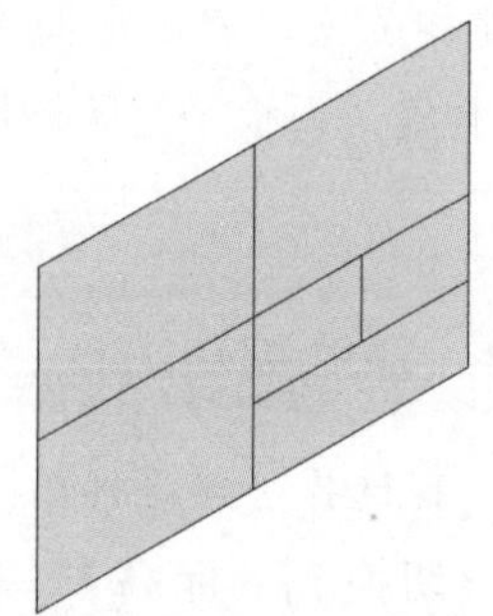

图 7-8 添加 2 根网格线

(4)单击“修改 | 放置幕墙网格”上下文选项卡→“放置”面板→“除拾取外的全部”按钮，将光标移动到幕墙边界上时，系统会首先沿幕墙整个长度或高度方向出现一条预览虚线，单击该虚线，即可先沿幕墙整个长度或高度方向添加一根红色加粗亮显的完整实线网格线，然后移动光标，在其中不需要的某一段或几段网格线上分别单击，使该段变成虚线显示，如图 7-9 所示，按 Esc 键结束命令，便在剩余的实线网格线段处添加网格线。该工具适用于整体分割幕墙，并需要局部删减网格线的情况。

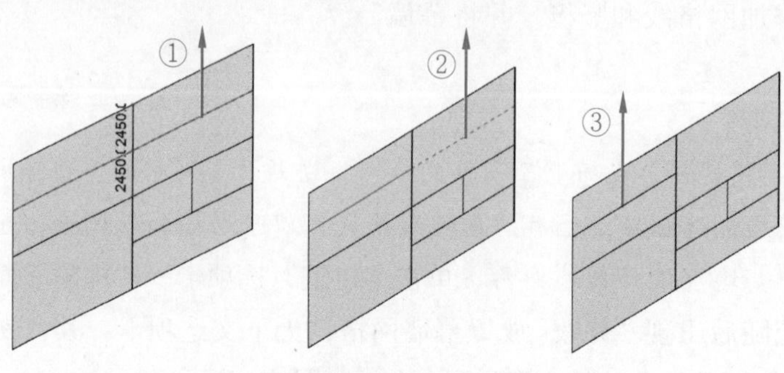

图 7-9 “除拾取外的全部”工具

小知识

用上述方法放置幕墙网格时，当光标移动到嵌板的中点或 1/3 分割点附近位置时，系统会自动捕捉到该位置，并在鼠标位置显示提示，同时在状态栏提示该点位置为中点或 1/3 分割点；当在立面、剖面视图中放置幕墙网格时，系统还可以捕捉视图中的可见标高、网格和参照平面，以便精确创建幕墙网格；可以随时根据需要添加或删除网格线：单击选择已有网格线，系统出现“修改 | 幕墙网格”上下文选项卡，单击“添加或删除线段”命令，移动光标，在实线网格线上单击，即可删除一段网格线，在虚线（如不是整个长度或整个高度的网格线，会自动形成补充的虚线）网格线上单击，即可添加一段网格线。

3. 编辑幕墙竖梃

（1）有了网格线，即可给幕墙添加竖梃。单击“建筑”选项卡→“构建”面板→“竖梃”按钮，如图 7-10 所示，界面随后出现“修改 | 放置竖梃”上下文选项卡，与幕墙网格相似，添加竖梃同样有三种选项，此时“放置”面板上出现“网格线”“单段网格线”“全部网格线”三个命令。

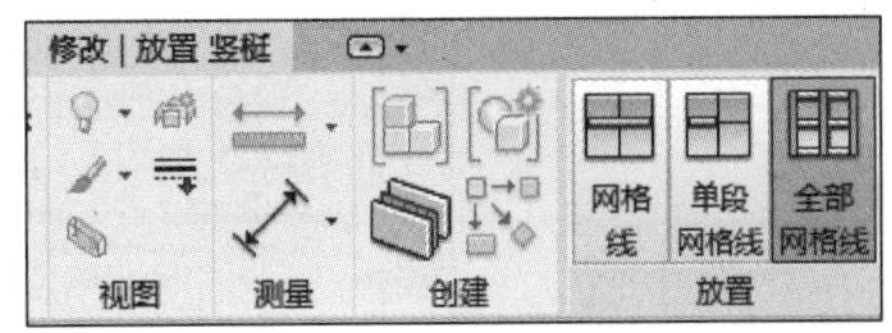

图 7-10　添加幕墙竖梃按钮

小知识

“单段网格线”意思是移动光标在幕墙某一段网格线上单击，仅给该段网格线创建一段竖梃，如图 7-11 中④所示，适用于后期编辑幕墙的局部补充竖梃；“网格线”意思是移动光标在幕墙某一段网格线上单击，将给予该段网格线在同一长度或高度方向上所有网格线添加整条竖梃，适用于后期编辑幕墙的局部补充竖梃；“全部网格线”意思

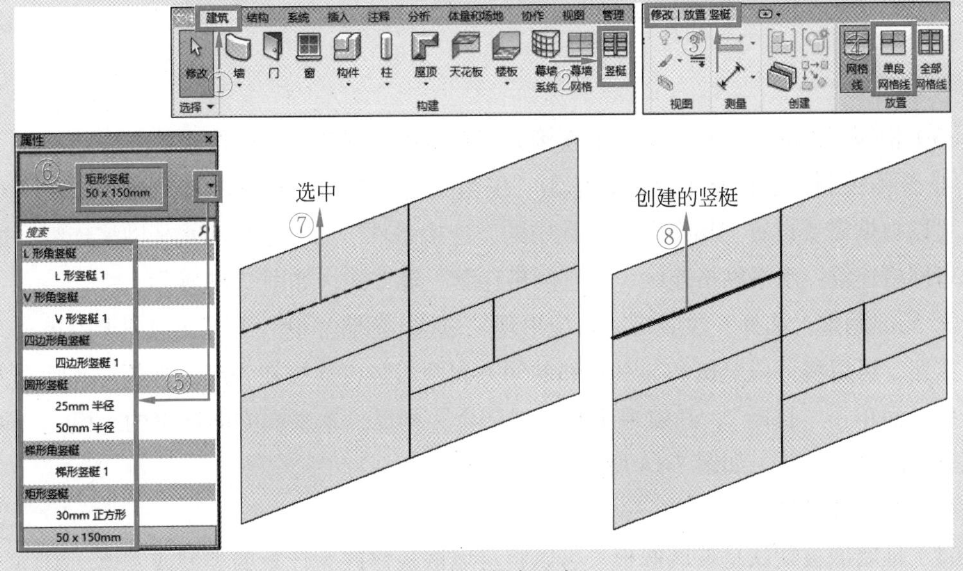

图 7-11　添加竖梃

是移动光标在幕墙上没有竖梃的任意一段网格线上，此时所有没有竖梃的网格线全部亮显，单击即可在这些网格线上创建竖梃，适用于第一次给幕墙创建竖梃时，一次性完成，方便快捷。

（2）放置竖梃之前，从“类型选择器”下拉列表中选择需要的竖梃类型。系统默认有矩形、圆形、L 形、V 形、四边形、梯形角竖梃，如图 7-11 中⑤所示。

小知识

也可以自定义竖梃轮廓。在 Revit 2018 里，竖梃是以轮廓的形式存在，通过载入新轮廓（轮廓族文件），并在竖梃类型属性中设置“轮廓”参数为新的轮廓，可以改变项目中竖梃形状，如图 7-12 所示。

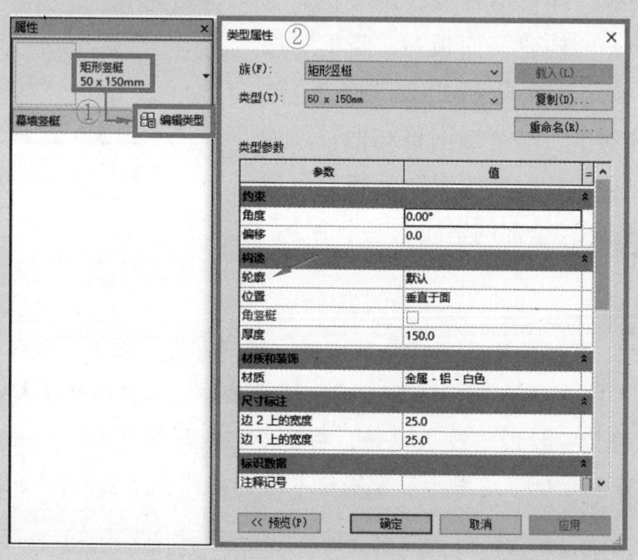

图 7-12　竖梃“轮廓”

（3）相邻竖梃的左、右、上、下连接关系有整体控制和局部调整两种方法。

① 整体控制：选择整个幕墙，单击“编辑类型”按钮，打开幕墙“类型属性”对话框，可以根据需要设置“构造”类参数中的“连接条件”为“边界和水平网格连续、边界和垂直网格连续、水平网格连续、垂直网格连续”等方式，如图 7-13 所示。

② 局部调整：选择一段竖梃，系统出现“修改 | 幕墙竖梃”上下文选项卡，单击“结合”按钮，可以将该段竖梃和与其相邻的同方向两段竖梃连接在一起，打断与其垂直方向的竖梃，而单击“打断”，其效果正好与“结合”相反，本来同方向连贯的竖梃，会被其垂直方向的竖梃打断，如图 7-14 所示。

4. 编辑幕墙嵌板

（1）幕墙嵌板默认是玻璃嵌板，可以将幕墙嵌板修改为任意墙类型或实体、空门、窗嵌板类型，从而实现特殊的效果。

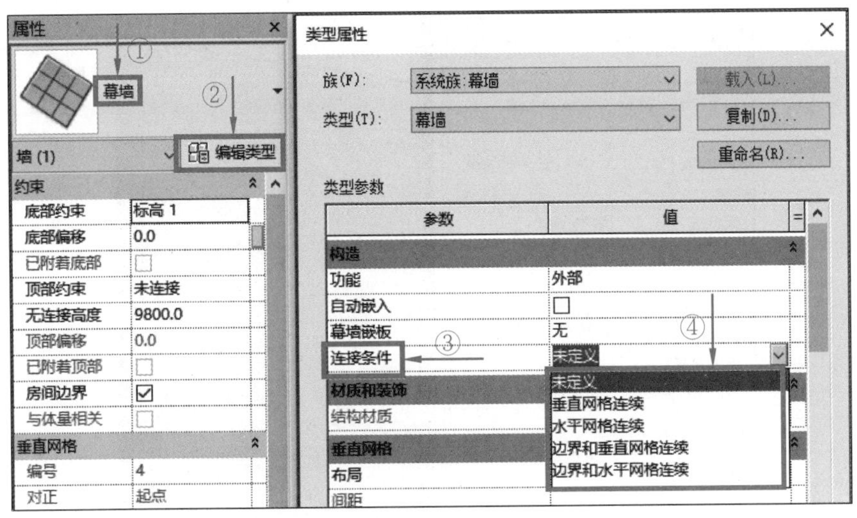

图 7-13　幕墙连接条件

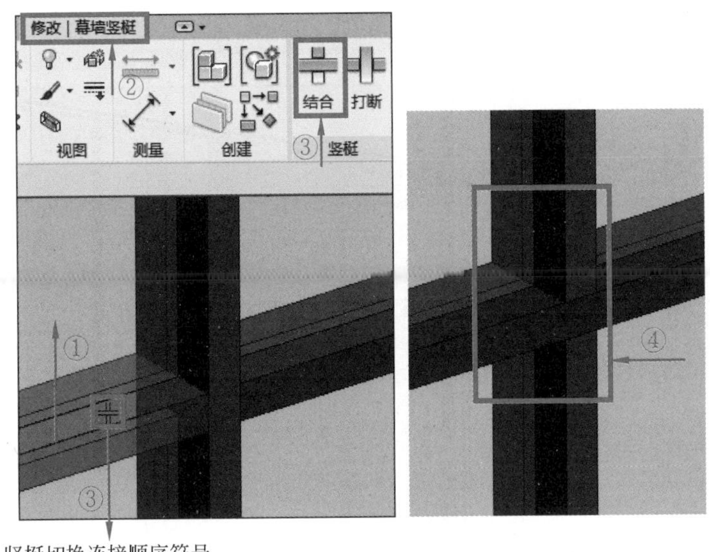

图 7-14　局部调整连接关系

（2）移动光标到幕墙嵌板的边缘附近，按 Tab 键切换预选对象，当嵌板亮显且状态栏提示为“幕墙嵌板：系统嵌板：玻璃”字样时，单击即可选择该嵌板。

（3）从“类型选择器”下拉列表中选择基本墙类型（如常规 -225mm 砌体），即可将嵌板替换为墙体，如图 7-15 所示；选择“系统嵌板：空”类型，则将嵌板替换为空洞口。

（4）按上述方法选择嵌板，在“实例属性”对话框中单击“编辑类型”按钮，打开“类型属性”对话框，单击右上角的“载入”按钮，系统默认打开“Libraries”族库文件夹，定位到“china→建筑→幕墙→门窗嵌板”文件夹，选择“门嵌板 - 双开门 3.rfa”文件，单击“打开”，载入项目文件中，单击“确定”按钮，关闭对话框，即可将嵌板替换为门，如图 7-16 所示。

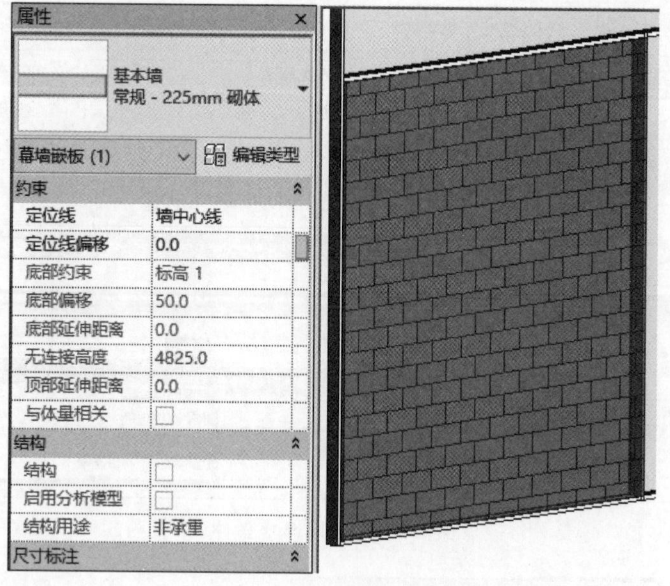

图 7-15　将嵌板替换为墙体

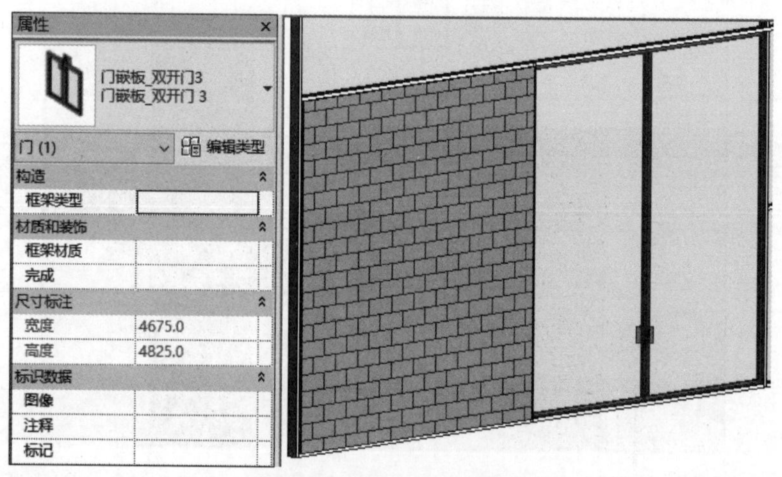

图 7-16　将嵌板替换为门

(5) 同理，可将嵌板替换为窗户，如图 7-17 所示。

(6) 切换到三维视图，观察上述嵌板替换之后的效果，如图 7-18 所示。

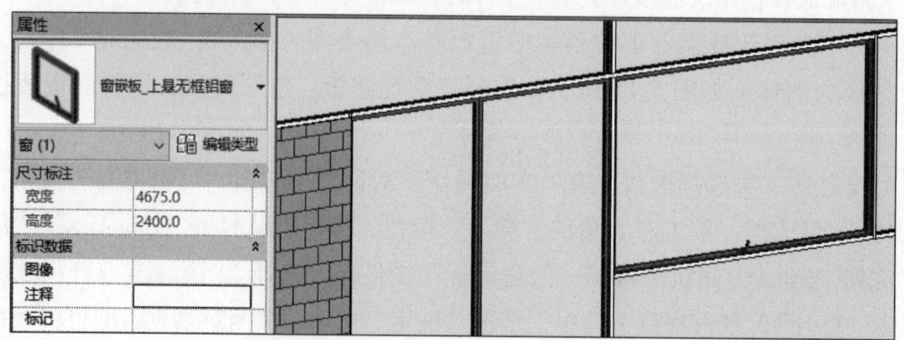

图 7-17　将嵌板替换为窗

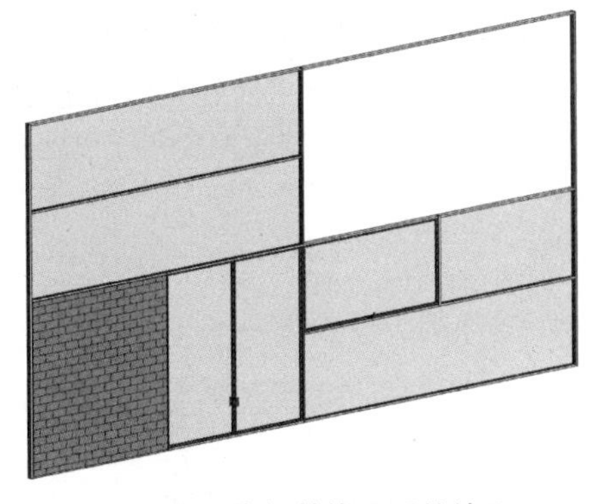

图 7-18　嵌板替换之后的效果

小知识

幕墙门窗大小不能和常规门窗一样通过高度、宽度参数控制，当调整整个幕墙网格线的位置时，幕墙门窗和嵌板一样将相应地进行更新；不能使用拖曳控制柄控制墙体嵌板的大小，也不能通过其属性参数来控制。

7.3　面幕墙系统

微课：面幕墙系统

一些复杂的异型建筑体量的表面需要布置幕墙，可以通过“面幕墙系统”命令实现。

下面练习创建一个曲面体量。

（1）选择“建筑样板”新建一个项目；切换到“标高 1”楼层平面视图；单击“体量和场地”选项卡→“概念体量”面板→“内建体量”按钮，出现“名称”对话框，“名称”按照默认即可，单击“确定”按钮退出“名称”对话框，进入概念体量三维建模环境，如图 7-19 所示。

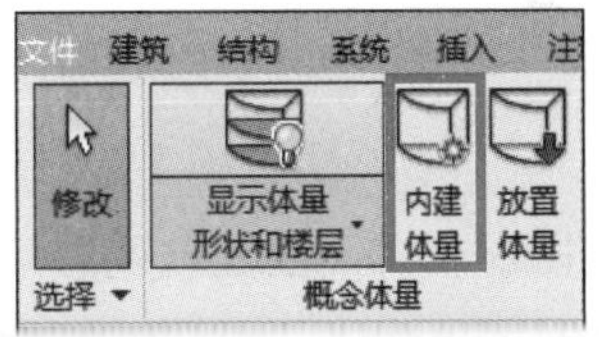

图 7-19　内建体量

（2）单击“绘制”面板上“样条曲线”命令，如图 7-20 中②所示，激活“工作平面”面板“显示”按钮，如图 7-20 中①所示，自由放置几个参照点，便形成一根样条曲线；单击样条曲线，如图 7-20 中③所示，单击“创建形状”下拉列表中的“实心形状”按钮，随后系统便生成一个拉伸的曲面体量，单击“在位编辑”模板“完成体量”按钮“√”完成内建体量的创建；切换到三维视图，查看创建的体量效果。

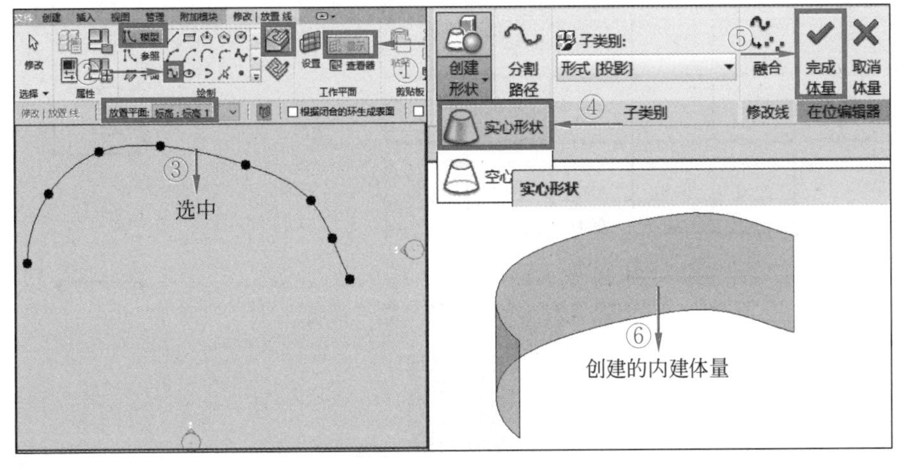

图 7-20　曲面体量

（3）单击“体量和场地”选项卡“面模型”面板“幕墙系统”按钮，系统切换到“修改 | 放置面幕墙系统”上下文选项卡；单击“内建体量曲面”，单击“创建系统”按钮，系统便在曲面上生成面幕墙系统，如图 7-21 所示。

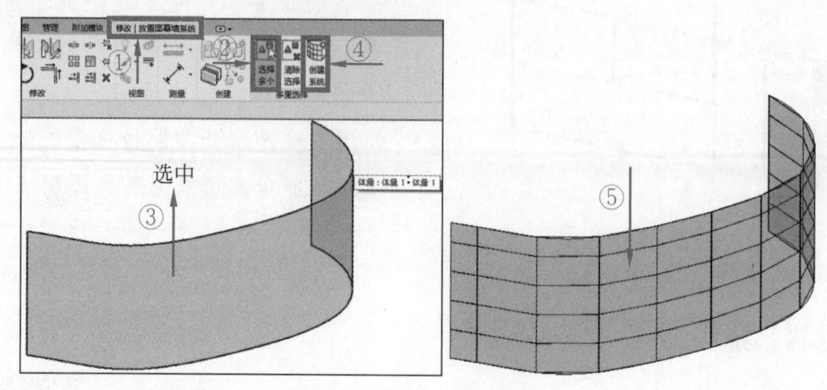

图 7-21　创建面幕墙系统

7.4　经典真题解析

下面通过对经典考试真题的详细解析来介绍幕墙的建模和解题步骤。

（第一期全国 BIM 技能等级考试一级试题第三题“幕墙”）根据图 7-22 给定的北立面和东立面，创建玻璃幕墙及其水平竖梃模型。请将模型文件以“幕墙 .rvt”为文件名保存到考生文件夹中。

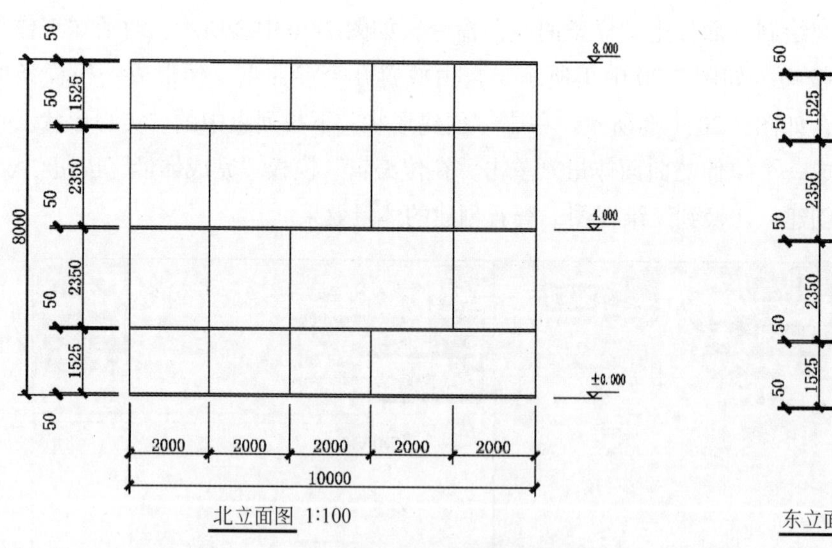

图 7-22　第一期第三题“幕墙”

微课：第一期第三题“幕墙”

7.5　真题实战演练

第六期全国 BIM 技能等级考试一级试题第二题“幕墙”。

微课：第六期第二题“幕墙”

本章学习了几种幕墙系统的绘制及编辑方法，同时精选了一道比较经典的真题进行详细解析，最后把往期考过的创建幕墙的真题设计成真题进行实战演练；只要认真研读本专题内容，同时加强训练，就可以快速掌握幕墙的创建方法。

第 8 章　创建屋顶

概　述

第 6 章已经完成了从地下一层到地上二层所有墙体、门窗和楼板的创建，本章将创建别墅项目屋顶。

Revit 2018 的屋顶功能非常强大，可以创建各种双坡、多坡、老虎窗屋顶、拉伸屋顶等，同时可以设置屋顶构造层。本章将通过创建别墅项目各层的双坡、多坡屋顶，详细介绍拉伸屋顶、迹线屋顶的创建和编辑方法。

小知识

屋顶是建筑的重要组成部分。Revit 2018 中提供了多种建模工具，如迹线屋顶、拉伸屋顶、面屋顶、玻璃斜窗等创建屋顶的常规工具。此外，对于一些特殊造型的屋顶，还可以使用内建模型的工具来创建。屋顶的创建过程与楼板非常类似，都是基于草图的图元，同时可以被定义为通用的类型，同时不同类型屋顶之间的切换也非常方便，和楼板一样，选中屋顶后在“类型选择器”下拉列表中选择新的屋顶的类型或者使用“类型匹配”（格式刷）工具，即可在不同屋顶之间进行切换。屋顶与楼板之间不同的是，屋顶的厚度是从屋顶所参照的平面向上进行计算的，而楼板的创建是从楼板所参照的平面向下进行计算的，如图 8-1 所示。

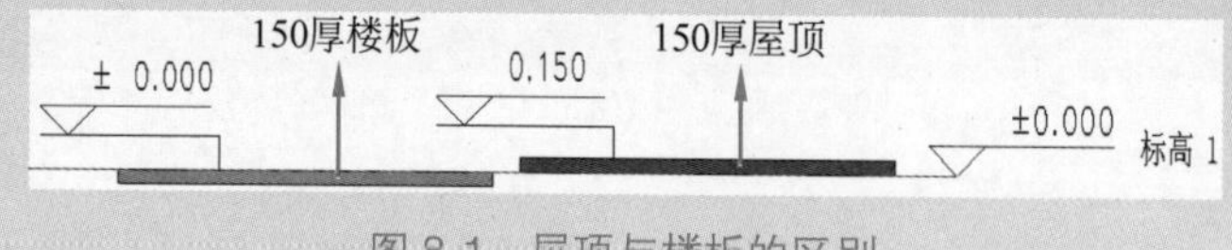

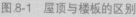

图 8-1　屋顶与楼板的区别

微课：屋顶与楼板的区别

小知识

创建屋顶有“拉伸屋顶”和“迹线屋顶”两种常用方法。“迹线屋顶”命令用来创建各种坡屋顶和平屋顶；对“迹线屋顶”命令无法创建且其断面形状又有规律可循的异形屋顶，则可以用“拉伸屋顶”命令创建。“拉伸屋顶”命令一般用于绘制由一种截面形状按路径拉伸所形成的屋顶，其绘制过程如下：先确定一个平面，在平面内确定一个拉伸轮廓，然后在与该平面垂直的方向上生成拉伸形状。“迹线屋顶”命令能够用于生成多坡屋面，绘制方式是首先需要确定一个闭合的轮廓，然后设置各条轮廓线的坡度。

课程目标

- 拉伸屋顶的创建和编辑方法；
- 迹线屋顶的创建和编辑方法；
- “连接屋顶”与“附着墙”的操作方法；
- “临时隐藏 / 隔离”的隐藏图元和隔离类别的应用；
- 楼层平面视图“视图范围”的设置方法。

8.1　创建二层双坡拉伸屋顶

本节以首层西侧凸出部分墙体的双坡屋顶为例，详细讲解“拉伸屋顶”的创建方法。

微课：创建二层双坡拉伸屋顶

8.1.1　创建拉伸屋顶

（1）首先打开第 7 章中已经建立的“别墅 06- 常规幕墙”模型文件，另存为“别墅 07- 创建拉伸屋顶”模型文件。

（2）切换到“F2”楼层平面视图。

（3）设置左侧“实例属性”对话框中“基线”为“范围：底部标高 F1”，如图 8-2 所示，这样在“F2”楼层平面视图创建构件时，可以参照“F1”楼层平面视图进行，当不需要下层视图作为参照，比如打印出图时，则将基线设置为“无”。

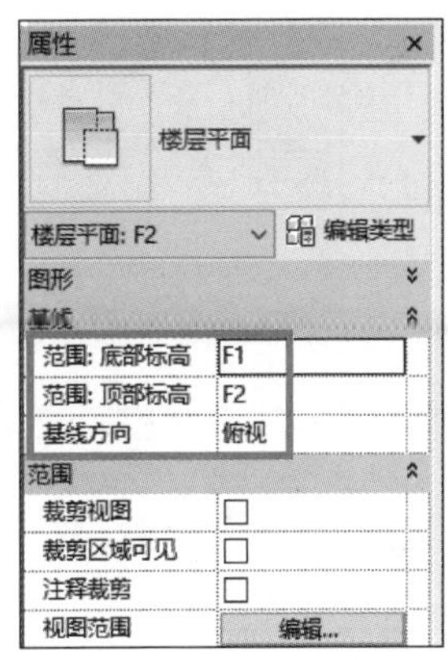

图 8-2　设置基线

小知识

在“F2”楼层平面视图中创建屋顶，由于屋顶的轮廓实际上是基于“F1”楼层平面视图中的墙体，然后做出一定的出挑形成的，所以创建屋顶时需要参照下面的墙体轮廓；想要确定屋顶的位置，首先需要做的是使“F1”楼层平面视图中的墙体能在“F2”楼层平面视图中作为参考被显示出来，这样就能轻松定位；在“F2”楼层平面视图中，在左边的“实例属性”对话框能看到有一个名为“基线”的参数，它就能达到我们的要求；在默认状态下，各楼层平面视图的“基线”都是“无”，而如果将此层的基线调整为“范围：底部标高 1F”，此时就能看到在“F2”楼层平面视图绘图区域中，“F1”楼层平面视图中的墙体已经灰显出来，即可依此进行屋顶轮廓的定位。

（4）单击“建筑”选项卡→“工作平面”面板→“参照平面”按钮，在F轴和E轴向外800mm处各绘制一根参照平面，在1轴向左500mm处绘制一根参照平面，确保三条绿色虚线相交，如图8-3所示，参照平面垂直于楼层平面视图，绿色虚线就是参照平面的水平投影线。

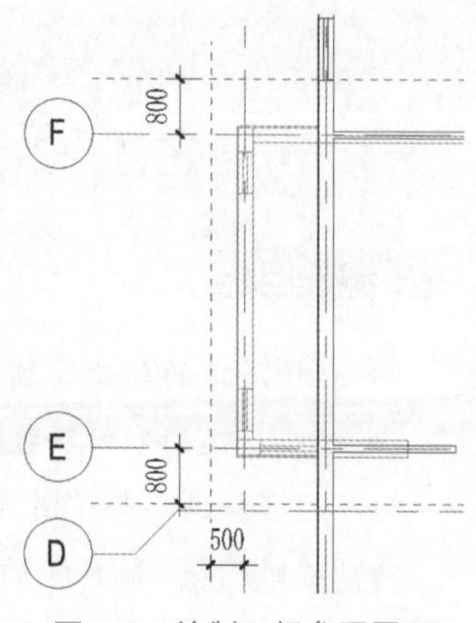

图8-3 绘制三根参照平面

小知识

这个二层双坡屋顶的轮廓能够从西立面视图方向看到，而拉伸方向垂直于纵向轴线。所以先来确定一个轮廓所在的平面，以“参照平面”方式确定。

（5）单击“建筑”选项卡→“构建”面板→“屋顶”下拉列表→“拉伸屋顶”按钮，弹出“工作平面”对话框，如图8-4所示，在“工作平面”对话框中选择“拾取一个平面”选项，单击“确定”按钮，关闭“工作平面”对话框，返回“F2”楼层平面视图。

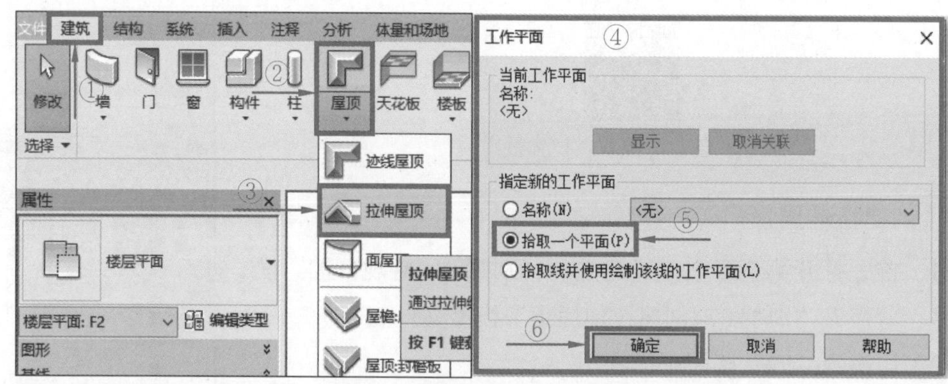

图8-4 “工作平面”对话框

（6）移动光标单击拾取刚绘制的平行于1轴的参照平面，如8-5中①所示，打开“转到视图”对话框，在“转到视图”对话框中单击选择“立面：西”，如8-5中②所示，单击“打开视图”按钮，关闭“转到视图”对话框，系统弹出“屋顶参照标高和偏移”对话框，设置“标高”为“F2”，并设置“偏移”默认为“0”，如图8-5中④所示，单击“确定”按钮，关闭“屋顶参照标高和偏移”对话框，系统自动切换到“西立面”视图，此时可以观察两根绿色的竖向的参照平面，这是刚在“F2”楼层平面视图中绘制的参照平面在西立面的投影，用来创建屋顶时进行精确定位。

（7）单击“修改|创建拉伸屋顶轮廓”上下文选项卡→“绘制”面板→“直线”按钮，绘制如图8-6所示拉伸屋顶的轮廓线。

（8）在左侧类型选择器下拉列表选择屋顶的类型为“基本屋顶 青灰色琉璃筒瓦”；单击“修改|创建拉伸屋顶轮廓”上下文选项卡→“模式”面板→“完成编辑模式”按钮“√”，便完成拉伸屋顶的创建任务，如图8-7所示。

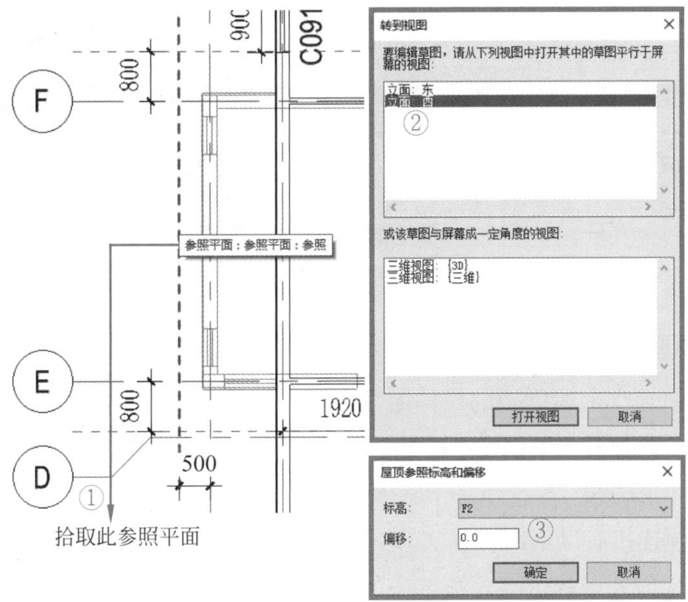

图 8-5　拾取刚绘制的平行于 1 轴的参照平面作为工作平面

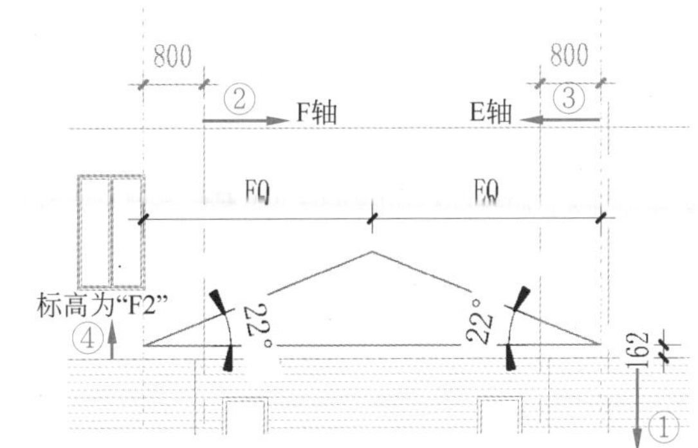

图 8-6　拉伸屋顶的轮廓线

图 8-7　完成拉伸屋顶的创建

（9）切换到三维视图，转到西南轴测图，观察拉伸屋顶效果，如图 8-8 所示。保存项目文件。

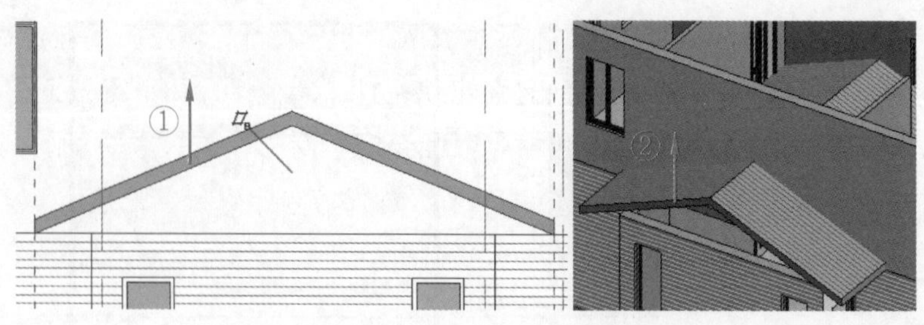

图 8-8 创建的拉伸屋顶

8.1.2 编辑拉伸屋顶

微课：修改拉伸屋顶连接

在三维视图中观察上述创建的拉伸屋顶，屋顶长度过长（图 8-8），延伸到了二层屋内，同时屋顶下面没有山墙。下面将逐一完善这些细节。

1. 修改拉伸屋顶连接

修改拉伸屋顶连接有以下四种方法。

（1）在拉伸屋顶处于蓝色亮显被选中的状态下，单击“修改 | 屋顶”上下文选项卡→“几何图形”面板上→“连接 / 取消连接屋顶”按钮，系统切换到“修改”上下文选项卡，单击拾取延伸到二层屋内的屋顶右侧边缘线，再单击拾取左侧二层外墙墙面，即可自动调整屋顶长度，使其端面和二层外墙墙面对齐，如图 8-9 所示。此命令仅用于屋顶的编辑，效果与对齐命令相似，选择顺序与对齐命令相反，先选择屋顶需要移动的边缘，再选择对齐的目标边缘，此处两个选择的对象为同一对象的不同部位。

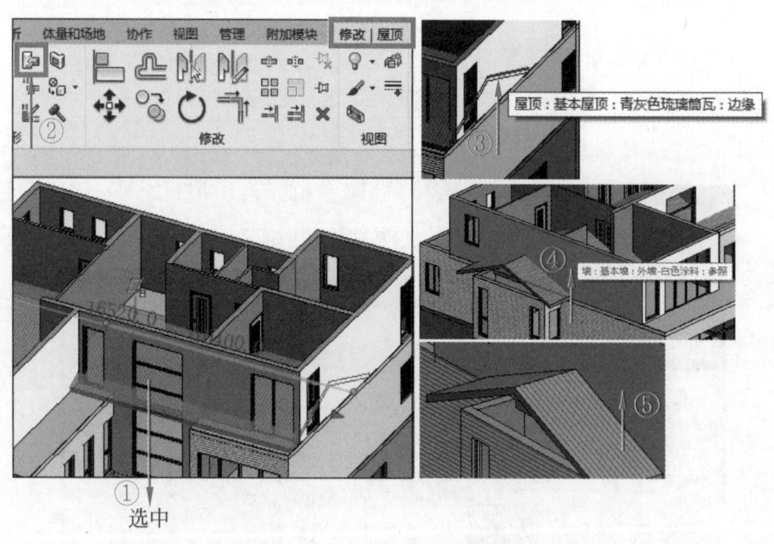

图 8-9 “连接 / 取消连接屋顶”工具修改屋顶连接

小知识

使用“连接 / 取消连接屋顶”命令可以将屋顶连接到其他屋顶或墙，或者在以前已连接的情况下取消它们的连接。如果已绘制屋顶和墙，并希望通过添加更小的屋顶以创建老虎窗或遮阳篷来修改设计，则此命令非常有用。

（2）在拉伸屋顶处于蓝色亮显被选中的状态下，直接在“实例属性”对话框中修改“拉伸终点”的参数，由原先的“-16520.0”修改为“-1580.0”，如图 8-10 所示，这样既简单又快捷，体现了 Revit 2018 参数化修改的优点。

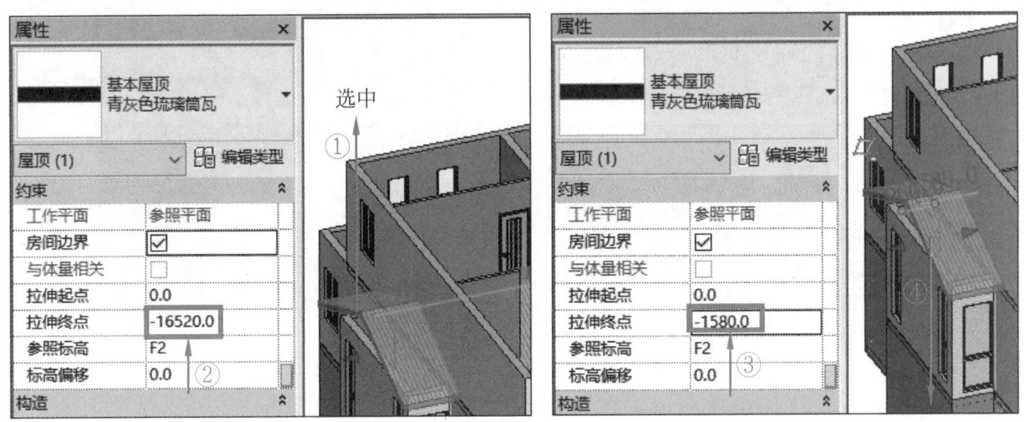

图 8-10　修改“拉伸终点”编辑

（3）在拉伸屋顶处于蓝色亮显被选中的状态下，单击“修改 | 屋顶”上下文选项卡→“修改”面板→“对齐”按钮，单击拾取左侧二层外墙墙面，再单击拾取延伸到二层屋内的屋顶右侧边缘线，即可自动调整屋顶长度，使其端面和二层外墙墙面对齐，如图 8-11 所示。

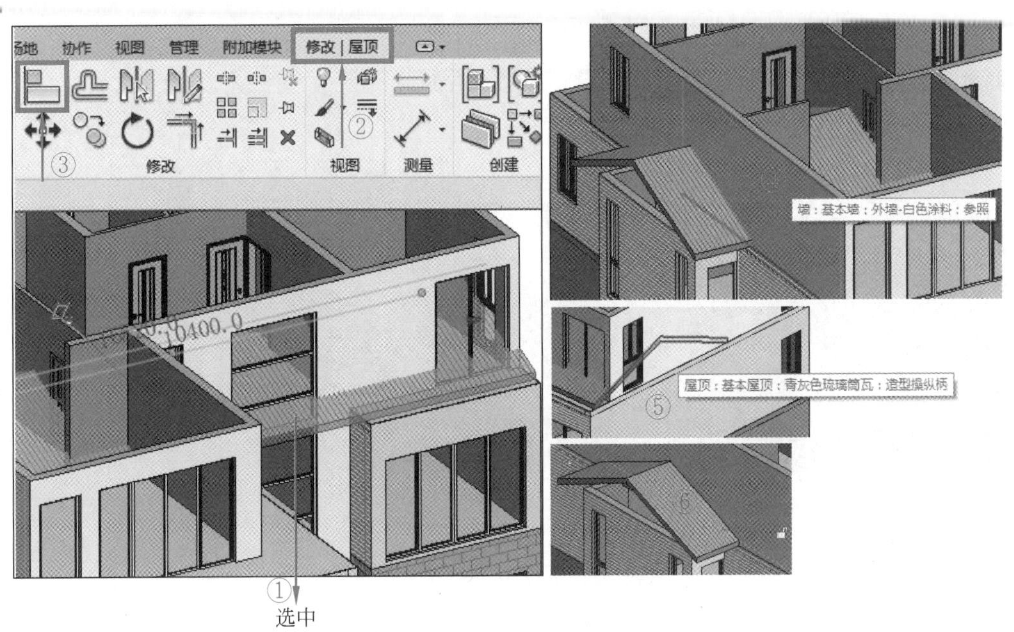

图 8-11　“对齐”工具修改屋顶连接

（4）在拉伸屋顶处于蓝色亮显被选中的状态下，通过 View Cube 工具切换视图至“前”（三维视图状态下），拖动右侧造型操纵柄自二层屋内的屋顶右侧边缘线至左侧二层外墙面，即可自动调整屋顶长度，使其端面和二层外墙墙面对齐，如图 8-12 所示。

图 8-12　拖动造型操纵柄方法修改屋顶连接

2. 墙体附着于拉伸屋顶

在三维视图西南或西北轴测图状态，按住 Ctrl 键连续单击选择拉伸屋顶下面的三面墙，然后在“修改 | 墙”上下文选项卡→“修改墙”面板上单击“附着顶部 / 底部”按钮，选项栏“附着墙”选择“顶部”，而后单击选择拉伸屋顶为附着的目标，如图 8-13 所示，这样就在墙体和拉伸屋顶之间创建了关联关系。

微课：墙体附着于拉伸屋顶

图 8-13　墙体附着于拉伸屋顶

小知识

三面墙体与拉伸屋顶之间还没有完美闭合，出现了三角形空洞，此时需要将墙与屋顶关联起来，可使用“附着顶部 / 底部”工具实现闭合；一开始选择墙体，如果三维视图方向不方便一下子选中所有三面墙体，可以先选择容易单击选中的墙体，再按住 Shift 键，按住鼠标左键，旋转鼠标，整个三维视图便围绕已经选中的图元旋转，旋转到适当角度，便于选择余下的墙体，即鼠标移动到附近有预选显示的时候，松开 Shift 键，接着按住 Ctrl 键（确保已经选中的继续处于选中状态），然后单击加选余下的墙体，则全部选中拉伸屋顶下三面墙体。

3. 创建屋脊

微课：创建屋脊、连接拉伸屋顶和屋脊

单击"结构"选项卡→"结构"面板→"梁"按钮，从类型选择器下拉列表中选择梁类型为"屋脊 屋脊线"，勾选选项栏中的"三维捕捉"选项，设置左侧"实例属性"对话框中的参数，如图 8-14 所示，在三维视图中捕捉屋脊线两个端点创建屋脊。

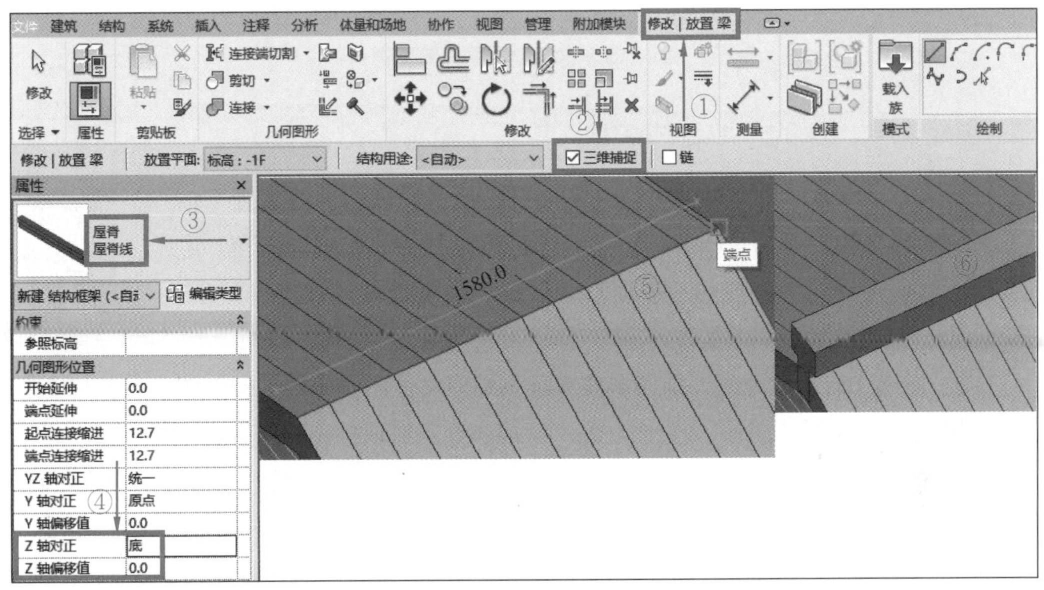

图 8-14　创建屋脊

小知识

实际项目中的坡屋顶除了有两个坡面，为了防水及结构方面的考虑，一般会在两坡交接线上设置屋脊，可选择"梁"工具来进行绘制。梁的参数中比较重要的是需要确定其所在高度，但由于本别墅项目中二层双坡屋顶屋脊处的高度涉及与 22° 斜角相关的三角函数，而这一数据零数较多，输入时会不精确，所以可以直接在三维视图下绘制。

4. 连接拉伸屋顶和屋脊

单击"修改"选项卡→"几何图形"面板→"连接"下拉列表→"连接几何图形"按钮，先选择要连接的第一个几何图形拉伸屋顶，再选择第二个几何图形屋脊，系统会自动将两者连接在一起，如图 8-15 所示。连续按 Esc 键两次即可结束连接命令。保存别墅项目模型文件。

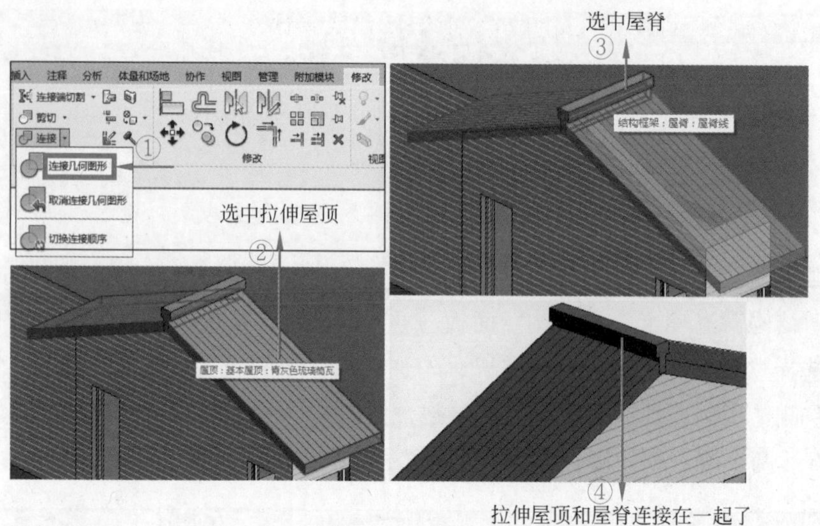

图 8-15　连接拉伸屋顶和屋脊

8.2　创建北侧二层的多坡迹线屋顶

前面讲了“拉伸屋顶”创建方法，下面讲解最常用的“迹线屋顶”创建方法。“迹线屋顶”是通过指定屋顶边界轮廓迹线的方式来创建屋顶。屋顶坡度由屋顶边界轮廓迹线的“坡度”参数决定。下面使用“迹线屋顶”工具创建北侧二层的多坡屋顶。

微课：创建北侧二层的多坡迹线屋顶

另存“别墅 08- 创建北侧二层的多坡屋顶”模型文件。切换到“F2”楼层平面视图，在“F2”楼层平面视图左侧“实例属性”对话框中的基线选择“范围：无”。

（1）临时隐藏二层楼板；单击“建筑”选项卡→“构建”面板→“屋顶”下拉列表→“迹线屋顶”按钮，系统自动切换到“修改 | 创建屋顶迹线”上下文选项卡。

（2）单击“绘制”面板上的“直线”按钮，光标依次捕捉 H 轴与 2 轴交点、H 轴与 5 轴交点、5 轴与 J 轴交点、J 轴与 6 轴交点、6 轴与 H 轴外墙边缘线交点，而后捕捉沿外墙边缘线的转折点，回到 H 轴与 2 轴交点，如图 8-16 所示，按 Esc 键退出“直线”命令。

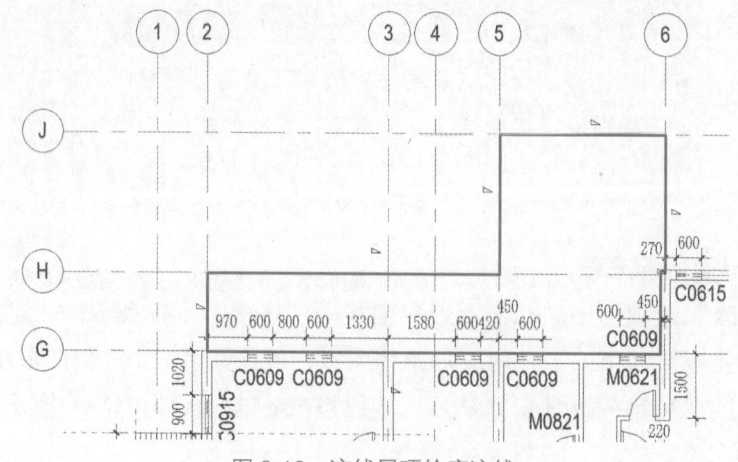

图 8-16　迹线屋顶轮廓迹线

（3）接着单击“修改”面板上的“偏移”按钮，选项栏默认“数值方式”，“偏移”数值修改为“800”，去除复制的勾选，然后移动光标到除墙体边缘线之外的直线的外侧位置，出现提示虚线后单击，将这些直线向外偏移 800mm，如图 8-17 所示屋顶轮廓迹线，轮廓线沿相应轴网往外偏移 800mm。确认屋顶类型为“基本屋顶 青灰色琉璃筒瓦”，设置“坡度”参数为“22.00°”，则所有屋顶迹线的坡度值自动调整为 22°。

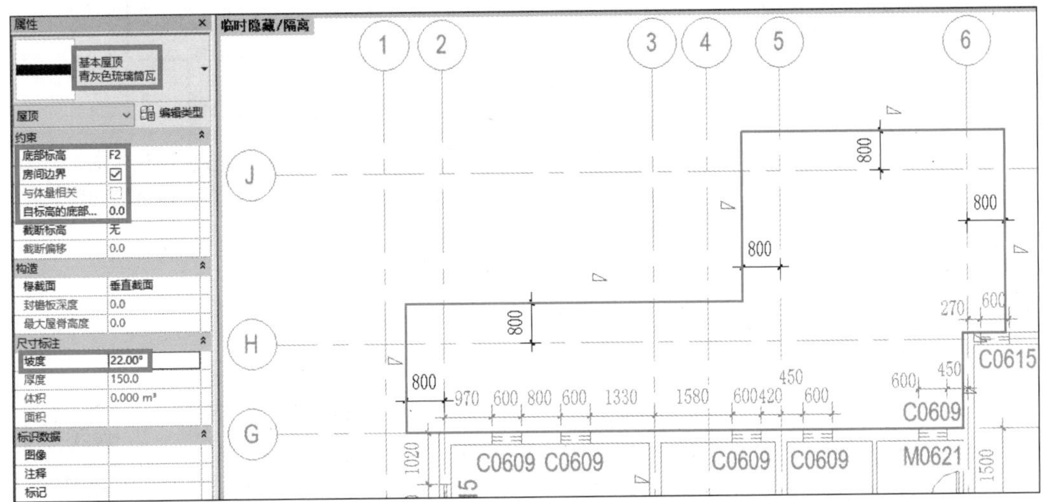

图 8-17　偏移后的迹线屋顶轮廓迹线

小知识

如果将屋顶迹线设置为坡度定义线，符号就会出现在其上方。可以选择坡度定义线，编辑蓝色坡度参数值来设置坡度，如图 8-18 所示。如果尚未定义任何坡度定义线，则屋顶是平的。常规的单坡、双坡、四坡、多坡屋顶，都可以使用该方法快速创建。

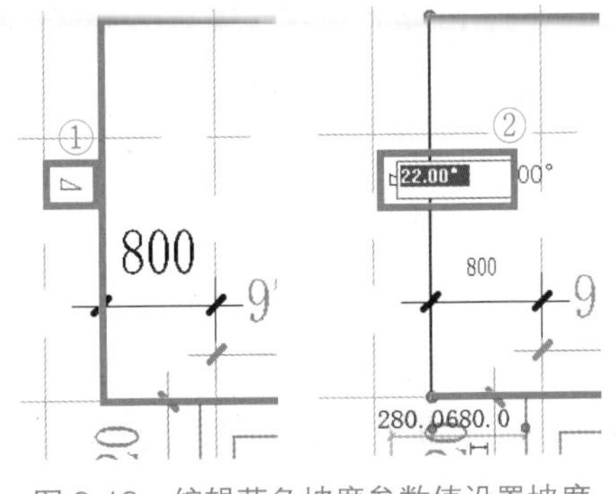

图 8-18　编辑蓝色坡度参数值设置坡度

（4）按住 Ctrl 键连续单击选择最上面、最下面和右侧最短的那条水平迹线，以及下方左、右两条垂直迹线，选项栏取消勾选“定义坡度”选项，取消这些边的坡度（这些边附近的坡度符号消失，余下的保留坡度符号的三条边将倾斜向上形成坡屋面），如图 8-19 所示。单击“修改 | 创建屋顶迹线”上下文选项卡→“模式”面板→“完成编辑模式”按钮“√”，便完成北侧二层的多坡迹线屋顶的创建。

（5）同前所述，选择二层多坡迹线屋顶下的墙体，单击“附着顶部 / 底部”按钮，选项栏“附着墙”选择“顶部”，拾取刚创建的二层多坡屋顶，将墙体附着到二层多坡迹线屋顶下；同前所述，使用“结构”面板中的“梁”命令，创建新建屋顶屋脊；将项目浏览器切换到三维视图，观察二层多坡迹线屋顶效果。保存别墅项目模型文件。

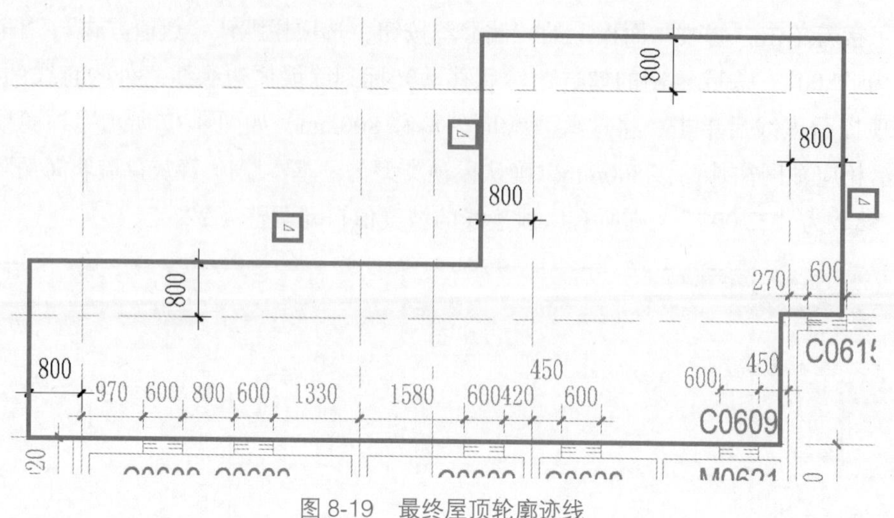

图 8-19 最终屋顶轮廓迹线

8.3 创建三层多坡屋顶

下面通过“迹线屋顶”工具创建三层多坡屋顶，步骤与创建二层多坡屋顶相同。创建完成后，另存为“别墅 09- 创建三层多坡屋顶”。

微课：创建三层多坡屋顶

（1）切换到“F3”楼层平面视图，在“F3”楼层平面视图左侧“实例属性”对话框中的基线选择“范围：底部标高 F2”。

（2）激活右下角“选择基线图元”按钮；选择刚创建的两个屋顶，单击左下角“视图控制栏”→“临时隐藏 / 隔离”下拉列表→“隐藏图元”按钮，临时隐藏刚创建的两个屋顶。

（3）单击“建筑”选项卡→“构建”面板→“屋顶”下拉列表→“迹线屋顶”按钮，系统自动切换到“修改 | 创建屋顶迹线”上下文选项卡。

（4）单击“绘制”面板→“直线”按钮，如图 8-20 所示，在相应的轴线向外偏移 800mm，绘制出屋顶轮廓迹线；确认屋顶类型为“基本屋顶 青灰色琉璃筒瓦”，设置“坡度”参数为“22°”，则所有屋顶迹线的坡度值自动调整为 22°。

（5）单击“修改 | 创建屋顶迹线”上下文选项卡→“工作平面”面板→“参照平面”按钮，绘制两条参照平面与中间两条水平迹线平齐，并和最外侧的左、右两条垂直迹线相交，如图 8-21 所示，两条绿色虚线为参照平面的水平投影线。

（6）单击“修改”面板→“拆分”按钮，在参照平面和最外侧左、右两条垂直迹线交点位置分别单击，将两条垂直迹线拆分成上、下两段。按住 Ctrl 键单击选择最左侧迹线拆分后的上半段和最右侧迹线拆分后的下半段，以及最上和最下两条水平迹线，并在选项栏取消定义坡度，如图 8-22 所示。

（7）单击“修改 | 创建屋顶迹线”选项卡“模式”面板上的“完成编辑模式”按钮“√”，便完成三层多坡屋顶的创建。

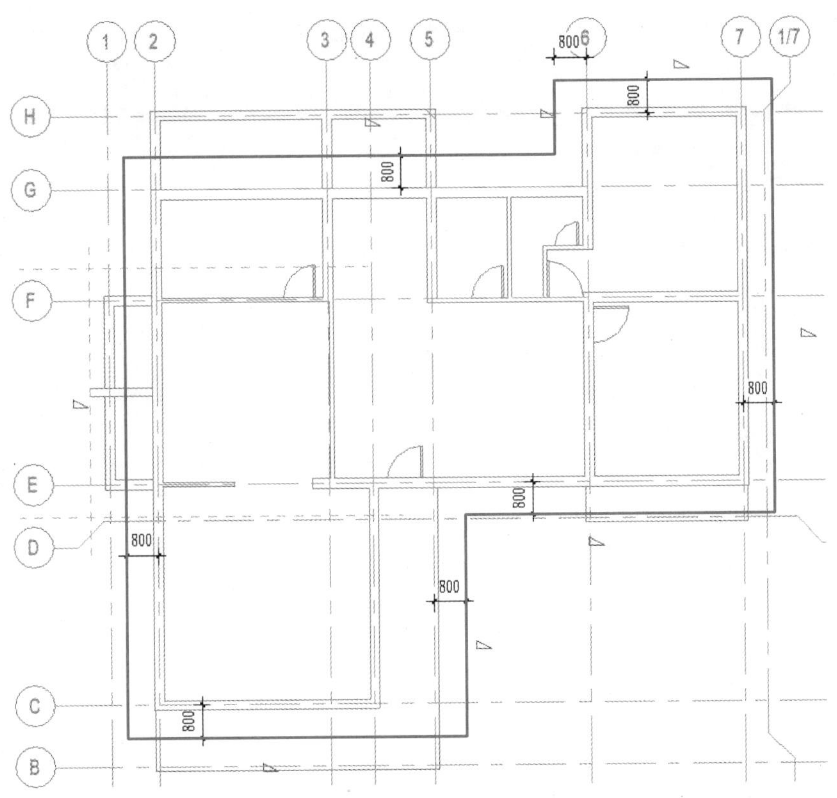

图 8-20 屋顶轮廓迹线

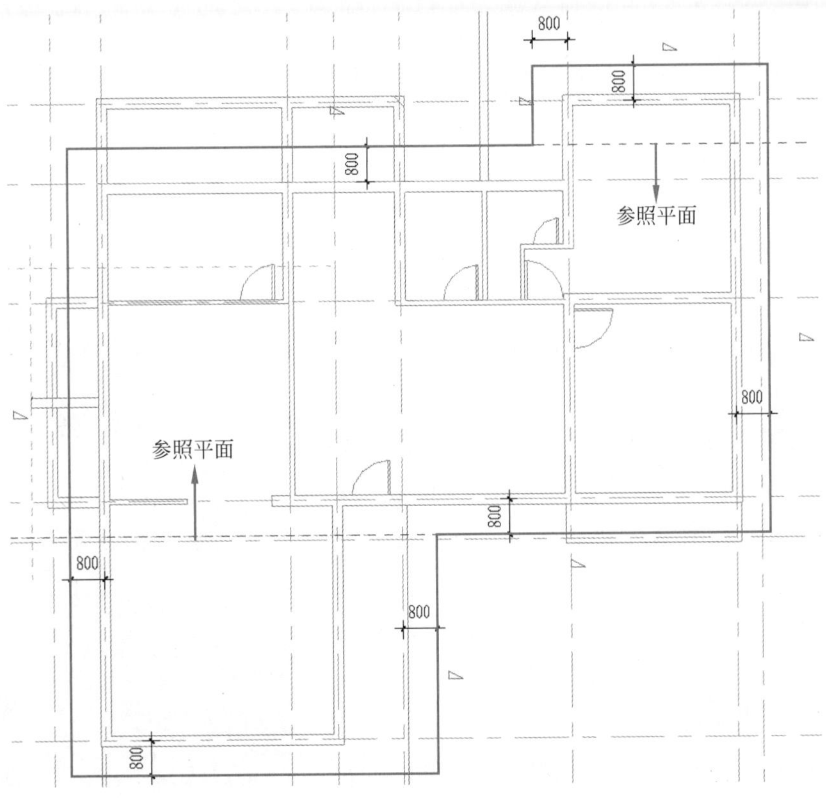

图 8-21 绘制两条参照平面

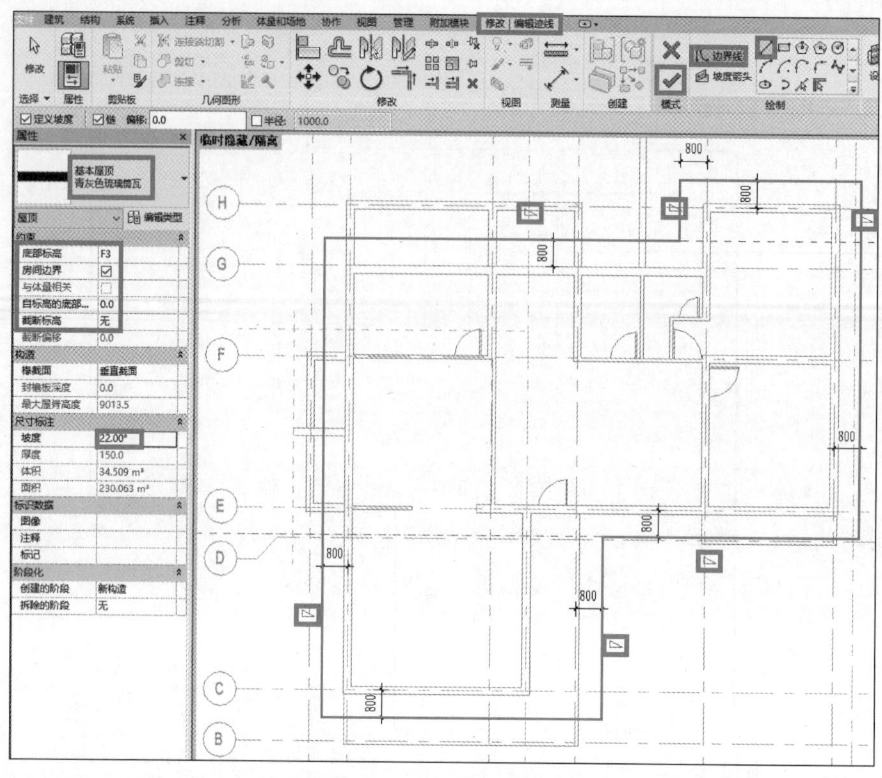

图 8-22　创建迹线屋顶

小知识

如果创建的屋顶存在错误，可以选中创建的屋顶，然后单击“修改 | 屋顶”上下文选项卡→“模式”面板→“编辑迹线”按钮，系统便自动切换到“修改 | 创建屋顶迹线”上下文选项卡，返回屋顶迹线草图绘制模式，可以重新绘制、编辑相关迹线，直到符合要求为止，最后单击“修改 | 创建屋顶迹线”选项卡“模式”面板上的“完成编辑模式”按钮“√”，完成屋顶的编辑任务。

（8）墙体附着到三层迹线屋顶。切换到三维视图，单击 View Cube 的特定位置，将视图切换到“南”常规轴测图的视图状态，框选二层所有墙体（不包括幕墙 C2156），先单击“附着顶部 / 底部”按钮，选项栏设置“附着墙：顶部”，单击三层迹线屋顶，刚选择的二层墙体便全部附着到三层屋顶。

微课：墙体附着到三层迹线屋顶

（9）使用“结构”面板上的“梁”命令，捕捉三条屋脊线创建屋脊，完成后的结果如图 8-23 所示。保存别墅项目模型文件。

图 8-23　创建的三层多坡迹线屋顶

（10）调整屋顶层平面视图范围。切换到“F3”楼层平面视图，此时屋顶被截断涂黑，这是因为 Revit 2018 的楼层平面视图默认在标高往上 1200mm 处剖切生成平面投影。在“F3”楼层平面视图的左侧“实例属性”对话框中，下拉找到“视图范围”，单击右侧“编辑…”按钮，系统弹出“视图范围”对话框，设置“顶”为“无限制”，并将“剖切面”的“偏移”值设置为“40000”，如图 8-24 所示，单击“确定”按钮即可关闭“视图范围”对话框，便完成“F3”楼层平面视图范围设置，“F3”楼层平面视图便显示完整的屋顶。最后保存别墅项目模型文件。

微课：调整屋顶层平面视图范围

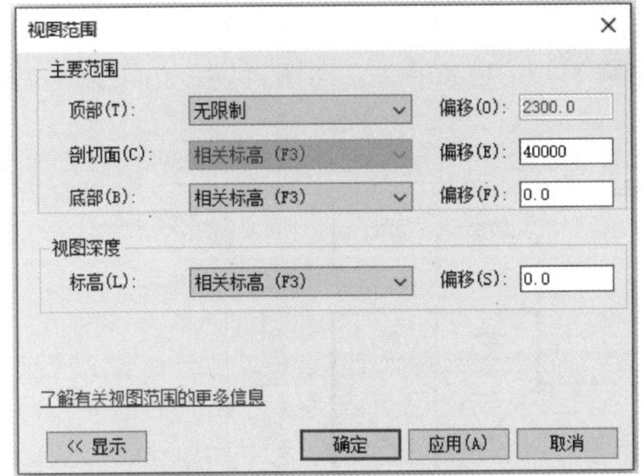

图 8-24 调整“F3”楼层平面视图范围

小知识

每个平面视图都具有“视图范围”视图属性，该属性也称为“可见范围”。主要范围是用于控制视图中对象可见性和外观的一组水平平面，分别称为“顶”平面、“剖切面”和“底”平面。“顶”平面和“底”平面用于指定视图范围最顶部和最底部的位置，剖切面是确定剖切高度的平面，这三个平面用于定义视图范围的“主要范围”。

小知识

视图深度是主要范围之外的附加平面。可以设置视图深度的标高，以显示位于“底”平面下面的图元。在默认情况下，该标高与“底”平面重合，可以将其设置为位于“底”平面之下的标高。“主要范围”的底不能超过“视图深度”设置的范围。

小知识

视图范围分层图，如图 8-25 所示。

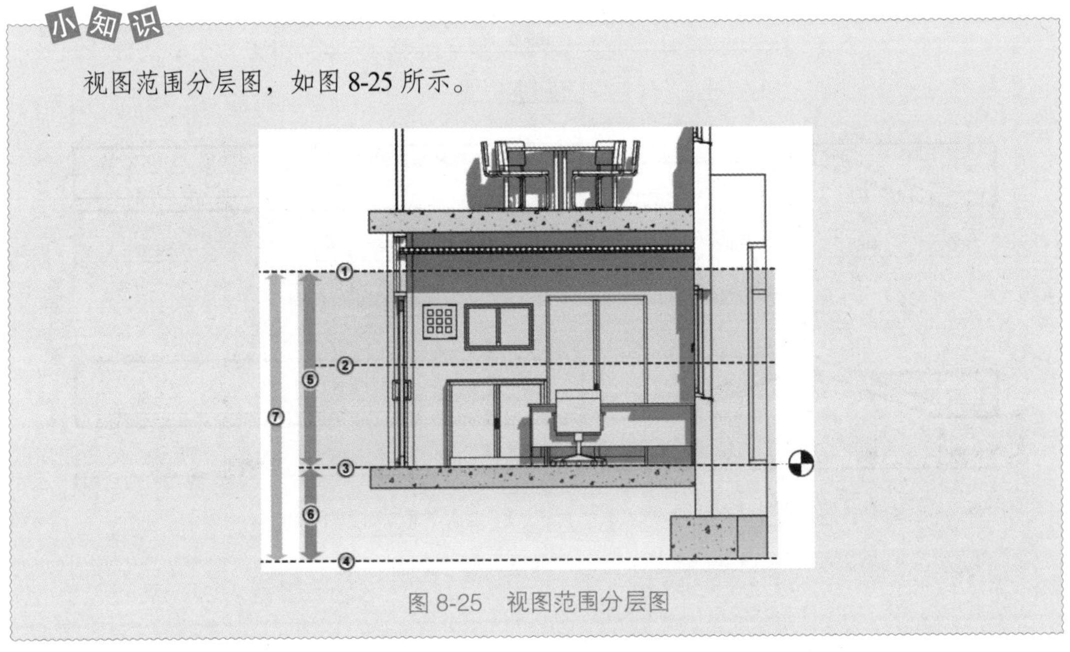

图 8-25 视图范围分层图

顶部主要范围①、剖切面主要范围②、底部主要范围③、视图深度标高④、主要范围⑤、视图深度⑥和视图范围⑦。

8.4 经典真题解析

下面通过对经典考试真题的详细解析来介绍屋顶的建模和解题步骤。

(第二期全国 BIM 技能等级考试一级试题第三题“屋顶”)按照图 8-26 平、立面图绘制屋顶，屋顶板厚均为 400mm，其他建模所需尺寸可参考平、立面图自定。结果以“屋顶”为文件名保存在考生文件夹中。

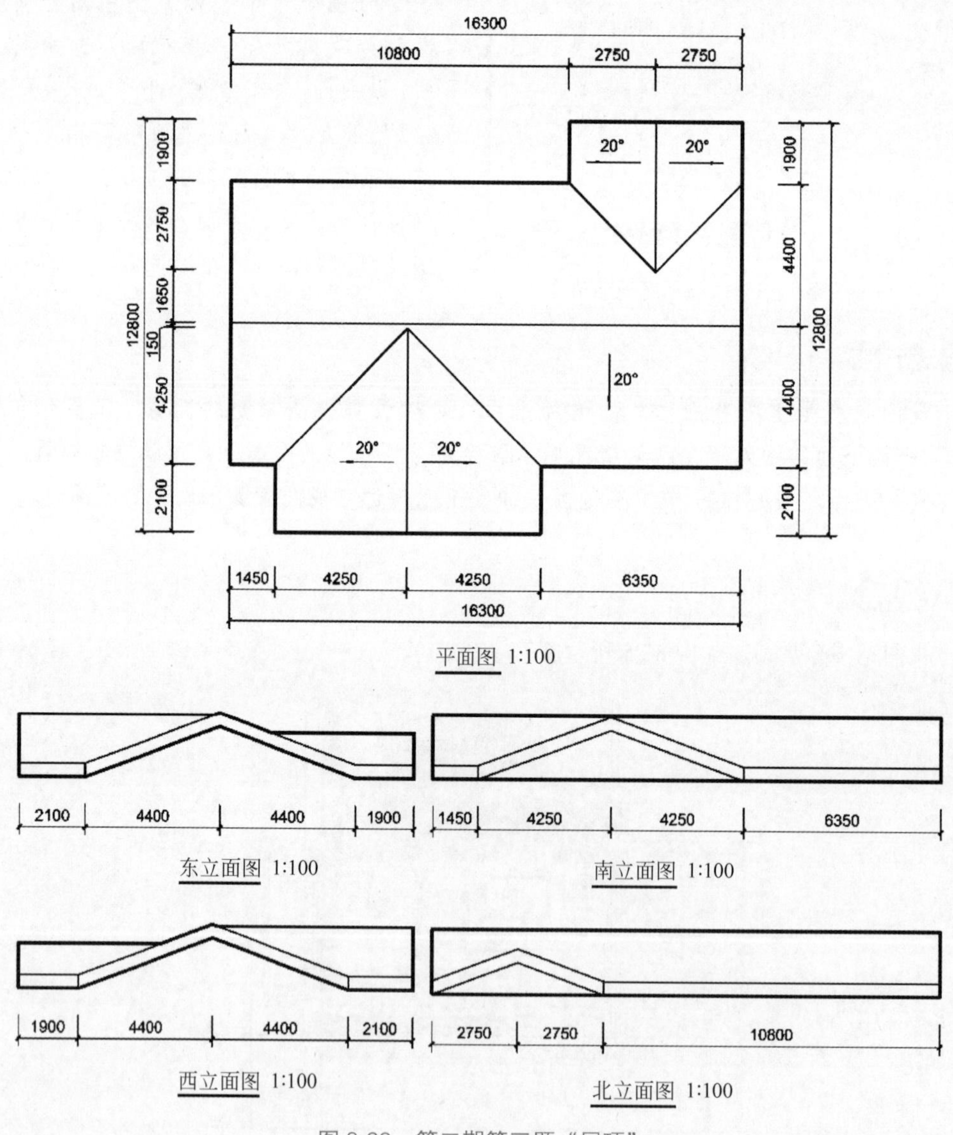

图 8-26 第二期第三题“屋顶”

小知识

本题为多坡屋顶，采用“迹线屋顶”工具绘制即可；坡度可以用角度输入。

微课：第二期第三题“屋顶”

小知识

Revit 2018 提供了迹线屋顶、拉伸屋顶和面屋顶三种创建屋顶方法，其中迹线屋顶的常见方法类似于楼板的创建，不同之处在于楼板定义的是板面标高，屋顶定义的是屋顶底标高；迹线屋顶中可以灵活地为屋顶定义多个坡度。

小知识

绘制迹线屋顶时，系统会自动进入最高的标高所在的楼层平面中；屋顶边界在规定标高的平面视图中绘制，可以采取“拾取墙”或者“线”命令创建，屋顶迹线必须是闭合的图形；坡度是在绘制迹线时采取坡度参数定义的，屋面坡度可以以角度或者比例值进行输入；当确定了屋顶各边的长度和各个面的坡度之后，屋顶的形状是唯一的；迹线屋顶创建完成之后，必须对平面图进行对齐尺寸标注和坡度标注，同时必须对各个立面图进行对齐尺寸标注，通过尺寸标注和坡度标注来校核创建的屋顶是否符合要求。

8.5　真题实战演练

（1）第五期全国 BIM 技能等级考试一级试题第二题“屋顶”。

（2）第八期全国 BIM 技能等级考试一级试题第二题“圆形屋顶”。

（3）第十一期全国 BIM 技能等级考试一级试题第一题“屋顶”。

微课：第五期第二题“屋顶”

微课：第八期第二题“圆形屋顶”

微课：第十一期第一题“屋顶”

本章学习了拉伸屋顶和迹线屋顶中常用的创建和编辑方法，同时精选了一道比较经典的真题进行了详细的解析，最后把往期考过的创建屋顶的真题设计成真题进行实战演练。只要认真研读本章内容，同时加强训练，就可以快速掌握屋顶的创建方法。

第 9 章　创建楼梯与栏杆扶手

概　述

楼梯是别墅项目中非常重要的一个建筑构件，使用 Revit 2018 的楼梯工具可以自由创建各种常规及异形楼梯。本章将详细介绍直梯以及螺旋楼梯的创建和编辑方法，创建楼梯间洞口，并通过编辑楼梯栏杆扶手路径创建首层平台栏杆扶手。

本章内容是整个别墅项目的难点。

课程目标

- 结构柱的创建方法；
- 室外楼梯梯梁的创建方法；
- 直梯的创建和编辑方法；
- 螺旋楼梯的创建和编辑方法；
- 三维视图剖面框的应用；
- 多层楼梯的设置方法；
- 楼板和墙体编辑生成洞口的方法；竖井洞口的创建和编辑方法；
- 栏杆扶手的创建和编辑方法。

9.1　地下一层结构柱的绘制

小知识

由于室外楼梯相接的平台出挑太大，所以需要在下部设置两个用于支撑结构的柱子，下面来创建这两根结构柱。

微课：地下一层结构柱的绘制

（1）打开第 8 章完成的“别墅 09- 创建三层多坡屋顶 .rvt”文件，将其另存为“别墅 10- 室外楼梯和栏杆扶手 .rvt”文件。

（2）切换到标高“-1F-1”楼层平面视图；单击“建筑”选项卡→“构建”面板→“柱”下拉列表→“结构柱”按钮，系统进入“修改 | 放置 结构柱”上下文选项卡，在类

型选择器下拉列表中选择柱类型“结构柱 钢筋混凝土 250×450mm”。

（3）选项栏下拉选择“高度”（高度相对基准向上生成柱体，深度相对基准向下生成柱体），如图 9-1 所示。

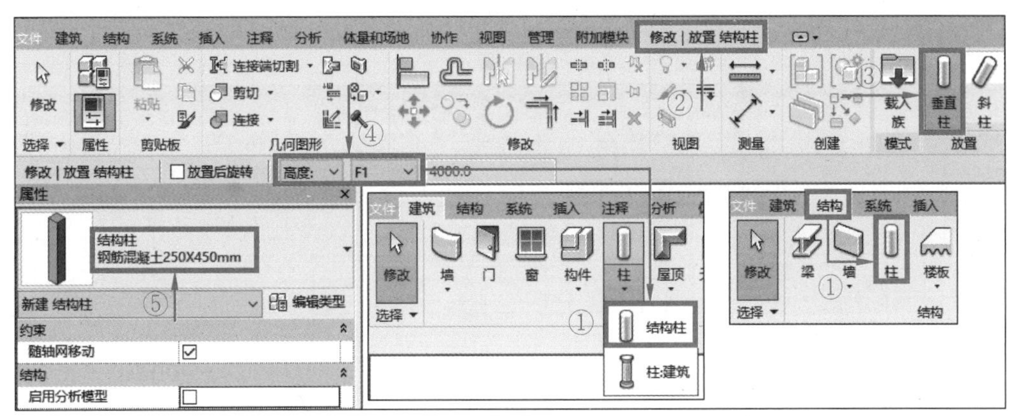

图 9-1 “修改 | 放置 结构柱”上下文选项卡

（4）激活“放置”面板→“垂直柱”按钮，在结构柱的中心点相对于 2 轴东侧“600mm”、A 轴北侧“1100mm”的位置单击放置结构柱 A（可先放置结构柱，然后编辑临时尺寸调整其位置）；放置结构柱柱体时，可以按空格键翻转长宽方向；同理，在结构柱的中心点相对于 5 轴西侧“600mm”、A 轴北侧“1100mm”的位置单击放置结构柱 B，如图 9-2 所示。

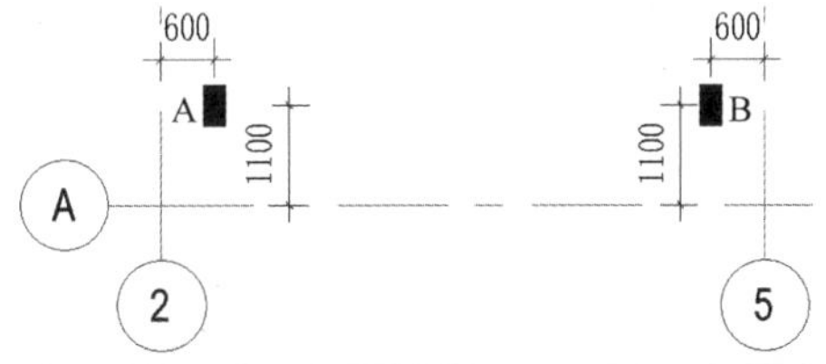

图 9-2 放置结构柱 A 和 B

（5）切换到三维视图，选择刚放置的结构柱 A 和 B，如图 9-3 中①所示，系统切换到“修改 | 结构柱”上下文选项卡；单击“修改柱”面板“附着顶部 / 底部”按钮，如图 9-3 中②所示；在选项栏中单击附着柱“顶”选项，如图 9-3 中③所示，再单击拾取一层楼板，如图 9-3 中④所示，将结构柱的顶部附着到楼板下面，如图 9-3 中⑤所示。保存别墅项目模型文件。

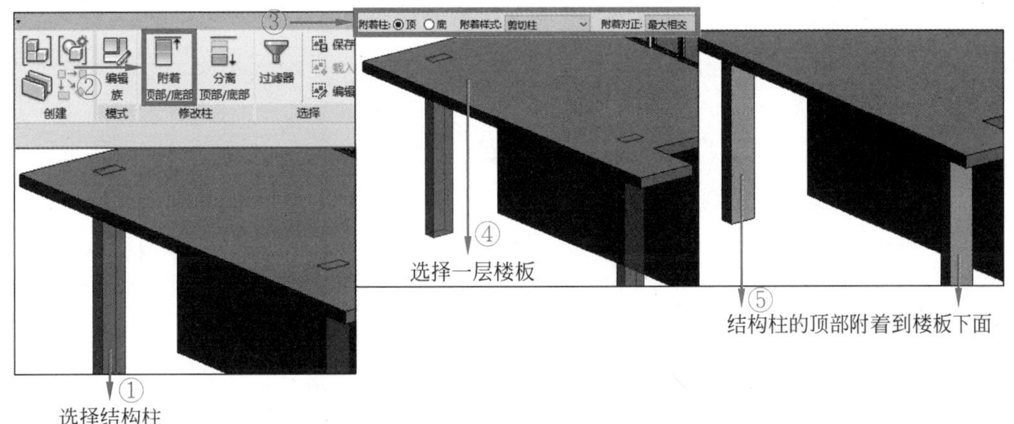

图 9-3 将结构柱的顶部附着到楼板下面

9.2　室外楼梯梯梁的绘制

切换到标高“F1”楼层平面视图；单击“结构”选项卡→“结构”面板→“梁”按钮，切换到“修改 | 放置 梁”上下文选项卡；在类型选择器下拉列表中选择梁类型“混凝土 - 矩形梁 200 × 400mm”，以直线方式绘制梯梁，如图 9-4 所示。

微课：室外楼梯梯梁的绘制

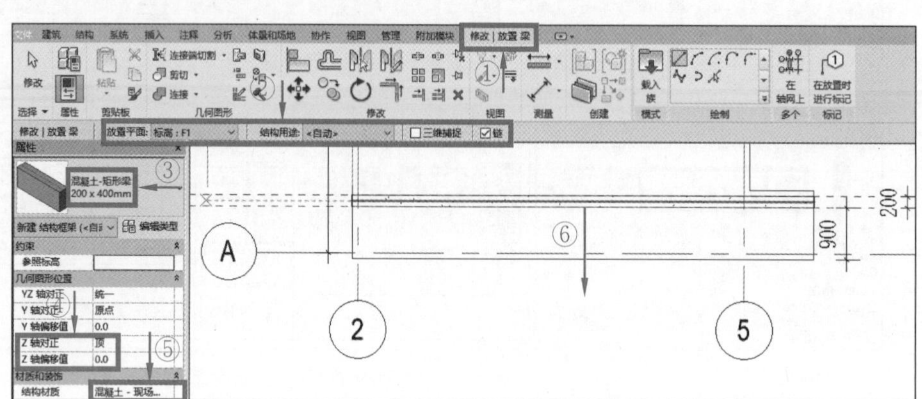

图 9-4　绘制梯梁

9.3　创建室外楼梯

(1) 切换到“-1F-1”楼层平面视图；单击“建筑”选项卡→“楼梯坡道”面板→“楼梯”按钮，系统切换到“修改 | 创建楼梯”上下文选项卡，单击“构件”面板→“梯段”按钮，单击“直梯”按钮，如图 9-5 中③所示；在选项栏中设置“定位线”为“梯段：中心”，将“偏移量”设置为“0.0”，将“实际梯段宽度”设置为“1150.0”，并勾选“自动平台”，如图 9-5 中④所示；在类型选择器下拉列表中选择楼梯的类型为“现场浇注楼梯，室外楼梯”，如图 9-5 中⑤所示，设置楼梯的“底部标高”为“-1F-1”，设置“顶部标高”为“F1”，将“顶部偏移”和“顶部偏移”均设置为“0.0”，如图 9-5 中⑥所示；设置“所需踢面数”为“20”，将“实际踏板深度”设置为“280.0”，如图 9-5 中⑦所示；单击“工具”面板“栏杆扶手”按钮，在弹出的“栏杆扶手”对话框中设置“位置”为“踏板”，将“栏杆扶手”类型设置为“栏杆 - 金属立杆”，如图 9-5 中⑧所示。

微课：创建室外楼梯

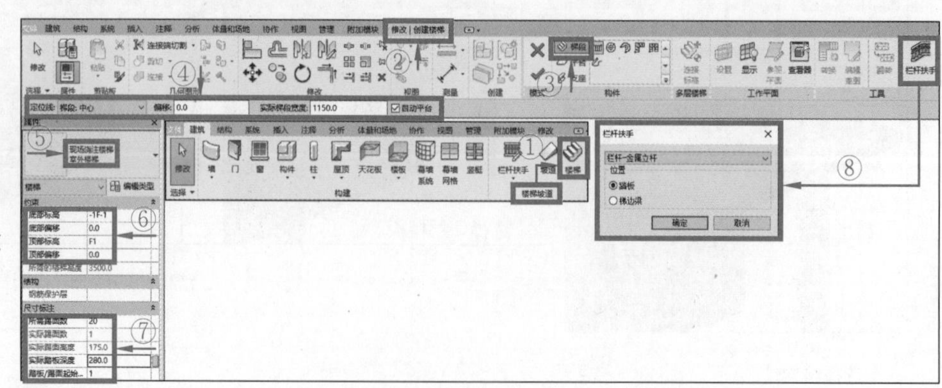

图 9-5　设置楼梯的类型、实例参数和栏杆扶手类型

（2）单击“编辑类型”按钮，系统弹出“类型属性”对话框，设置参数如图 9-6 所示。

图 9-6　室外楼梯类型参数

（3）在绘图区域空白处，单击一点作为第一跑起点，垂直向下移动光标（光标移动方向为梯段踏步升高的方向），直到显示“创建了 10 个踢面，剩余 10 个”时，单击捕捉该点作为第一跑终点，创建第一跑草图。按 Esc 键暂时退出绘制梯段命令，如图 9-7 所示。

（4）单击“建筑”选项卡→“工作平面”面板→“参照平面”按钮，在草图下方绘制一水平参照平面作为辅助线，改变临时尺寸距离为 900（注意这个距离是休息平台的长度，而其宽度依然与梯段宽度一致，为 1150），如图 9-8 所示。

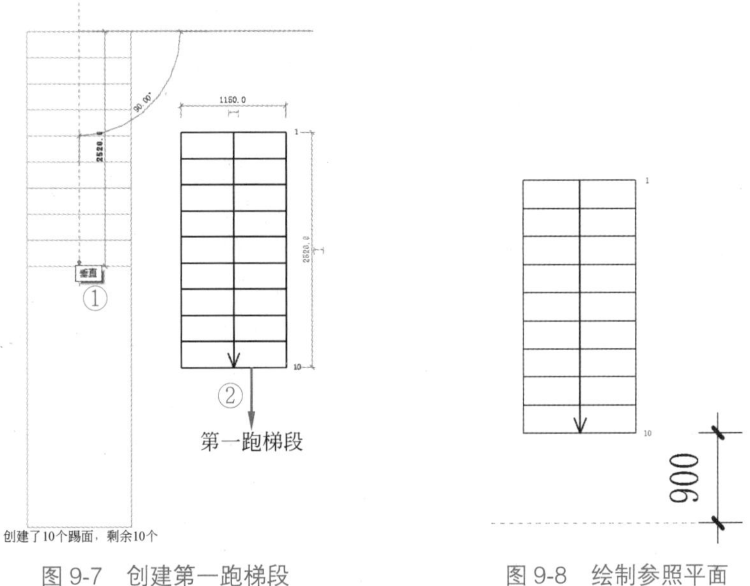

图 9-7　创建第一跑梯段　　　图 9-8　绘制参照平面

(5)继续选择“直梯”命令，移动光标至水平参照平面上与梯段中心线延伸相交位置，当参照平面亮显并提示“交点”时，单击捕捉此点作为第二跑起点位置，向下垂直移动光标到矩形预览框之外单击，创建剩余的踏步；最后单击“模式”面板→“完成编辑模式”按钮“√”，退出“修改 | 创建楼梯”上下文选项卡，便完成室外楼梯的创建。过程和结果如图 9-9 所示。

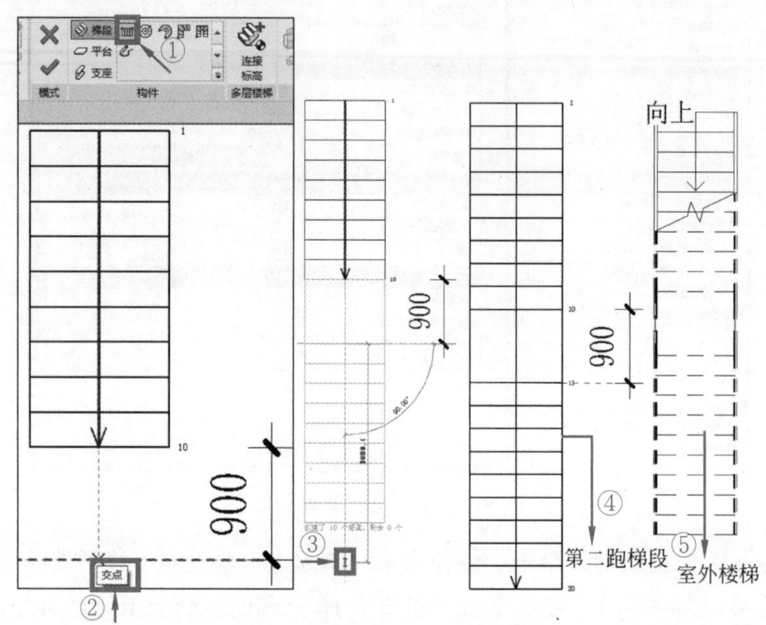

图 9-9　创建第二跑梯段

(6)切换到“F1”楼层平面视图；框选刚创建的室外楼梯，单击“修改”面板→“移动”按钮，单击楼梯左下角点 C 作为基点，移动室外楼梯靠近首层伸出的楼板，单击捕捉首层楼板右下角凸出平台的拐角点 D，完成楼梯定位，如图 9-10 所示。

(7)切换到三维视图，观察室外楼梯三维效果，如图 9-11 所示。

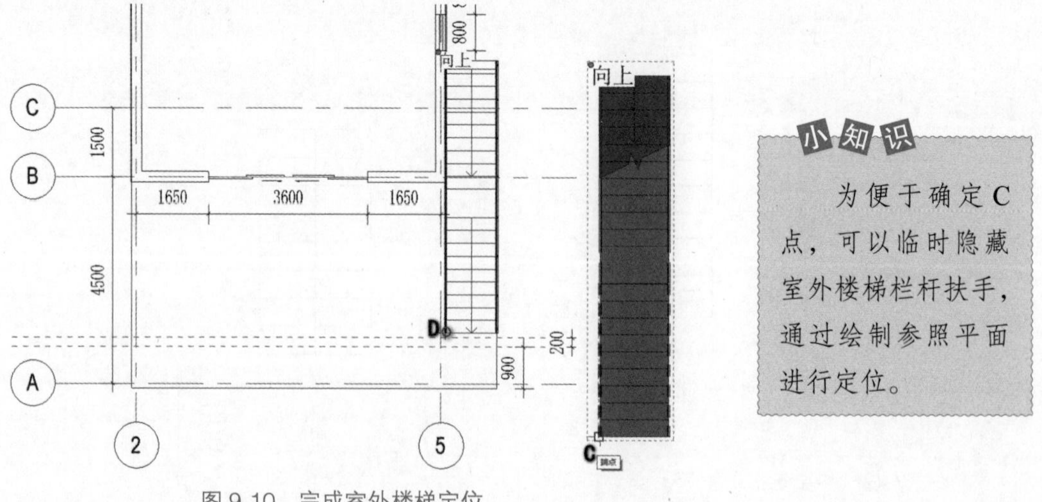

图 9-10　完成室外楼梯定位

小知识

为便于确定 C 点，可以临时隐藏室外楼梯栏杆扶手，通过绘制参照平面进行定位。

（8）选中室外楼梯两侧栏杆扶手，在“实例属性”对话框中设置“从路径偏移”为“50.0”，如图 9-12 所示。

图 9-11　室外楼梯三维效果

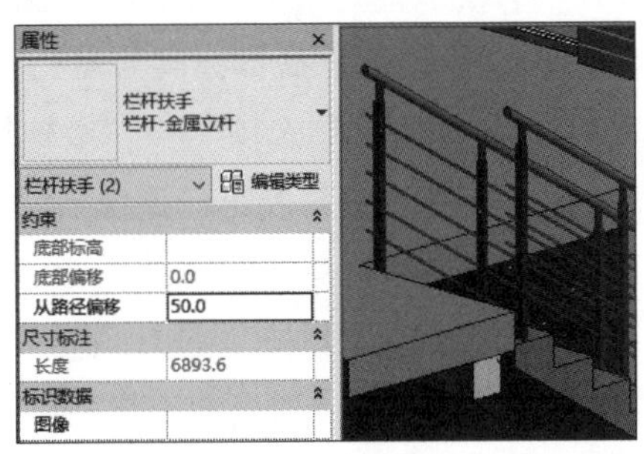

图 9-12　设置“从路径偏移”为“50”

（9）切换到标高“-1F-1”楼层平面视图，单击室外楼梯西侧栏杆扶手（靠墙的栏杆扶手），系统进入“修改 | 栏杆扶手”上下文选项卡，单击“模式”面板→“编辑路径”按钮，系统进入“修改 | 栏杆扶手 > 绘制路径”上下文选项卡，删除上楼第一跑梯段和休息平台上的扶手路径曲线，并缩短第二跑梯段上的扶手路径直线，如图 9-13 中⑤所示，单击“模式”面板→“完成编辑模式”按钮“√”，则完成了室外楼梯栏杆扶手的编辑工作。

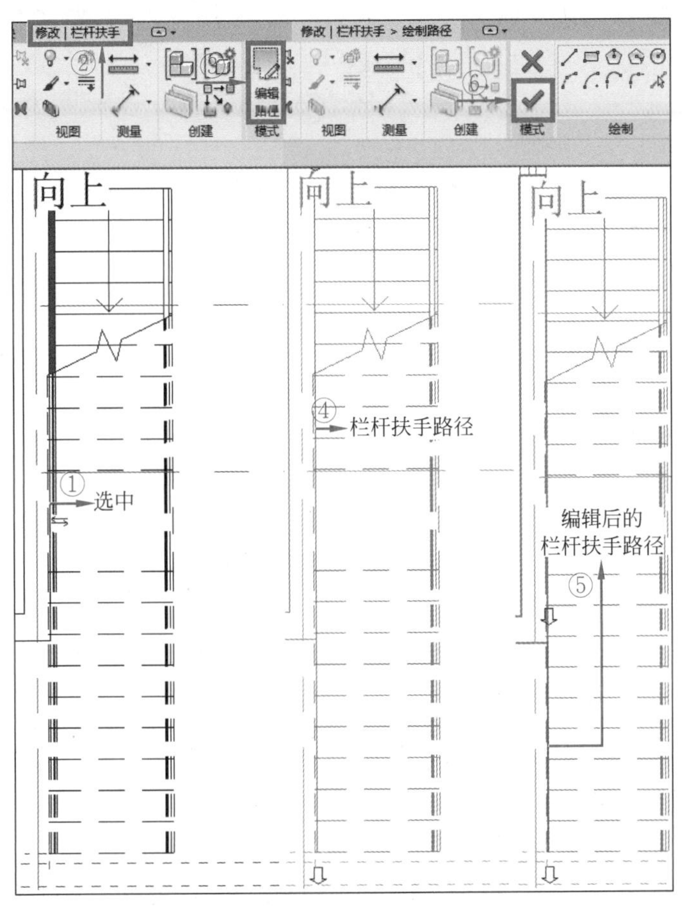

图 9-13　编辑靠墙一侧栏杆扶手路径

9.4 创建首层南侧室外平台外围栏杆扶手

微课：创建首层南侧室外平台外围栏杆扶手

（1）切换到标高“F1”楼层平面视图；在“实例属性”对话框中设置“基线”为“范围：底部标高为无”。

（2）单击“建筑”选项卡→“楼梯坡道”面板→“栏杆扶手”下拉列表中的“绘制路径”按钮，系统自动切换到“修改 | 创建栏杆扶手路径”上下文选项卡；单击“直线”按钮，在选项栏勾选“链”复选框，而后捕捉室外楼梯外侧扶手的下面端点为“起点”，沿首层室外平台外边绘制 3 段路径，在“类型选择器”下拉列表中选择栏杆扶手类型为“栏杆扶手 栏杆 - 金属立杆”，在“实例属性”对话框中设置“底部标高”为“F1”，如图 9-14 所示；单击“模式”面板→“完成编辑模式”按钮“√”，完成首层南侧室外平台外围栏杆扶手的创建。

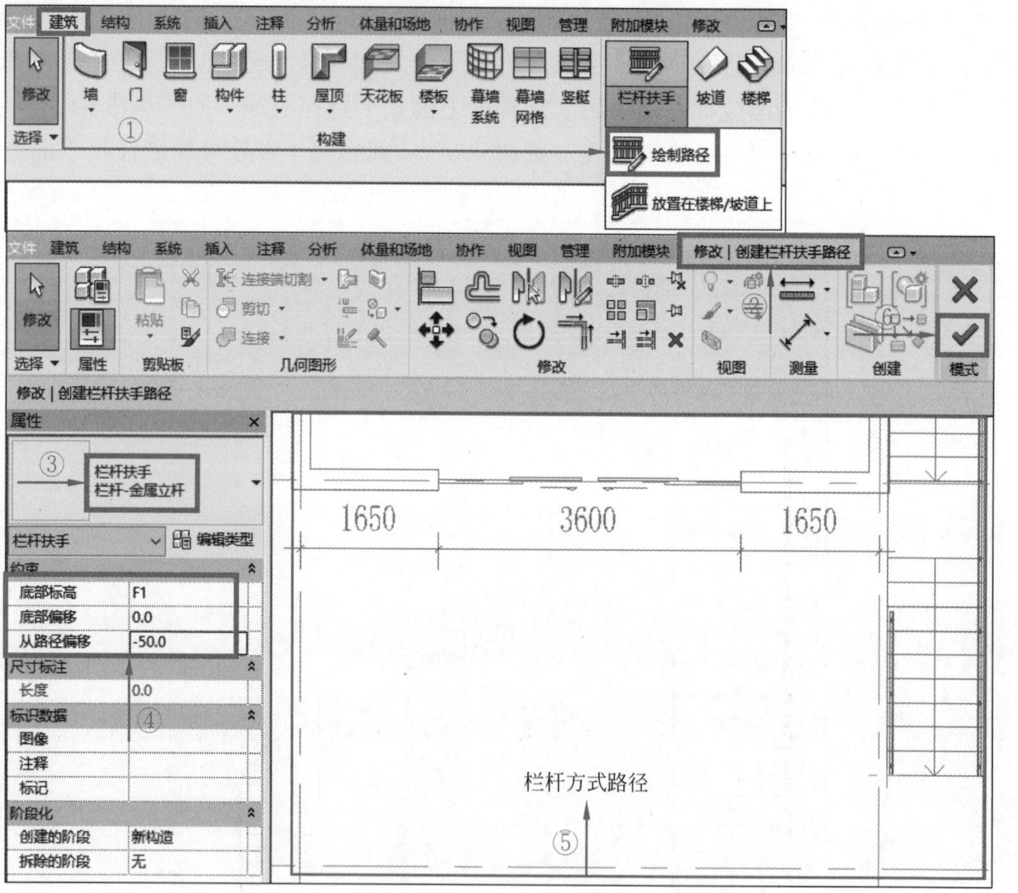

图 9-14　首层南侧室外平台外围栏杆扶手路径绘制

（3）切换到三维视图，观察首层室外平台栏杆扶手的整体效果。

（4）由于室外楼梯需要与平台相连，而我们刚才分别绘制了室外楼梯的栏杆扶手和室外平台的栏杆扶手，所以能看到图示中交接处出现了问题，并没有达到理想的效果，如图 9-15 所示。所以，接下来学习如何严谨地绘制出相结合的栏杆扶手。

（5）删除所创建的室外平台栏杆扶手；切换到标高“F1”楼层平面视图，双击室外楼梯外侧栏杆扶手，系统切换到“修改 | 栏杆扶手 > 绘制路径”上下文选项卡，选择“直线”的绘制方式，绘制栏杆扶手路径，如图 9-16 所示；单击“修改 | 栏杆扶手 > 绘制路径”上下文选项卡→“模式”面板→“完成编辑模式”按钮“√”，完成室外平台栏杆扶手的修改；最终室外平台栏杆扶手和室外楼梯栏杆扶手创建完成的三维效果如图 9-17 所示。

（6）同理，修改另一侧的室外楼梯栏杆扶手路径，如图 9-18 所示。

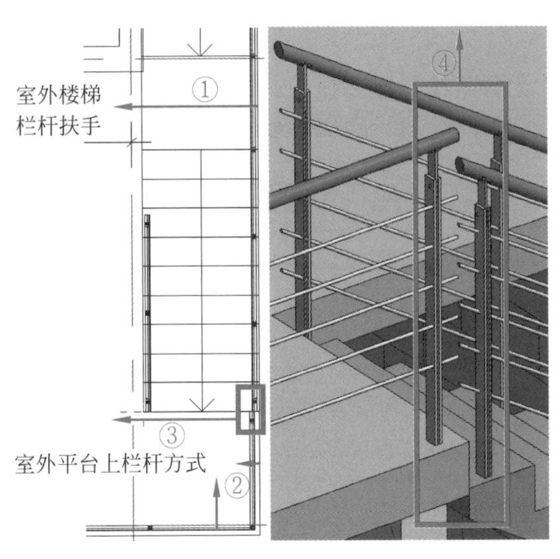

图 9-15　栏杆扶手交接处出现的问题

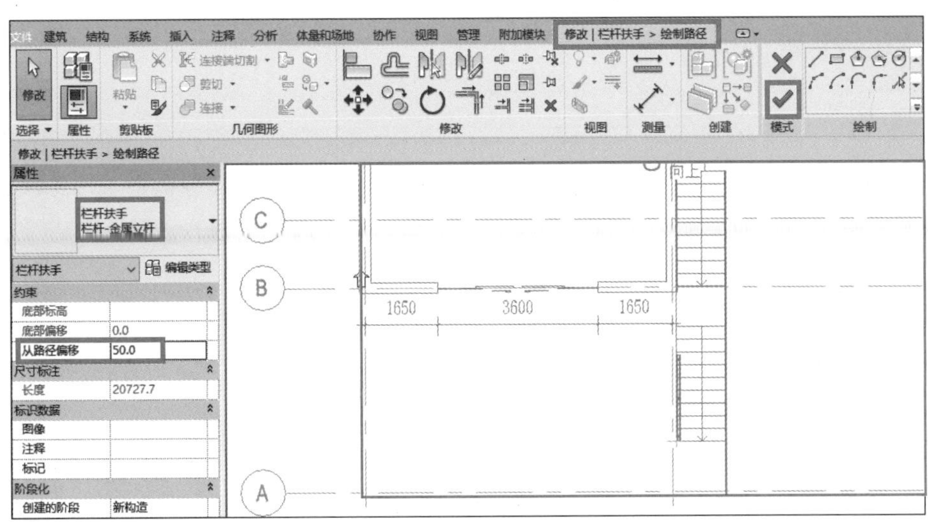

图 9-16　沿室外平台外边界绘制路径

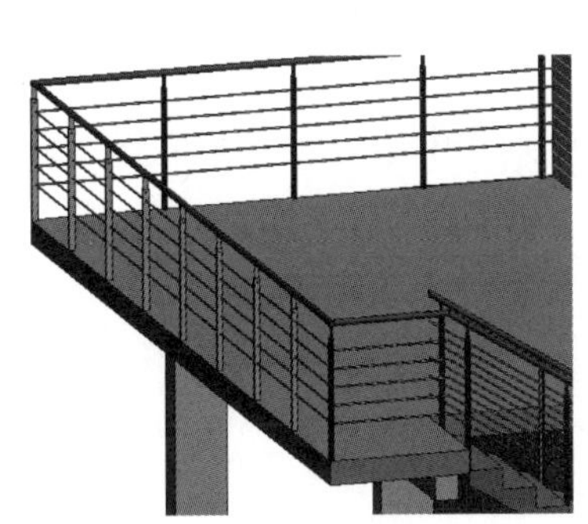

图 9-17　三维效果

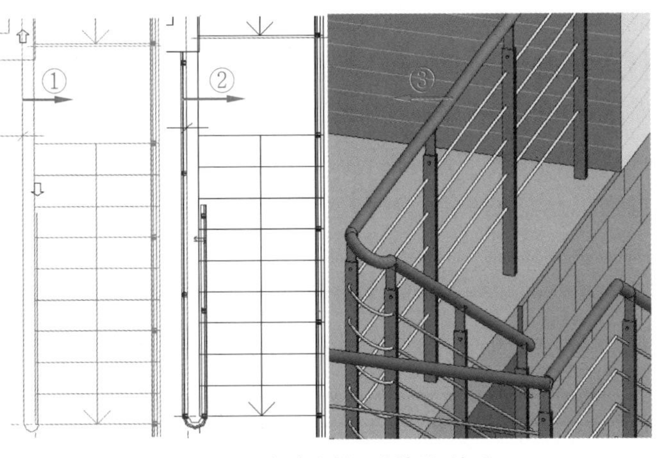

图 9-18　修改靠墙一侧栏杆扶手

（7）选中栏杆扶手，单击“编辑类型”按钮，打开“类型属性”对话框；在弹出的“类型属性”对话框中，设置“使用平台高度调整”的选项为“否”，如图 9-19 中③所示，最终效果如图 9-19 中④所示。保存别墅项目模型文件。

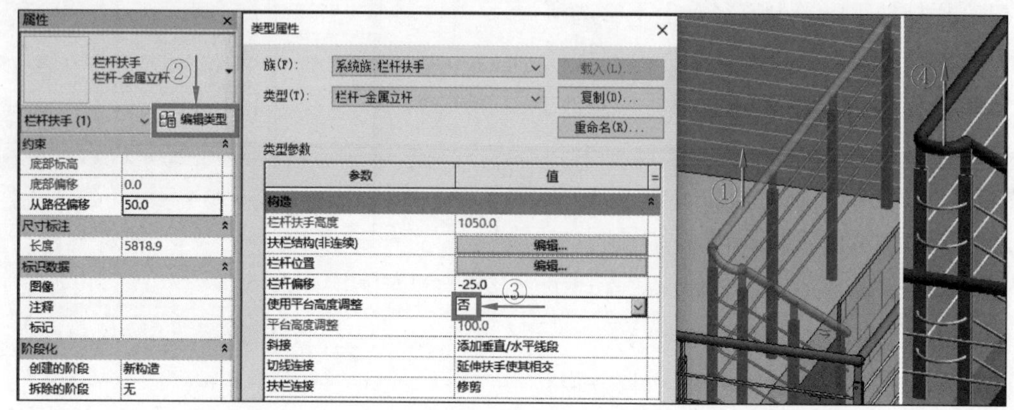

图 9-19　设置“使用平台高度调整”的选项设置为“否”

9.5　创建室外螺旋楼梯

小知识

Revit 2018 除了可以绘制直梯，还可以绘制螺旋楼梯。螺旋楼梯的创建步骤和刚刚讲述的直梯基本相同，只是绘制参照平面和绘制梯段时的捕捉方式略有不同。

微课：创建室外螺旋楼梯

下面将本别墅项目室外直梯替换成螺旋楼梯。

（1）将其另存为“别墅 11- 室外螺旋楼梯 .rvt”文件。删除室外楼梯。

（2）切换到“-1F-1”楼层平面视图；绘制参照平面和详图线，如图 9-20 所示。

图 9-20　绘制参照平面和详图线

（3）单击“建筑”选项卡→“楼梯坡道”面板→“楼梯”按钮，系统切换到“修改 | 创建楼梯”上下文选项卡，激活“构件”面板→“梯段”按钮，单击“圆心—端点螺旋”按钮，如图 9-21 中①所示；选项栏中设置“定位线”为“梯段：中心”，设置“偏移量”为“0.0”，设置“实际梯段宽度”为“1150.0”，并勾选“自动平台”；在类型选择器下拉列表中选择楼梯的类型，设

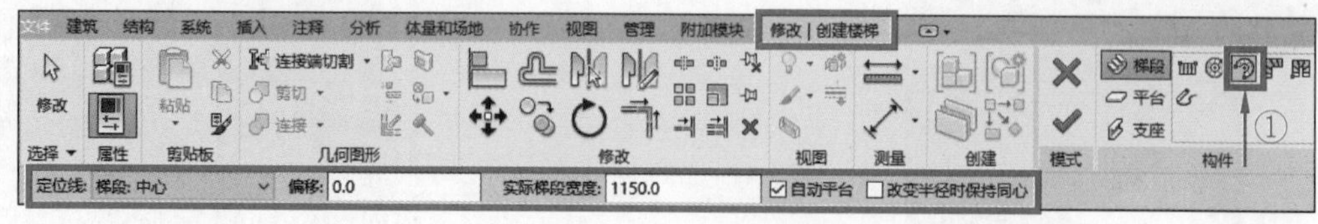

图 9-21　单击“圆心—端点螺旋”按钮

置为“现场浇注楼梯 室外楼梯”，设置楼梯的“底部标高”为“-1F-1”，设置“顶部标高”为“F1”，设置“底部偏移”和“顶部偏移”均为“0.0”；设置“所需踢面数”为“20”，设置“实际踏板深度”为“280”；单击“工具”面板“栏杆扶手”按钮，在弹出的“栏杆扶手”对话框中设置“位置”为“踏板”，并设置“栏杆扶手”类型为“栏杆 - 金属立杆”。

（4）使光标先捕捉左垂直参照线与水平参照线的交点 E，此为螺旋楼梯的圆心；再捕捉右垂直参照线与水平参照线的交点 F，此为第一跑起点；而后逆时针旋转光标，当出现“创建了 10 个踢面，剩余 10 个”提示时，单击捕捉第一跑的终点，如图 9-22 所示。

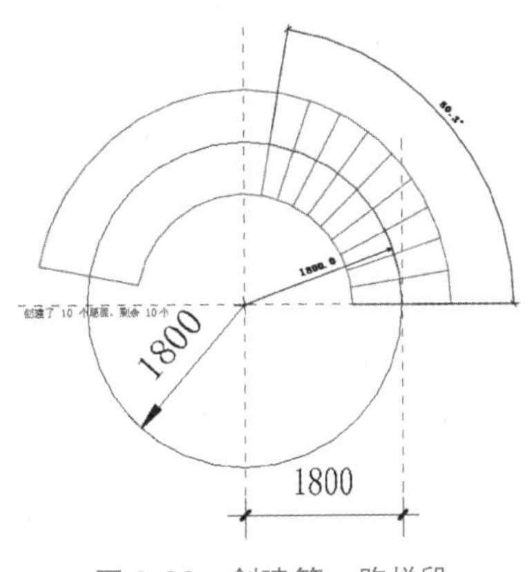

图 9-22　创建第一跑梯段

（5）再次捕捉螺旋楼梯的圆心；逆时针圆弧路径上寻找和捕捉第二跑的起点（预览第二跑梯段最后一条踢面线与水平参照线平齐时单击，创建 180° 螺旋楼梯）；顺着圆弧路径旋转，出现“创建了 20 个踢面，剩余 0 个”提示时，单击捕捉第二跑的终点，如图 9-23 所示。

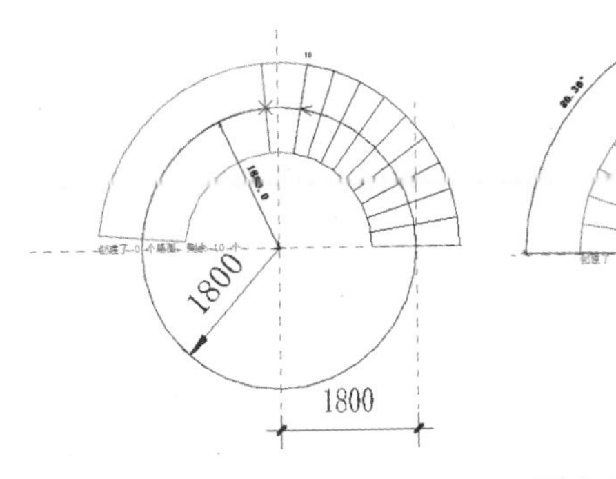

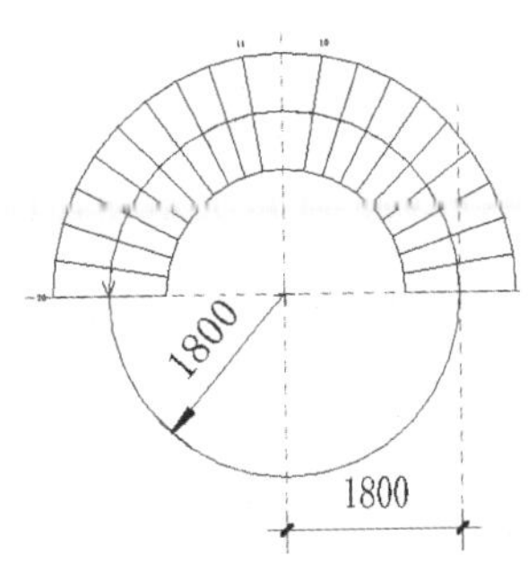

图 9-23　创建第二跑梯段

（6）单击“模式”面板→“完成编辑模式”按钮“√”，完成室外螺旋楼梯的创建，如图 9-24 所示。

（7）切换到“F1”楼层平面视图，框选刚绘制的室外螺旋楼梯，单击“修改”面板→“移动”按钮，单击楼梯左下角点 G，作为基点，移动室外楼梯靠近首层伸出的楼板，单击捕捉首层楼板右下角凸出平台的拐角点 H，完成室外螺旋楼梯定位，如图 9-25 所示。

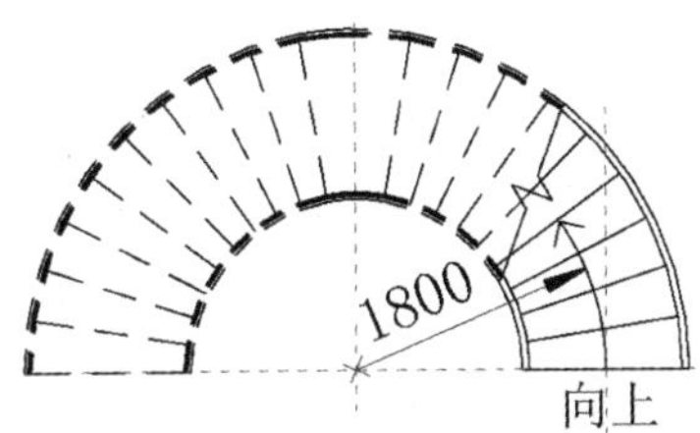

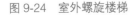

图 9-24　室外螺旋楼梯

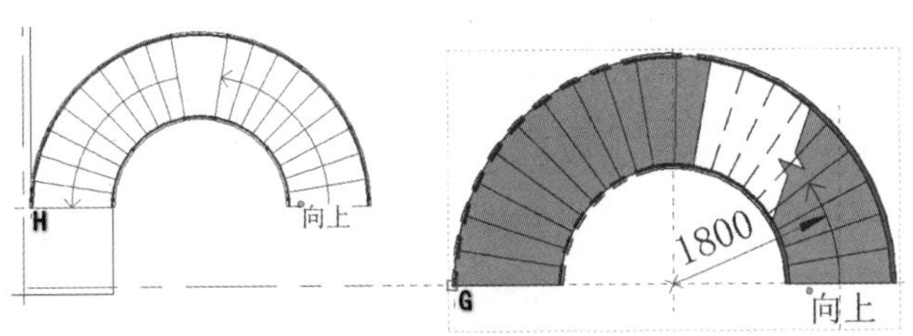

图 9-25　室外螺旋楼梯定位

（8）切换到三维视图，观察室外楼梯效果；选中室外螺旋楼梯两侧栏杆扶手，在“实例属性”对话框中设置“从路径偏移”为“50.0”，如图 9-26 所示。

（9）同理，创建室外平台栏杆扶手；项目浏览器切换到三维视图，观察室外螺旋楼梯三维效果，如图 9-27 所示。保存项目文件。

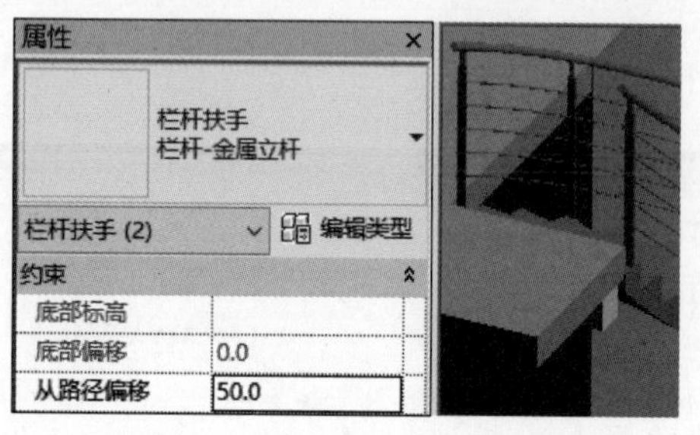

图 9-26 “从路径偏移”为“50”

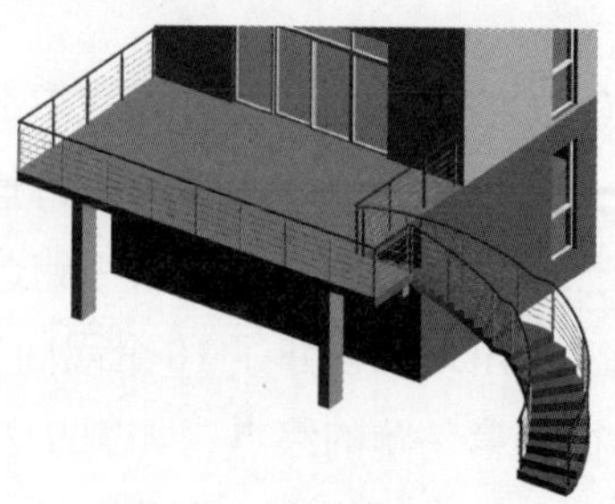

图 9-27 室外螺旋楼梯三维效果

9.6 用梯段命令创建室内楼梯

（1）打开“别墅 10- 室外楼梯和栏杆扶手”文件，将其另存为“别墅 12- 室内楼梯 .rvt”文件。接着创建从地下一层直至二层的双跑室内楼梯，首先在项目浏览器中双击“楼层平面”项下的“-1F”，切换到“-1F”楼层平面视图。

微课：用梯段命令创建室内楼梯

（2）需要首先定位梯段的起点与终点以及休息平台的位置，所以先绘制参照平面。单击“建筑”选项卡→“工作平面”面板→“参照平面”按钮，在 3 轴到 5 轴、F 轴到 H 轴围成的楼梯间范围内分别绘制两个垂直和两个水平的参照平面，并用临时尺寸精确定位参照平面与墙边线的距离，如图 9-28 所示。其中，左、右两条垂直参照平面到墙边线的距离为 575，是梯段宽度的一半。对于两条水平参照平面，建议先绘制下方的参照平面，修改临时尺寸为 1380，确定第一跑的起点位置，再绘制上方的参照平面，修改临时尺寸为 1820，确定第一跑的终点位置。

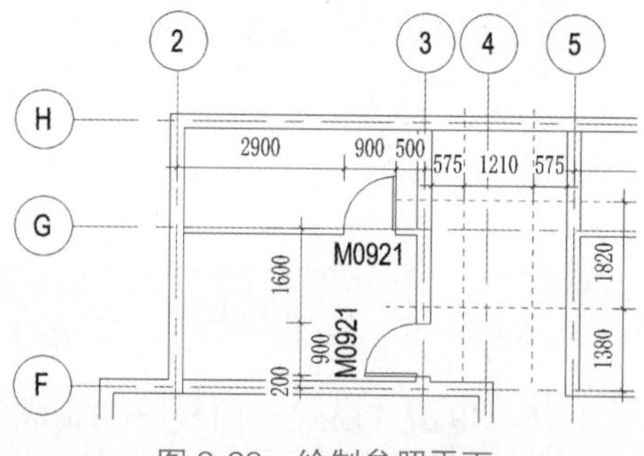

图 9-28 绘制参照平面

（3）单击“建筑”选项卡→“楼梯坡道”面板→“楼梯”按钮，系统切换到“修改 | 创建楼梯”上下文选项卡，激活“构件”面板→“梯段”按钮，单击“直梯”按钮；设置楼梯的“底部标高”为“-1F”，设置“顶部标高”为“F1”，设置“底部偏移”和“顶部偏移”均为“0.0”；设置梯段“宽度”为“1150”，设置“所需踢面数”为“19”，设置“实际踏板深度”为“260.0”；单击“工具”面板“栏杆扶手”按钮，在弹出的“栏杆扶手”对话框中设置“位置”为“踏板”，设置“栏杆扶手”类型为“栏杆 - 金属立杆”；在“类型选择器”下拉列表中选择楼梯的类型为“楼梯 整体式楼梯”；单击“编辑类型”按钮，在弹出的“类型属性”对话框中设置参数，如图 9-29 所示。

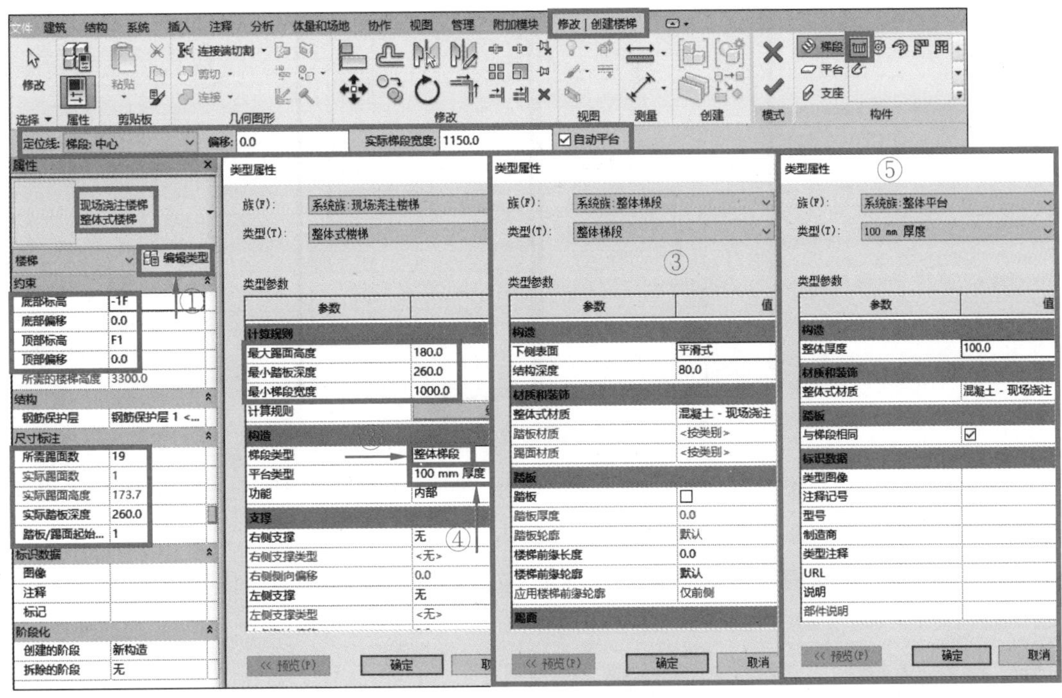

图 9-29　设置室内楼梯参数

（4）移动光标至参照平面右下角交点位置，两条参照平面亮显，同时系统提示“交点”时，单击捕捉该交点 A 作为第一跑的起跑位置，如图 9-30 中①所示；向上垂直移动光标至右上角参照平面交点位置 B，同时在起跑点下方出现灰色显示的“创建了 8 个踢面，剩余 11 个”的提示字样和蓝色的临时尺寸，表示从起点到光标所在尺寸位置创建了 8 个踢面，还剩余 11 个。单击捕捉该交点 B 作为第一跑的终点位置，自动绘制第一跑踢面和边界草图，如图 9-30 中②所示；移动光标到左上角参照平面交点位置 C，单击捕捉该点作为第二跑的起点位置，如图 9-30 中③所示；向下垂直移动光标到矩形预览图形之外单击捕捉一点，系统会自动创建休息平台和第二跑梯段草图，如图 9-31 所示。

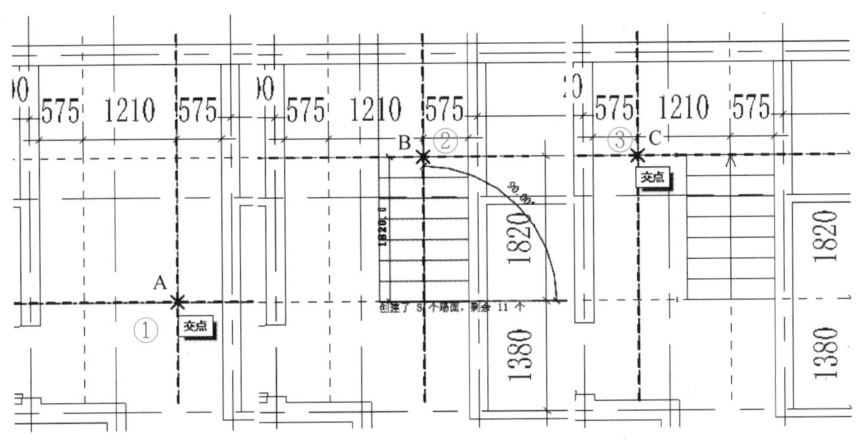

图 9-30　创建第一跑梯段

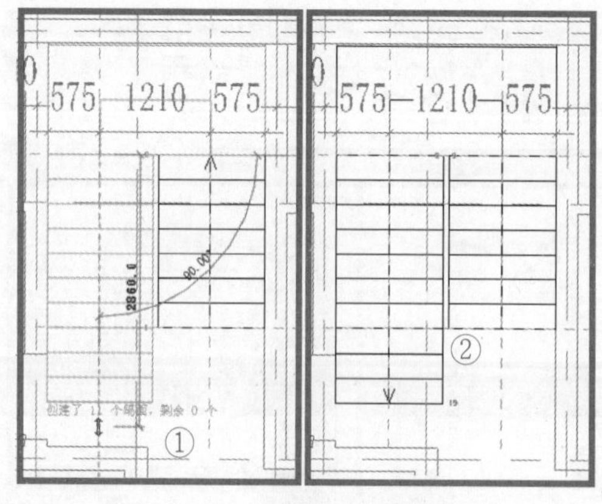

图 9-31 创建第二跑梯段

（5）单击选择休息平台顶部的造型控制柄，如图 9-32 中①所示，鼠标拖曳其和顶部墙体内边界重合，如图 9-32 中②所示；单击“模式”面板上的“完成编辑模式”按钮“√”，则完成了室内地下一层楼梯的创建，如图 9-33 所示。保存别墅项目模型文件。

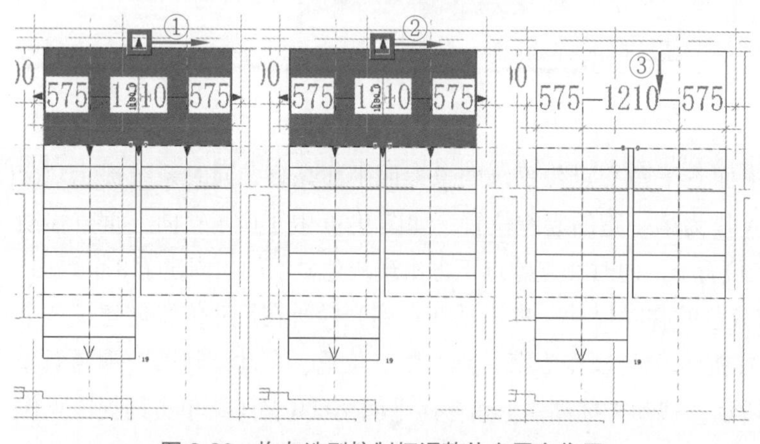

图 9-32 拖曳造型控制柄调整休息平台位置

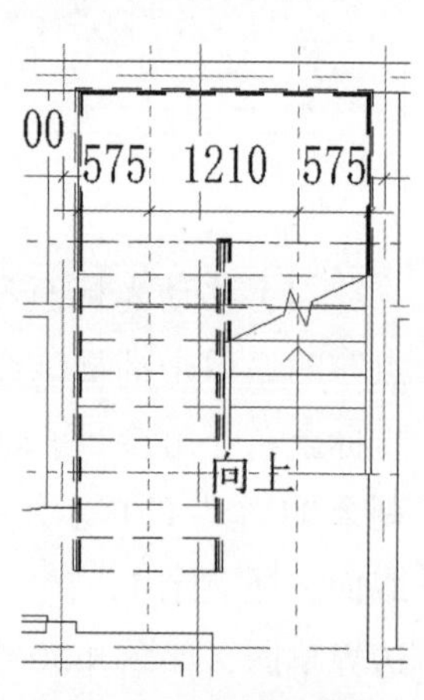

图 9-33 创建的室内地下一层楼梯

9.7 剖面框的应用

小知识

由于室内楼梯被隐藏于建筑内部，所以不便于查看，此时可以启用剖面框进行辅助查看。

微课：剖面框的应用

（1）切换到三维视图，属性过滤器显示“三维视图”，在其“属性”面板中的下拉列表中勾选“剖面框”复选框，绘图窗口的三维视图出现一个完全透明的六面长方体，即为剖面框，如图 9-34 所示。

（2）单击剖面框，六个表面分别出现双向控制箭头，可以从六个方向调整蓝色箭头控制范围；可以单击任意一个箭头进行拖曳，将剖面框的表面向别墅项目内部或外部移

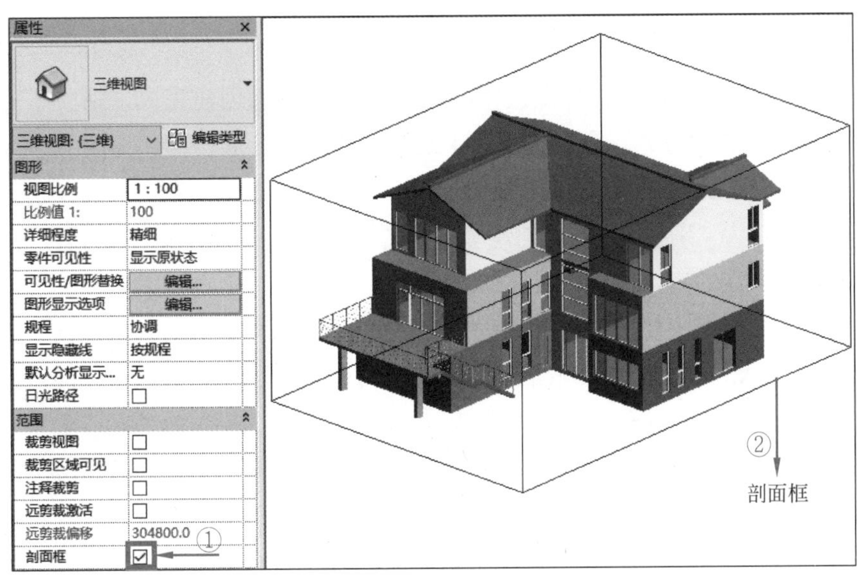

图 9-34　剖面框

动，从而显露或隐藏别墅项目内部三维结构；将图 9-34 的剖面框右前侧表面向内部拖曳到适当位置，便可观察到室内地下一层楼梯的三维效果，如图 9-35 所示。

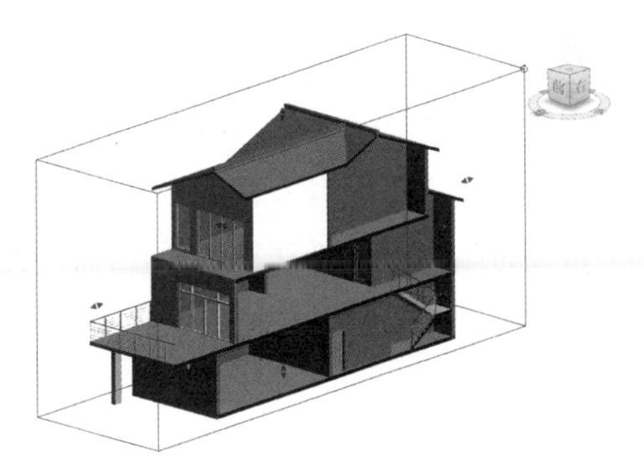

图 9-35　室内楼梯的三维效果

（3）在三维剖面框显露室内楼梯状态下，转动鼠标滚轮，将视图拉近，单击选中靠墙一侧栏杆扶手，按 Delete 键进行删除，如图 9-36 中①所示；选中室内地下一层楼梯栏杆扶手，设置左侧“实例属性”对话框中的“从路径偏移”为“50.0”，如图 9-36 中③所示。保存别墅项目模型文件。

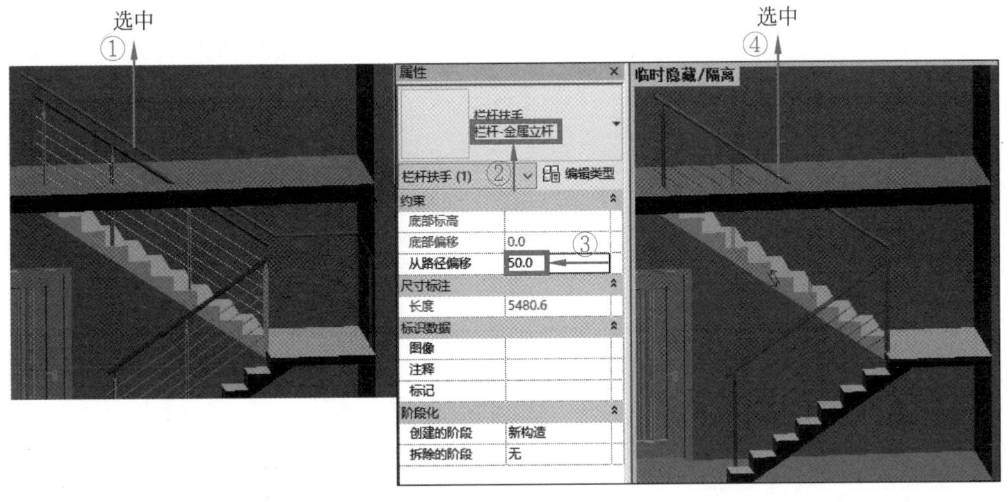

图 9-36　设置“从路径偏移”为“50.0”

9.8 用“创建草图方式”创建室内楼梯

微课：用“创建草图方式”创建室内楼梯

对于一些形状很特殊的楼梯，用“梯段”命令很难直接创建完成，则可以使用“踢面”和“边界”命令，用手工绘制方式创建异形楼梯。下面用踢面和边界创建U形不等跑室内楼梯。

（1）将其另存为“别墅13-用‘创建草图方式’创建室内楼梯.rvt”文件。

（2）删除刚创建的室内地下一层楼梯。

（3）在项目浏览器中双击“楼层平面”项下的“-1F”，打开“-1F”楼层平面视图。

（4）按前述方法根据需要绘制四条参照平面。注意这次绘制的两条垂直参照平面到墙面的距离为梯段宽度1150mm。如图9-37所示。

（5）单击“建筑”选项卡→“楼梯坡道”面板→“楼梯”按钮，系统切换到“修改 | 创建楼梯”上下文选项卡；设置楼梯的“底部标高”为“-1F”，设置“顶部标高”为“F1”，设置“底部偏移”和“顶部偏移”均为“0.0”；设置梯段“宽度”为“1150”，设置“所需踢面数”为“19”，设置“实际踏板深度”为“260”；单击“工具”面板“栏杆扶手”按钮，在弹出的“栏杆扶手”对话框中设置“位置”为“踏板”，设置“栏杆扶手”类型为“栏杆 - 金属立杆”；在类型选择器下拉列表中选择楼梯的类型为“楼梯 整体式楼梯”；单击“编辑类型”按钮，在弹出的“类型属性”对话框中设置参数，如图9-38所示。

（6）单击“创建草图”按钮，系统切换到“修改 | 创建楼梯 > 绘制梯段”上下文选项卡；激活“边界”按钮，选择“直线”绘制方式沿楼梯间墙体边线绘制楼梯外边界，沿垂直参照平面绘制楼梯内边界，如图9-38所示，绿色线条即为楼梯内外边界线。

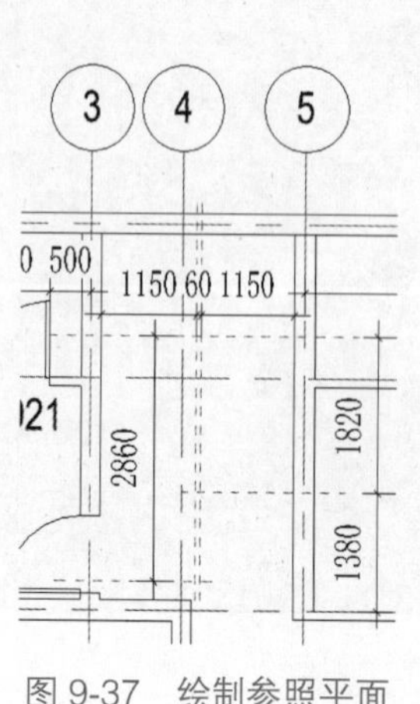

图 9-37 绘制参照平面

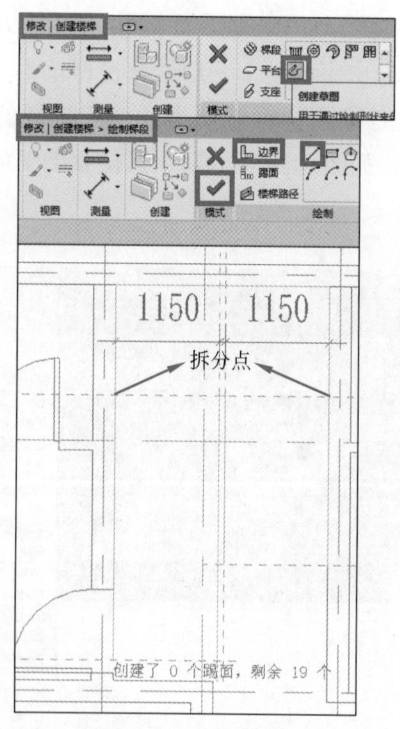

图 9-38 绘制边界线

（7）选择“踢面”命令，选择“直线”绘制方式绘制楼梯踢面线（可使用“复制”工具快速创建）。如图 9-39 所示，中间的黑色水平直线即为楼梯踢面线。

小知识

使用绘制边界和踢面线方式创建楼梯时，如果楼梯中间带休息平台，则无论是常规楼梯还是异形楼梯，在平台和踏步交界处的楼梯边界线必须拆分为两段，或分开绘制，如图 9-38 所示，否则将无法创建楼梯。

（8）单击“绘制路径”按钮，以“直线”方式绘制路径，如图 9-40 所示；单击“模式”面板上的“完成编辑模式”按钮“√”，回到“修改 | 创建楼梯”上下文选项卡，再次单击“模式”面板上的“完成编辑模式”按钮“√”，则完成了室内地下一层楼梯的创建。保存别墅项目模型文件。

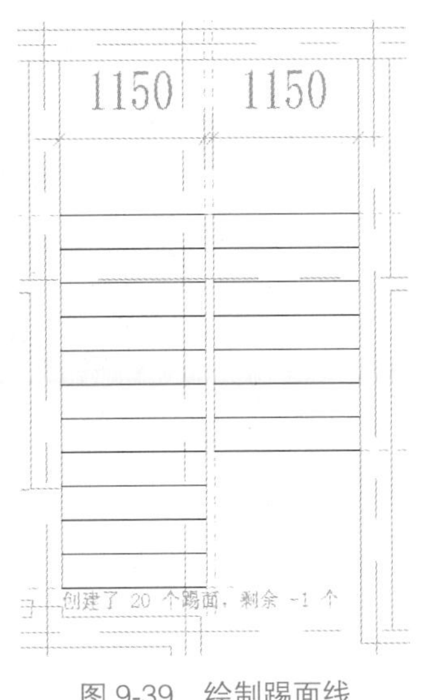

图 9-39　绘制踢面线

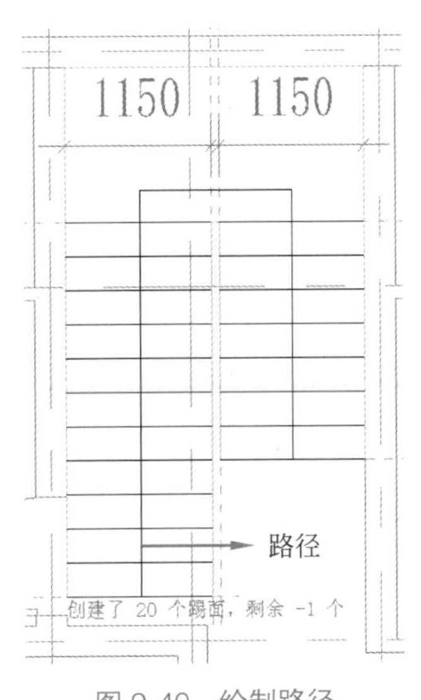

图 9-40　绘制路径

9.9　编辑室内楼梯

微课：编辑室内楼梯

接下来将室内地下一层楼梯第一跑的踢面改成弧线状。

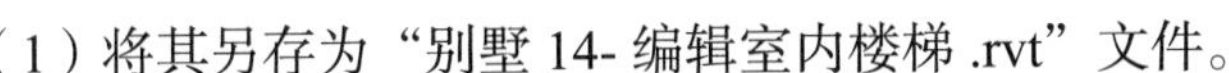

（1）将其另存为“别墅 14- 编辑室内楼梯 .rvt”文件。

（2）切换到标高“-1F”楼层平面视图；选中梯段，单击“修改 | 创建楼梯”上下文选项卡→“编辑”面板→“编辑楼梯”按钮，进入“修改 | 创建楼梯”上下文选项卡；选中梯段，单击“工具”面板“编辑草图”按钮，进入“楼梯 > 创建楼梯 > 绘制梯段”上下文选项卡，选择右侧第一跑所有踢面线，按 Delete 键删除；激活“绘制”面板上的“踢面”按钮，选择“起点 - 终点 - 半径弧”绘制方式，分别单击捕捉两条边界线的下端点，再捕捉弧线中间的一个端点，便绘制出一条圆弧，修改圆弧半径临时尺寸为 1200；选中刚绘制的圆弧踢面线，单击“修改”面板上的“复制”按钮，在选项栏勾选“多个”和“约束”，

单击圆弧左端点为移动基点，垂直向上移动鼠标（尽量移动的距离大些），连续输入 7 次“260”并且按 Enter 键，便复制生成其余 7 条圆弧踢面线，如图 9-41 所示。

（3）删除路径；单击“绘制路径”按钮，以“直线”方式绘制路径，如图 9-42 所示；单击“模式”面板上的“完成编辑模式”按钮“√”，回到“修改 | 创建楼梯”上下文选项卡；再次单击“模式”面板上的“完成编辑模式”按钮“√”，则完成了室内地下一层楼梯的编辑修改。

（4）切换到三维视图，调整剖面框剖切深度，观察室内地下一层楼梯第一跑踢面的修改效果，如图 9-43 所示。保存别墅项目模型文件。

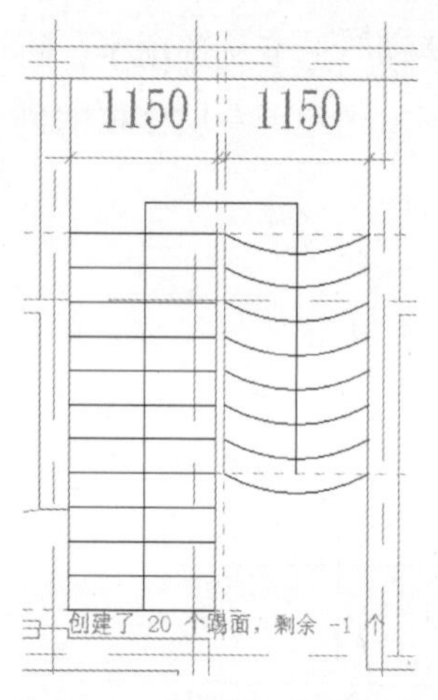

图 9-41　修改第一跑踢面线

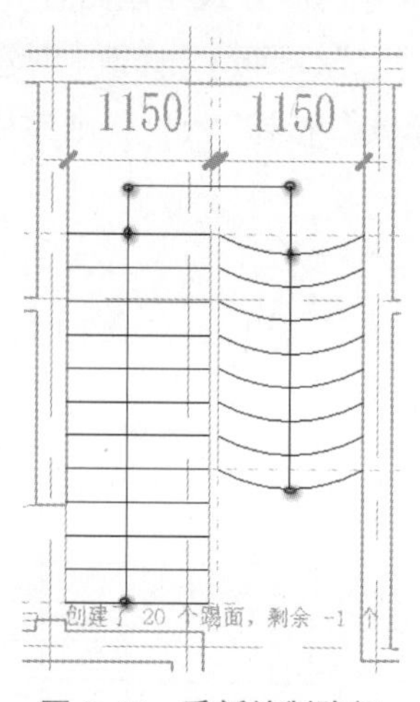

图 9-42　重新绘制路径

图 9-43　室内地下一层楼梯三维显示效果

9.10　多层楼梯的应用

小知识

当楼层层高一致时，只需要绘制底层楼梯，并设置一个参数，即可自动创建其他楼层的所有楼梯，无须逐层复制楼梯。

微课：多层楼梯的应用

（1）打开“别墅 14- 编辑室内楼梯 .rvt”文件，将其另存为“别墅 15- 多层楼梯 .rvt”文件。

（2）删除靠墙一侧室内楼梯栏杆扶手。

（3）在项目浏览器中双击“楼层平面”项下的“-1F”，打开“-1F”楼层平面视图。

（4）选择室内地下一层楼梯，系统自动切换到“修改 | 楼梯”上下文选项卡；单击“多层楼梯”面板上的“选择标高”按钮，系统弹出“转到视图”对话框，在弹出的“转到视图”对话框中选择“立面：北”，接着单击“打开视图”按钮，退出“转到视图”对话框，系统自动切换到“北”立面视图；单击“修改 | 多层楼梯”上下文选项卡→“多层楼梯”面板→“连接标高”按钮，选择“F2”标高线，单击“模式”面板上的“完成编辑

模式”按钮“√”，便完成了首层室内楼梯的创建。过程和结果如图 9-44 所示。保存别墅项目模型文件。

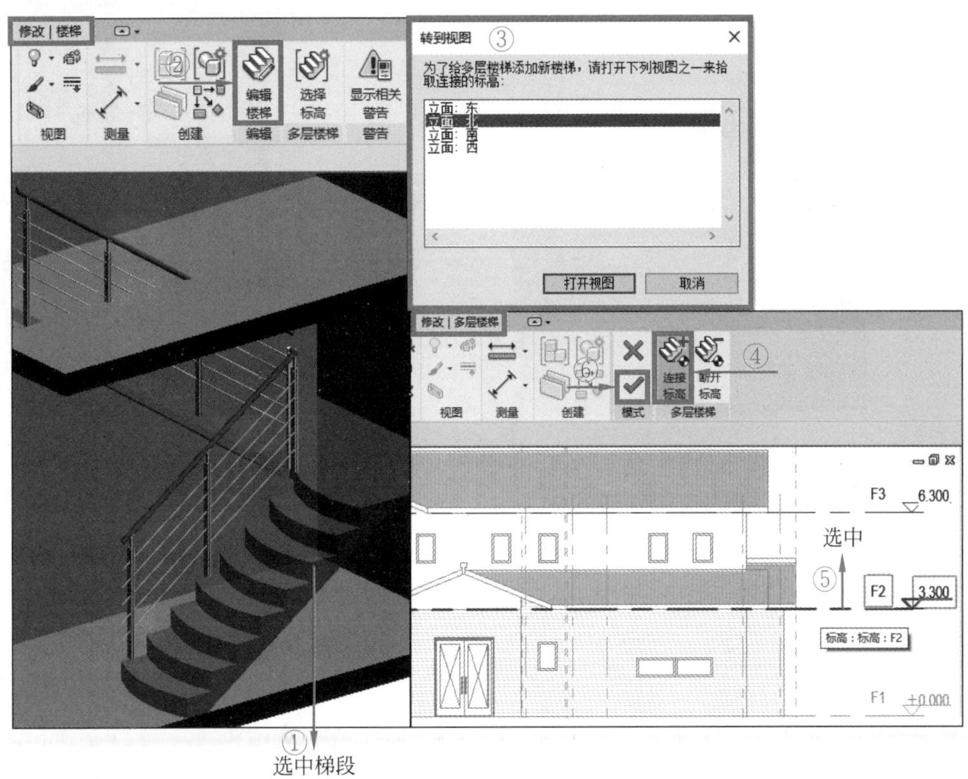

图 9-44　多层楼梯的应用

小知识

创建完毕的多层楼梯为一个组，对于本别墅项目而言，不便于进行栏杆扶手的编辑工作，故不建议采取多层楼梯的方法创建最后一层楼梯。本别墅项目仅有两层，所以采取多层楼梯的方法创建首层楼层平面楼梯是不妥的。

9.11　楼梯间洞口

微课：楼梯间洞口

重新打开“别墅 14- 编辑室内楼梯 .rvt”文件，将其另存为“别墅 16- 楼梯间洞口 .rvt”文件。

切换到三维视图，调整剖面框，选中室内地下一层楼梯，单击“剪贴板”面板→“复制到剪贴板”按钮，如图 9-45 中②所示；单击“剪贴板”面板→“粘贴”下拉列表→“与选定的标高对齐”按钮，在弹出的“选择标高”对话框中选中“F1”选项，如图 9-45 中④所示，单击“确定”按钮，退出“选择标高”对话框，则室内地下一层楼梯复制到了首层，如图 9-45 中⑤所示；选择首层楼梯，设置“所需踢面数”为“19”，如图 9-45 中⑥所示。

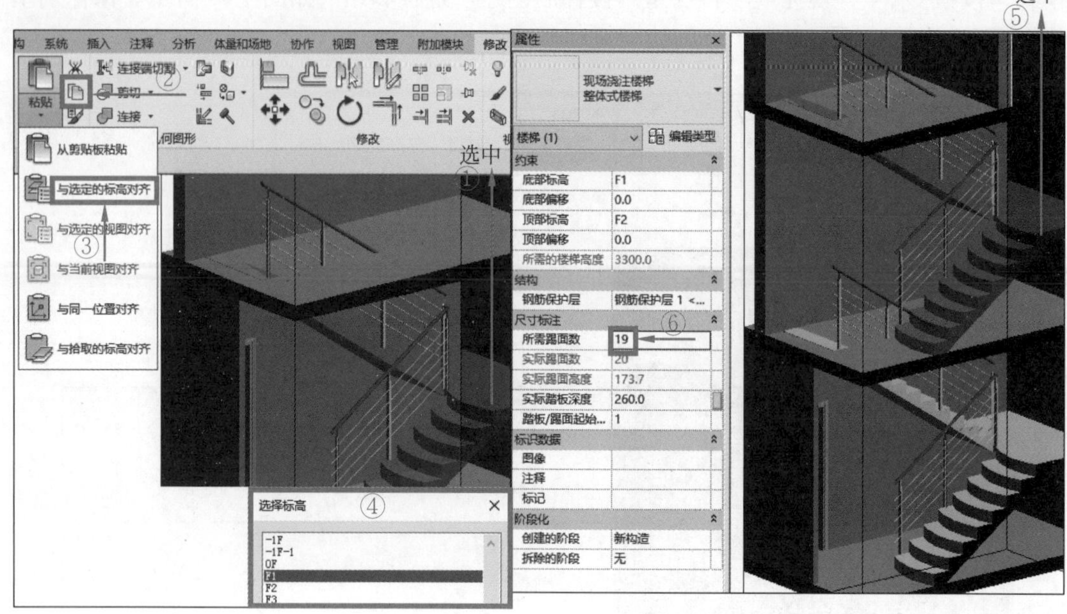

图 9-45　室内地下一层楼梯复制到了首层

小知识

由图 9-45 观察，目前首层和二层楼板位于楼梯间区域，并没有让出多层楼梯的通行空间，需要创建洞口或对楼板进行洞口轮廓编辑。

楼梯间楼板开洞主要有两种方法：专用“竖井洞口”工具和编辑楼板轮廓。下面分别讲述这两种楼板开洞的具体操作方法。

1.“竖井洞口”工具开楼板洞口

微课：“竖井洞口”工具开楼板洞口

（1）切换到“F1”楼层平面视图。

（2）选择栏杆扶手，单击左下侧“视图控制栏”→“临时隐藏/隔离”上拉列表→“隐藏图元”按钮，则栏杆扶手临时隐藏了，这样便于绘制竖井洞口草图边界线。

（3）单击“建筑”选项卡→“洞口”面板→“竖井”按钮，系统切换到“修改 | 创建竖井洞口草图”上下文选项卡；激活“绘制”面板→“边界线”按钮，首先选择“绘制”面板→“起点 - 终点 - 半径弧”工具，绘制最下方踢面弧线，再运用“直线”命令绘制梯段扶手和墙角边界，最后形成封闭的紫色线框；在左侧“实例属性”对话框中设置“底部限制条件”为“F1”，设置“底部偏移”为“−300.0”，设置“顶部约束”为“直到标高：F2”，设置“顶部偏移”为“0.0”；单击“模式”面板“完成编辑模式”按钮“√”，完成竖井洞口创建任务，如图 9-46 所示。

（4）新生成的竖井洞口模型蓝色亮显；切换到三维视图，调整剖面框到合适位置，观察创建的竖井洞口以及楼板被竖井洞口剪切后的三维效果，如图 9-47 所示。将文件另存为“别墅 17- 楼梯间竖井洞口 .rvt”文件。

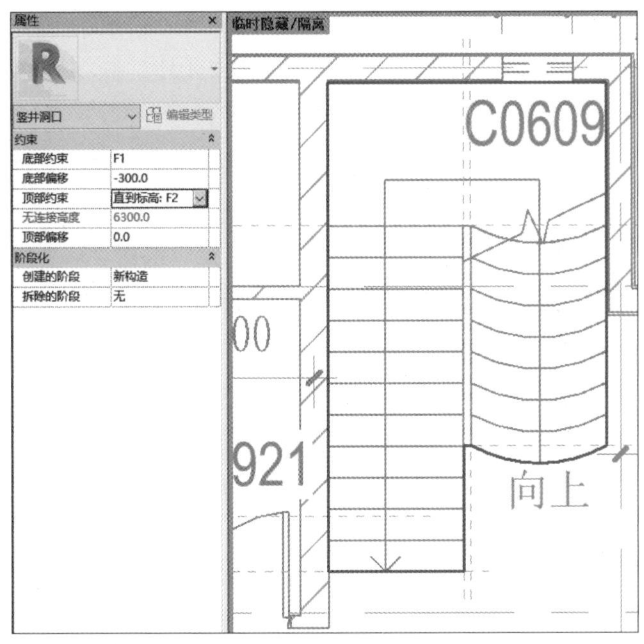

图 9-46　竖井洞口草图

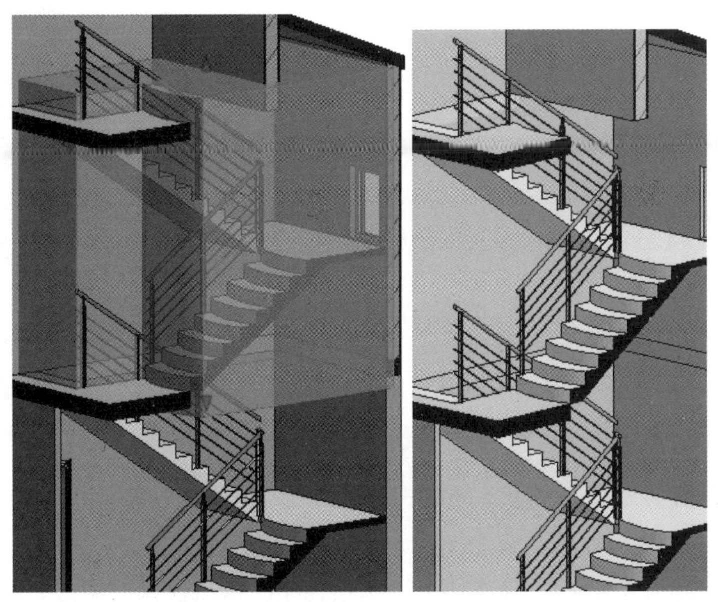

图 9-47　楼板被竖井洞口剪切后的三维效果

2. 编辑楼板轮廓方法开楼板洞口

微课：编辑楼板轮廓方法开楼板洞口

（1）重新打开“别墅 16- 楼梯间洞口 .rvt”文件，将其另存为“别墅 18- 编辑楼板轮廓方法开楼板洞口 .rvt”文件；切换到“F1”楼层平面视图；同上，临时隐藏室内楼梯栏杆扶手；激活右下侧“按面选择图元”按钮。

（2）双击标高“F1”楼层平面楼板，系统切换到“修改 | 编辑边界”上下文选项卡；激活“绘制”面板上的“边界线”按钮，选择“直线”和“拾取线”的方式，沿楼梯间墙体和楼梯边界线绘制楼板轮廓，然后用“修改”面板上的“修剪 / 延伸为

角”工具修剪楼板轮廓成封闭轮廓线，结果如图 9-48 所示；单击“模式”面板上的“完成编辑模式”按钮“√”，系统弹出“是否希望将高达此楼层标高的墙附着到此楼层的底部？”的警示对话框，直接单击“否”，即可创建完成楼梯间洞口。

（3）采用同样方法，双击标高“F2”楼层平面视图楼板，系统切换到“修改 | 编辑边界”上下文选项卡；激活“绘制”面板上的“边界线”按钮，按照图 9-49 修改楼板的轮廓线；完成后，单击“模式”面板上的“完成编辑模式”按钮“√”，系统弹出“是否希望将高达此楼层标高的墙附着到此楼层的底部？”的提示对话框，直接单击“否”按钮，即可创建完成楼梯间洞口。保存别墅项目模型文件。

切换到三维视图，调整剖面框，观察楼梯间楼板开洞后的效果，如图 9-50 所示；经观察，室内楼梯经过首层和二层之间的休息平台，头顶上方的 G 轴墙体明显影响正常的通行，类似于楼板轮廓编辑生成洞口的过程，下面对 G 轴墙体轮廓进行编辑，以生成适当的通行洞口。

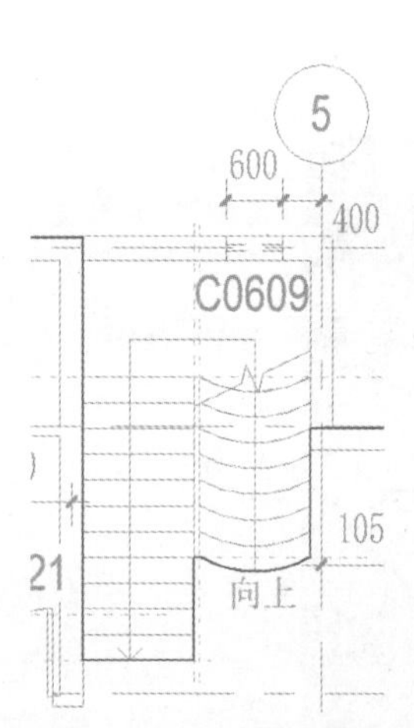

图 9-48　首层楼板轮廓

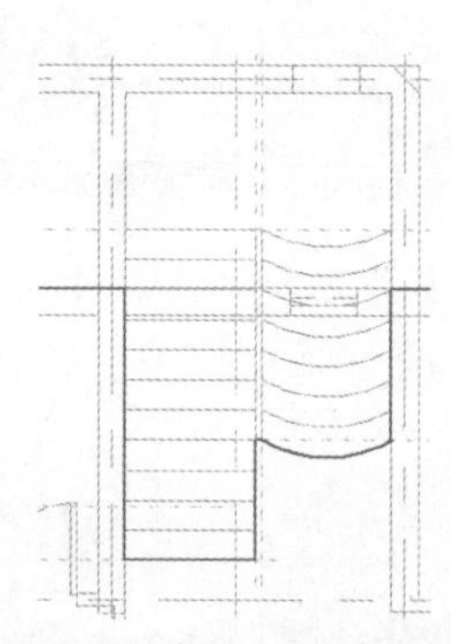

图 9-49　二层楼板轮廓

图 9-50　楼梯间楼板开洞后的效果

（1）首先在图 9-50 所示的状态下，按住 Ctrl 键单击选中“二层室内楼梯”“二层以上的 G 轴墙体”“二层多坡屋顶”三个图元，然后单击视图控制栏上“小眼镜”图标（临时隐藏 / 隔离按钮），上拉选择“隔离图元”选项，绘图窗口仅保留刚选中的三个图元，而后通过 View Club 工具切换到“前”视图，如图 9-51 所示。

（2）单击选择 G 轴墙体，单击“修改 | 墙”上下文选项卡→“模式”面板→“编辑轮廓”按钮，系统弹出“编辑墙轮廓之前，Revit 将删除顶附着和底附着”的提示对话框，之后关闭该提示对话框。

（3）在“修改 | 墙 > 编辑轮廓”上下文选项卡→“绘制”面板上单击“直线”按钮，绘制墙体轮廓边界，两条垂直边界对准下方梯段边界，上方水平线与屋顶下边缘线平齐，而后单击“拆分”命令，将墙体下边缘线在洞口之内拆分，然后采取“修剪 / 延伸为角”工具修剪多余的线段。G 轴墙体轮廓如图 9-52 所示。

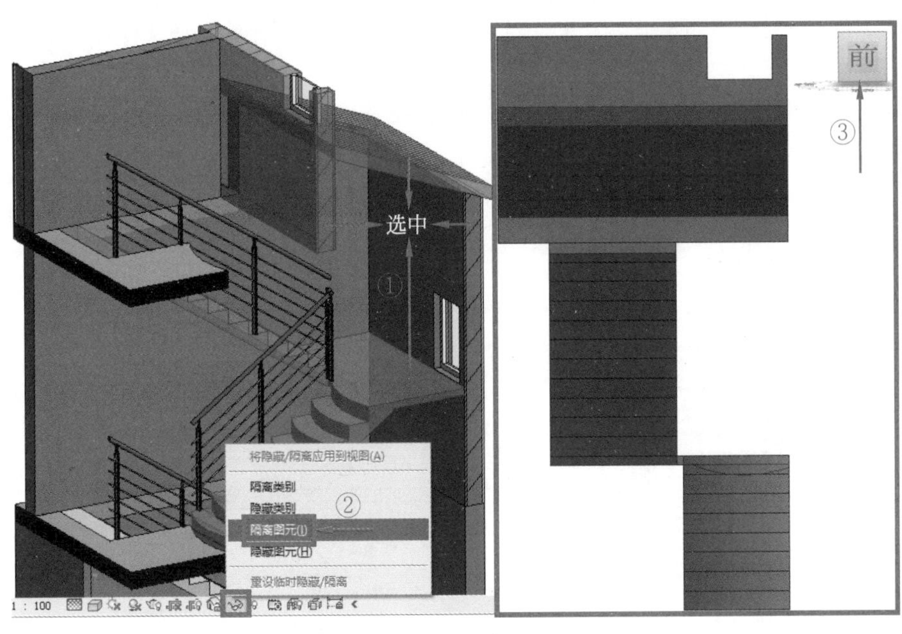

图 9-51　隔离图元

（4）单击“修改 | 编辑轮廓”上下文选项卡→“模式”面板→“完成编辑模式”按钮“√”，完成墙体洞口的开设工作。

（5）单击“小眼睛”图标（临时隐藏 / 隔离按钮），上拉选择“重设临时隐藏 / 隔离”选项，显示所有图元；通过 View Club 返回东南轴测图主视图状态，如图 9-53 所示。保存别墅项目模型文件。

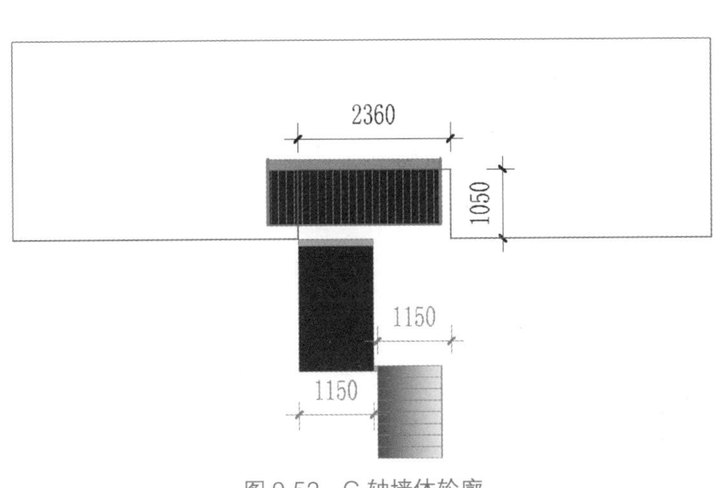

图 9-52　G 轴墙体轮廓

图 9-53　东南轴测图主视图

9.12　编辑室内楼梯栏杆扶手

微课：编辑室内楼梯栏杆扶手

（1）切换到标高“F2”楼层平面视图；单击“建筑”选项卡→“楼梯坡道”面板→“栏杆扶手”下拉列表→“绘制路径”按钮，系统切换

到“修改 | 创建栏杆扶手路径”上下文选项卡，勾选“选项”面板→“预览”复选框；激活“绘制”面板→“直线”按钮。

（2）确认栏杆扶手类型为“栏杆扶手 栏杆 - 金属立杆”，单击“编辑类型”按钮，在弹出的“类型属性”对话框中单击“复制”按钮，系统弹出“名称”对话框，输入名称为“栏杆—金属立杆—护栏”，单击“确定”按钮，退出“名称”对话框，回到“类型属性”对话框，如图 9-54 所示。

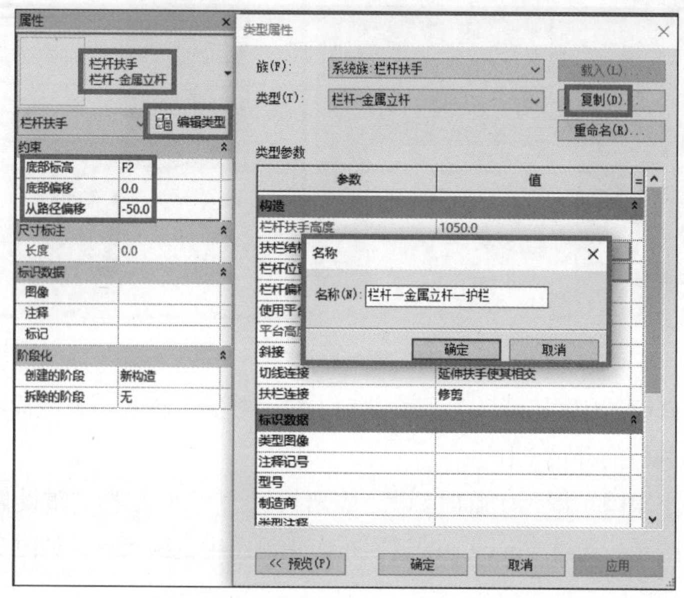

图 9-54 创建新的栏杆扶手类型“栏杆—金属立杆—护栏”

（3）单击“类型属性”对话框中“扶栏结构（非连续）”右侧“编辑”按钮，在弹出的“编辑扶手（非连续）”对话框中设置扶栏的“高度”参数，如图 9-55 所示。

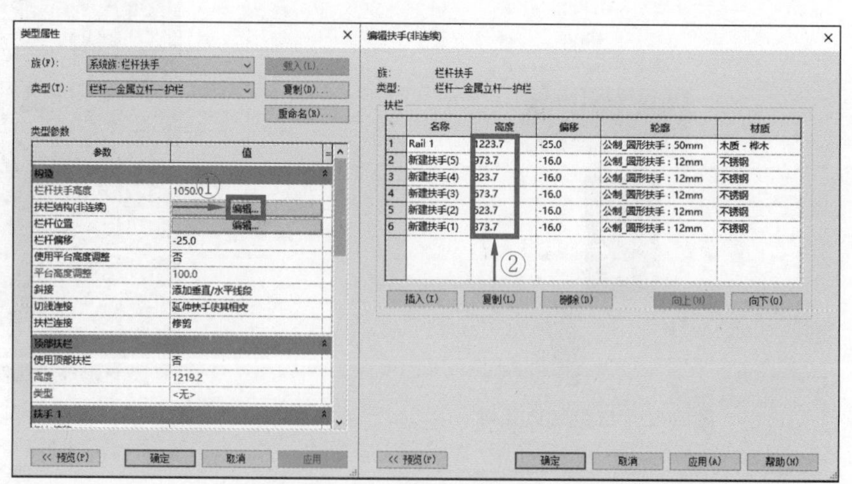

图 9-55 设置扶栏的“高度”参数

（4）确认类型选择器下拉列表中栏杆扶手的类型为“栏杆—金属立杆—护栏”，设置“底部标高”为“F2”，设置“底部偏移”为“0.0”，设置“从路径偏移”为“0.0”，绘制栏杆扶手路径，如图 9-56 所示。

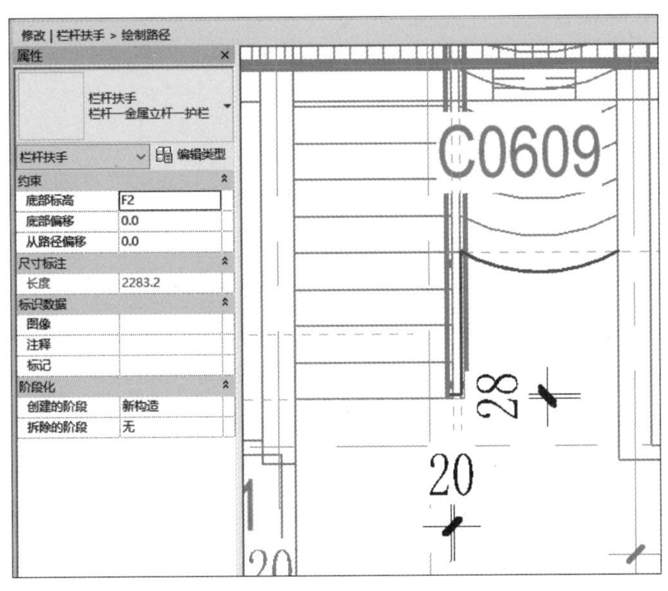

图 9-56　绘制栏杆扶手路径

（5）单击“模式”面板→“完成编辑模式”按钮“√”，完成顶部扶栏的创建工作。切换到三维视图查看显示效果。

（6）切换到标高“F1”楼层平面视图；单击“建筑”选项卡→“楼梯坡道”面板→“栏杆扶手”下拉列表→“绘制路径”按钮，系统切换到“修改 | 创建栏杆扶手路径”上下文选项卡，勾选“选项”面板→“预览”复选框；激活“绘制”面板→“直线”按钮；确认类型选择器下拉列表中栏杆扶手的类型为“栏杆—金属立杆”，设置“底部标高”为“F1”，设置“底部偏移”为“0.0”，设置“从路径偏移”为“0.0”，绘制栏杆扶手路径，如图 9-57 所示。

（7）单击“模式”面板→“完成编辑模式”按钮“√”，完成栏杆扶手的创建工作。切换到三维视图查看显示效果。

（8）切换到标高“F1”楼层平面视图；单击“建筑”选项卡→“楼梯坡道”面板→“栏杆扶手”下拉列表→“绘制路径”按钮，系统切换到“修改 | 创建栏杆扶手路径”上下文选项卡，勾选“选项”面板→“预览”复选框；激活“绘制”面板→“直线”按钮；确认类型选择器下拉列表中栏杆扶手的类型为“栏杆—金属立杆—护栏”，设置“底部标高”为“F1”，设置“底部偏移”为“0.0”，设置“从路径偏移”为“0.0”，绘制栏杆扶手路径，如图 9-58 所示。

（9）单击“模式”面板→“完成编辑模式”按钮“√”，完成栏杆扶手的创建工作，切换到三维视图查看显示效果。

（10）同理，切换到标高“F1”楼层平面视图；单击“建筑”选项卡→“楼梯坡道”面板→“栏杆扶手”下拉列表→“绘制路径”按钮，系统切换到“修改 | 创建栏杆扶手路径”上下文选项卡，勾选“选项”面板“预览”复选框；激活“绘制”面板→“直线”按

钮；确认类型选择器下拉列表中栏杆扶手的类型为“栏杆—金属立杆”，设置“底部标高”为“F1”，设置“底部偏移”为“=3300/19*8”，设置“从路径偏移”为“0”，绘制栏杆扶手路径，如图 9-59 所示。

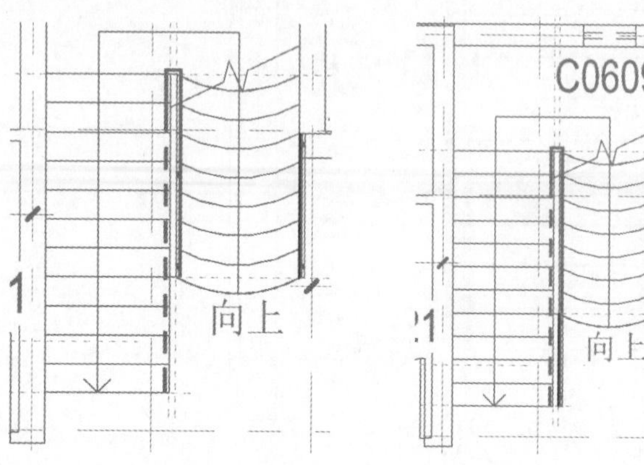

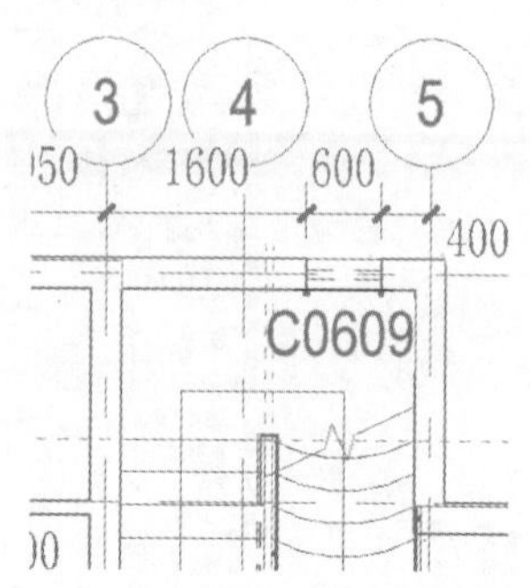

图 9-57　绘制栏杆扶手路径 1　图 9-58　绘制栏杆扶手路径 2　图 9-59　休息平台位置窗户护栏路径

（11）单击“模式”面板→“完成编辑模式”按钮“√”，完成栏杆扶手的创建工作。切换到三维视图查看显示效果。

（12）调整剖面框，选中地下一层楼梯栏杆扶手；单击“修改 | 栏杆扶手”上下文选项卡→“模式”面板→“编辑路径”按钮，系统切换到“修改 | 栏杆扶手 > 绘制路径”上下文选项卡；切换到标高“-1F”楼层平面视图；单击“绘制”面板→“直线”按钮绘制栏杆扶手路径，如图 9-60 所示。单击“模式”面板→“完成编辑模式”按钮“√”，完成室内地下一层楼梯栏杆扶手的编辑工作；同理，双击首层楼梯栏杆扶手，编辑路径如图 9-60 所示，单击“模式”面板→“完成编辑模式”按钮“√”，完成首层楼梯栏杆扶手的编辑工作。切换到三维视图，查看楼梯间栏杆扶手整体三维效果，如图 9-61 所示。

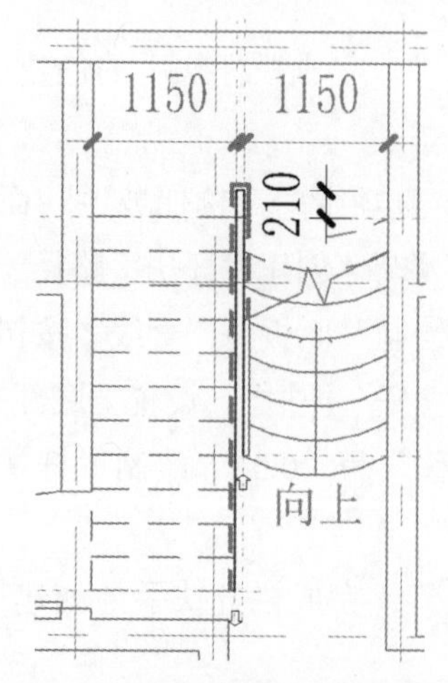

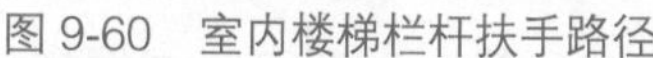

图 9-60　室内楼梯栏杆扶手路径

图 9-61　室内楼梯间栏杆扶手整体三维效果

至此，本别墅项目楼梯以及对应栏杆扶手部分都已经创建完成，将其另存为“别墅 19- 楼梯与栏杆扶手 .rvt”文件。

9.13　经典真题解析

下面通过对经典考试真题的详细解析来介绍楼梯以及栏杆扶手的建模和解题步骤。

（第一期全国 BIM 技能等级考试一级试题第二题“弧形楼梯”）按照给出的弧形楼梯平面图和立面图（见图 9-62），创建楼梯模型，其中楼梯宽度为 1200mm，所需踢面数为 21，实际踏板深度为 260mm，扶手高度为 1100mm，楼梯高度参考给定标高，其他建模所需尺寸可参考平面图和立面图自定。结果以“弧形楼梯 .rvt”为文件名保存在考生文件夹中。

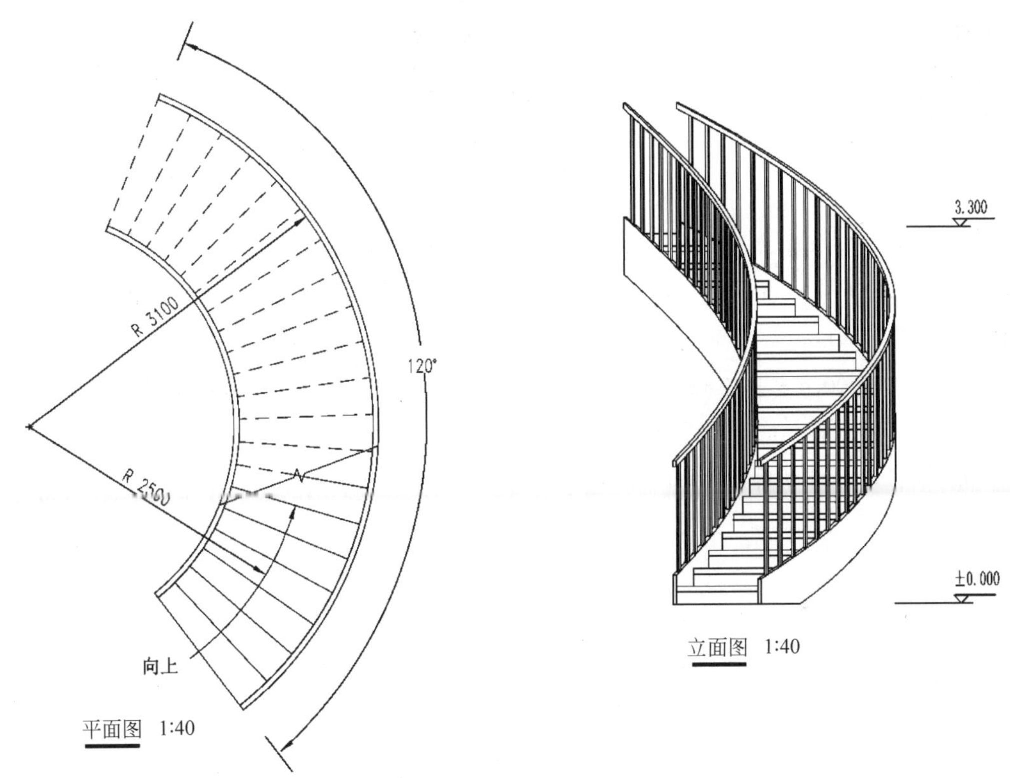

图 9-62　弧形楼梯平面图和立面图

小知识

本题考查弧形楼梯，弧形楼梯与普通楼梯差不多，仅仅楼梯边界为弧形的，根据标高和尺寸参数来绘制；注意角度为 120°，无法直接生成 120°，需要对其进行调整；建立模型前，一般需要绘制参照平面来进行定位。

微课：第一期第二题“弧形楼梯”01——题目分析

微课：第一期第二题“弧形楼梯”02——创建模型

微课：第一期第二题“弧形楼梯”03——模型注释

9.14 真题实战演练

（1）第二期全国 BIM 技能等级考试一级试题第二题“楼梯”。

微课：第二期第二题“楼梯”01——题目分析	微课：第二期第二题“楼梯”02——创建墙体和门
微课：第二期第二题“楼梯”03——创建楼梯	微课：第二期第二题“楼梯”04——创建楼板和平面注释
微课：第二期第二题“楼梯”05——创建剖面图	微课：第二期第二题“楼梯”06——栏杆扶手高度调整

小知识

经过分析可知，本题通过平面图可知墙厚度为 200mm，长度为 5900mm，宽度为 3000mm，高度为 5700mm；楼梯为双跑整体式现浇楼梯，楼梯梯段宽度为 1270mm，楼梯井宽度为 60mm，中间休息平台宽度为 1820mm，中间休息平台标高为 1.425m，楼梯高度自 ±0.000 到标高 2.850，踢面起始位置距离右侧墙体内侧 1600mm，栏杆扶手中心线距离梯段边界 70mm。通过剖面图可知踢面高度和踏板深度数据。踢面数 9×2=18（个），题目中栏杆扶手高度 1100mm。

小知识

本题较全面地考查了对 Revit 2018 中楼梯各属性的了解程度，在识读题目提供的剖面图、平面图时，需要注意很多楼梯构造方面的细节。

一个楼梯梯段的踏板数是根据楼梯总高度与楼梯属性定义的最大踢面高度之间的距离确定的。在创建楼梯时，绘图区域将显示一个矩形，表示楼梯梯段的迹线。

创建楼梯时，需要根据题目要求指定栏杆扶手类型。

Revit 2018 软件可以为楼梯及其参数创建明细表，这些参数包括所需要踢面数、实际踢面数、梯段宽度等。可以用楼梯标记族标记楼梯。楼梯标记存放在 Revit 族库中的“注释”文件夹中。

（2）第七期全国 BIM 技能等级考试一级试题第二题“楼梯扶手”。

小知识

本题介绍了楼梯的创建。修改楼梯的实例参数和类型参数，楼梯就会生成不同的样式。绘制楼梯时，一定要先创建标高。创建楼梯时，默认创建栏杆扶手。此外，应结合本题需要熟悉顶部扶栏、栏杆的主样式、扶栏位置以及支柱的轮廓。

微课：第七期第二题“楼梯扶手”

（3）第九期全国 BIM 技能等级考试一级试题第二题“楼梯扶手”。

微课：第九期第二题“楼梯扶手”

本章学习了楼梯、栏杆扶手的创建方法以及如何编辑楼梯与栏杆扶手，同时精选了一道比较经典的真题进行详细的解析，最后把往期考过的创建楼梯、栏杆扶手的真题设计成真题实战演练；只要认真研读本专题内容，同时加强训练，就可以快速掌握楼梯、栏杆扶手的创建与编辑方法。

第 10 章　创建室内外构件

概　述

到第 9 章为止，我们已经完成了别墅项目各层建筑主体的设计，别墅三维模型已经初步完成，但在细节上略显粗糙，距离真正的别墅外形还有不小的距离。

本章将在第 9 章创建楼梯和栏杆扶手的基础上，继续完善各种细节设计，给别墅项目各层平面创建结构柱和建筑柱，添加坡道、主入口和地下一层台阶、中庭洞口，创建各层雨篷及其支撑构件、阳台栏杆扶手，添加槽钢装饰线条、木饰面和钢百叶，并放置卫浴、家具等室内构件等。这些构件虽小，却能起到画龙点睛的作用，让别墅项目外形及内部空间更美观，从而更好地诠释和展现建筑师的设计理念。

课程目标

- 坡道和带边坡坡道的创建和编辑方法；
- 创建结构柱与建筑柱的方法；
- 内建模型的放样，创建雨篷构件等实体模型的方法；
- 阵列等编辑方法的应用；
- 栏杆扶手的创建及其路径编辑方法；
- “竖井洞口”工具的应用；
- 创建墙饰条、分隔缝的方法；
- 放置卫浴、家具等室内构件的方法。

10.1　创建地下一层东门坡道

打开第 9 章创建完成的“别墅 19- 楼梯与栏杆扶手 .rvt”文件，将其另存为“别墅 20- 坡道 .rvt”文件。

微课：创建地下一层东门坡道

下面用三种方法具体讲述地下一层东门坡道的创建方法。

1. 方法一

（1）切换到“-1F”楼层平面视图；绘制参照平面，如图 10-1 中①所示；单击“建

筑”选项卡→“楼梯坡道”面板→“坡道”按钮，如图 10-1 中②所示，进入“修改 | 创建坡道草图”上下文选项卡。

（2）在“类型选择器”下拉列表选择坡道类型为“坡道 1”，设置实例属性参数“底部标高”和“顶部标高”均为“-1F-1”，设置“顶部偏移”为“200.0”，设置“宽度”为“2500.0”，如图 10-2 中①和②所示；单击“编辑类型”按钮，打开“类型属性”对话框，设置参数“造型”为“实体”，设置“最大斜坡长度”为“6000.0”，设置“坡道最大坡度（1/x）”为“4”，如图 10-2 中④和⑤所示，单击“确定”按钮，关闭“类型属性”对话框；单击“修改 | 创建坡道草图”上下文选项卡→“工具”面板→“栏杆扶手”按钮，在弹出的“栏杆扶手”对话框中设置“扶手类型”为“无”，如图 10-2 中⑦所示，单击“确定”按钮，退出“栏杆扶手”对话框（如果这一步忽略，对于后续坡道两侧自带默认的扶手，也可以选中扶手，按 Delete 键删除）。

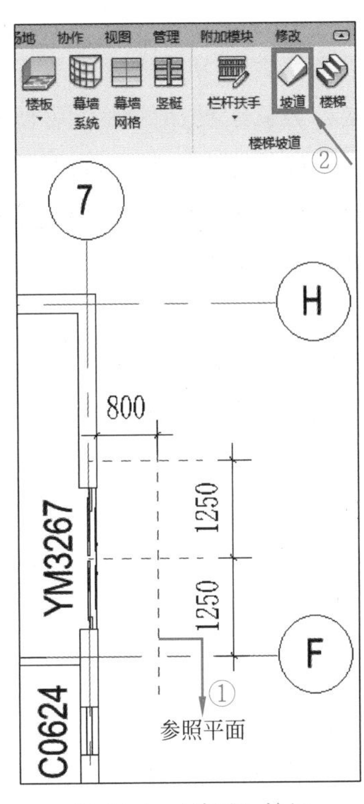

图 10-1　“坡道”按钮

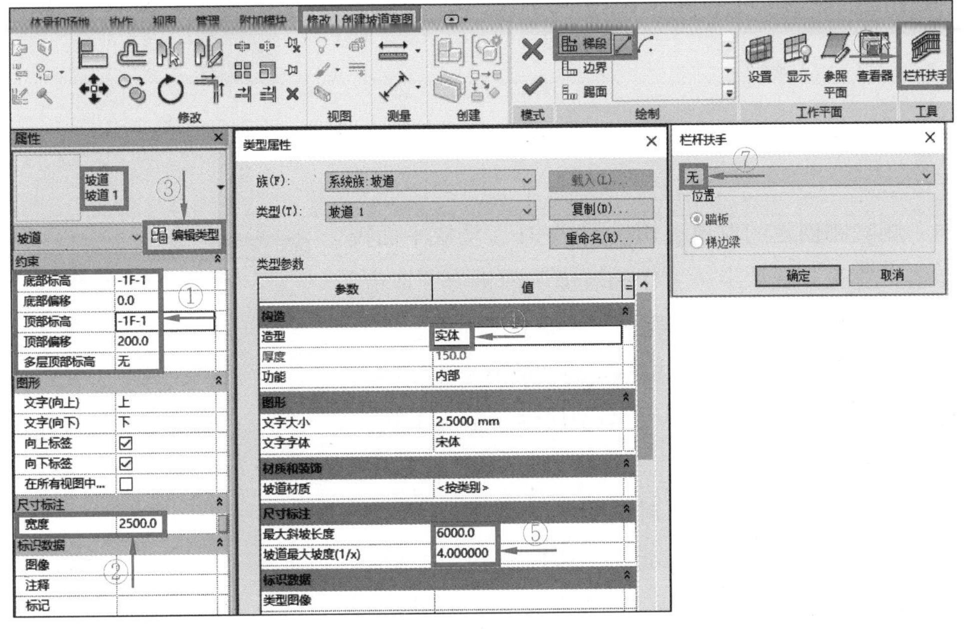

图 10-2　设置坡道参数

小知识

“顶部标高”和“顶部偏移”实例属性的默认设置可能会使坡道太长。建议将“顶部标高”设置为当前标高，并将“顶部偏移”设置为较低的值；“最大斜坡长度”这一类型参数是为了保证使用安全，所以在行进过程中将斜坡强制打断，以平台方式连接，类似于楼梯的休息平台设置，这个参数可以根据工程规范来设置。“坡道最大坡度”也是为了确定坡道的合理性，一般工程设计按照人的生理特点，将坡道的坡度定为 1/12~1/8，这个参数就是做这方面的约束，1 代表高度，x 代表坡道投影的水平长度，并以其比值来表示坡度。

（3）激活“绘制”面板→“梯段”按钮，默认“直线”绘制方式，移动光标到绘图区域中起点 1 位置，从右向左正交方向拖曳光标绘制坡道梯段（与楼梯路径方向规则一样，从低处向高处拖曳），修改坡道长度临时尺寸数字为 800，单击“模式”面板→“完成编辑模式”按钮“√”，完成地下一层东门坡道创建；项目浏览器切换到三维视图，观察坡道三维显示效果；过程和结果如图 10-3 所示。

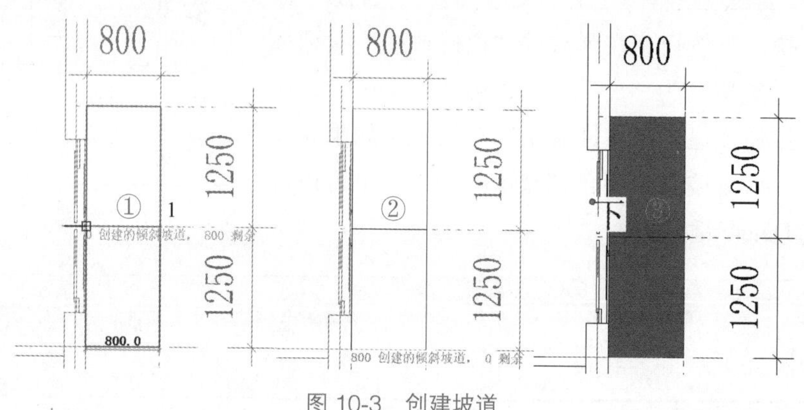

图 10-3　创建坡道

2. 方法二

（1）删除刚创建的坡道；切换到“-1F”楼层平面视图；单击“建筑”选项卡→“楼梯坡道”面板→“坡道”按钮，进入“修改 | 创建坡道草图”上下文选项卡。

（2）在“类型选择器”下拉列表的“坡道类型”中选择“坡道 1”，实例属性参数以及类型属性参数与上述方法一完全相同；同样，单击“工具”面板→“栏杆扶手”按钮，在弹出的“栏杆扶手”对话框中设置“扶手类型”为“无”，单击“确定”按钮，退出“栏杆扶手”对话框。

（3）激活“绘制”面板→“边界”按钮，默认“直线”绘制方式，移动光标到绘图区域中绘制两段边界线，如图 10-4 中①所示；激活“绘制”面板→“踢面”命令，默认“直线”绘制方式，移动光标到绘图区域中绘制两段踢面线，如图 10-4 中②所示；单击“模式”面板→“完成编辑模式”按钮“√”，完成地下一层东门坡道创

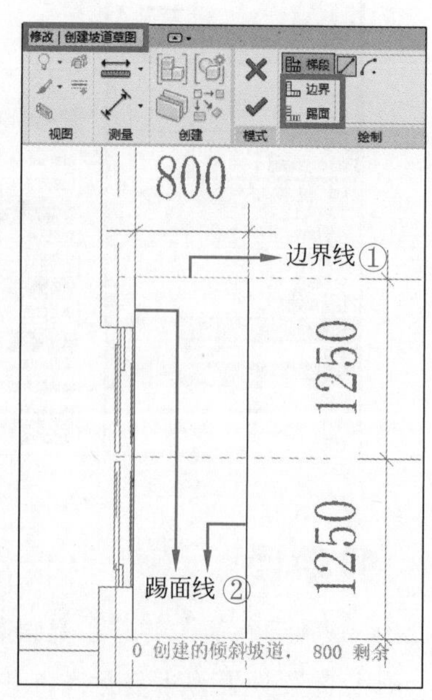

图 10-4　坡道创建

建；项目浏览器切换到三维视图，观察坡道三维显示效果。

3. 方法三

（1）删除刚创建的坡道；切换到“-1F”楼层平面视图；选择“建筑”选项卡→“构建”面板→“构件”下拉列表→“内建模型”选项，系统弹出“族类别和族参数”对话框，在其中选择族的类别，选择“常规模型”，如图 10-5 中②所示，单击“确定”按钮，系统弹出“名称”对话框，使用其中的默认名称，单击“确定”按钮，退出“名称”对话框，进入族编辑器界面。

（2）单击“创建”选项卡→“形状”面板→“放样”按钮，如图 10-6 中①所示；系统自动切换到“修改 | 放样”上下文选项卡；单击“放样”面板中的“绘制路径”按钮，如图 10-6 中②所示，系统切换到“修改 | 放样”→“绘制路径”上下文选项卡。

图 10-5　内建模型

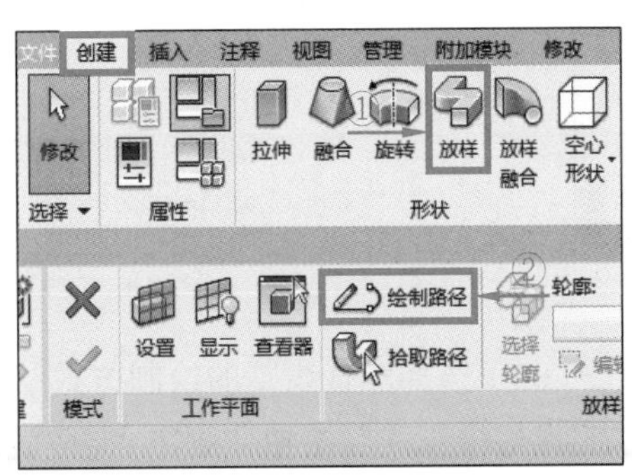

图 10-6　“放样”按钮

（3）选择“直线”的绘制方式绘制放样路径，如图 10-7 中②所示，单击“模式”面板→“完成编辑模式”按钮“√”，如图 10-7 中③所示，完成放样路径的绘制。

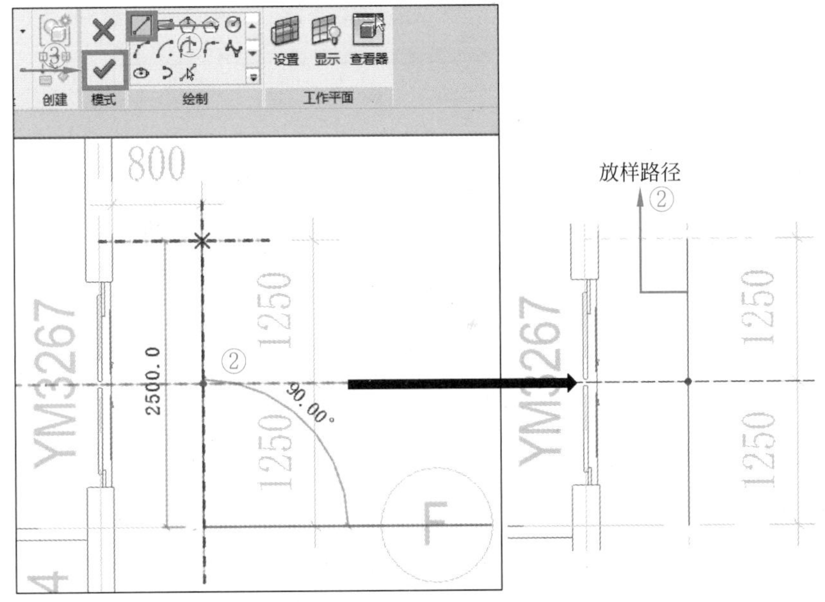

图 10-7　绘制放样路径

（4）单击“修改 | 放样”选项卡→“放样”面板→“编辑轮廓”按钮，如图 10-8 中①所示，系统弹出“转到视图”对话框，在“转到视图”对话框中选中“立面：南”选项，如图 10-8 中②所示，单击“打开视图”按钮，退出“转到视图”对话框，系统自动切换到“南”立面视图，且自动切换到“修改 | 放样”→“编辑轮廓”上下文选项卡。

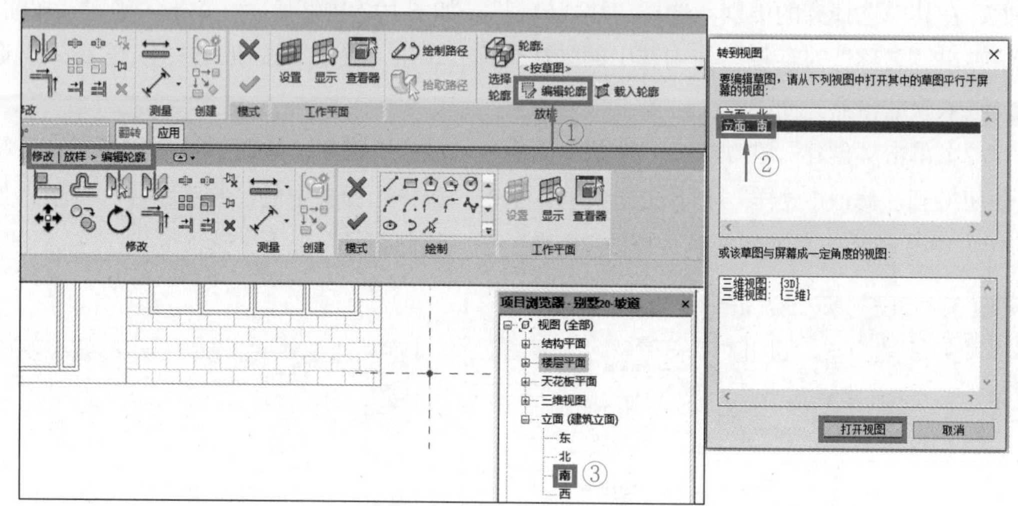

图 10-8 “编辑轮廓”按钮

（5）选择“直线”的绘制方式绘制放样轮廓，如图 10-9 所示，单击“模式”面板→“完成编辑模式”按钮“√”，完成放样轮廓的绘制，回到“修改 | 放样”上下文选项卡；再次单击“模式”面板→“完成编辑模式”按钮“√”，完成放样工作。

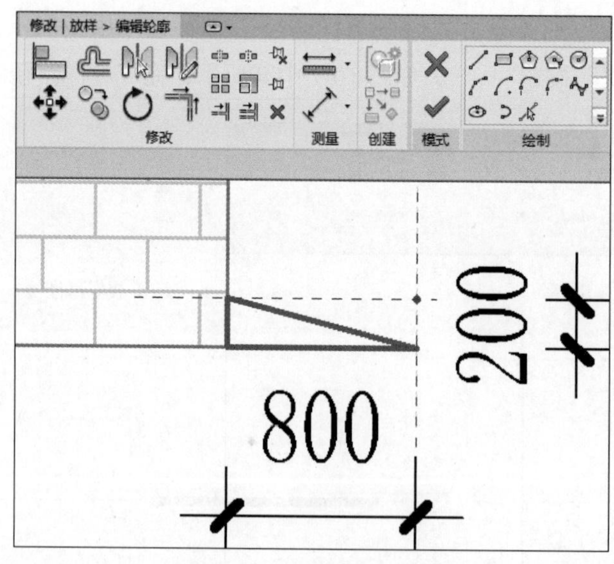

图 10-9 放样轮廓的绘制

（6）选中刚创建的台阶，在左侧“实例属性”对话框→“材质和装饰”选项下，将“材质”设置为“钢筋混凝土”，如图 10-10 中②所示；单击“在位编辑器”面板中的“完成模型”按钮“√”，完成内建坡道族的创建工作，如图 10-10 所示。

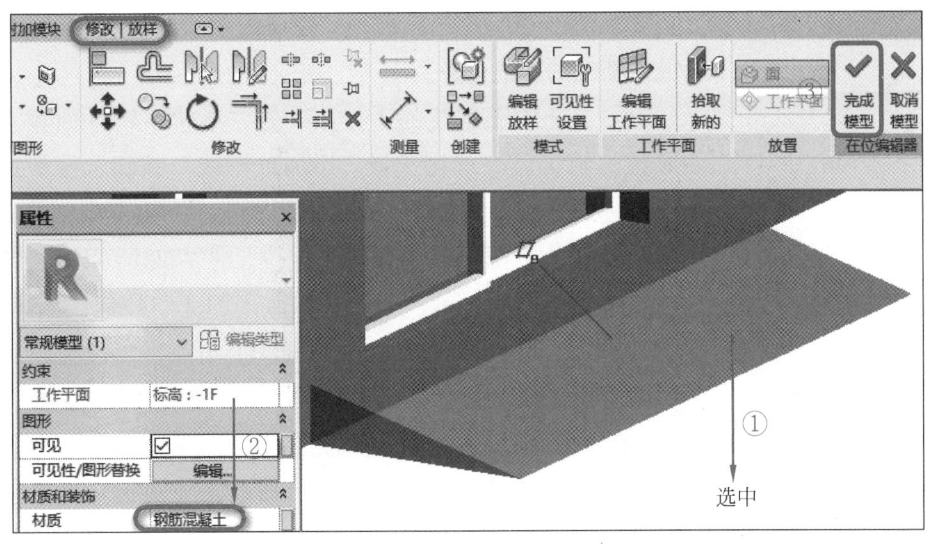

图 10-10　完成内建坡道族的创建

（7）切换到三维视图，查看创建的地下一层东门坡道三维模型显示效果。保存别墅项目模型文件。

10.2　创建三坡坡道

微课：创建三坡坡道

下面用两种方法讲述创建三坡坡道的具体方法。

1. 方法一（使用“楼板”命令创建车库门外的带边坡坡道）

（1）切换到标高“-1F”楼层平面视图；单击“建筑”选项卡→“构建”面板→“楼板”下拉列表→“楼板：建筑”按钮，系统进入“修改 | 创建楼层边界”上下文选项卡；类型选择器下拉列表选择楼板类型为“楼板 常规 -200mm”，单击“编辑类型”按钮，打开“类型属性”对话框，单击“复制”按钮，输入新名称“边坡坡道”，单击结构参数栏“编辑”按钮，系统弹出“编辑部件”对话框，勾选“结构 [1]”中的“可变”复选框，如图 10-11 中④所示，单击两次“确定”按钮，关闭“编辑部件”和“类型属性”对话框。此时左侧“实例属性”对话框显示“限制条件”的“标高”为“-1F”。

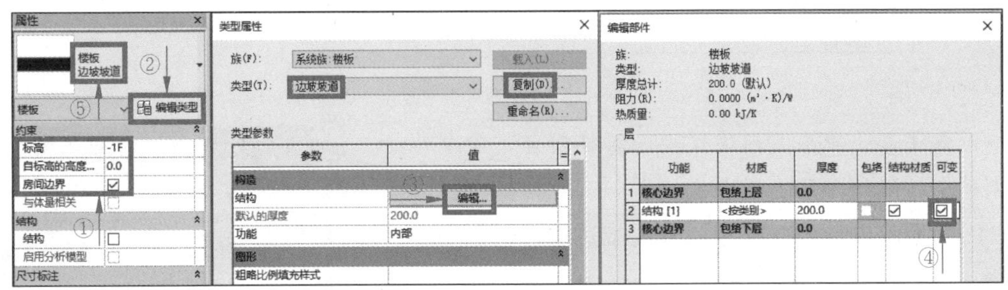

图 10-11　“类型属性”和“编辑部件”对话框

（2）选择“直线”或“矩形”绘制方式，在地下一层右下角 JLM5422 车库门外的位置绘制楼层边界线，如图 10-12 所示；注意修改矩形轮廓临时尺寸，长度为 6400，宽度为

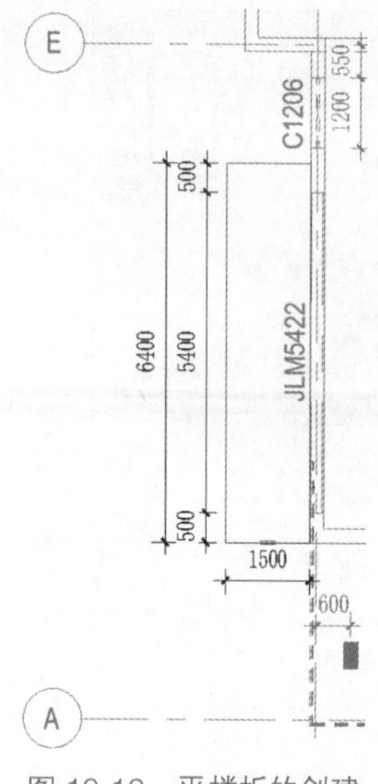

图 10-12 平楼板的创建

1500。单击“模式”面板→“完成编辑模式”按钮“√”，完成平楼板的创建任务。

（3）选中刚创建的平楼板，在“形状编辑”面板上显示形状编辑工具，首先选择“添加分割线”按钮，楼板边界变成绿色虚线显示，如图 10-13 中②所示，在上下角部位置各绘制一条蓝色分割线，注意两个定位尺寸“500”可以绘制两个参照线给予定位；其次单击“修改子图元”按钮，如图 10-13 中④所示，分别单击楼板边界的 4 个角点，出现蓝色临时相对高程值（默认为 0，相对基准“-1F”标高），单击文字输入“-200”（即降低到“-1F-1”标高上）按 Enter 键，如图 10-13 中⑤所示，再按 Esc 键结束编辑命令，平楼板变成带边坡的坡道，项目浏览器切换到三维视图，观察三维显示效果，如图 10-14 所示。

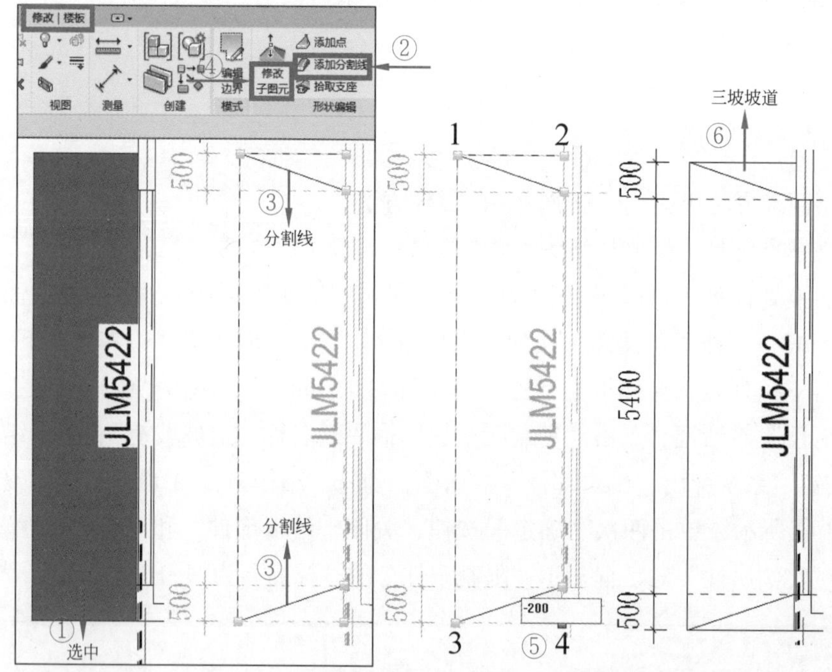

图 10-13 编辑平楼板

2. 方法二（使用“内建模型→放样融合”命令来创建车库门外的带边坡坡道）

（1）删除刚创建的车库门外的带边坡坡道；切换到“-1F”楼层平面视图。

（2）绘制五个参照平面，如图 10-15 中⑤所示；单击“建筑”选项卡→“构建”面板→“构件”下拉列表→“内建模型”按钮，系统弹出“族类别和

图 10-14 带边坡的坡道三维效果

族参数”对话框，选择族类别为“常规模型”，单击“确定”按钮，退出“族类别和族参数”对话框，系统弹出“名称”对话框，输入“常规模型 2”，单击“确定”按钮，退出“名称”对话框，如图 10-15 中④所示。

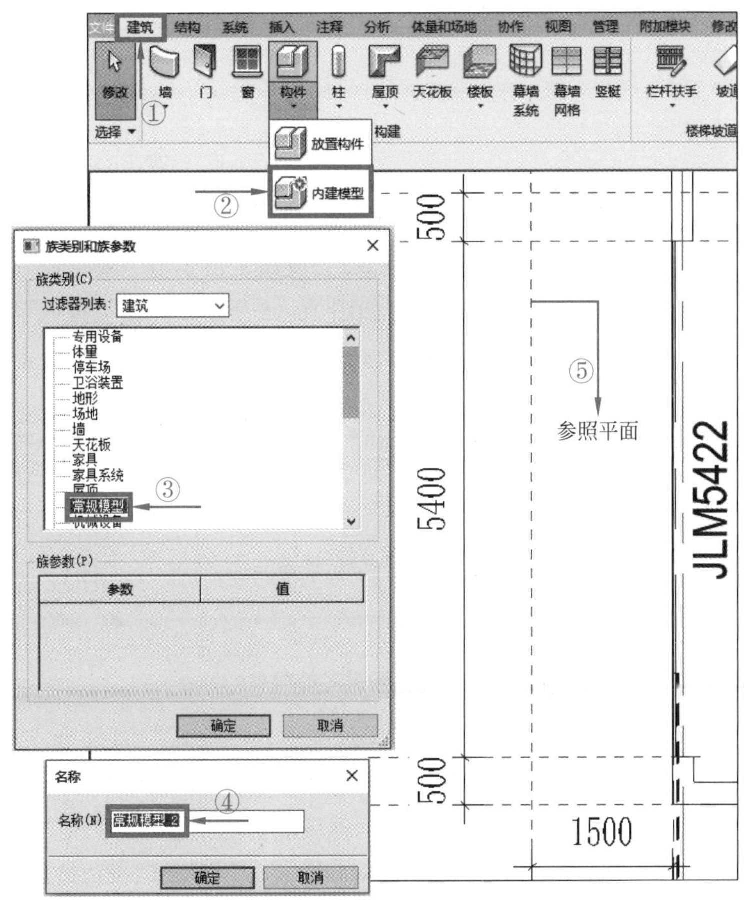

图 10-15　激活内建模型工具

（3）单击“形状”面板“放样融合”按钮，进入“修改 | 放样融合”上下文选项卡，单击“放样融合”面板→“绘制路径”按钮，选择“直线”的方式绘制路径，如图 10-16 中③所示；单击“模式”面板→“完成编辑模式”按钮“√”，完成放样融合路径的绘制。

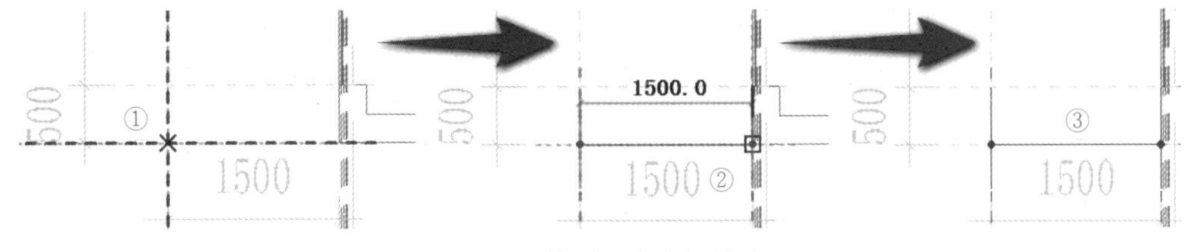

图 10-16　放样融合路径的绘制

（4）单击“放样融合”面板→“选择轮廓 1”按钮，再单击“编辑轮廓”按钮；系统弹出“转到视图”对话框，选择“立面：西”，单击“打开视图”按钮，系统自动切换到“西”立面视图。

(5)在“西”立面视图中，单击“修改 | 放样 > 编辑轮廓”上下文选项卡→“绘制”面板→“直线”按钮，绘制轮廓 1，如图 10-17 所示；单击“模式”面板→“完成编辑模式”按钮“√”，完成轮廓 1 的绘制。

图 10-17　轮廓 1 的绘制

(6)单击“放样融合”面板→“选择轮廓 2”按钮，再单击“编辑轮廓”按钮；单击“绘制”面板→“直线”按钮，绘制轮廓 2，如图 10-18 所示；单击“模式”面板→“完成编辑模式”按钮“√”完成轮廓 2 的绘制。

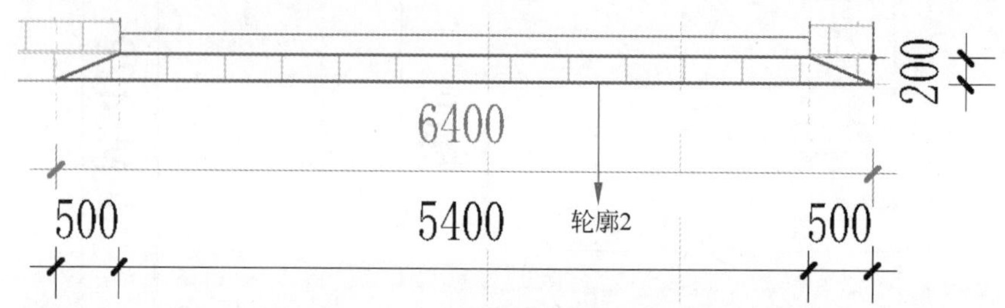

图 10-18　轮廓 2 的绘制

(7)再次单击“修改 | 放样融合”上下文选项卡→“模式”面板→“完成编辑模式”按钮“√”，完成“放样融合”工具创建坡道的工作；设置左侧“实例属性”对话框→“材质和装饰”选项下的“材质”为“混凝土 - 现场浇筑混凝土”；单击“在位编辑器”面板→“完成模型”按钮“√”，完成“内建模型”方式创建车库门带边坡坡道的工作。

(8)切换到三维视图，查看创建的车库门带边坡坡道三维显示模型效果。保存别墅项目模型文件。

10.3　创建首层主入口台阶

Revit 2018 没有专用“台阶”命令，可以采用创建内建族、外部构件族、楼板边缘，甚至楼梯等方式创建台阶模型。下面使用“楼板边”工具创建首层主入口台阶。

微课：创建首层主入口台阶

(1)将文件另存为“别墅 21- 首层主入口台阶 .rvt”。

(2)切换到标高“F1”楼层平面视图。

(3)单击“建筑”选项卡→“构建”面板→“楼板”下拉列表→“楼板：建筑”按钮，系统进入“修改 | 创建楼层边界”上下文选项卡；用“直线”工具绘制楼层边界线，如图 10-19 所示；在“类型选择器”下拉列表确认楼板类型为“楼板 常规 -450mm”；在“实例属性”对话框中设置“约束”下的“标高”为“F1”；单击“模式”面板→“完成编

辑模式”按钮“√”，完成主入口楼板创建任务。

（4）切换到三维视图，查看创建的主入口楼板三维显示效果，如图 10-20 所示。

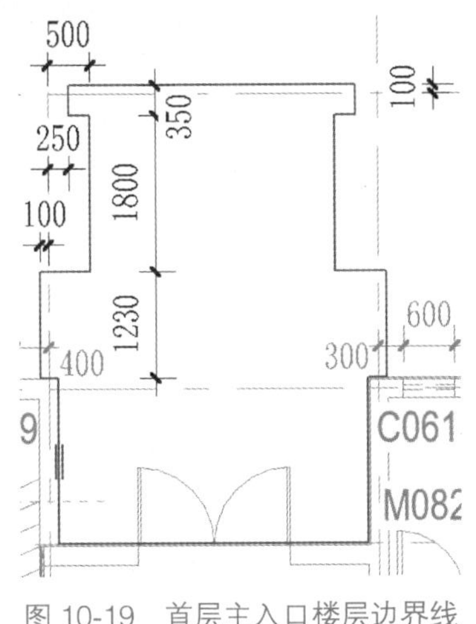

图 10-19　首层主入口楼层边界线

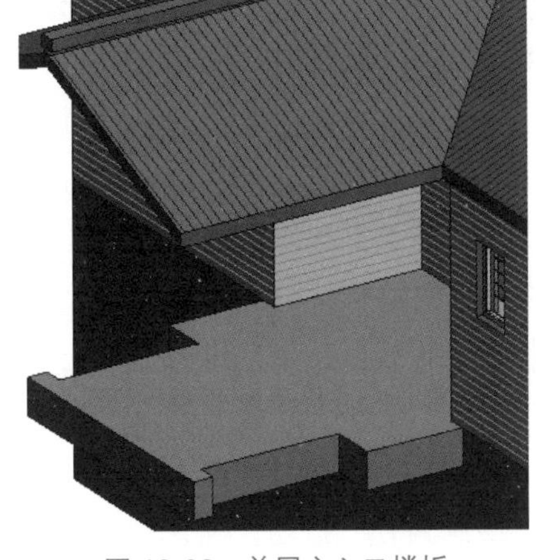

图 10-20　首层主入口楼板

（5）单击“建筑”选项卡→“楼板”下拉列表→“楼板：楼板边”按钮，在“类型选择器”中选择“楼板边缘 台阶”类型，设置实例参数和类型参数，如图 10-21 所示。

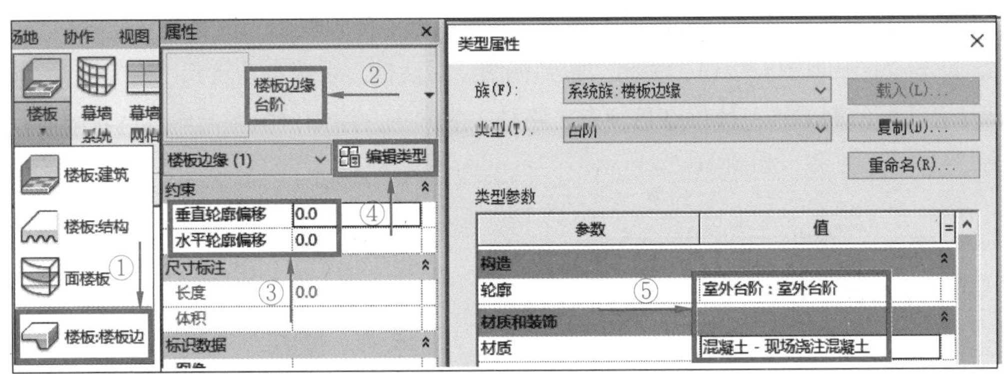

图 10-21　设置“楼板边缘 台阶”的类型和实例参数

（6）移动光标到楼板一侧凹进部位的水平上边缘，边线高亮显示时单击，放置楼板边缘，如图 10-22 中①所示（单击边时，Revit 2018 会将其作为一个连续的楼板边，如果楼板边的线段在角部相遇，它们会相互拼接）；用“楼板边”命令生成的台阶，如图 10-22 中②所示。保存别墅项目模型文件。

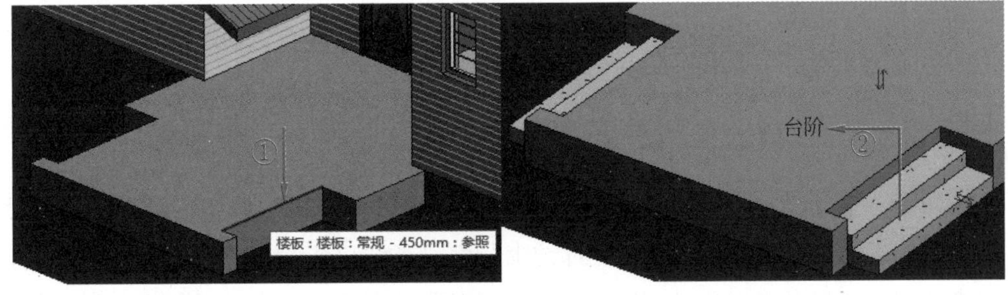

图 10-22　创建首层主入口台阶

10.4 创建地下一层南门台阶

微课：创建地下一层南门台阶

将文件另存为“别墅 22- 创建地下一层南门台阶 .rvt”。

下面用两种方法讲述创建地下一层南门台阶的具体方法。

1. 方法一（使用“内建模型”工具来创建地下一层南门台阶）

（1）切换到标高“-1F”楼层平面视图。

（2）单击“建筑”选项卡→“构建”面板→“构件”下拉列表→“内建模型”按钮，系统弹出“族类别和族参数”对话框，选择“楼板”族类别，单击“确定”按钮，系统弹出“名称”对话框，输入新名称“南门台阶”，单击“确定”按钮，退出“名称”对话框，进入族创建和编辑界面。

（3）在“形状”面板上单击“放样”按钮，系统自动进入“修改 | 放样”上下文信息卡（注意：“放样”创建模型两大步骤：一是放样路径，二是放样轮廓）。单击“放样”面板→“绘制路径”按钮，默认“直线”绘制方式，沿地下一层南门外墙边缘绘制放样路径，如图 10-23 所示；单击“模式”面板→“完成编辑模式”按钮“√”，完成放样路径的绘制工作。

（4）单击“放样”面板“选择轮廓”按钮；单击“放样”面板→“编辑轮廓”按钮（也可以载入轮廓族或拾取现成轮廓），系统弹出“转到视图”对话框，选择“立面：南”，单击“打开视图”按钮，关闭“转到视图”对话框，系统自动转到“南”立面视图；默认“直线”绘制方式，捕捉红色圆点（路径）为起点，绘制台阶截面轮廓，轮廓底部与标高“-1F-1”平齐，如图 10-24 所示。

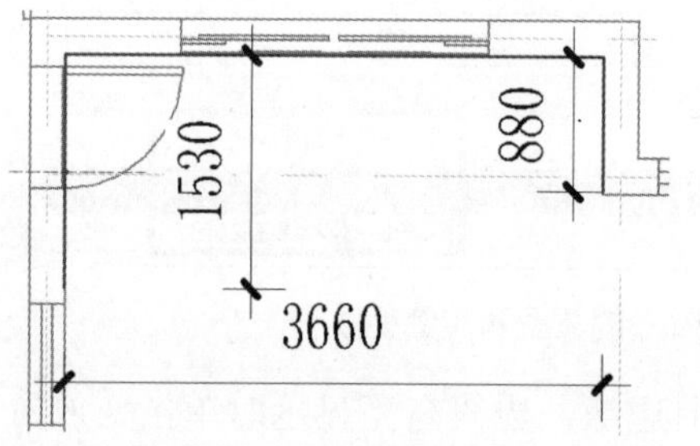

图 10-23 沿地下一层南门外墙边缘绘制放样路径

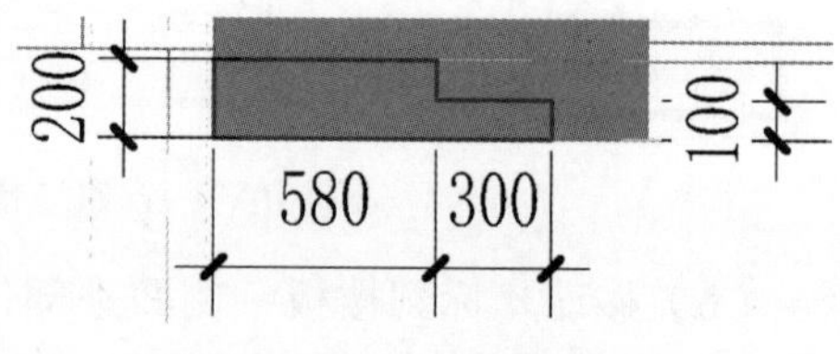

图 10-24 台阶截面轮廓

（5）单击“模式”面板→“完成编辑模式”按钮“√”，完成轮廓编辑；然后单击“模式”面板→“完成编辑模式”按钮“√”，完成放样工作；再单击“在位编辑器”面板→“完成模型”按钮，便完成地下一层南门的台阶创建任务。项目浏览器切换到三维视图，观察所创建的地下一层南门的台阶三维显示效果。

（6）切换到标高“-1F”楼层平面视图；接下来在紧靠南门台阶的南端创建一段矮墙作为挡板。

（7）单击“建筑”选项卡→“墙”下拉列表→“墙：建筑”按钮，设置墙体的类型为“基本墙 普通砖 -100m”，设置“底部约束”为“-1F-1”，设置“顶部约束”为“未连接”，设置“无连接高度”为“600”，在“定位线”下拉列表选择“面层面：外部”，绘制长 900、高 600 的砖墙，如图 10-25 所示。

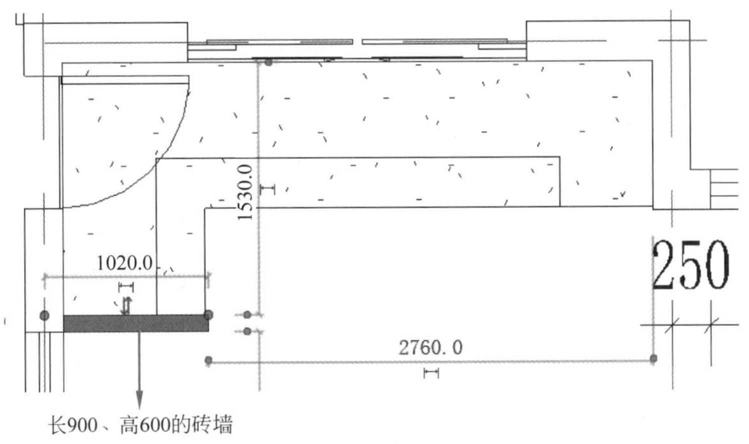

图 10-25　绘制长 900、高 600 的砖墙

（8）切换到“南”立面视图；临时隐藏室外楼梯；编辑这段长 900、高 600 的墙体轮廓，如图 10-26 所示。项目浏览器切换到三维视图，观察最终三维显示效果。保存别墅项目模型文件。

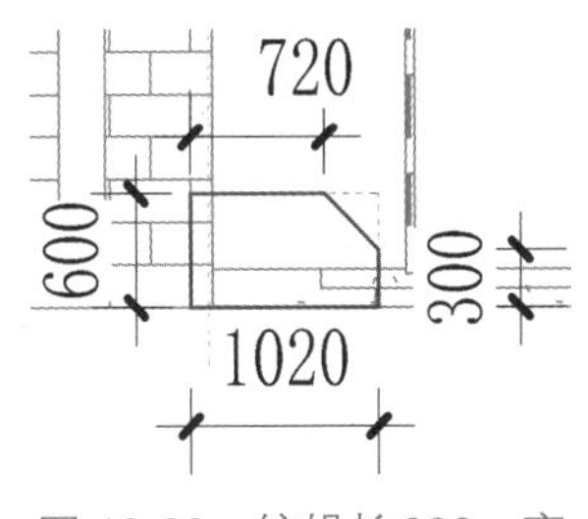

图 10-26　编辑长 900、高 600 的墙体轮廓

（9）将其另存为“别墅 23- 创建地下一层南门台阶（楼板边）.rvt”文件。

2. 方法二（使用“楼板边”工具来创建地下一层南门台阶）

（1）删除刚创建的地下一层南门台阶；临时隐藏地下一层外墙。

（2）单击“建筑”选项卡→“楼板”下拉列表→“楼板：楼板边”按钮，在“类型选择器”中选择“楼板边缘 地下一层台阶”类型，设置实例参数和类型参数，如图 10-27 所示。

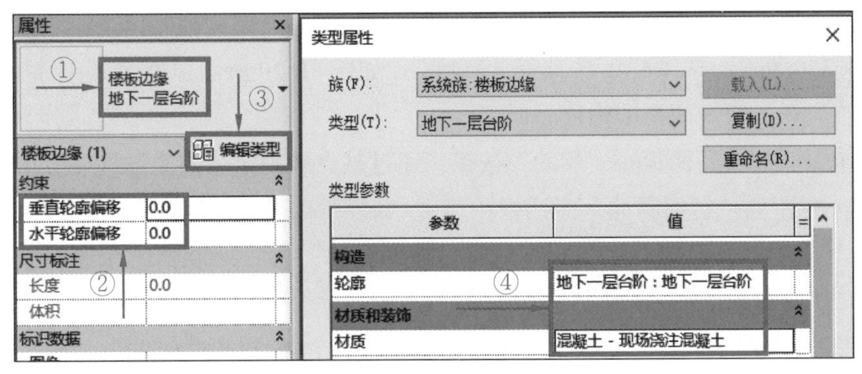

图 10-27　“楼板边缘 地下一层台阶”实例参数和类型参数

（3）拾取楼板的上边缘，单击放置台阶，如图 10-28 所示；单击“视图控制栏”的“小眼睛”上拉列表中“重设临时隐藏 / 隔离”按钮，则重新显示地下一层外墙。保存别墅项目模型文件。

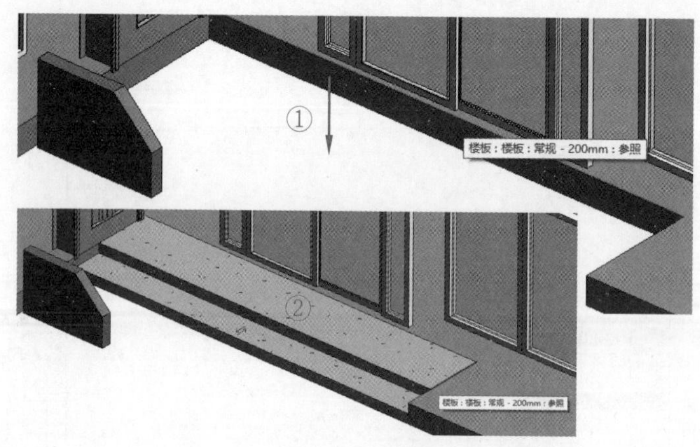

图 10-28 拾取楼板的上边缘单击放置台阶

10.5 创建建筑柱和结构柱

小知识

Revit 2018 中的柱分为结构柱和建筑柱。布置结构柱和建筑柱的方法略有不同，请读者结合下面别墅项目具体案例讲解仔细体会创建过程。

下面结合具体案例介绍如何创建和编辑建筑柱、结构柱。

重新打开“别墅 22- 创建地下一层南门台阶 .rvt”文件，将其另存为“别墅 24- 创建结构柱和建筑柱 .rvt”文件。

10.5.1 创建首层平面结构柱

(1) 切换到“F1”楼层平面视图；单击“建筑”选项卡→“构建”面板→“柱”下拉列表→“结构柱”按钮，系统进入“修改 | 放置结构柱”上下文选项卡；在“类型选择器”下拉列表中选择柱类型“结构柱 钢筋混凝土 350×350mm”；选项栏下拉选择“高度”；如图 10-29 所示，在主入口上方先临时单击放置两个结构柱。

微课：创建首层平面结构柱

(2) 单击“修改”面板→“移动”按钮，通过基点精确定位两个结构柱。单击选择两个结构柱，在左侧“实例属性”对话框中设置“底部标高”为“OF”，设置“底部偏移”为“0”，设置“顶部标高”为“F1”，设置“顶部偏移”为“2800.0”，修改后结构柱的高度如图 10-30 所示。

(3) 单击“建筑”选项卡→“构建”面板→“柱”命令下拉列表→“柱：建筑”按钮，在“类型选择器”下拉列表选择建筑柱类型“矩形柱 250×250mm”，单击捕捉刚布置的两个结构柱的中心位置，在结构柱上方放置两个建筑柱“矩形柱 250×250mm”。

(4) 切换到三维视图；选择两个建筑柱“矩形柱 250×250mm”，在左侧“实例属性”对话框中设置“底部标高”为“F1”，设置“底部偏移”为“2800.0”，设置“顶部标高”

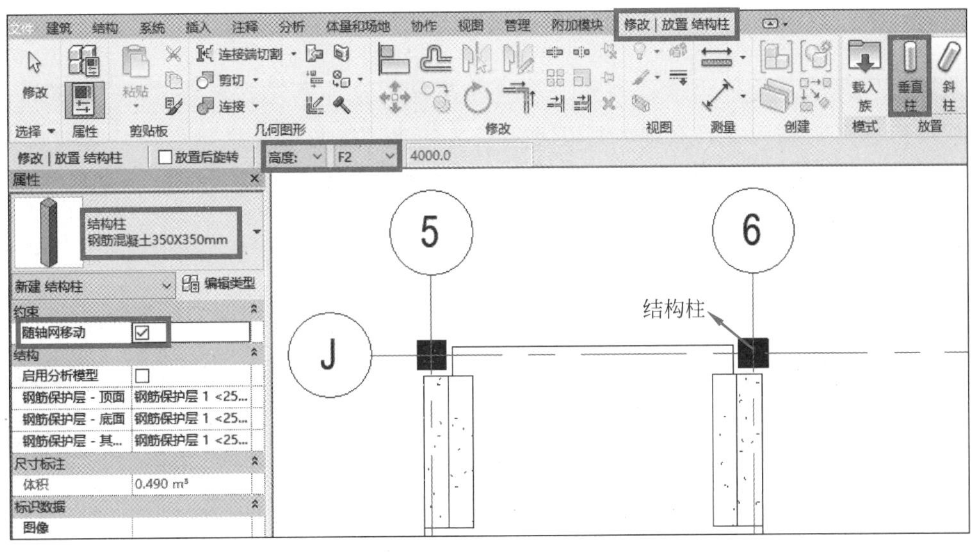

图 10-29 在主入口上方放置两个结构柱

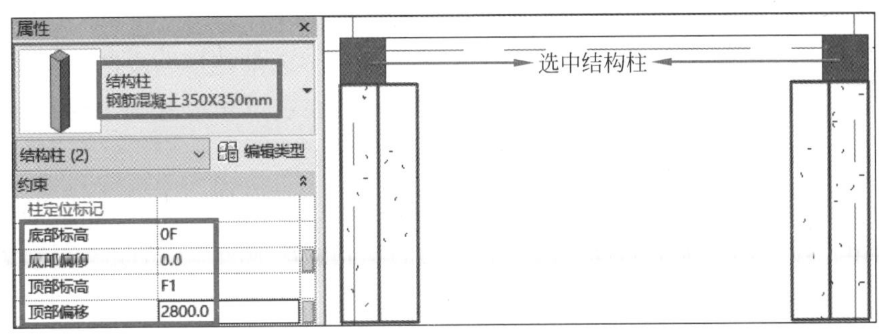

图 10-30 修改结构柱的高度

为“F2”“顶部偏移”为“0”；这时建筑柱“矩形柱 250×250mm”底部正好在结构柱“结构柱 钢筋混凝土 350×350mm”的顶部位置，如图 10-31 所示。

图 10-31 布置建筑柱“矩形柱 250×250mm”

（5）两个建筑柱“矩形柱 250×250mm”处于选中状态，单击“修改 | 柱”上下文选项卡“附着 顶部 / 底部”按钮；在选项栏中选择“附着柱”为“顶”，选择附着样式为“剪切柱”，在“附着对正”选项选择“最大相交”；再单击拾取二层双坡拉伸屋顶，则将建筑柱“矩形柱 250×250mm”附着于二层双坡拉伸屋顶下面。保存别墅项目模型文件。

小知识

结构柱和建筑柱的主要区别在于前者是承重构件，内部布置钢筋，与梁板等承重构件之间有连接关系，在 Revit 2018 建模过程中，结构柱可以依据轴网自动放置，Revit 2018 建模之后，结构柱可以用于建筑结构力学分析等；而后者非承重构件，通常手动放置，不参与建筑结构力学分析等。

10.5.2 创建二层平面建筑柱

（1）切换到标高“F2”楼层平面视图。

微课：创建二层平面建筑柱

（2）单击“建筑”选项卡→“构建”面板→“柱”命令下拉列表→“柱：建筑”按钮，在“类型选择器”下拉列表选择建筑柱类型“矩形柱 300 × 200mm”；在左侧“实例属性”对话框中设置“底部标高”为“F2”，设置“底部偏移”为“0”，设置“顶部标高”为“F3”，设置“顶部偏移”为“0”。

（3）移动光标捕捉 B 轴与④轴的交点，单击放置建筑柱“矩形柱 300 × 200mm”；移动光标捕捉 C 轴与⑤轴的交点，连续单击“空格键”两次翻转柱的方向，再单击放置建筑柱“矩形柱 300 × 200mm”；如图 10-32 中①所示，在右下角放置两个建筑柱“矩形柱 300 × 200mm” A 和 B。

（4）选中刚创建的 B 轴上的建筑柱“矩形柱 300 × 200mm” A，单击“修改”面板→“复制”按钮，在④轴上单击捕捉一点作为复制的基点，水平向左移动光标，输入“4000”后按 Enter 键，在左侧 4000mm 处复制一个建筑柱“矩形柱 300 × 200mm” C，如图 10-32 中②所示。

（5）选中刚创建的 C 轴上的建筑柱“矩形柱 300 × 200mm” B，单击“修改”面板“复制”按钮，在选项栏勾选“多个”“约束”复选框，连续复制，在 C 轴上单击捕捉一点作为复制的基点，垂直向上移动光标，连续两次输入“1800”后按 Enter 键，在 C 轴上侧复制两个建筑柱“矩形柱 300 × 200mm” D 和 E，如图 10-32 中①③所示。

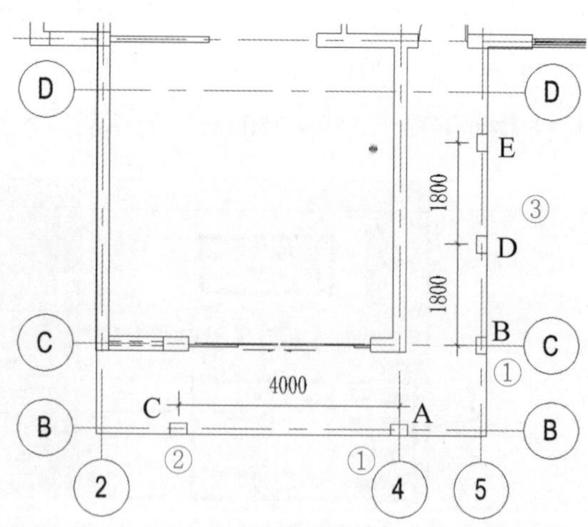

图 10-32 放置建筑柱“矩形柱 300 × 200mm”

（6）切换到三维视图，先选中⑤轴上的 3 根建筑柱“矩形柱 300 × 200mm” B、D、E，单击“修改 | 柱”上下文选项卡→“附着 顶部 / 底部”按钮，在选项栏中选择“附着柱”为“顶”，选择附着样式为“剪切柱”，选择“附着对正”选项为“最大相交”；再单击拾取三层多坡屋顶，将 3 根建筑柱 B、D、E 附着于三层多坡屋顶下面。B 轴 2 根建筑柱 A 和 C，等后续雨篷建模后再进行附着处理。保存别墅项目模型文件。

10.6　中庭洞口

微课：中庭洞口

对于本别墅项目中上下贯通的中庭洞口、楼梯间洞口等，可以使用“竖井洞口”工具快速创建，而不需要逐层编辑楼板。本节以中庭洞口为例详细讲解“竖井洞口”工具的应用。

接 10.5 节练习，将文件另存为“别墅 25- 中庭洞口 .rvt”。

（1）切换到“F1”楼层平面视图。

（2）单击“建筑”选项卡→“洞口”面板→“竖井”按钮，系统切换到“修改 | 创建竖井洞口草图”上下文选项卡。

（3）设置左侧“实例属性”对话框→“底部约束”为“F1”，设置“底部偏移”为“-600.0”，设置“顶部约束”为“直到标高：F2”，设置“顶部偏移”为“600.0”，如图 10-33 中②所示；单击绘制面板“边界线”按钮，选择“直线”绘制方式，绘制如图 10-33 中④所示的洞口的草图线；激活“符号线”按钮，选择“直线”绘制方式，绘制如图 10-33 中⑤所示的洞口的折断线。

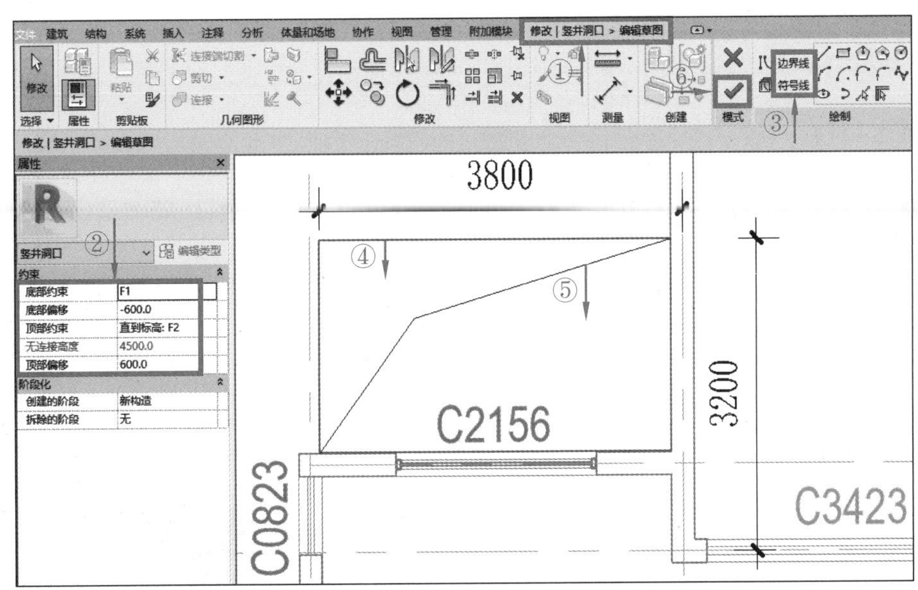

图 10-33　洞口的草图线和折断线

（4）单击“模式”面板→“完成编辑模式”按钮“√”，系统自动剪切首层和二层楼板，创建中庭洞口。保存别墅项目模型文件。

10.7　雨篷

小知识

Revit 2018 中没有专用的创建的“雨篷”工具；故需要根据雨篷的不同形状，采用创建在位族、外部构件族、楼板边缘、甚至屋顶等方式创建各种雨篷模型。

本别墅项目二层南侧雨篷的创建分为顶部玻璃和工字钢梁两部分。顶部玻璃可以用“迹线屋顶”的“玻璃斜窗”工具快速创建。首先来创建顶部玻璃部分。

接 10.6 节练习，将文件另存为“别墅 26- 创建二层雨篷及工字钢梁 .rvt”。

10.7.1 创建顶部玻璃

微课：创建顶部玻璃

（1）切换到“F2”楼层平面视图。

（2）单击“建筑”选项卡→“构建”面板→“屋顶”下拉列表→“迹线屋顶”按钮，系统进入“修改 | 创建屋顶迹线”上下文选项卡；在“类型选择器”下拉列表选择屋顶的类型为“玻璃斜窗”；在左侧“实例属性”对话框设置“自标高的底部偏移”为“2600.0”；在选项栏取消勾选“定义坡度”选项；激活“绘制”面板→“边界线”按钮，选择“直线”绘制方式，绘制平屋顶迹线，如图 10-34 所示；单击“模式”面板→“完成编辑模式”按钮“√”，完成顶部玻璃斜窗的创建。

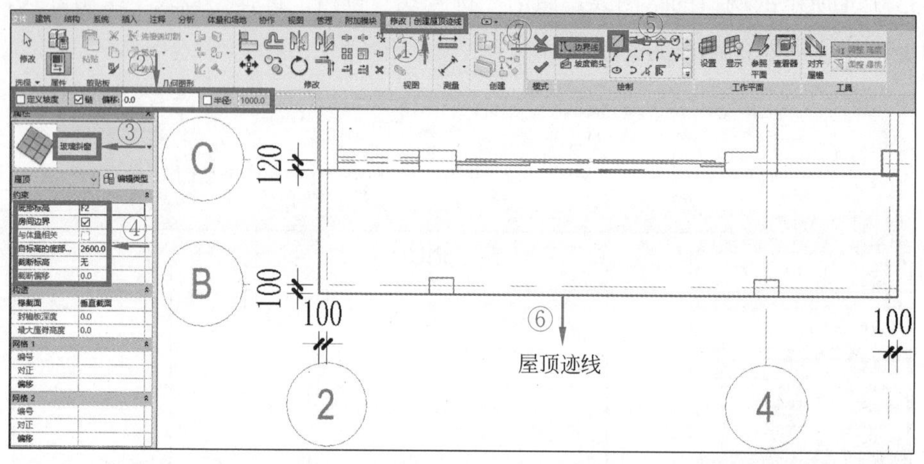

图 10-34　顶部玻璃斜窗的创建

（3）根据图 10-34 可知，⑤轴交 C 轴建筑柱 B 与顶部玻璃斜窗有冲突；故选择⑤轴上三根建筑柱 B、D、E，垂直往上移动 30mm；项目浏览器切换到三维视图，选择上述 B 轴上 2 根建筑柱“矩形柱 300 × 200mm” A 和 C，将其附着到该顶部玻璃斜窗之下，如图 10-35 所示。保存别墅项目模型文件。

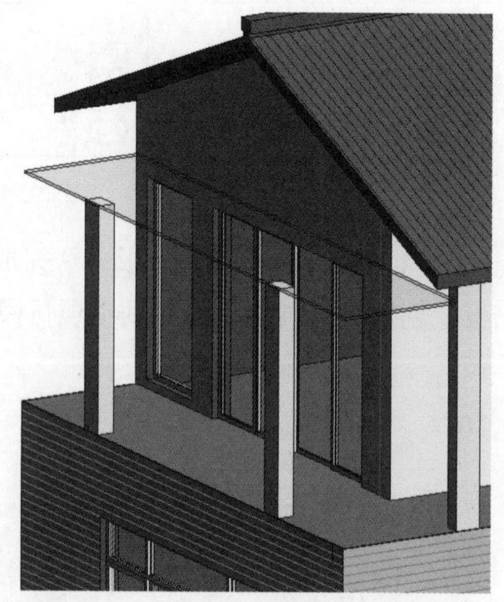

图 10-35　B 轴上 2 根建筑柱附着到顶部玻璃斜窗之下

小知识

玻璃斜窗的厚度为 30，玻璃斜窗底部位于标高“F2”以上 2585mm 位置（2600−30/2=2585）；建筑柱附着到玻璃斜窗厚度一半的位置，而不是玻璃斜窗的底部。这也是雨篷跟普通屋顶的一个重要区别，请读者特别注意。

10.7.2　创建二层南侧雨篷玻璃下面的支撑工字钢梁

小知识

采取与“地下一层南门台阶”完全相同的方法创建，即创建内建模型；内建模型是在位族，是在当前项目的关联环境内创建的族，该族仅存在于此项目中，而不能载入其他项目。

微课：创建二层南侧雨篷玻璃下面的支撑工字钢梁

（1）切换到“F2”楼层平面视图。

（2）单击“建筑”选项卡→“构建”面板→“构件”下拉列表→“内建模型”按钮，系统弹出“族类别和族参数”对话框，选择“屋顶”族类别，单击“确定”按钮关闭“族类别和族参数”对话框，系统弹出“名称”对话框，输入新名称“支撑工字钢梁 1”，单击“确定”按钮，进入族编辑界面。

（3）单击“创建”选项卡→“形状”面板→“放样”按钮，系统自动切换到“修改 | 放样”上下文选项卡；单击“放样”面板→“绘制路径”按钮，默认“直线”绘制方式，绘制如图 10-36 所示的路径；单击“模式”面板→“完成编辑模式”按钮“√”，完成放样路径的绘制；系统再次切换到“修改 | 放样”上下文选项卡。

（4）单击“放样”面板→“编辑轮廓”按钮，系统弹出“转到视图”对话框，选择“立面：南”，单击“打开视图”按钮，系统自动转到“南”立面视图，默认“直线”绘制方式，在“南”立面视图二层玻璃雨篷下边缘线的左端点处单击捕捉起点，连续捕捉转折点，绘制封闭的工字钢截面轮廓，如图 10-37 所示。

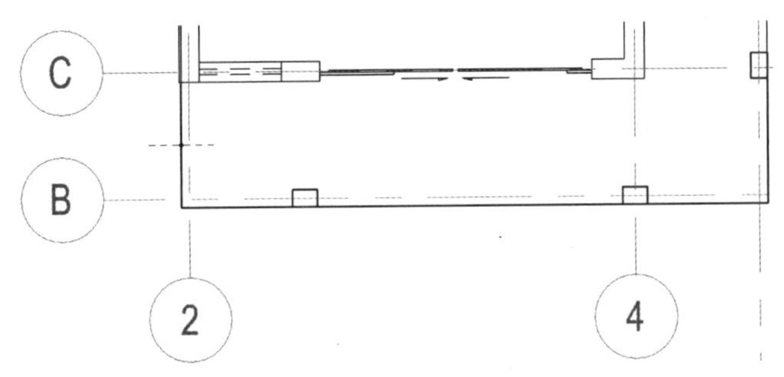

图 10-36　放样路径的绘制

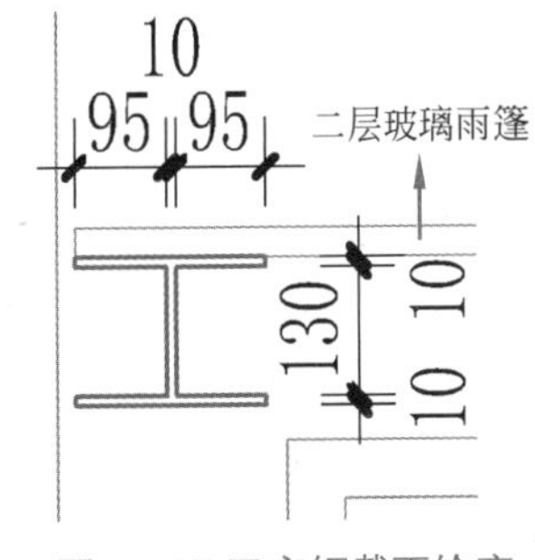

图 10-37 工字钢截面轮廓

小知识

放样路径是轮廓拉伸扫掠的路线，路径与真实构件的中心线在空间保持平行即可，不一定非要重合，但是轮廓必须精准定位在真实构件的空间路线上，并垂直于放样路径。

（5）单击“模式”面板→“完成编辑模式”按钮“√”，完成轮廓的绘制；再单击“模式”面板→“完成编辑模式”按钮“√”，完成放样模型的创建；在左侧“实例属性”对话框中，设置“材质”为“金属 - 钢”；最后单击“在位编辑器”面板“完成模型”按钮，便完成二层雨篷外边缘的工字钢梁的创建任务；切换到三维视图，观察创建的工字钢三维显示效果，如图 10-38 所示。

图 10-38 二层雨篷外边缘的工字钢梁

（6）接下来创建雨篷中间支撑的小截面工字钢梁。切换到“F2”楼层平面视图，单击“建筑”选项卡→“构建”面板→“构件”下拉列表→“内建模型”按钮，系统弹出“族类别和族参数”对话框，选择“屋顶”族类别，单击“确定”按钮，关闭“族类别和族参数”对话框；系统弹出“名称”对话框，输入新名称“支撑工字钢梁 2”，单击“确定”按钮，进入族编辑界面。

（7）单击“创建”选项卡→“形状”面板→“拉伸”按钮，系统切换到“修改 | 创建拉伸”上下文选项卡；单击“工作平面”面板上的“设置”按钮，在弹出的“工作平面”对话框中选择“拾取一个平面”选项，单击“确定”按钮关闭“工作平面”对话框；在“F2”楼层平面视图中拾取 B 轴，在弹出的“转到视图”对话框中选择“立面：南”，单击“打开视图”按钮关闭“转到视图”对话框，系统自动切换至“南”立面视图。

小知识

Revit 2018 中的每个视图都有相关的工作平面。在某些视图（如楼层平面、三维视图、图纸视图）中，工作平面是自动定义的。而在其他视图（如立面和剖面视图）中，必须自定义工作平面。

（8）选择“直线”的绘制方式，绘制工字钢封闭的轮廓线，工字钢中心线与“南”立面视图二层建筑柱 C 中心线平齐，上边缘与顶部玻璃斜窗下边缘平齐，如图 10-39 所示。

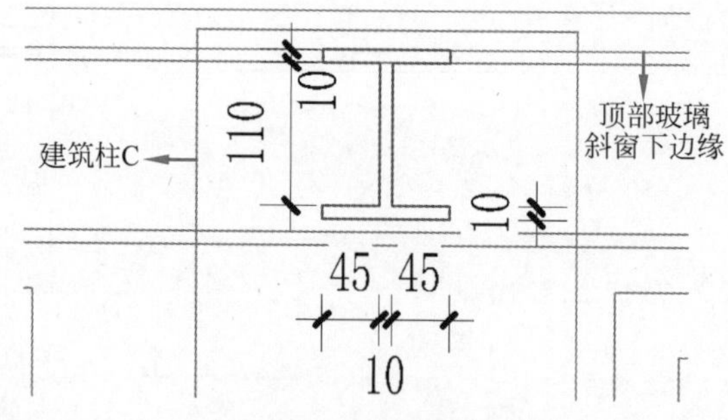

图 10-39 封闭的轮廓线

（9）单击“模式”面板→“完成编辑模式”按钮“√”，完成拉伸模型的创建；在左侧“实例属性”对话框中，设置“材质”为“金属 - 钢”；最后单击“在位编辑器”面板→“完成模型”按钮，便完成雨篷中间支撑的小截面工字钢的创建任务。

（10）切换到三维视图；选中雨篷中间支撑的小截面工字钢梁，观察到该工字钢梁穿入室内，如图 10-40 中①所示；切换到“东”立面视图，单击小截面工字钢梁右端控制点，如图 10-40 中②所示，将其拖曳到与 C 轴平齐，如图 10-40 中③所示。

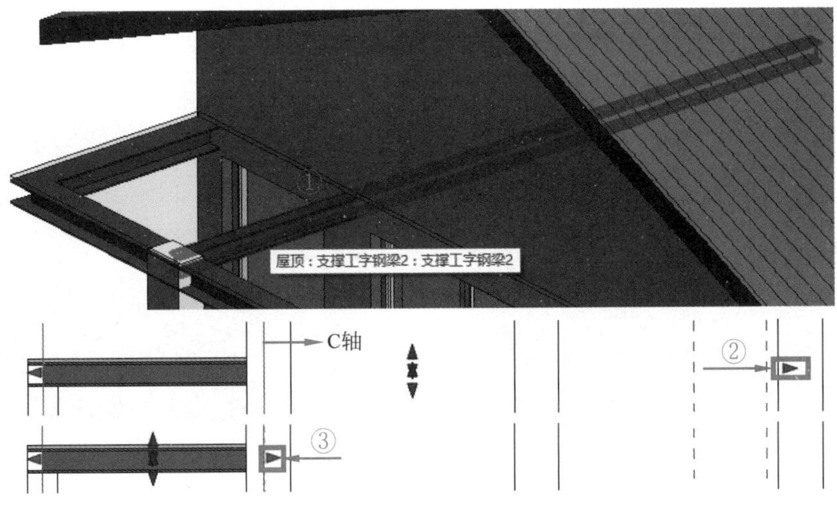

图 10-40　调整小截面工字钢梁位置

小知识

上述“放样”和“拉伸”工具区别在于前者需要“绘制路径”和“编辑轮廓”，后者仅需绘制轮廓，拉伸的直线路径默认垂直于“轮廓”平面。放样和拉伸绘制轮廓的时候，均需要选择工作平面和切换视图，此前创建“拉伸屋顶”同样遇到选择工作平面和切换视图的操作。

（11）在雨篷中间支撑的小截面工字钢梁蓝色亮显选中状态，切换到“南”立面视图；单击“修改”面板→“阵列”按钮，选项栏激活“线性阵列”、勾选“成组并关联”，设置选项栏的“项目数”为“4”，设置“移动到：”为“最后一个”；而后单击该工字钢梁上边缘中点作为基点，水平向右移动到右侧建筑柱 A 上端中点位置，系统便在两个立柱之间均匀布置 4 根小截面工字钢梁，如图 10-41 所示。

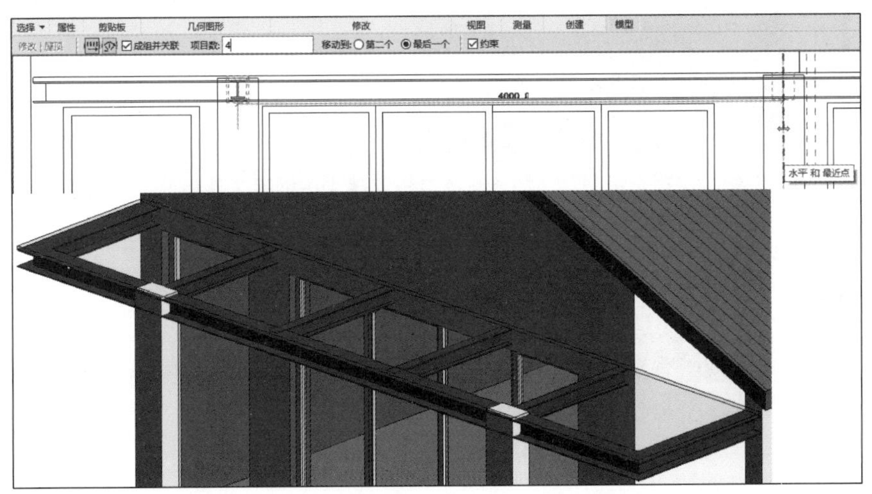

图 10-41　在两个立柱之间均匀布置 4 根小截面工字钢梁

（12）切换到三维视图，将 B 轴上两根建筑柱 A 和 C 附着到支撑工字钢梁 1 下面，观察整体效果，如图 10-42 所示。

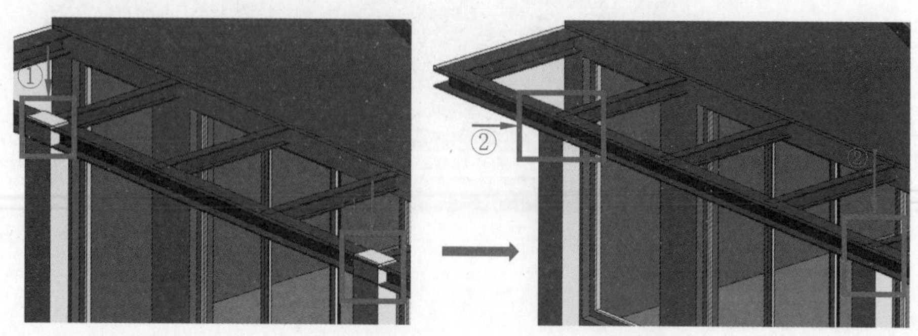

图 10-42　B 轴上两根建筑柱附着到支撑工字钢梁 1 下面

（13）支撑工字钢梁 1 和支撑工字钢梁 2 连接点存在重叠现象，如图 10-43 中①所示；选中支撑工字钢梁 2 模型组，系统切换到“修改 | 模型组”上下文选项卡，单击“成组”面板→“解组”按钮，将模型组分解为 4 根独立的支撑工字钢梁 2，如图 10-43 中②和③所示；单击“修改”面板→“几何图形”面板→“连接”下拉列表→“连接几何图形”按钮，首先选中支撑工字钢梁 1，按住 Ctrl 键同时选中 4 根支撑工字钢梁 2，则支撑工字钢梁 1 和 4 根独立的支撑工字钢梁 2 连接成为一个整体，如图 10-43 中④所示。保存别墅项目模型文件。

图 10-43　支撑工字钢梁 1 和 4 根独立的支撑工字钢梁 2 连接成一个整体

10.7.3　创建地下一层雨篷

小知识

地下一层雨篷的顶部玻璃，同样可以用屋顶的“玻璃斜窗”或者普通屋顶来创建；底部支撑比较简单，用墙体实现或者用内建模型来创建。

切换到标高“-1F-1”楼层平面视图；将文件另存为“别墅 27-创建地下一层雨篷（创建挡土墙）.rvt”文件。

1. 创建挡土墙

单击“建筑”选项卡→“构建”面板→“墙：建筑”按钮，在类型选择器中选择墙类型“挡土墙”；设置左侧“实例属性”对话框中参数“定位线”为“墙中心线”，设置“底部约束”为“-1F-1”，设置“底部偏移”为“0.0”，设置“顶部约束”为“直到标高：F1”，设置“顶部偏移”为“0.0”；在别墅项目东北角创建 4 面挡土墙，如图 10-44 所示。保存别墅项目模型文件。

微课：创建挡土墙

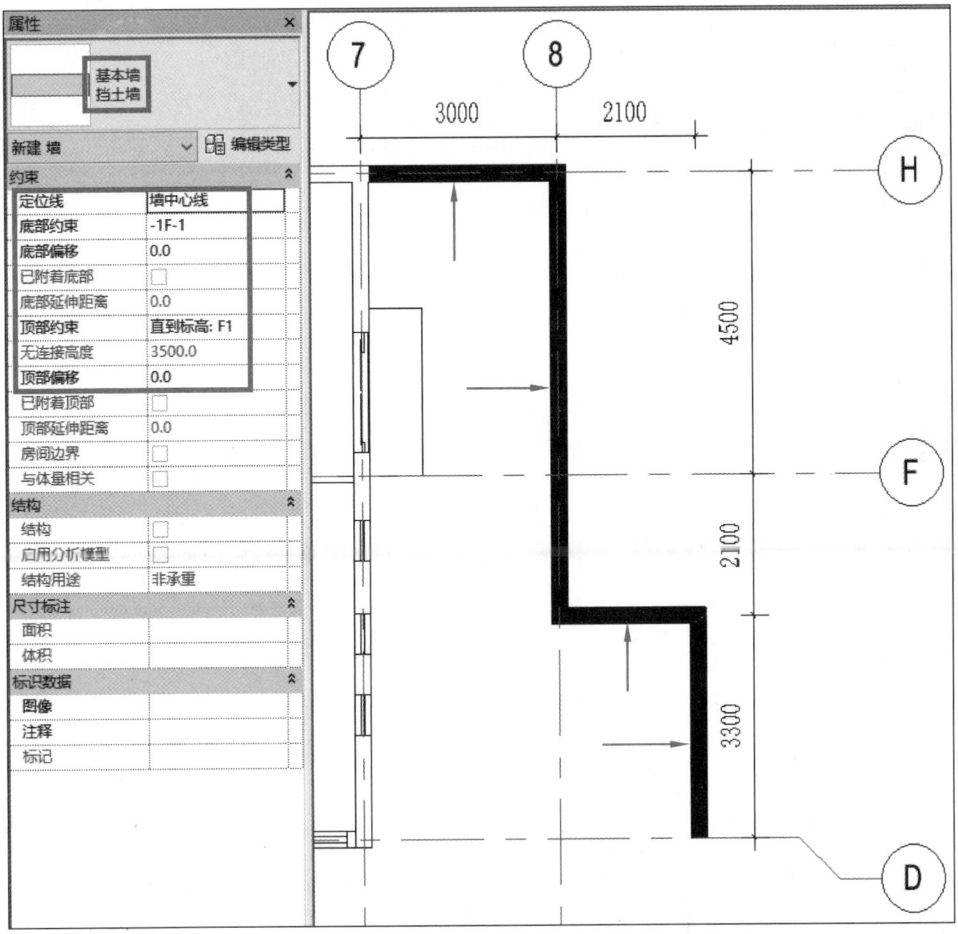

图 10-44　创建 4 面挡土墙

2. 创建地下一层雨篷

（1）方法一：创建地下一层雨篷玻璃斜窗屋顶

① 将文件另存为“别墅 28- 创建地下一层雨篷玻璃（玻璃斜窗）.rvt”。

② 切换到标高“F1”楼层平面视图；设置左侧“实例属性”对话框中“楼层平面：F1”的基线为“范围：底部标高 -1F-1”。

微课：创建地下一层雨篷

③ 单击“建筑”选项卡→“屋顶”下拉列表→“迹线屋顶”按钮，选项栏取消“定义坡度”，在“类型选择器”选择屋顶类型为“玻璃斜窗”；在左侧“实例属性”对话框中设置“底部标高”为“F1”，设置“自标高的底部偏移”为“550”。

④ 默认“直线”绘制方式，绘制玻璃斜窗屋顶迹线，如图 10-45 所示。

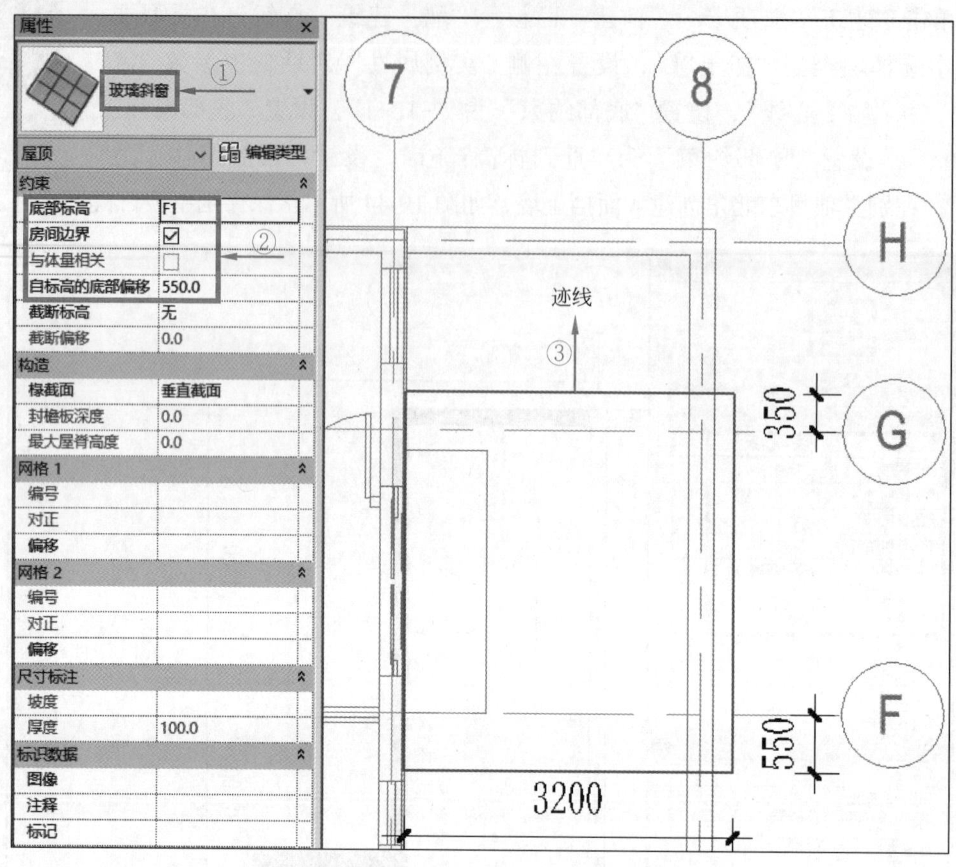

图 10-45　地下一层雨篷玻璃斜窗屋顶迹线

⑤ 单击“模式”面板→“完成编辑模式”按钮“√”，完成地下一层雨篷玻璃斜窗屋顶的创建；切换到三维视图，查看创建的挡土墙和地下一层雨篷玻璃斜窗屋顶整体三维显示效果。保存别墅项目模型文件。

（2）方法二：创建地下一层雨篷玻璃

① 重新打开“别墅 27- 创建地下一层雨篷（绘制挡土墙）.rvt”文件，另存为“别墅 29- 创建地下一层雨篷玻璃（普通屋顶）.rvt”文件。

② 切换到标高“F1”楼层平面视图。

③ 设置左侧“实例属性”对话框中“楼层平面：F1”的基线为“范围：底部标高 -1F-1”。

④ 单击“建筑”选项卡→“屋顶”下拉列表→“迹线屋顶”按钮，选项栏取消“定义坡度”，在“类型选择器”选择屋顶类型为“基本屋顶 常规 -125mm”，单击“编辑类型”按钮，在弹出的“类型属性”对话框中单击“复制”按钮，在弹出的“名称”对话框中输入“地下一层雨篷玻璃”，单击“确定”按钮，关闭“名称”对话框，回到“类型属性”对话框，此时创建了新的屋顶类型“地下一层雨篷玻璃”；接着单击“类型属性”对话框中参数“结构”后侧的“编辑”按钮，如图 10-46 所示。

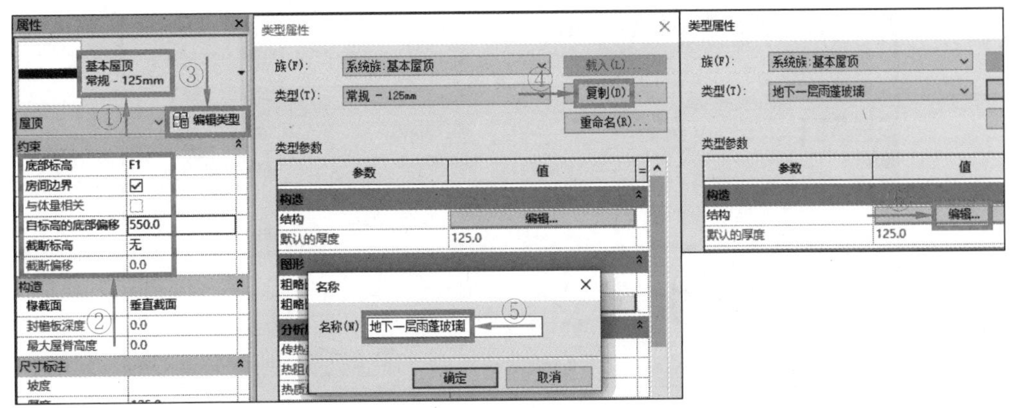

图 10-46　创建新的屋顶类型“地下一层雨篷玻璃”

⑤ 在弹出的“编辑部件”对话框中设置“结构[1]”的厚度值为“30”，单击第2行“结构[1]”的“材质”列单元格，单击矩形“…”浏览按钮，打开“材质浏览器”对话框，选择材质“玻璃”，即将结构[1]材质设置为玻璃；切换到“图形”选项卡，勾选“使用渲染外观”复选框后单击“确定”按钮，回到“编辑部件”对话框；过程和结果如图10-47所示。

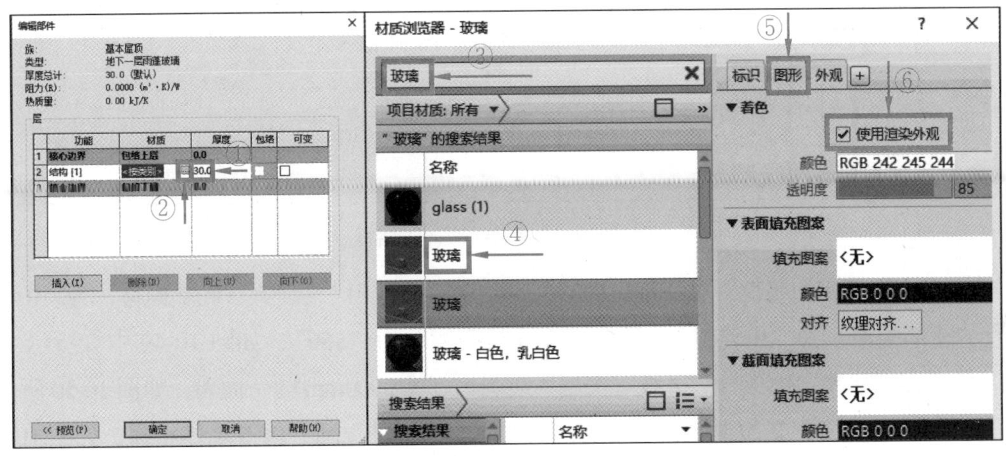

图 10-47　设置构造层

⑥ 在左侧“实例属性”对话框中设置“底部标高”为“F1”，设置“自标高的底部偏移”为“550”；默认“直线”绘制方式，绘制屋顶迹线，如图 10-45 中③所示；单击“模式”面板→“完成编辑模式”按钮“√”，完成地下一层雨篷玻璃的创建。保存别墅项目模型文件。

3. 绘制雨篷玻璃的底部支撑

微课：绘制雨篷玻璃的底部支撑

（1）方法一：用“墙”来创建雨篷玻璃的底部支撑

① 打开“别墅 28- 创建地下一层雨篷玻璃（玻璃斜窗）.rvt”文件，将其另存为“别墅 30- 创建地下一层雨篷玻璃的底部支撑（墙体）.rvt”文件。

② 切换到“F1”楼层平面视图。

③ 单击左侧“实例属性”对话框中的“视图范围”选项，在弹出的“视图范围”对话框中，设置“主要范围→剖切面”的“偏移量”为“500”，如图 10-48 所示。

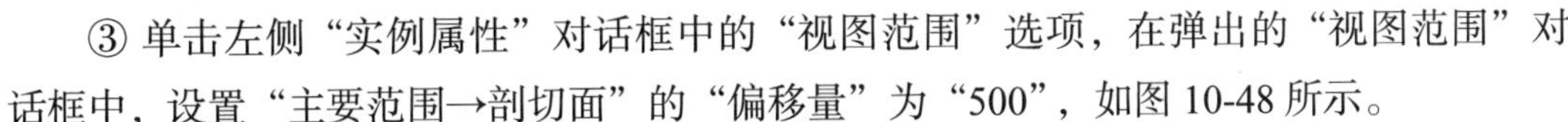

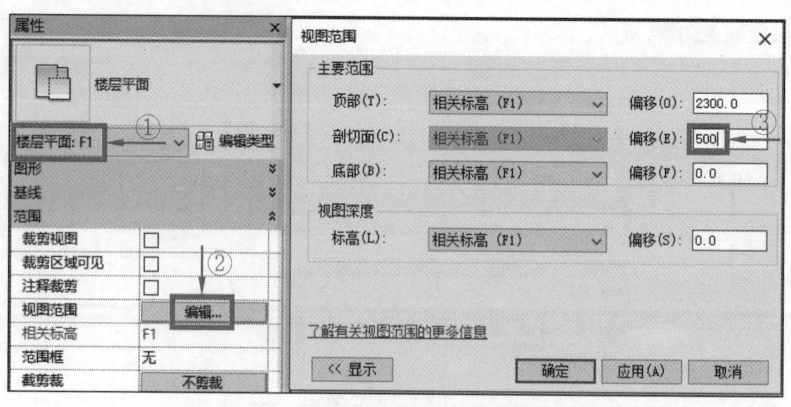

图 10-48　设置“视图范围”对话框参数

④ 单击“建筑”选项卡→“墙：建筑”按钮，在类型选择器中选择墙类型：“基本墙 支撑构件”，单击“编辑类型”按钮，在弹出的“类型属性”对话框中单击参数“结构”后面的“编辑”按钮，打开“编辑部件”对话框，如图 10-49 所示。

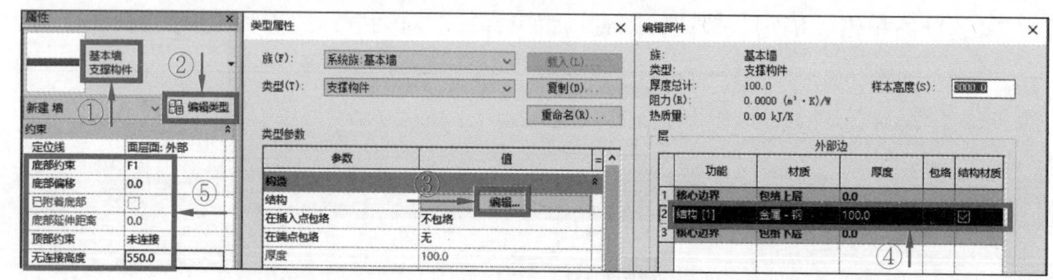

图 10-49　“编辑部件”对话框

⑤ 在左侧“实例属性”对话框设置“底部约束”为“F1”，设置“底部偏移”为“0.0”，设置“顶部约束”为“未连接”，设置“无连接高度”为“550”，如图 10-49 中⑤所示。

⑥ 单击“绘制”面板→“直线”按钮，绘制长度为 3000mm 的一面墙，如图 10-50 所示。

⑦ 切换至“南”立面视图，双击刚创建的“支撑构件”墙，修改墙体轮廓，如图 10-51 所示；单击“模式”面板→“完成编辑模式”按钮“√”，完成 L 形墙体的创建。

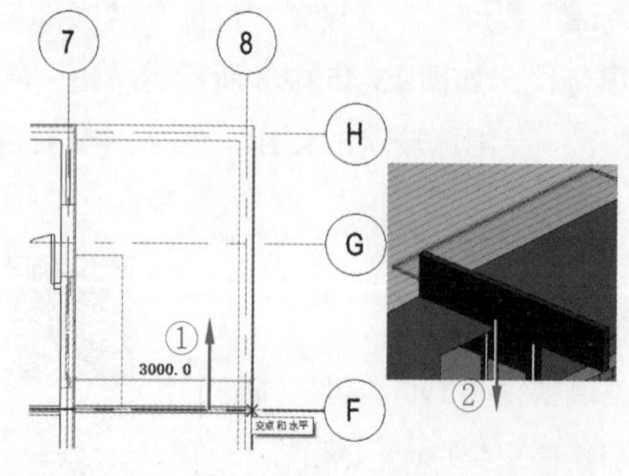

图 10-50　绘制长度为 3000mm 的一面墙

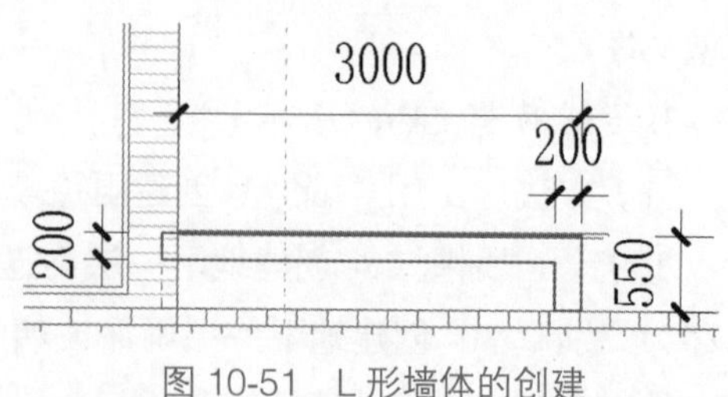

图 10-51　L 形墙体的创建

⑧ 切换到标高“Fl”楼层平面视图；选择刚编辑完成的“支撑构件”墙体（L 形墙体），单击“修改”面板→“阵列”按钮，在选项栏中进行如图 10-52 所示设置；移动光

标单击捕捉下面墙体所在 F 轴线上一点作为阵列起点，再正交移动光标，单击捕捉上面 G 轴线上一点为阵列终点，完成四面“支撑构件”墙体的创建。保存别墅项目模型文件。

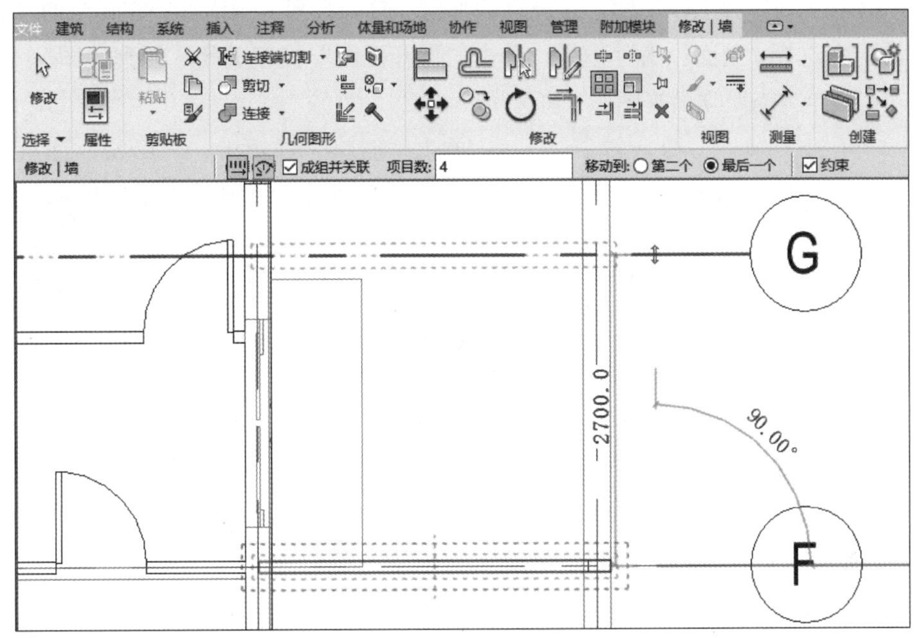

图 10-52 阵列工具创建其余 3 面“支撑构件”墙体

⑨ 切换到三维视图，查看创建的“支撑构件”墙体三维显示效果，如图 10-53 所示。

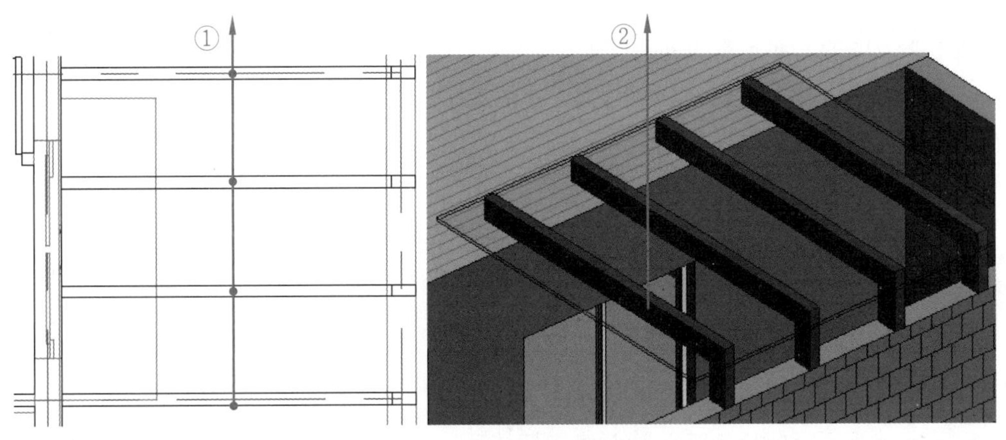

图 10-53 4 面“支撑构件”墙体

（2）方法二：用“内建模型”方法来创建雨篷玻璃的底部支撑

① 重新打开“别墅 29- 创建地下一层雨篷玻璃（普通屋顶）.rvt”文件，将其另存为“别墅 31- 创建地下一层雨篷玻璃的底部支撑（内建模型）.rvt”文件。

② 切换到“F1”楼层平面视图。

③ 单击“建筑”选项卡→“构建”面板→“构件”下拉列表→“内建模型”按钮，系统弹出“族类别和族参数”对话框，选择“墙”族类别，单击“确定”按钮，系统弹出“名称”对话框，输入新名称“支撑构件”，单击“确定”按钮，进入族编辑界面。

④ 单击“工作平面”面板上的“设置”按钮，在弹出的“工作平面”对话框中选择“拾取一个平面”选项；单击“确定”按钮，关闭“工作平面”对话框；在“F1”楼层平面视图中拾取 F 轴作为工作平面，系统自动弹出“转到视图”对话框；在弹出的“转到视图”对话框中选择“立面：南”选项，单击“打开视图”按钮关闭“转到视图”对话框，系统自动切换至“南”立面视图。

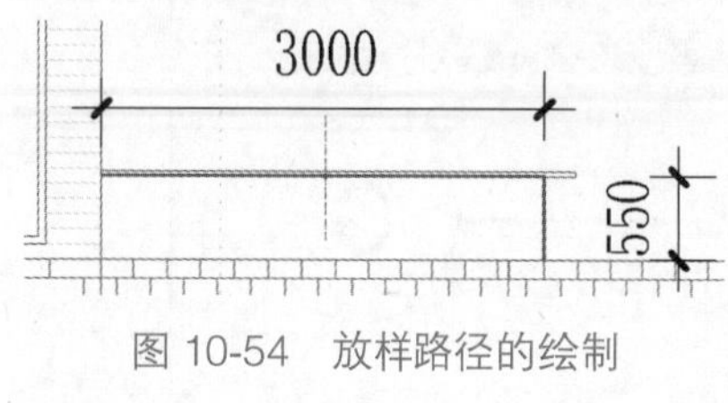

图 10-54　放样路径的绘制

⑤ 单击“创建”选项卡→“形状”面板→“放样”按钮，系统切换到“修改 | 放样”上下文选项卡；单击“放样”面板—“绘制路径”按钮，默认“直线”绘制方式，绘制如图 10-54 所示的放样路径；单击“模式”面板→“完成编辑模式”按钮“√”，完成放样路径的绘制。

⑥ 单击“放样”面板→“编辑轮廓”按钮，系统弹出“转到视图”对话框，选择“立面：东”，单击“打开视图”按钮转到“东”立面视图，默认“直线”绘制方式，绘制封闭的雨篷玻璃的底部支撑截面轮廓，如图 10-55 所示。

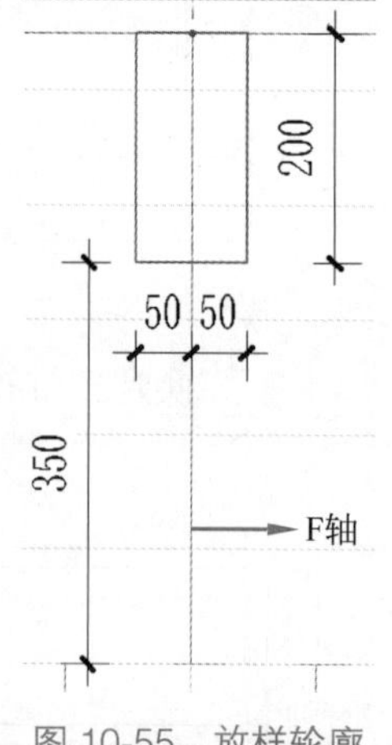

图 10-55　放样轮廓

⑦ 单击“模式”面板→“完成编辑模式”按钮“√”，完成轮廓的绘制；再单击“模式”面板→“完成编辑模式”按钮“√”，完成放样模型的创建；在左侧“实例属性”对话框中，设置“材质”为“金属 - 钢”；最后单击“在位编辑器”面板“完成模型”按钮，便完成雨篷玻璃的底部支篷的创建任务。

⑧ 同理，使用阵列工具复制创建其余 3 根支撑，在此不再赘述。保存别墅项目模型文件。

至此，完成了地下一层雨篷的设计。

⑨ 重新打开“别墅 30- 创建地下一层雨篷玻璃的底部支撑（墙体）.rvt”文件，将其另存为“别墅 32- 地下一层雨篷 .rvt”文件。关闭项目文件。

10.8　阳台栏杆扶手

接下来将为别墅项目的阳台等创建栏杆扶手。Revit 2018 的栏杆扶手是由扶手轮廓族和栏杆族按照排列规则组装而成，设置比较复杂；在这里简要说明其设置原理，详细设置功能请读者参考相关教材和资料自行学习和体会。

10.8.1　玻璃栏板扶手

首先来创建二层阳台拐角处的玻璃栏板扶手。

微课：玻璃栏板扶手

（1）新建木扶手轮廓族：单击“文件”下拉列表→“新建”选项卡→“族”按钮，选择“公制轮廓 - 扶栏 .rft”为族样板，单击“打开”按钮进入族编辑器界面，系统自动进入“参照标高”楼层平面视图，如图 10-56 所示。

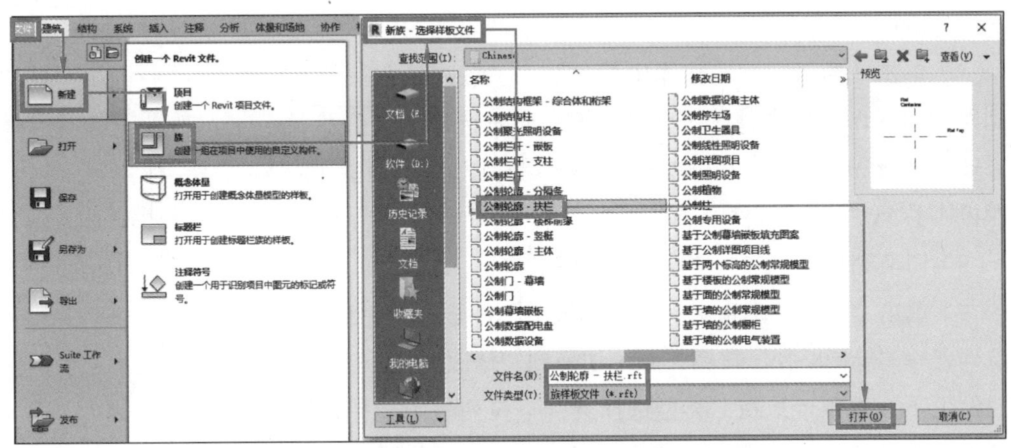

图 10-56　选择“公制轮廓 - 扶栏 .rft”为族样板

（2）单击“创建”选项卡→“详图”面板→“直线”按钮，绘制矩形木扶手轮廓，如图 10-57 所示。

（3）单击快速访问工具栏“保存”按钮，文件名输入“木扶手”，单击“保存”按钮，如图 10-58 所示，关闭“木扶手”族文件。

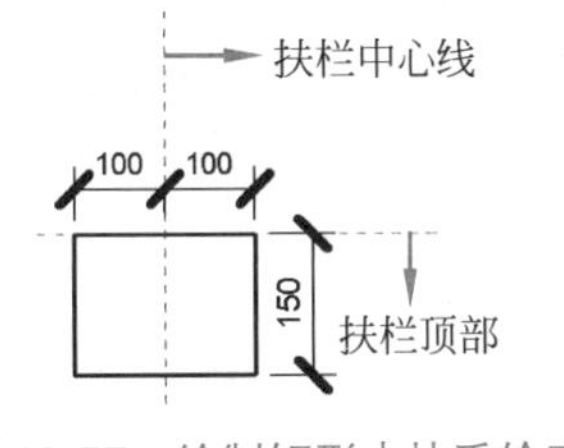

图 10-57　绘制矩形木扶手轮廓

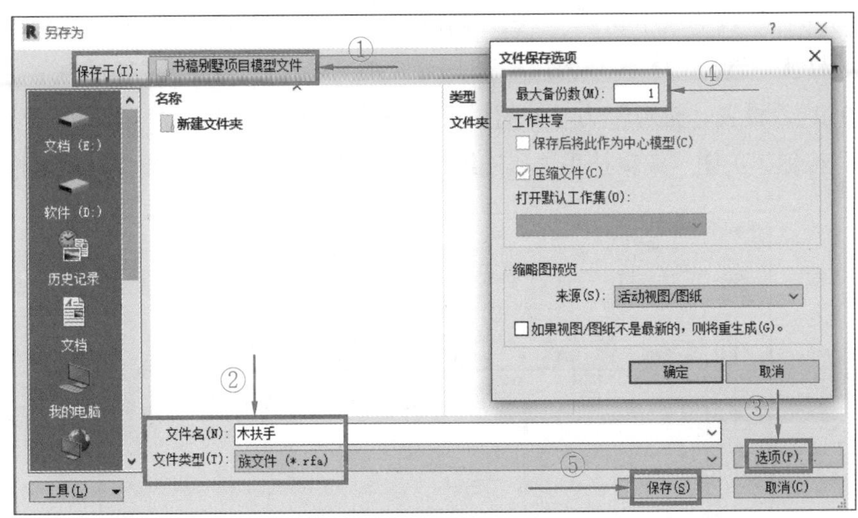

图 10-58　保存“木扶手”族文件

（4）新建玻璃栏板族：单击“文件”下拉列表→“新建”选项卡→“族”按钮，选择“公制轮廓 - 扶栏 .rft”为族样板，单击“打开”按钮进入族编辑器界面，系统自动进入“参照标高”楼层平面视图。

（5）单击“创建”选项卡→“详图”面板→“直线”按钮，绘制玻璃栏板的轮廓，如图 10-59 所示；保存为文件名“玻璃栏板”后关闭“玻璃栏板”族文件。

如此创建了两个轮廓族文件。下面用这两个轮廓族组装新的扶手类型。

（6）打开“别墅 32- 地下一层雨篷 .rvt”项目文件，将其另存为“别墅 33- 玻璃栏板扶

手 .rvt”文件。

(7)单击“插入”→“从库中载入”→“载入族”按钮，定位到刚创建的两个族文件，按住 Ctrl 键，同时选择“木扶手 .rte”和“玻璃栏板 .rte”族文件，单击“打开”将其载入“别墅 33- 玻璃栏板扶手 .rvt”项目文件中。

(8)切换到打开“F2”楼层平面视图。

(9)单击“建筑”选项卡→“楼梯坡道”面板→“栏杆扶手”下拉列表→“绘制路径”按钮，系统切换到“修改 | 创建栏杆扶手路径”上下文选项卡；在“类型选择器”下拉列表中选择栏杆扶手的类型为“栏杆扶手 栏杆 - 金属立杆”，单击“编辑类型”按钮，在弹出的“类型属性”对话框中单击“复制”按钮，复制创建一个新的栏杆扶手类型“玻璃栏板扶手”。

(10)单击“类型属性”对话框→“扶栏结构(非连续)”右侧→“编辑”按钮，打开“编辑扶手(非连续)”对话框。

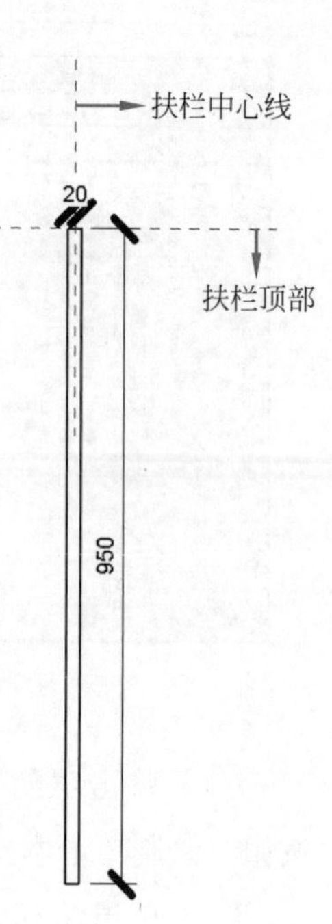

图 10-59 绘制玻璃栏板的轮廓

(11)在“编辑扶手(非连续)”对话框中，删除原有的所有扶栏；连续单击“插入”按钮两次增加两个扶栏；如图 10-60 所示，在“扶栏”列表中将序号 1 的“名称”改为“木扶手”，将“高度”设置为“1100”,“轮廓”选择“木扶手：木扶手”,“材质”选择“木材 - 桦木”；将序号 2 的“名称”改为“玻璃栏板”，设置“高度”为“950”，设置“轮廓”为“玻璃栏板：玻璃栏板”，设置“材质”为“玻璃”；单击“确定”按钮，关闭“编辑扶手(非连续)”对话框，返回“类型属性”对话框。

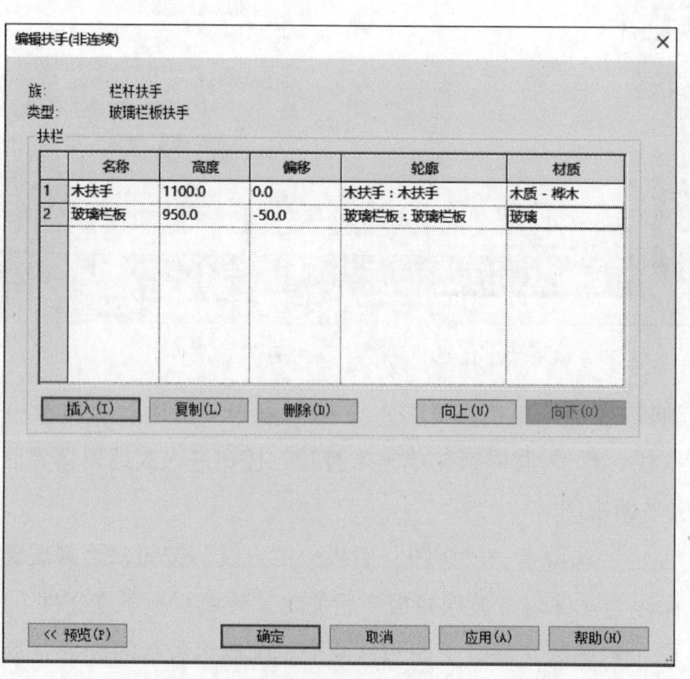
编辑扶手(非连续)

族: 栏杆扶手
类型: 玻璃栏板扶手

扶栏

	名称	高度	偏移	轮廓	材质
1	木扶手	1100.0	0.0	木扶手 : 木扶手	木质 - 桦木
2	玻璃栏板	950.0	-50.0	玻璃栏板 : 玻璃栏板	玻璃

插入(I) 复制(L) 删除(D) 向上(U) 向下(O)

<< 预览(P) 确定 取消 应用(A) 帮助(H)

图 10-60 “编辑扶手(非连续)”对话框

（12）在“类型属性”对话框中，单击“栏杆位置”右侧“编辑”按钮，打开“编辑栏杆位置”对话框；如图 10-61 所示，将所有栏杆族选为“无”。

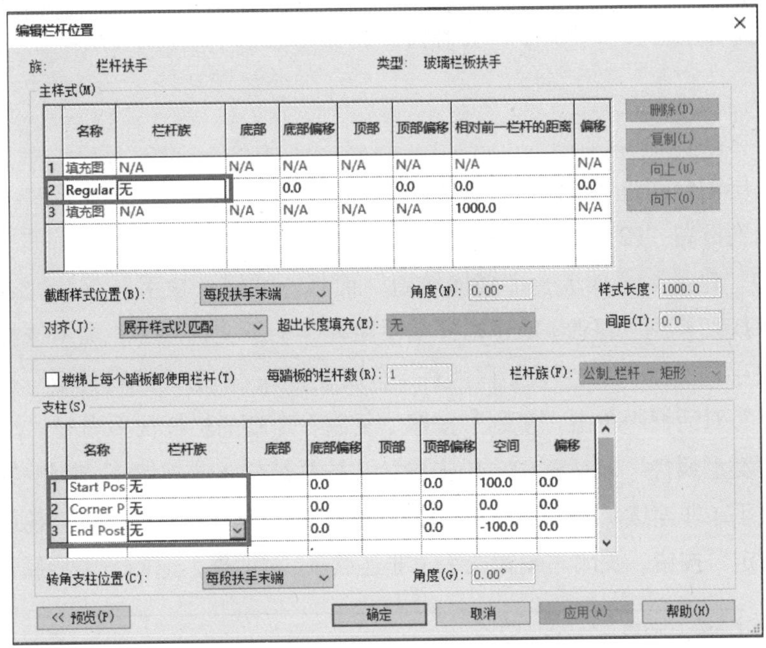

图 10-61　“编辑栏杆位置”对话框

（13）连续单击“确定”按钮两次，关闭所有对话框。至此创建好了新的扶手类型，下面开始创建栏杆扶手“玻璃栏板扶手”。

（14）设置“实例属性”对话框中“底部标高”为“F2”，设置“底部偏移”为“0.0”，设置“从路径偏移”为“0.0”。

（15）在标高“F2”楼层平面视图中，单击“绘制”面板→“直线”按钮；在二层阳台左下角位置，在墙体到柱子之间绘制直角线，如图 10-62 所示；单击“模式”面板→“完成编辑模式”按钮“√”，创建完成左下角栏杆扶手“玻璃栏板扶手”。

（16）同样，再次使用“栏杆扶手”→“绘制路径”工具，单击“绘制”面板→“直线”按钮，在阳台右下角两个柱子之间绘制直角线；单击“模式”面板→“完成编辑模式”按钮“√”，创建完成右下角栏杆扶手“玻璃栏板扶手”。

（17）完成后的栏杆扶手“玻璃栏板扶手”如图 10-63 所示。保存别墅项目模型文件。

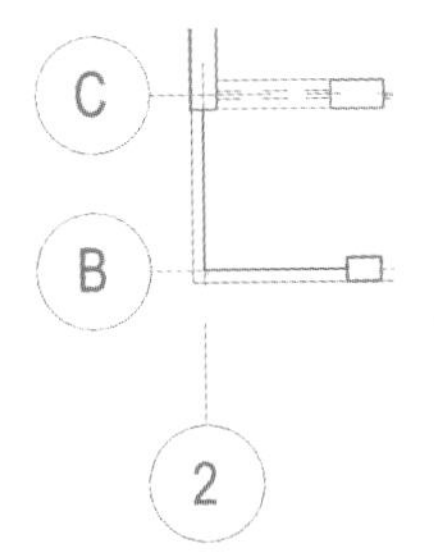

图 10-62　阳台左下角位置栏杆扶手路径

图 10-63　栏杆扶手“玻璃栏板扶手”

小知识

用“直线”方式绘制栏杆扶手路径时，线必须是连续的，不可以断开，否则无法生成。所以上面绘制的栏杆扶手“玻璃栏板扶手”要分两次绘制完成。

10.8.2 栏杆 - 立杆

微课：栏杆 - 立杆

下面为二层阳台创建剩余的栏杆扶手。

（1）切换到标高“F2”楼层平面视图。

（2）单击“建筑”选项卡→“楼梯坡道”面板→“栏杆扶手”下拉列表→“绘制路径”按钮，系统切换到“修改 | 创建栏杆扶手路径”上下文选项卡；类型选择器下拉列表中选择栏杆扶手的类型为“栏杆扶手 栏杆 - 金属立杆”；单击“编辑类型”按钮，在弹出的“类型属性”对话框中单击“复制”按钮，复制一个新的栏杆扶手类型“栏杆 - 立杆”。

（3）在“类型属性”对话框中，单击参数“扶栏结构（非连续）”右侧“编辑”按钮，打开“编辑扶手（非连续）”对话框；如图 10-64 所示，设置扶栏的高度、轮廓和材质等参数；单击“确定”按钮，关闭“编辑扶手（非连续）”对话框，返回“类型属性”对话框。

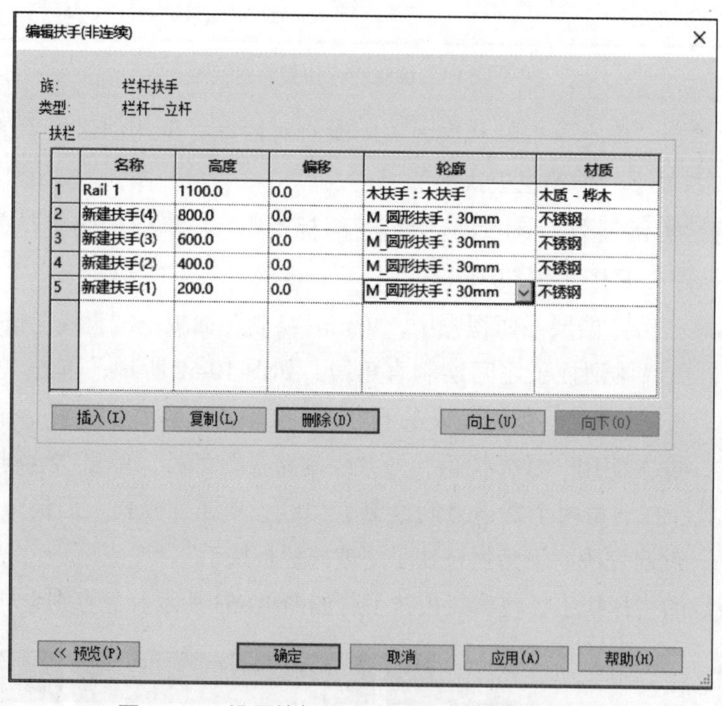

图 10-64　设置扶栏的高度、轮廓和材质等参数

（4）在“类型属性”对话框中，单击“栏杆位置”右侧的“编辑”按钮，打开“编辑栏杆位置”对话框；如图 10-65 所示，设置栏杆族的样式和相对前一栏杆的距离；连续单击“确定”按钮两次，关闭所有对话框。

（5）设置左侧“实例属性”对话框中“底部标高”为“F2”，设置“底部偏移”为“0.0”，设置“从路径偏移”为“0.0”。

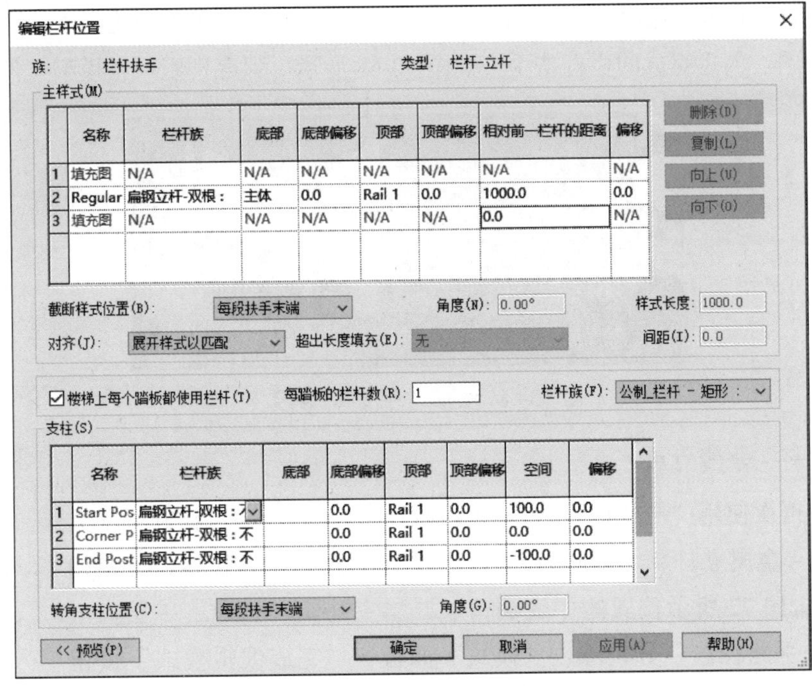

图 10-65　“编辑栏杆位置”对话框

（6）在标高“F2”楼层平面视图中，单击“绘制”面板→“直线”按钮；在阳台南侧两个柱子中间绘制扶手路径线，如图 10-66 所示；单击“模式”面板→“完成编辑模式”按钮“√”，创建完成南侧带立杆的扶手。

（7）同样，再次使用“栏杆扶手”→“绘制路径”工具，在栏杆扶手类型为“栏杆 - 立杆”基础上，在栏杆扶手“类型属性”对话框中复制新的扶手类型“栏杆 - 横杆 1”，并在“编辑栏杆位置”对话框中，将“主样式”和“支柱”中的“栏杆族”全部设为“无”选项；连续单击“确定”按钮两次，关闭所有对话框。

（8）至此创建好了新的扶手类型“栏杆 - 横杆 1”；然后在右侧两个柱子之间绘制扶手路径线，如图 10-67 所示；单击“模式”面板→“完成编辑模式”按钮“√”，完成创建不带立杆的栏杆扶手。

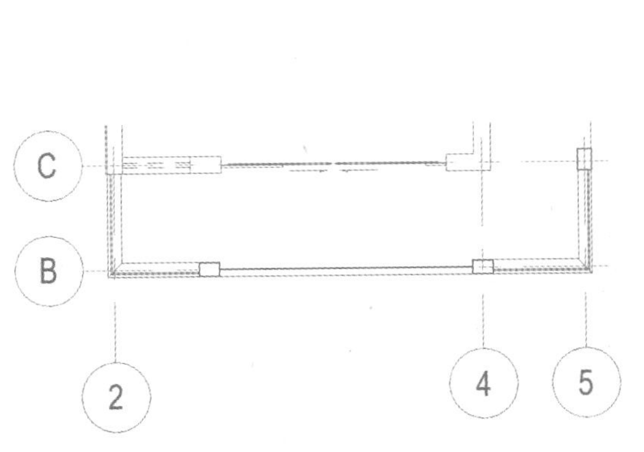

图 10-66　扶手路径线

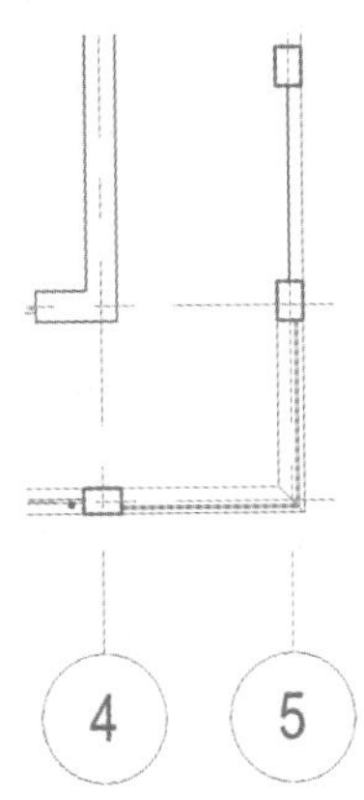

图 10-67　扶手路径线

（9）同理，创建⑤轴上面两个建筑柱 D 和 E 及建筑柱 E 和墙体之间的栏杆扶手；切换到三维视图，创建完成的栏杆扶手，如图 10-68 所示。保存别墅项目模型文件。

图 10-68 栏杆扶手整体三维效果

10.8.3 栏杆 - 金属立杆

同样，再次使用“栏杆扶手”→“绘制路径”工具，确认栏杆扶手类型为“栏杆 - 金属立杆”，用“直线”工具绘制栏杆扶手路径线，绘制如图 10-69~ 图 10-72 所示位置的中庭洞口、二层室外阳台、地下一层挡土墙上栏杆扶手路径线；分别单击“模式”面板→“完成编辑模式”按钮“√”，完成四个位置栏杆扶手的创建。保存别墅项目模型文件。另存为“别墅 34- 栏杆 - 金属立杆 .rvt”文件。

微课：栏杆 - 金属立杆

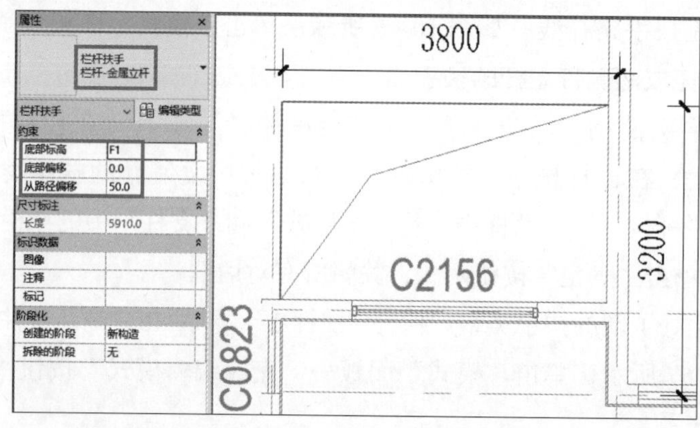

图 10-69 “F1”楼层中庭洞口边界栏杆扶手路径线

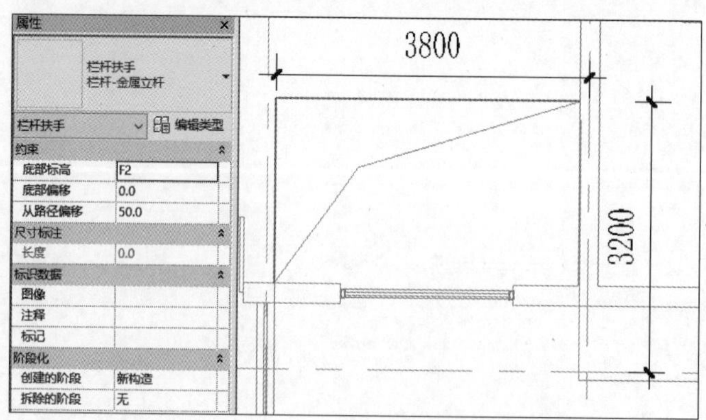

图 10-70 “F2”楼层中庭洞口边界栏杆扶手路径线

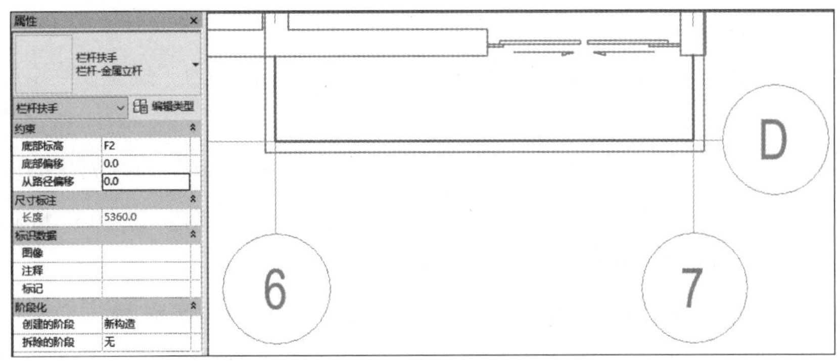

图 10-71 二层室外阳台栏杆扶手路径线

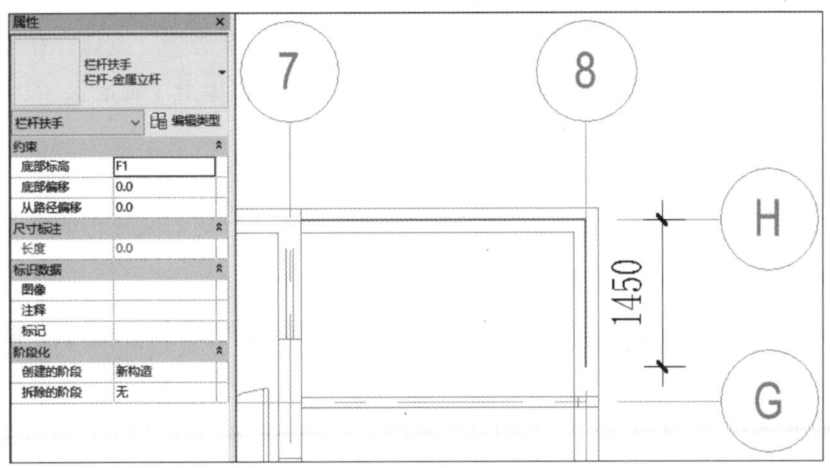

图 10-72 地下一层挡土墙上栏杆扶手路径线

10.9 添加槽钢装饰线条、木饰面

10.9.1 槽钢装饰线条——分隔条、墙饰条

微课：分隔条

1. 分隔条

墙分隔条是墙中装饰性切断部分。可以在三维视图中为墙添加分隔条。分隔条可以是水平的，也可以是垂直的。

（1）新建族：单击“文件”下拉列表“新建”→“族”按钮，选择“公制轮廓 - 分隔条”为族样板，单击“打开”按钮进入族编辑器界面，系统自动进入“参照标高”楼层平面视图。

（2）单击“创建”选项卡→“详图”面板→“直线”按钮，绘制分隔缝的轮廓，如图 10-73 所示。

（3）单击快速访问工具栏“保存”按钮，文件名输入“槽钢装饰线条分隔缝”，单击“保存”按钮，关闭“另存为”对话框。

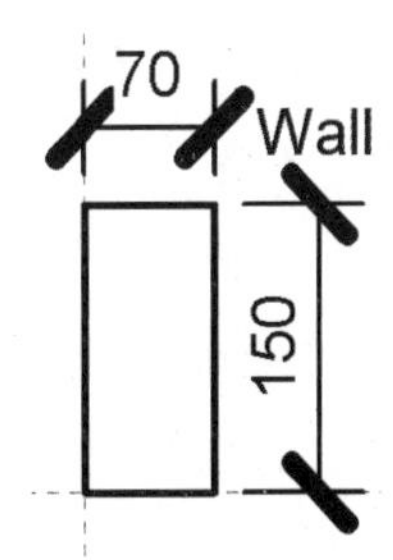

图 10-73 分隔缝的轮廓

关闭“槽钢装饰线条分隔缝”族文件。

（4）打开“别墅 34- 栏杆—金属立杆 .rvt”项目文件，另存为“别墅 35- 添加槽钢装饰线条、木饰面 .rvt”文件。

（5）单击“插入”→“从库中载入”→“载入族”按钮，定位到刚创建的族文件“槽钢装饰线条分隔缝”，选择“槽钢装饰线条分隔缝”族文件，单击“打开”将其载入项目文件“别墅 35- 添加槽钢装饰线条、木饰面 .rvt”中。

（6）单击快速访问工具栏“默认三维视图”按钮，切换到三维视图。

（7）单击“建筑”选项卡→“构建”面板→“墙”下拉列表→“墙：分隔条”按钮，系统切换到“修改 | 放置分隔条”上下文选项卡。

（8）确认分隔条的类型为“糟钢装饰线条”；单击“编辑类型”按钮，在弹出的“类型属性”对话框中，将轮廓选择为“槽钢装饰线条分隔缝”；单击“确定”，关闭“类型属性”对话框。

（9）在“放置”面板上，选择墙分隔条的方向为“水平”。

（10）移动光标到一层南侧入口门顶部位置墙上，当出现墙分隔条预览时，单击放置分隔条，如图 10-74 所示。按 Esc 键两次结束命令。

（11）切换到“南”立面视图，绘制两个以门框向外偏移“700”的参照平面。

（12）选择刚创建的分隔条，拖动左、右两个端点控制柄，调整分隔条的端点到参照平面上，结果如图 10-75 所示。保存别墅项目模型文件。

图 10-74　放置分隔条

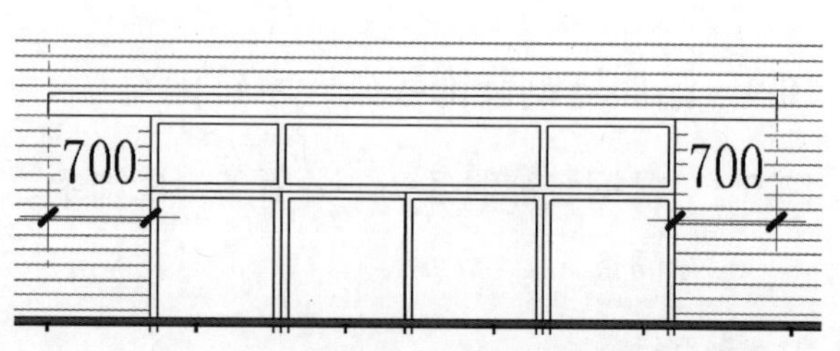

图 10-75　调整分隔条位置后的效果

2. 墙饰条

小知识

墙饰条和分割条一样，是墙体的重要装饰部分，例如沿着墙底部的踢脚板等。可以在三维视图中为墙添加墙饰条。

微课：墙饰条

（1）新建族：单击“文件”下拉列表中的“新建”→“族”按钮，选择“公制轮廓 - 主体”为族样板，单击“打开”按钮进入族编辑器界面，系统自动进入“参照标高”楼层平面视图。

（2）单击“创建”选项卡→“详图”面板→“直线”按钮，绘制槽钢的轮廓，如图 10-76 所示。

（3）单击快速访问工具栏“保存”按钮，文件名输入“槽钢”，单击“保存”按钮。关闭“槽钢”族文件。

（4）单击“插入”→“从库中载入”→“载入族”按钮，定位到刚创建的族文件“槽钢”，选择“槽钢”族文件，单击“打开”，将其载入“别墅 35- 添加槽钢装饰线条、木饰面 .rvt”项目文件中。

（5）单击快速访问工具栏“默认三维视图”按钮，切换到三维视图。

图 10-76　槽钢的轮廓

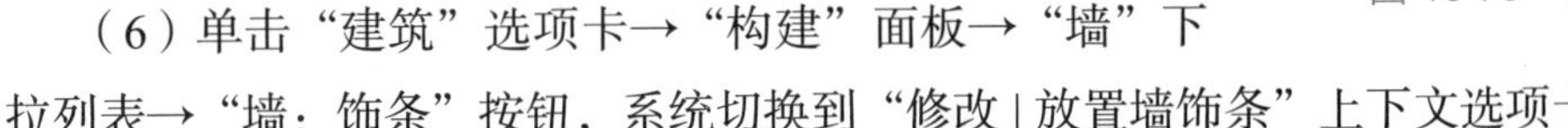

（6）单击“建筑”选项卡→“构建”面板→“墙”下拉列表→“墙：饰条”按钮，系统切换到“修改 | 放置墙饰条”上下文选项卡。

（7）确认墙饰条的类型为“槽钢”；单击“编辑类型”按钮，在弹出的“类型属性”对话框中，将轮廓选择为“槽钢”；单击“确定”按钮，关闭“类型属性”对话框。

（8）在“放置”面板上，选择墙饰条的方向为“水平”。

（9）移动光标到前面创建的分隔条位置，单击放置墙饰条，如图 10-77 所示。按 Esc 键两次结束命令。

（10）同理，在“南”立面视图中拖曳墙饰条端点到参照平面位置，如图 10-78 所示。保存别墅项目模型文件。

图 10-77　放置墙饰条

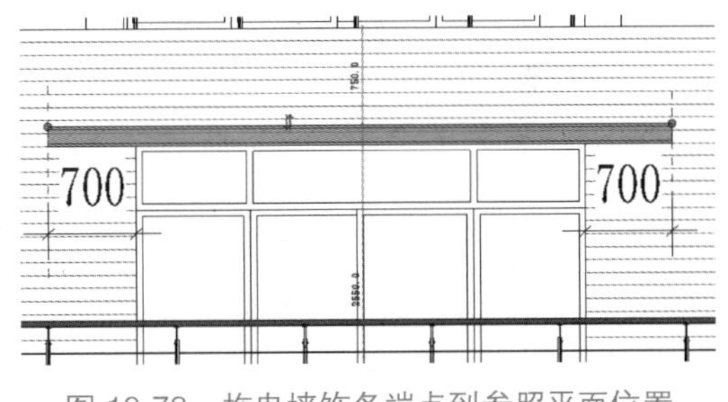

图 10-78　拖曳墙饰条端点到参照平面位置

10.9.2　拆分面—填色—添加木饰面

小知识

本别墅项目中，在 10.9.1 小节创建的墙饰条下面，大门左、右两端的墙体外饰面颜色和其他部位墙体不同。因为此处仅仅是颜色不同，其他墙体构造层等没有变化，因此可以从现有墙面中拆分一块表面，然后赋予其不同的材质、颜色等。

微课：拆分面—填色—添加木饰面

1. 拆分面

小知识

“拆分面”工具可以拆分图元的表面，但不改变图元的结构；在拆分面后，可使用“填色”工具为此部分面应用不同材质。

（1）接 10.9.1 小节练习，切换到“南”立面视图；单击“修改”选项卡→“几何图形”面板→“拆分面”按钮，移动光标到一层阳台入口处墙上，使墙体外表面其高亮显示（可能需要按 Tab 键以选择外表面），单击该面，如图 10-79 所示，系统切换到“修改 | 拆分面→创建边界”上下文选项卡。

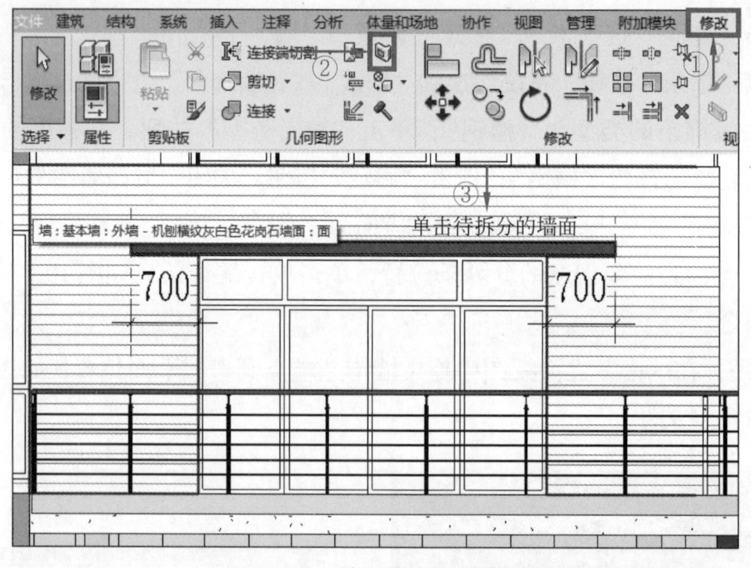

图 10-79 单击待拆分的墙面

（2）单击“绘制”面板→“直线”按钮，如图 10-80 所示，在墙饰条左、右两端点下面绘制两条垂直线到墙体下面边界。

（3）单击“模式”面板→“完成编辑模式”按钮“√”，将大门左、右两侧的墙面单独拆分出来，如图 10-81 所示。保存别墅项目模型文件。

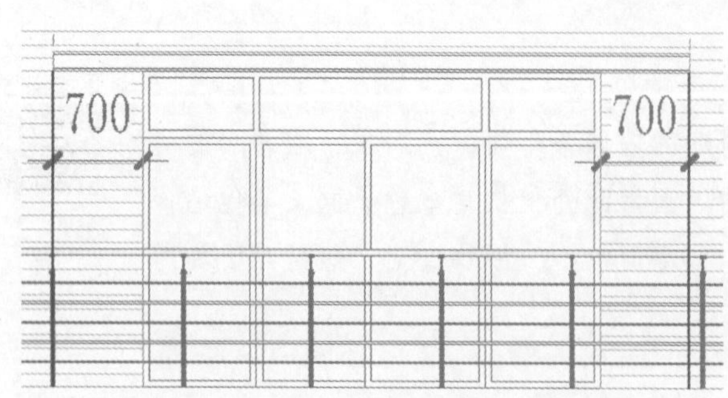

图 10-80 绘制两条垂直线到墙体下面边界

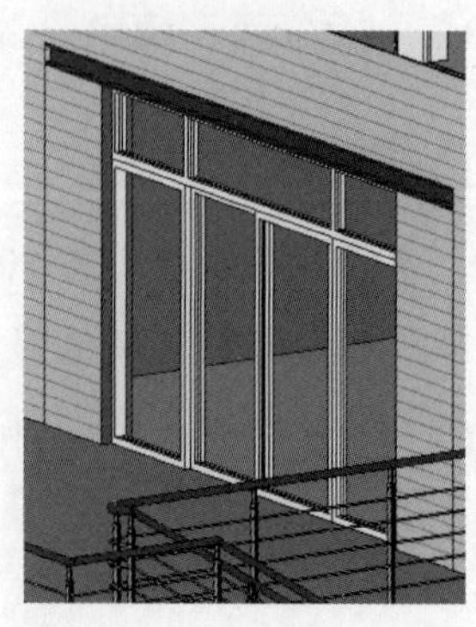

图 10-81 单独拆分墙面

2. 填色

下面用“填色”命令将新的材质应用于刚刚拆分出来的墙面。

（1）在立面或三维视图中，单击“修改”选项卡→“几何图形”面板→“填色”按钮，切换到“修改 | 填色”上下文选项卡；在弹出的“材质浏览器”对话框中选择要应用的“再造木饰面”材质，如图 10-82 中③所示。

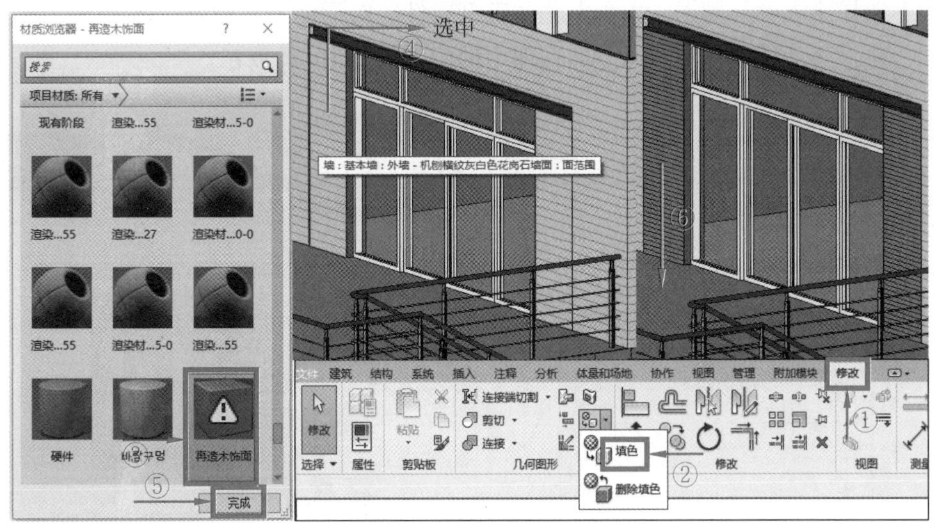

图 10-82　填色

（2）分别移动光标到门两侧的墙体拆分面上，当其高亮显示时，单击鼠标左键，接着单击“材质浏览器”对话框中的“完成”按钮，即可给该面应用“再造木饰面”材质，如图 10-82 中④和⑤所示。

（3）结果如图 10-82 中⑥所示。

小知识

可以填色的图元包括墙、屋顶、体量、族和楼板。将光标放在图元附近时，如果图元高亮显示，则可以为该图元填色。要删除填色，请激活“删除填色”工具，再单击已填色的表面，则该填色将被删除。

（4）同样，可以使用“分隔条”“墙饰条”“拆分面”和“填色”工具给其他位置墙体添加槽钢装饰线条和木饰面（具体位置详见模型文件）。保存项目文件，另存为“别墅 36-钢百叶 .rvt”文件。

10.10　钢百叶

微课：钢百叶

小知识

除了前述的分隔条、墙饰条、木饰面等装饰构件，在项目北侧主入口处的两个柱子顶部还有钢百叶装饰。下面使用“放置构件”和幕墙功能来进行创建。

（1）切换到标高“F1”楼层平面视图。

（2）单击“建筑”选项卡→“构建”面板→“构件”下拉列表→“放置构件”按钮，从类型选择器中选择“槽钢装饰线条：槽钢”类型，单击“放置”面板“放置在面上”按钮；选项栏中“偏移量”设置为“=70/2”；单击“绘制”面板“直线”按钮，捕捉左、右两个柱子的内边界中点，放置槽钢，如图 10-83 所示。

（3）选择刚放置的槽钢，单击左侧“实例属性”对话框→“约束”选项→“偏移”为“2650”。刚放置的槽钢在“北”立面视图中的位置如图 10-84 所示。

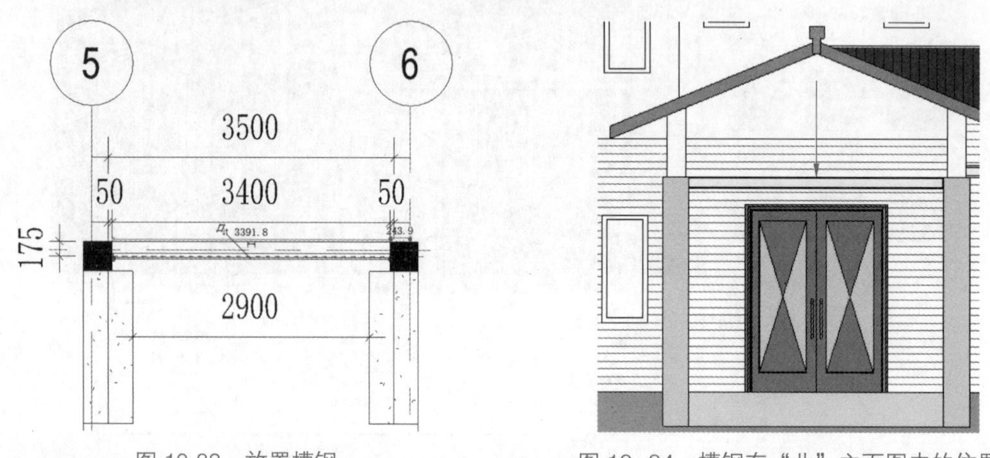

图 10-83　放置槽钢　　图 10–84　槽钢在“北”立面图中的位置

（4）切换到标高“F1”楼层平面视图；单击“建筑”选项卡→“构建”面板→“墙：建筑”按钮，在类型选择器下拉列表中选择“幕墙”类型，在刚才放置槽钢的位置绘制一道幕墙，如图 10-85 所示；其立面效果如图 10-86 所示。

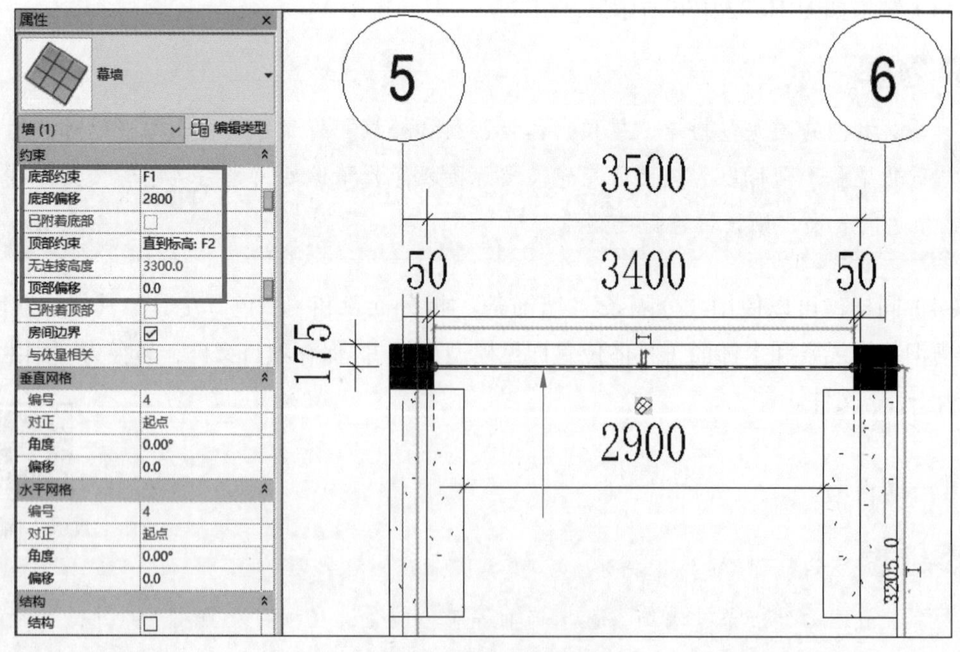

图 10-85　绘制一道幕墙

（5）选中幕墙，单击“修改墙”面板“附着顶部 / 底部”按钮，在选项栏中选择“附着墙：顶部”，再单击拾取上面的二层拉伸屋顶，将幕墙顶部附着到二层拉伸屋顶下面。

（6）选中幕墙，单击“编辑类型”按钮，在弹出的“类型属性”对话框中单击“复制”按钮，复制一个名称为“百叶”的新的幕墙类型。

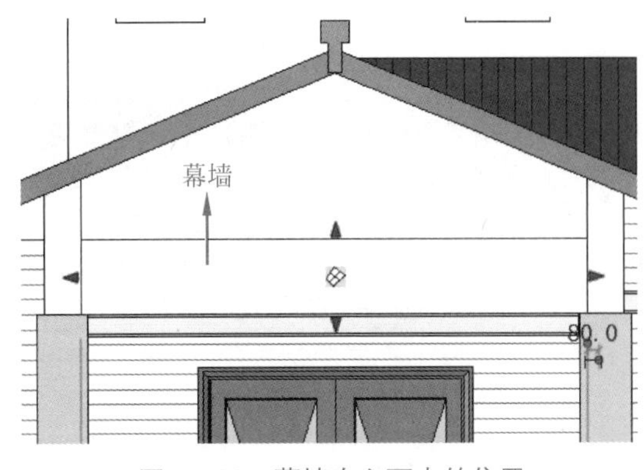

图 10-86　幕墙在立面中的位置

（7）设置幕墙类型属性参数和实例属性参数，如图 10-87 所示。幕墙按属性参数设置分割嵌板，并创建竖梃。

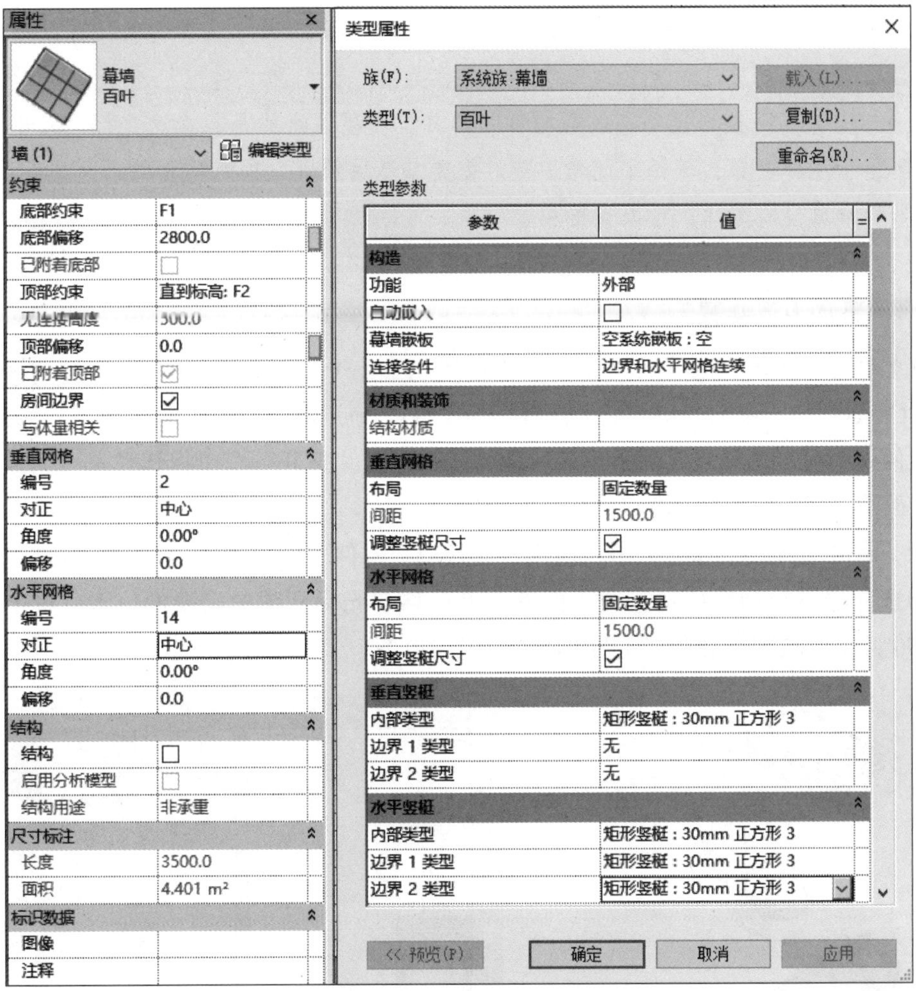

属性

幕墙 百叶

墙 (1)　编辑类型

参数	值
约束	
底部约束	F1
底部偏移	2800.0
已附着底部	☐
顶部约束	直到标高: F2
无连接高度	300.0
顶部偏移	0.0
已附着顶部	☑
房间边界	☑
与体量相关	☐
垂直网格	
编号	2
对正	中心
角度	0.00°
偏移	0.0
水平网格	
编号	14
对正	中心
角度	0.00°
偏移	0.0
结构	
结构	☐
启用分析模型	☐
结构用途	非承重
尺寸标注	
长度	3500.0
面积	4.401 m²
标识数据	
图像	
注释	

类型属性

族(F)：系统族：幕墙　载入(L)...

类型(T)：百叶　复制(D)...

重命名(R)...

类型参数

参数	值
构造	
功能	外部
自动嵌入	☐
幕墙嵌板	空系统嵌板：空
连接条件	边界和水平网格连续
材质和装饰	
结构材质	
垂直网格	
布局	固定数量
间距	1500.0
调整竖梃尺寸	☑
水平网格	
布局	固定数量
间距	1500.0
调整竖梃尺寸	☑
垂直竖梃	
内部类型	矩形竖梃：30mm 正方形 3
边界 1 类型	无
边界 2 类型	无
水平竖梃	
内部类型	矩形竖梃：30mm 正方形 3
边界 1 类型	矩形竖梃：30mm 正方形 3
边界 2 类型	矩形竖梃：30mm 正方形 3

<< 预览(P)　确定　取消　应用

图 10-87　设置幕墙属性参数

（8）完成后的主入口钢百叶效果如图 10-88 所示。保存别墅项目模型文件，将文件另存为“别墅 37- 添加室内构件 .rvt”。

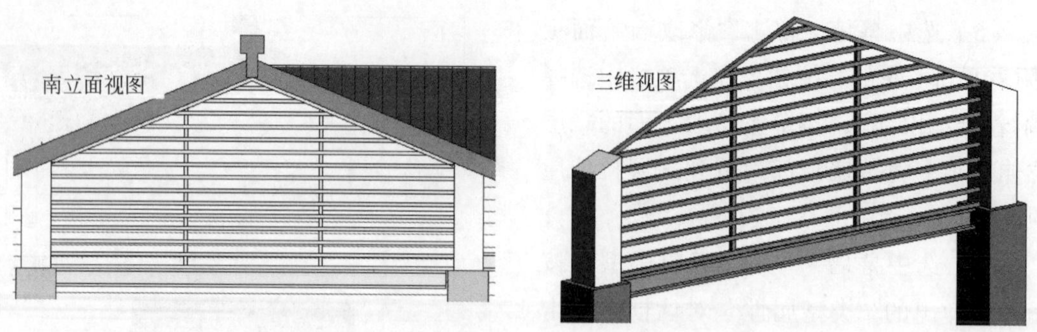

图 10-88 主入口钢百叶效果

10.11 添加室内构件

小知识

Revit 2018 自带了大量的卫浴装置、家具、照明设备等标准族构件，可以将其载入项目文件中直接放置。放置这些构件的工具只有一个，即“建筑”选项卡→“构建”面板→“构件”下拉列表→“放置构件”工具。需要注意的是，在这些标准族中，有些需要基于主体放置，例如小便器、壁灯需要基于墙放置，顶灯需要基于天花板放置；而有些标准族没有主体，可以直接放置。

10.11.1 添加卫浴装置

（1）单击“插入”选项卡→“从库中载入”面板→“载入族”按钮，定位到“China”→“建筑”→“卫生器具”→“3D”→“常规卫浴”文件夹，从子文件夹中可以选择需要的卫浴装置族文件，单击“打开”按钮将其载入项目文件中。图 10-89 为标准卫浴装置族示例。

微课：添加卫浴装置

（2）单击“建筑”选项卡→“构建”面板→“构件”下拉列表→“放置构件”按钮，从类型选择器下拉列表中选择载入的族文件，移动光标到图中需要的位置，单击放置。图 10-90 为在“F2”楼层平面视图中放置的卫浴设备。

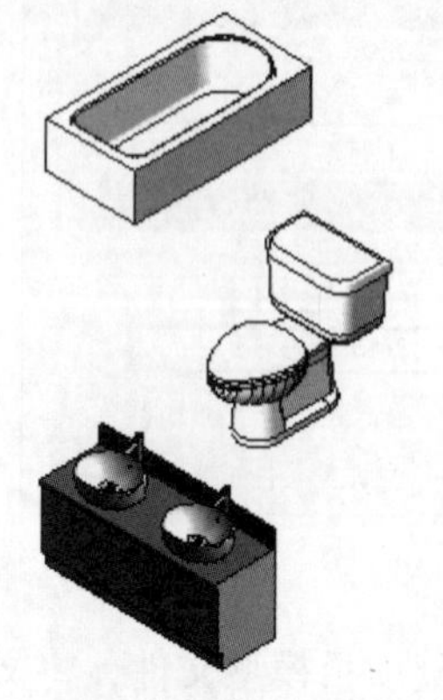

图 10-89 标准卫浴装置族

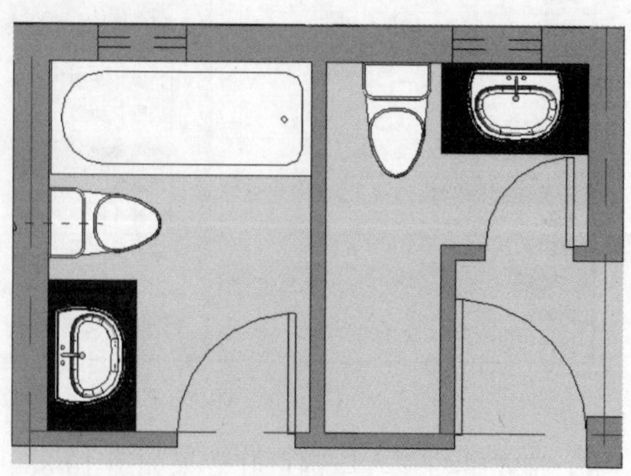

图 10-90 放置的卫浴设备

10.11.2　添加室内构件

微课：添加室内构件

（1）单击“插入”选项卡→“从库中载入”面板→“载入族”按钮，定位到本书提供的素材文件夹中的“客厅族”文件夹，选择所有族文件，单击“确定”按钮，将其载入项目文件中。

（2）切换到标高“F1”楼层平面视图。

（3）单击“建筑”选项卡→“构建”面板→“构件”下拉列表→“放置构件”按钮，从类型选择器中选择载入的家具族文件，移动光标到图中需要的位置，单击放置。图 10-91 所示为一层平面客厅家具布局。

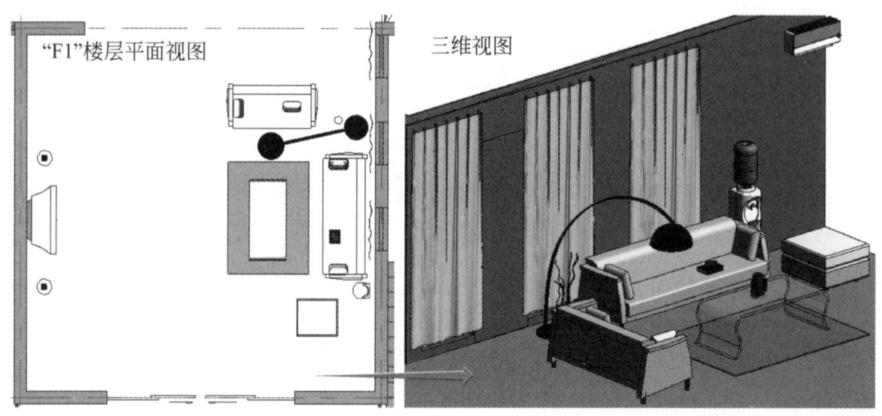

图 10-91　一层平面客厅家具布局

（4）下面布置照明设备。

小知识

如前面所述，很多照明族文件基于主体设置，比如落地灯为“基于楼板的照明设备”，吊灯、吸顶灯为“基于天花板的照明设备”，壁灯为“基于墙的照明设备”。本别墅项目客厅当中添加了吸顶灯，所以必须在放置吸顶灯之前创建天花板，然后把吸顶灯放置在天花板上。天花板的创建过程和楼板基本相同，这里不再详述。

（5）单击“建筑”选项卡→“构建”面板→“构件”下拉列表→“放置构件”按钮，从类型选择器中选择载入的照明设备族。移动光标到图中需要的位置，单击放置。如图 10-92 所示为客厅照明设备布局。保存别墅项目模型文件。

图 10-92　客厅照明设备布局

至此，本别墅项目室内外构件都已经放置完成，保存项目文件，将其另存为“别墅 38- 创建室内外构件 .rvt”文件。

第 11 章　场地

前面几章已经完成了别墅项目三维模型的设计。但如果只有三维模型，而不能把模型和别墅项目周边的环境相结合，依然不能完美展示建筑师的创意。本章即将为别墅模型创建场地，从全方位来展现别墅项目。本章将使用创建高程“点”的方法为三维别墅创建三维地形表面，并为别墅项目创建建筑地坪，最后用“子面域”命令规划别墅项目进出道路，并创建植物等配景构件。

课程目标

- 用“点”创建地形表面的基本方法；
- 创建“建筑地坪”的方法；
- 创建地形“子面域”的方法；
- 创建植物等建筑配景构件的方法。

11.1　地形表面

地形表面是建筑场地地形图形表示。在 Revit 2018 中，可以使用“体量和场地”选项卡→“场地建模”面板→“地形表面”工具创建地形表面，通过不同高程的点或等高线，连接成我们需要的三维地形表面。在默认情况下，楼层平面视图不显示地形表面，可以在三维视图或专用的“场地”中创建。“场地”视图的视图范围覆盖整个别墅项目。

微课：地形表面

接第 10 章练习，继续完成本章练习。

打开第 10 章完成的“别墅 38- 创建室内外构件 .rvt”文件，将其另存为“别墅 39- 场地 .rvt”项目文件。

场地区域一定大于建筑区域，所以应先行确定场地的轮廓，在每个方向上最外沿的轴线向外再扩大 10000mm。具体操作步骤如下。

（1）切换到“场地”楼层平面视图。

（2）为了便于捕捉，根据绘制地形的需要，在“场地”平面视图中绘制 6 个参照平面。

（3）单击“建筑”选项卡→“工作平面”面板→“参照平面”按钮，系统切换到“修改 | 放置参照平面”上下文选项卡；选择“直线”的绘制方式，移动光标到图中①轴左侧，单击垂直方向上、下两点绘制一条垂直参照平面。

（4）选择刚绘制的参照平面，出现蓝色临时尺寸，单击蓝色尺寸文字，输入“10000”按 Enter 键确认，使参照平面到①轴之间距离为 10m（如临时尺寸右侧尺寸界线不在①轴上，可以拖曳尺寸界线上蓝色控制柄到①轴上松开鼠标）。

（5）同样，在⑧轴右侧 10m、J 轴上方 10m、A 轴下方 10m、H 轴上方 240mm、D 轴下方 1100mm 位置绘制其余 5 条参照平面。

（6）对于绘制的 6 条参照平面，需保证找到它们两两相交，共有 8 个相交点，即 A、B、C、D、E、F、G、H，如图 11-1 所示。

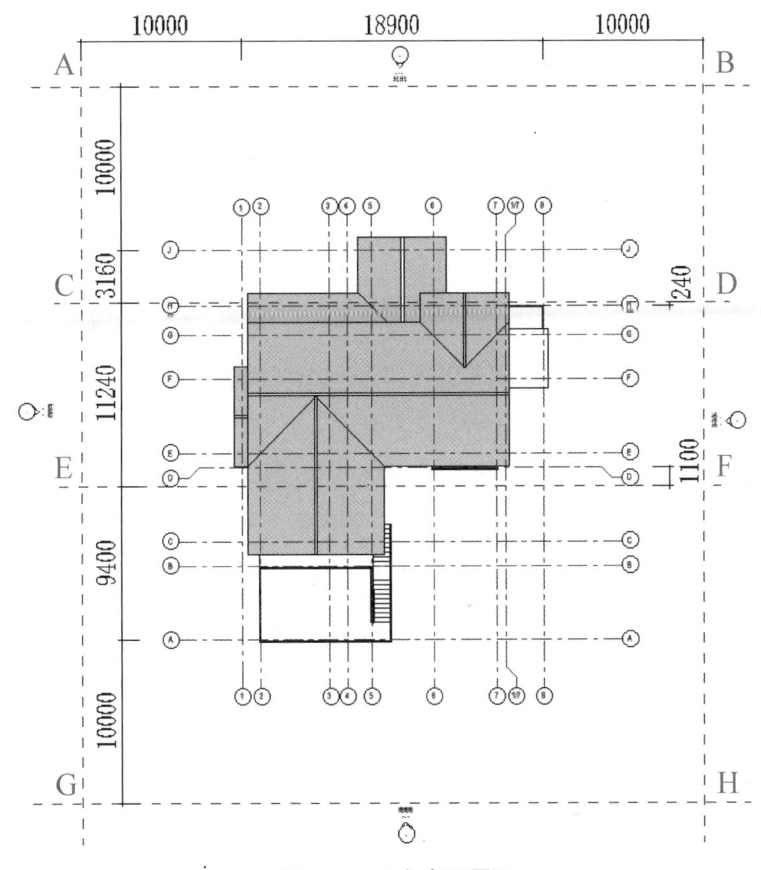

图 11-1　6 条参照平面

（7）原先“场地”平面视图的 4 个立面符号需要正交移动到参照平面外侧，如图 11-1 所示。

（8）下面将捕捉 6 条参照平面的 8 个交点 A~H，通过“放置点”的方式创建地形表面。

（9）单击“体量和场地”选项卡→“场地建模”面板→“地形表面”按钮，切换到“修改 | 编辑表面”上下文选项卡。

（10）单击“工具”面板→“放置点”按钮，选项栏显示高程选项，将光标移至高程数值“0.0”上双击即可设置新值，输入“-450”，按 Enter 键完成高程值的设置，如图 11-2 所示。

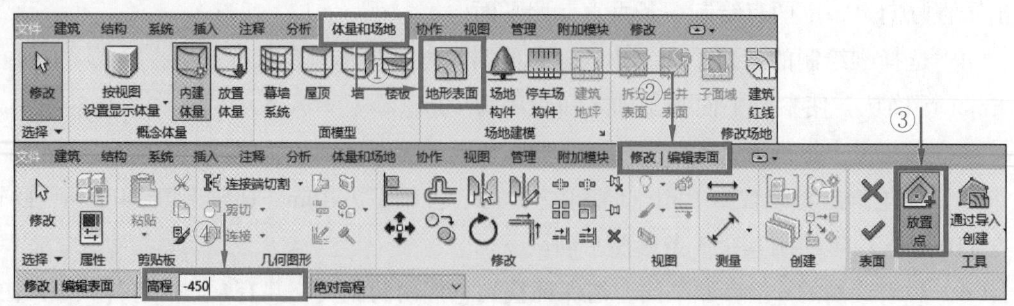

图 11-2　高程值的设置

小知识

“高程”的数值用于确定正在放置点的高程，默认值为“0.0”。

（11）移动光标至绘图区域，依次单击图 11-1 中 A、B、C、D 四点，即可放置 4 个高程为“-450”的点，并形成了以该四点为端点的高程为“-450”的地形平面。

小知识

图 11-2 中“放置点”和“通过导入创建”两个工具都是创建地形表面的方法。其中，“放置点”即高程点，此工具是利用点的绝对高程来创建地形表面，适用于平面地形或简单的曲面地形；“通过导入创建”是通过导入三维等高线数据或点文件信息来生成地形表面，此方法适用于创建已有真实地形数据的复杂自然地形。本别墅项目中需要创建的是简单曲面地形，因此将着重介绍“放置点”工具的应用。

（12）再次将光标移至选项栏，双击“高程”值“-450”，设置新值为“-3500”，按 Enter 键完成高程值的设置。

（13）将光标移动到绘图区域，依次单击图 11-1 中 E、F、G、H 四点，放置四个高程为“-3500”的点，并形成了以该四点为端点的高程为“-3500”的地形平面；单击“表面”面板→“完成编辑模式”按钮“√”，完成地形表面的创建。

小知识

上述 8 个高程点必须在一个“放置点”命令之中完成，这样才能够形成一个整体性的地形表面。

（14）切换到三维视图，选中刚创建的地形，系统切换到“修改 | 地形”上下文选项卡；单击左侧“实例属性”对话框→“材质和装饰”选项→“材质”为“场地 - 草”。此时给地形表面添加了草地材质，如图 11-3 所示。

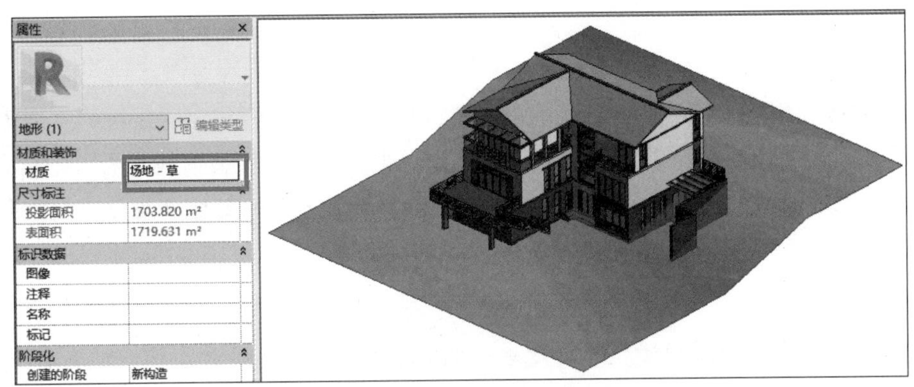

图 11-3　给地形表面添加草地材质

（15）按 Esc 键结束地形的选择状态，观察地形表面的效果，如图 11-4 所示。也可切换到"东"立面视图，观察 8 个高程点控制形成的"两个平面和一个坡面"的组合地形表面，两个平面标高分别是"0F"和"-1F-1"，如图 11-5 所示。保存别墅项目模型文件。

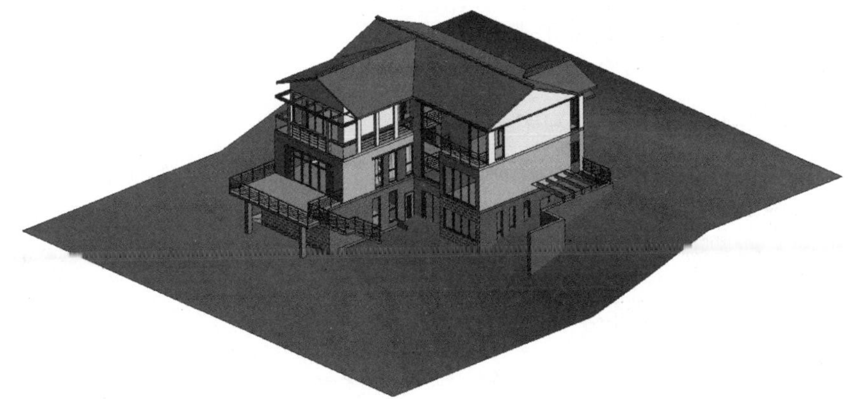

图 11-4　地形表面的效果

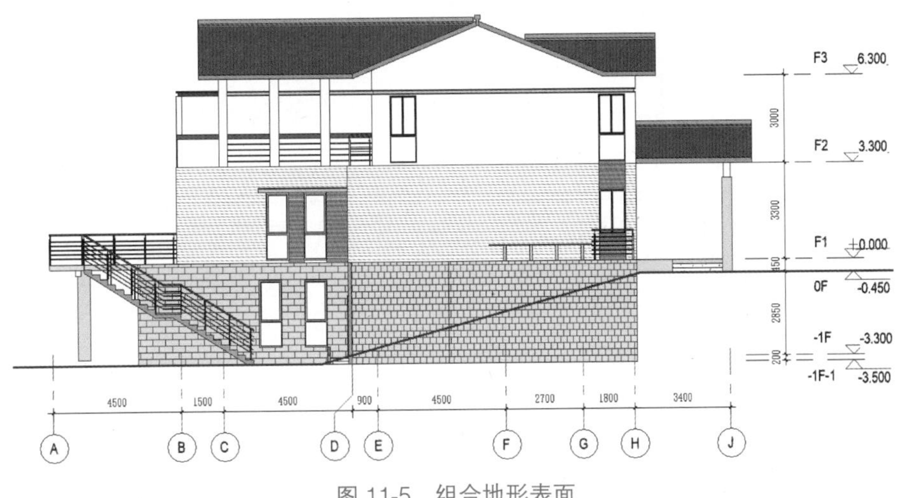

图 11-5　组合地形表面

观察图 11-4 即可发现，建立场地时，把地下一层雨篷处的门也挡住了，所以接下来要在地形基础上对建筑地坪做进一步的创建。

11.2 建筑地坪

微课：建筑地坪

小知识

通过学习创建地形表面，我们已经创建了一个带有简单坡度的地形表面，而建筑的地下一层地面是水平的，本节将学习建筑地坪的创建方法。

小知识

“建筑地坪”工具适用于快速创建水平地面、停车场、水平道路等。建筑地坪可以在“场地”平面视图中创建；为了参照地下一层外墙，也可以在标高“-1F”楼层平面视图中创建。

小知识

建筑地坪作用是能将地形中需要平整的部分剪切为水平面，也就是说，在创建水平面的同时，能将该处本来的地形表面剪切。

（1）切换到“-1F”楼层平面视图。

（2）单击“体量和场地”选项卡→“场地建模”面板→“建筑地坪”按钮，切换到“修改 | 创建建筑地坪边界”上下文选项卡；激活“绘制”面板→“边界线”按钮，单击“绘制”面板上的“直线”按钮，将光标移动到绘图区域，开始顺时针绘制建筑地坪边界线，如图 11-6 所示，必须保证边界线闭合。

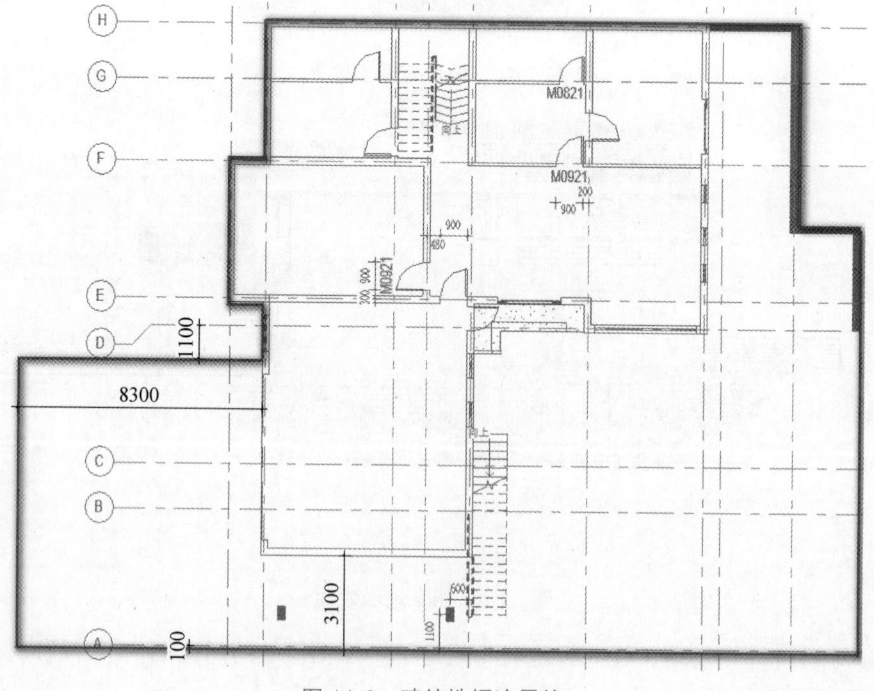

图 11-6 建筑地坪边界线

小知识

可使用“绘制”面板→“拾取墙”工具，单击可作为建筑地坪边界的墙体，即可生成建筑地坪的边界线，并结合“直线”工具绘制图中无法拾取墙体形成的边界线，然后使用“修剪 / 延伸为角”工具将紫色线条修剪为闭合边界线。

（3）设置左侧“实例属性”对话框中“约束”选项下“标高”为“-1F-1”，设置“自标高的高度偏移”为“0.0”。

小知识

在默认情况下，标高值与当前打开的视图标高统一，可从下拉列表中选择项目中的任意标高，将其设置为地坪高度。

（4）确认类型选择器下拉列表中“建筑地坪”的类型为“建筑地坪 建筑地坪 1”，单击“编辑类型”按钮，在弹出的“类型属性”对话框中单击“结构”后的“编辑”按钮，如图 11-7 所示；在弹出的“编辑部件”对话框中设置第 2 层“结构 [1]”材质为“场地 - 碎石”后，连续单击“确定”按钮两次，关闭所有对话框。

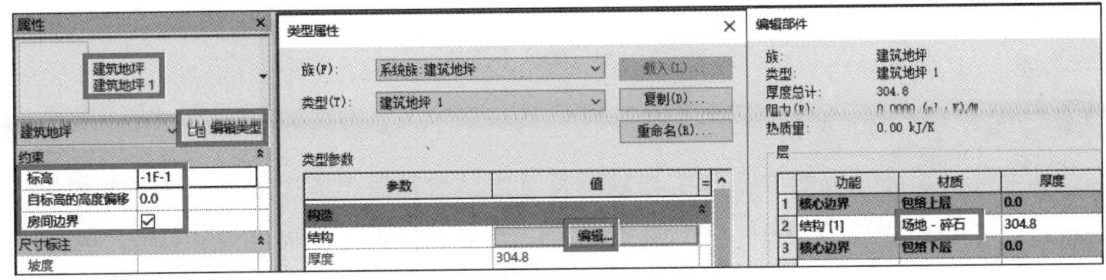

图 11-7 设置材质“场地 - 碎石”

（5）单击“模式”面板→“完成编辑模式”按钮“√”，完成建筑地坪的创建，即对地形表面剪切形成“建筑地坪”空间。

（6）切换三维视图，观察建筑地坪的显示效果，如图 11-8 所示。保存别墅项目模型文件。

图 11-8 建筑地坪效果

11.3 地形“子面域”

微课：地形“子面域”

在 11.2 节我们创建了建筑地坪；下面将使用“子面域”工具在地形表面上创建道路。

（1）切换到“场地”平面视图。

（2）单击“体量和场地”选项卡→“修改场地”面板→“子面域”按钮，进入“修改 | 创建子面域边界”上下文选项卡；单击“绘制”面板→“直线”按钮绘制封闭的子面域轮廓，如图 11-9 所示。

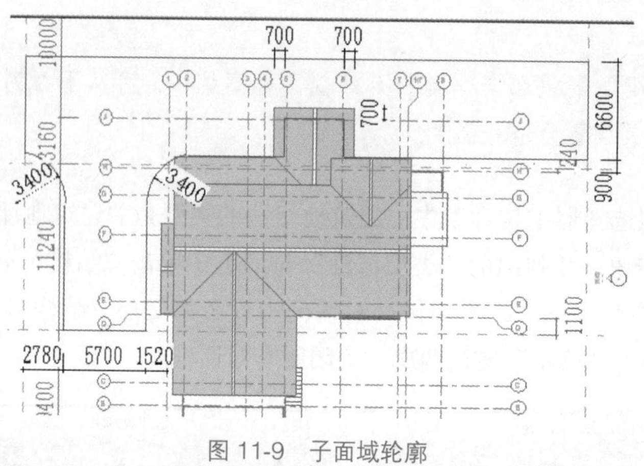

图 11-9 子面域轮廓

小知识

其中最左、最下、最右三条线与地形表面的参照平面平齐，内部三条线相对主入口屋顶边缘线向内偏移 700；绘制到弧线时，单击“绘制”面板上的“起点—终点—半径弧”命令，勾选选项栏“半径”，将半径值设置为 3400。绘制完弧线后，在“绘制”面板上单击“直线”工具，切换回直线继续绘制。

小知识

子面域是附着于地形表面上的面，因此其高度走势完全依附于地形表面，无须单独设置子面域的标高。

（3）设置左侧“实例属性”对话框中“材质和装饰”选项下的“材质”为“场地—柏油路”。

（4）单击“模式”面板→“完成编辑模式”按钮“√”，完成子面域即道路区域的绘制。

（5）切换到三维视图，观察道路三维显示效果。保存别墅项目模型文件。

11.4 场地构件的添加

微课：场地构件的添加

有了地形表面和道路，再配上生动的花草、树木、汽车等场地构件，可以使整个场景更加丰富。

场地构件的放置同样在默认的“场地”平面视图中完成。

（1）切换到“场地”平面视图。

（2）单击“体量和场地”选项卡→“场地建模”面板→“场地构件”按钮；首先在类型选择器下拉列表中选择“M_ 树 - 落叶树 黑橡 -8.2 米”树木构件，如图 11-10 所示。

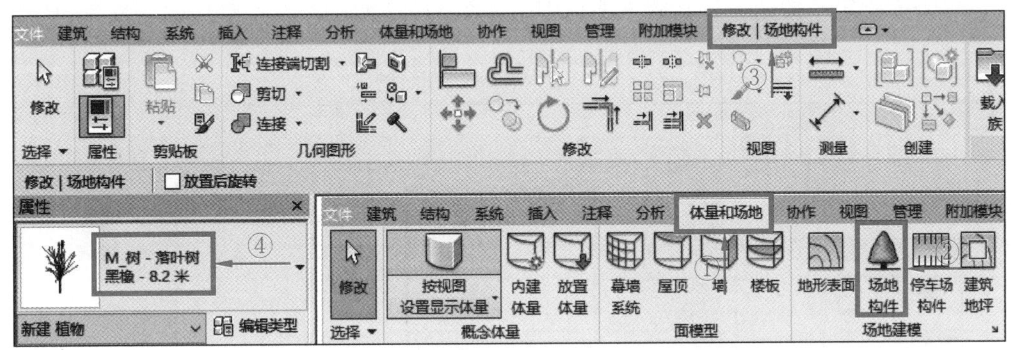

图 11-10　“M_ 树 - 落叶树 黑橡 -8.2 米”树木构件

小知识

鼠标在绘图区域放置黑橡树；在放置过程中，应尽可能使用自动追踪功能，确保树木排列整齐、间距均匀等，如图 11-11 所示。

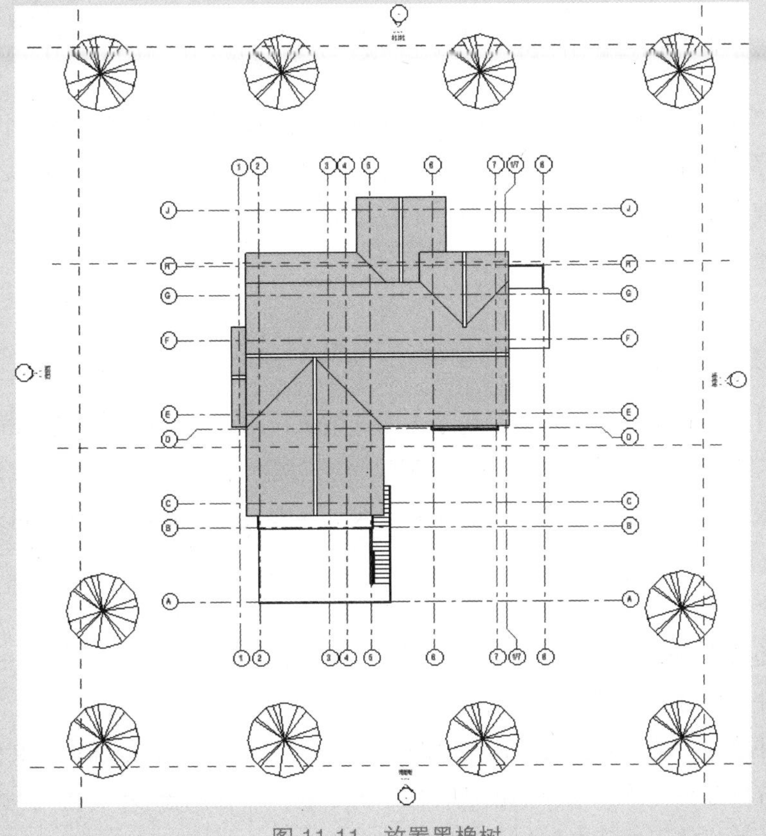

图 11-11　放置黑橡树

（3）然后按住 Ctrl 键，分别选择“北侧 4 棵”和“南侧 6 棵”两批不同平面的树木，分别修改左侧“实例属性”对话框中“标高”参数为“0F”和“-1F-1”。

（4）单击“修改 | 场地构件”上下文选项卡→“模式”面板→“载入族”按钮，打开“载入族”对话框，定位到“植物”文件夹中，双击“乔木”文件夹，单击选择“白杨，rfa”，单击“确定”按钮，将其载入项目中，如图 11-12 所示。

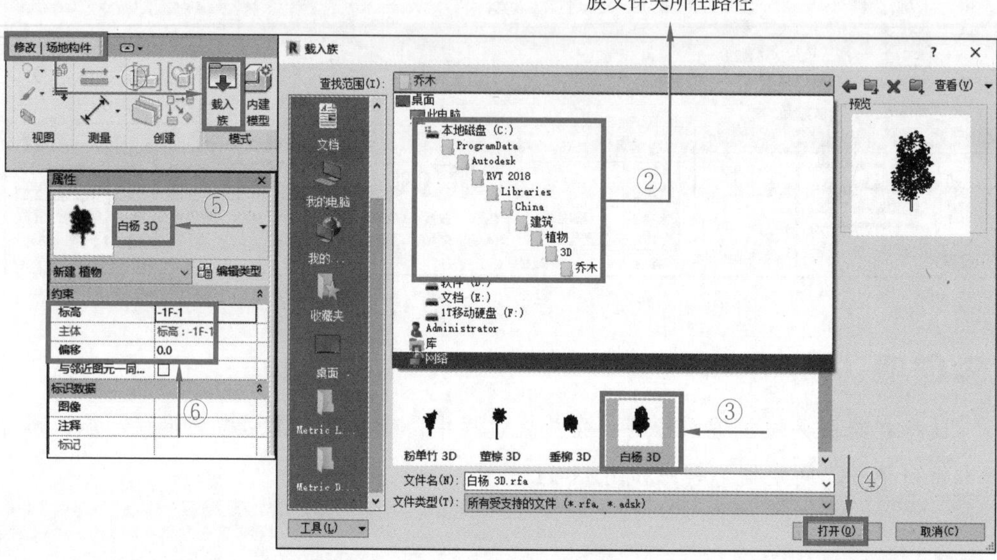

图 11-12　载入族“白杨，rfa”

（5）在“场地”平面视图中，根据自己的需要在道路及别墅周围添加场地构件树“白杨”。

（6）同样方法，载入“China→建筑→配景→PRC 甲虫”，放置在场地之中。切换到三维视图，观察整个别墅项目的场地构件的三维显示效果。

至此就添加完成了所有的场地构件。

11.5　经典真题解析

下面通过一道精选的考试真题（场地）的详细解析来介绍场地的建模和解题步骤。

（第十六期全国 BIM 技能等级考试一级试题第一题“散水”）根据给定尺寸建立墙与水泥砂浆散水模型，地形尺寸自定义，未标明尺寸不作要求，请将模型文件以“散水 + 考生姓名 .×××”为文件名保存到考生文件夹中。

1. 解析

（1）本题要求建立墙与水泥砂浆散水模型，同时包含地形；

（2）文件名：“散水 + 考生项目”；

（3）文件格式：题目涉及墙体和地形的创建，故选择建筑样板创建项目文件比较合适；

（4）考查的建模方式：墙体的创建、散水的创建（可使用楼板、内建模型、墙饰条进行创建，此题建议使用楼板来创建）、地形的创建；

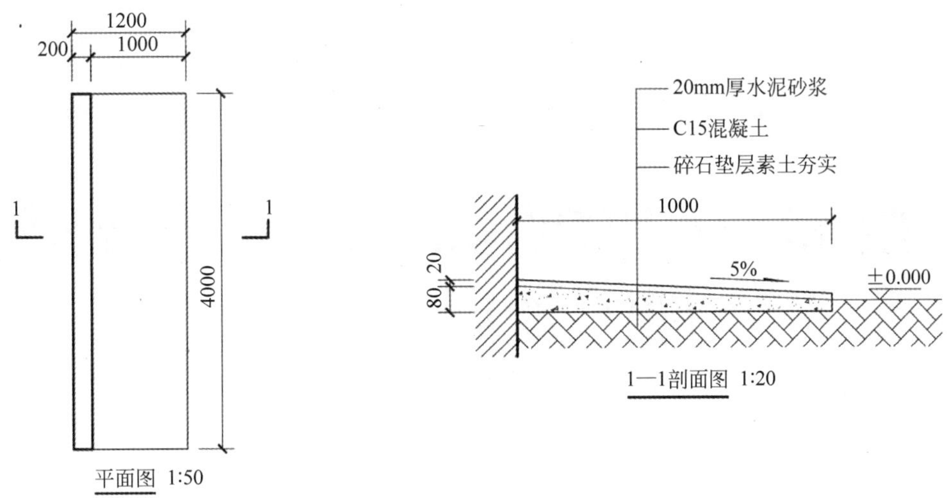

图 11-13　第十六期第一题“散水”

（5）材质赋予：墙体无材质要求、楼板有两层（面层为水泥砂浆，且厚度不可变；结构层为 C15 混凝土，厚度可变）。

2. 本题注意点

（1）墙体厚度为 200，长度为 4000；

（2）散水宽度为 1000，坡度为 5%；故内、外侧高差为 50；

（3）使用楼板创建散水时，通过形状编辑（修改子图元）形成放坡；在编辑楼板结构时，需要勾选 C15 混凝土结构层为可变。

3. 本题考点

本题考点见图 11-14。

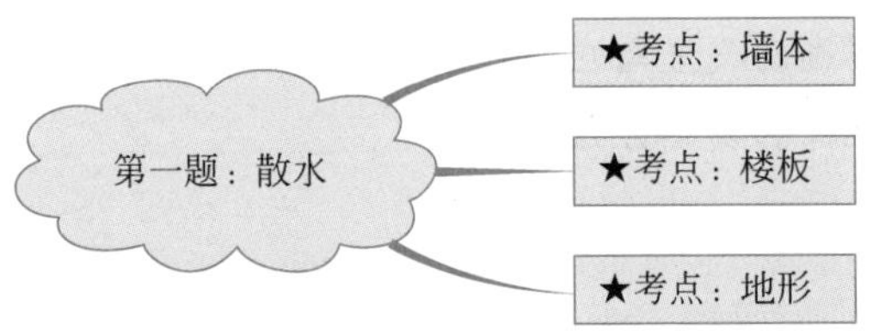

图 11-14　第十六期第一题“散水”考点

4. 本题完成模型

本题完成模型如图 11-15 所示。

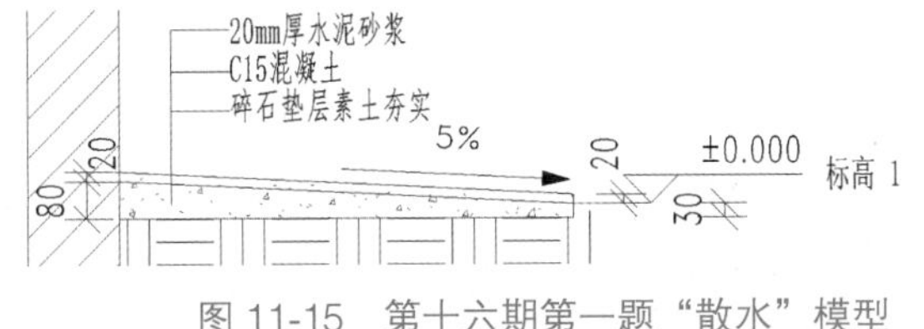

图 11-15　第十六期第一题“散水”模型

微课：第十六期第一题“散水”

本章学习了创建地形表面、建筑地坪和子面域工具的方法；从第 12 章开始，我们将学习房间填充、尺寸标注、视图属性和视图范围等平面视图处理工具。

第 12 章　门窗明细表的创建及平面视图处理

概　述

通过学习第 4~11 章，我们已经创建了别墅项目所有建筑构件和场地构件的三维模型。在创建这些三维构件时，其平面、立面视图及部分构件统计表都已经基本同步完成，剖面视图也只需要绘制一条剖面线即可自动创建，还可以从各个视图中直接创建视图索引，从而快速创建节点大样详图。但这些自动完成的视图，其细节还达不到出图的要求，例如没有尺寸标注和必要的文字注释、轴网标头位置等需要调整等；因此，还需要在细节上进行补充和细化，以达到最终出图的要求。

课程目标

- 门窗表的创建：掌握 Revit 2018 的构件与工程量统计方法；
- 视图属性与视图样板的设置与应用；
- 尺寸标注与文字注释的创建方法。

温馨提醒

在本章学习之前，读者首先扫描右侧二维码，下载讲义和配套视频课程自主学习。

微课：房间与房间标记内容讲解

12.1　创建门窗表

小知识

明细表是通过表格的方式来展现模型图元的参数信息，对于项目的任何修改，明细表都将通过自动更新来反映这些修改的内容。

微课：创建门窗表

下面为创建的别墅项目新建门窗明细表。打开“别墅 40- 房间与房间标记 .rvt”文件，将其另存为“别墅 41- 门窗表的创建 .rvt”。

我们可以通过“明细表”功能来创建门窗表。在 Revit 2018 中，门窗表将按照门和窗分别创建明细表，两者创建的内容和步骤一致。此处以创建窗明细表为例进行详细说明。

（1）单击“视图”选项卡，“创建”面板，“明细表”下拉列表，“明细表 / 数量”按钮，在系统弹出的“新建明细表”对话框中，在“类别”列表中选择“窗”，在“名称”下面文本框中输入自定义的窗明细表，或直接使用默认名称，保持默认选择“建筑构件明细表”，设置“阶段”为“新构造”。

（2）单击“确定”按钮，退出“新建明细表”对话框，进入“明细表属性”对话框；切换到“字段”选项卡，在左侧“可用字段”列表按住 Ctrl 键选择“类型”“宽度”“高度”“类型注释”“合计”“标高”“说明”“族”字段，单击中间的“添加”按钮将字段添加到右侧“明细表字段（按顺序）”列表中（单击“删除”按钮可将右侧“明细表字段（按顺序）”列表字段移动到左侧列表中）。单击“上移”“下移”按钮，将所选字段调整好排列顺序。如图 12-1 所示。

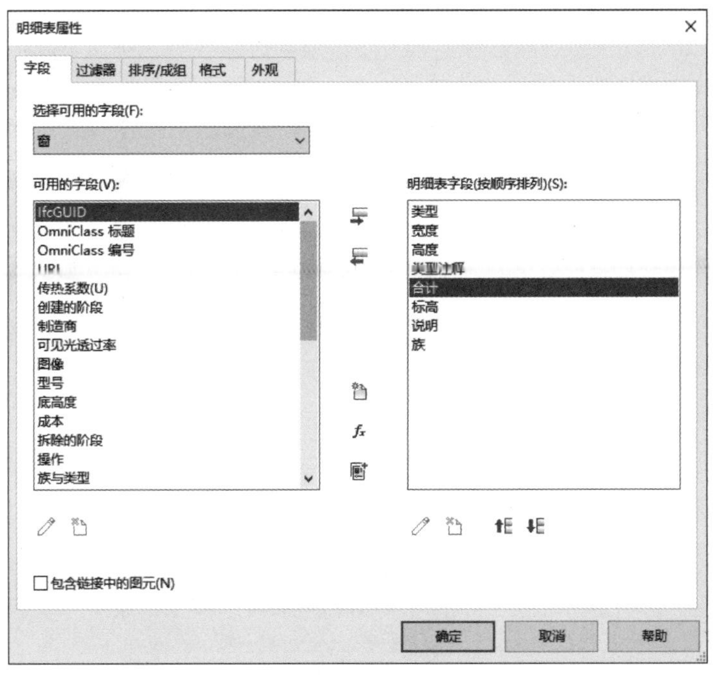

图 12-1　添加字段

（3）单击“排序 / 成组”选项卡，从“排序方式”后的下拉列表中选择“类型”，勾选“升序”；从“否则按（R）”后的下拉列表中选择“标高”，勾选“升序”；勾选“总计”，选择“合计和总数”，自动计算总数；不勾选“逐项列举每个实例”；按照图 12-2 所示进行设置，所有窗户按照“类型”和“标高”两个条件排列，同时按照“类型”和“标高”进行总数统计。

（4）单击“格式”选项卡，逐个选中左边的字段名称，可以在右边对每个字段在明细表中显示的名称（标题）重新命名，设置标题文字是水平排布还是垂直排布，设置标题文字在表格中位置的对齐方式；“合计”字段要勾选“计算总数”，如图 12-3 所示。

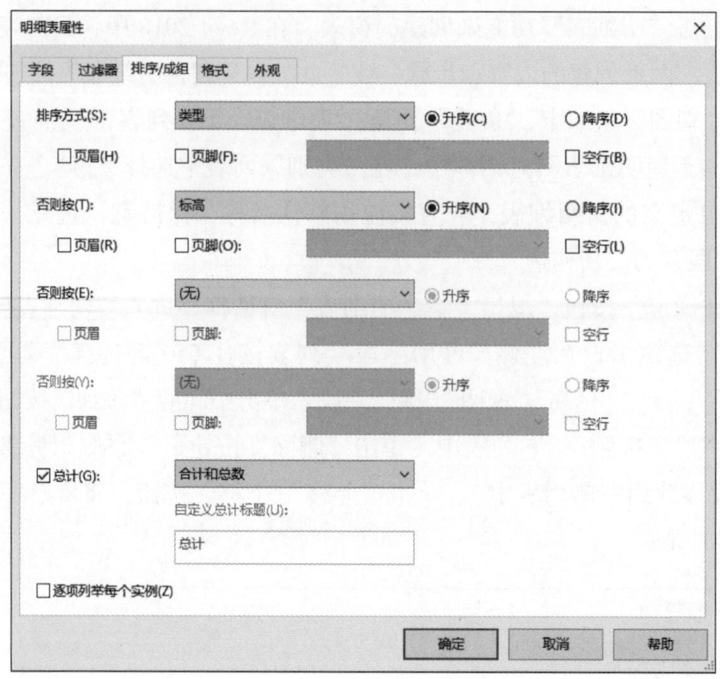

图 12-2 “排序 / 成组”选项卡

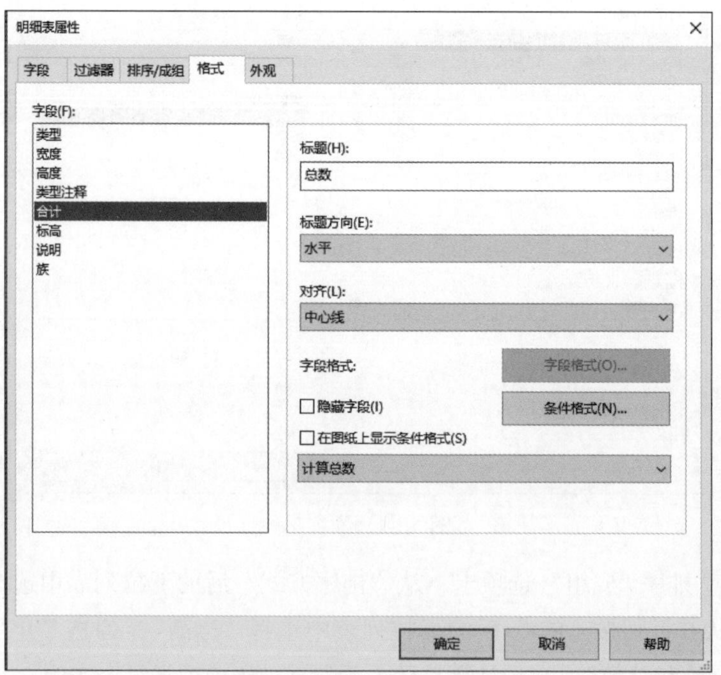

图 12-3 “格式”选项卡

(5)在“外观”选项卡中，设置“网格线”(表格内部)和“轮廓”(表格外轮廓)，线条样式为细线或宽线等；如勾选“数据前的空行”，则在表格标题和正文间加一空白行间隔；按照如图 12-4 所示进行设置。

(6)单击“确定”按钮关闭“明细表属性”对话框后，得到如图 12-5 所示的窗明细表。

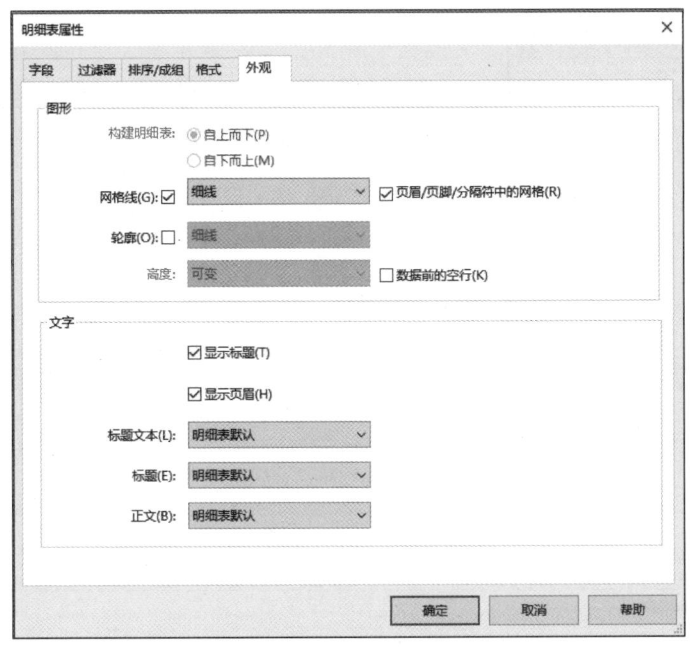

图 12-4 “外观”选项卡

<窗明细表>

A	B	C	D	E	F	G	H
	洞口尺寸			楼 数			
设计编号	宽度	高度	参照图集	总数	标高	备注	类型
C0609	600	900	参照03J603-2制作	1	F1	断热铝合金中空玻璃固定窗	C0615
C0609	600	900	参照03J603-2制作	5	F2	断热铝合金中空玻璃固定窗	C0615
C0615	600	1400	参照03J603-2制作	1	F1	断热铝合金中空玻璃固定窗	C0615
C0615	600	1400	参照03J603-2制作	1	F2	断热铝合金中空玻璃固定窗	C0615
C0624	600	2450	参照03J603-2制作	3	-1F	断热铝合金中空玻璃固定窗	推拉窗C0624
C0625	600	2500	参照03J603-2制作	2	F1	断热铝合金中空玻璃固定窗	推拉窗C0624
C0823	800	2300	参照03J603-2制作	2	-1F	断热铝合金中空玻璃固定窗	固定窗C0823
C0823	800	2300	参照03J603-2制作	3	F1	断热铝合金中空玻璃固定窗	固定窗C0823
C0825	850	2500	参照03J603-2制作	1	F1	断热铝合金中空玻璃固定窗	推拉窗C0624
C0915	900	1500	参照03J603-2制作	2	F1	断热铝合金中空玻璃推拉窗	C0915
C0915	900	1500	参照03J603-2制作	1	F2	断热铝合金中空玻璃推拉窗	C0915
C0923	900	2300	参照03J603-2制作	2	F2	断热铝合金中空玻璃推拉窗	C0923
C1023	1000	2300	参照03J603-2制作	1	F2	断热铝合金中空玻璃固定窗	C0615
C1206	1200	600	参照03J603-2制作	1	-1F	断热铝合金中空玻璃推拉窗	推拉窗C1206
C2406	2400	600	参照03J603-2制作	1	F1	断热铝合金中空玻璃推拉窗	推拉窗C2406
C3415	3400	1500	参照03J603-2制作	1	-1F	断热铝合金中空玻璃推拉窗	C3415
C3423	3400	2300	参照03J603-2制作	1	F1	断热铝合金中空玻璃推拉窗	C3415
29				29			

图 12-5 窗明细表

小知识

在“明细表属性”对话框中单击“确定”按钮形成明细表之前，可以继续分别单击该对话框中的“过滤器”“排序 / 成组”“格式”“外观”等选项卡，进行明细表相关细节的调整。在明细表形成之后，也可以单击左侧“实例属性”对话框对应的按钮，进行相关细节修改，如图 12-6 所示。单击“实例属性”对话框“过滤器”右侧的“编辑 ...”按钮，在系统弹出的“明细表属性”对话框中找到“过滤器”选项卡，如图 12-7 所示，可以将“宽度”“大于或等于”“800”为过滤条件，将符合过滤条件的窗户单独统计出来。利用过滤器，从总表中提取特定条件的窗户明细表，这在实际工程中就是分阶段的工程量统计。如设置过滤条件为“无”，则将统计所有窗。

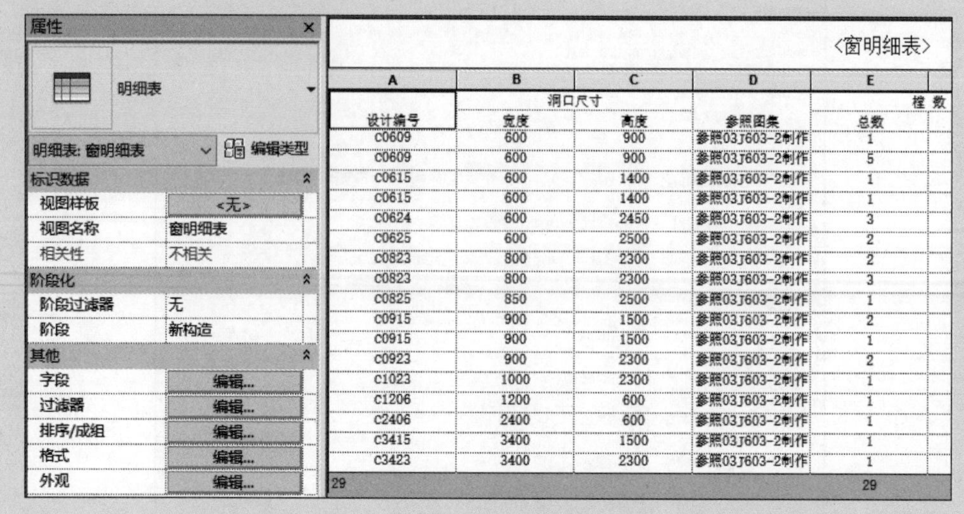

A	B	C	D	E
	洞口尺寸			樘 数
设计编号	宽度	高度	参照图集	总数
C0609	600	900	参照03J603-2制作	1
C0609	600	900	参照03J603-2制作	5
C0615	600	1400	参照03J603-2制作	1
C0615	600	1400	参照03J603-2制作	1
C0624	600	2450	参照03J603-2制作	3
C0625	600	2500	参照03J603-2制作	2
C0823	800	2300	参照03J603-2制作	2
C0823	800	2300	参照03J603-2制作	3
C0825	850	2500	参照03J603-2制作	1
C0915	900	1500	参照03J603-2制作	2
C0915	900	1500	参照03J603-2制作	1
C0923	900	2300	参照03J603-2制作	2
C1023	1000	2300	参照03J603-2制作	1
C1206	1200	600	参照03J603-2制作	1
C2406	2400	600	参照03J603-2制作	1
C3415	3400	1500	参照03J603-2制作	1
C3423	3400	2300	参照03J603-2制作	1
29				29

图 12-6 窗明细表对应的“实例属性”对话框

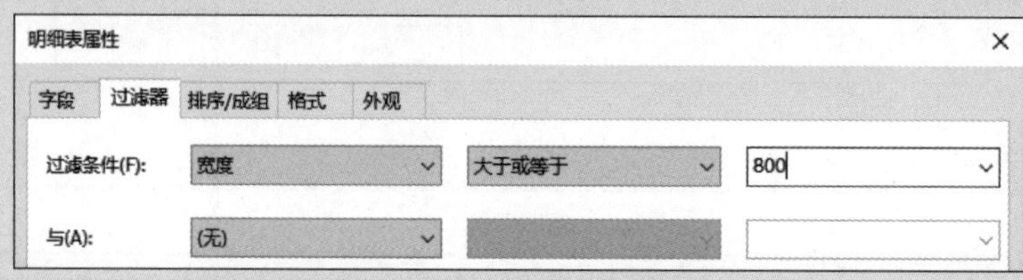

图 12-7 “过滤器”选项卡

小知识

单击如图 12-6 所示左侧“实例属性”对话框中“格式”右侧的“编辑 ...”按钮，系统弹出“明细表属性”对话框，在“格式”选项卡中选择“宽度”字段，再单击“条件格式”按钮，弹出“条件格式”对话框，设置“宽度”“大于”“1000”的窗户，其背景色为“红色”，如图 12-8 所示，连续两次单击“确定”按钮，关闭两级对话框，调整后的明细表，“宽度大于 1000”的窗户便红色显示，如图 12-9 所示。也可以单击“条件格式”对话框中“全部清除”按钮，将已经设置的条件格式全部清除。

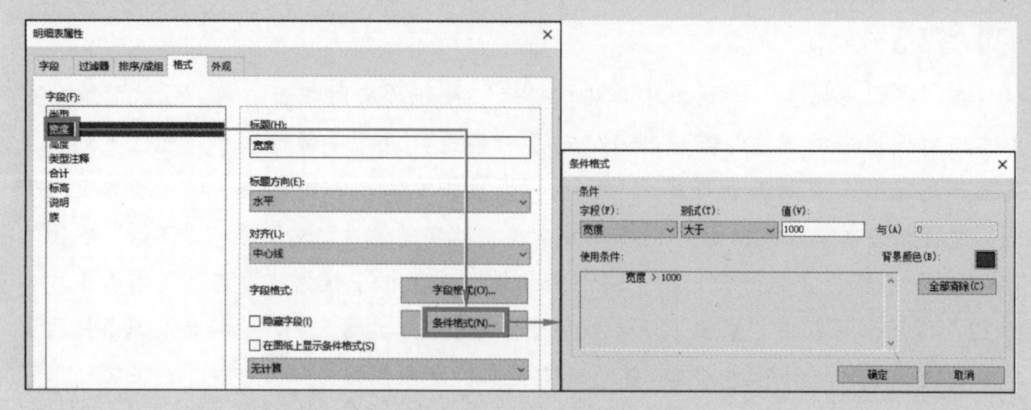

图 12-8 “条件格式”对话框

〈窗明细表〉

A	B	C	D	E	F	G	H
	洞口尺寸			樘 数			
设计编号	宽度	高度	参照图集	总数	标高	备注	类型
C0823	800	2300	参照03J603-2制作	2	-1F	断热铝合金中空玻璃固定窗	固定窗C0823
C0823	800	2300	参照03J603-2制作	3	F1	断热铝合金中空玻璃固定窗	固定窗C0823
C0825	850	2500	参照03J603-2制作	1	F1	断热铝合金中空玻璃固定窗	推拉窗C0624
C0915	900	1500	参照03J603-2制作	2	F1	断热铝合金中空玻璃推拉窗	C0915
C0915	900	1500	参照03J603-2制作	1	F2	断热铝合金中空玻璃推拉窗	C0915
C0923	900	2300	参照03J603-2制作	2	F2	断热铝合金中空玻璃推拉窗	C0923
C1023	1000	2300	参照03J603-2制作	1	F2	断热铝合金中空玻璃固定窗	C0615
C1206	1200	600	参照03J603-2制作	1	-1F	断热铝合金中空玻璃推拉窗	推拉窗C1206
C2406	2400	600	参照03J603-2制作	1	F1	断热铝合金中空玻璃推拉窗	推拉窗C2406
C3415	3400	1500	参照03J603-2制作	1	-1F	断热铝合金中空玻璃推拉窗	C3415
C3423	3400	2300	参照03J603-2制作	1	F1	断热铝合金中空玻璃推拉窗	C3415

图 12-9　“宽度大于 1000”的窗户红色显示

小知识

单击“宽度”标题格不放，并移动鼠标到“高度”标题格之后释放鼠标，此时“修改明细表 / 数量”上下文选项卡→“标题和页眉”面板中的“成组”按钮可以操作，如图 12-10 所示；单击“成组”按钮之后，在这两列的标题上方增加了一行合并的空白标题格，如图 12-11 所示；在空白标题格中输入标题名称“洞口尺寸”，便可将窗户宽度和高度两个参数合并成洞口尺寸一个参数组；同样，合并“总数”和“标高”标题为“樘数”。

〈窗明细表〉

A	B	C	D	E	F
	洞口尺寸			樘 数	
设计编号	宽度	高度	参照图集	总数	标高
C0823	800	2300	参照03J603-2制作	2	-1F
C0823	800	2300	参照03J603-2制作	3	F1
C0825	850	2500	参照03J603-2制作	1	F1
C0915	900	1500	参照03J603-2制作	2	F1
C0915	900	1500	参照03J603-2制作	1	F2
C0923	900	2300	参照03J603-2制作	2	F2
C1023	1000	2300	参照03J603-2制作	1	F2
C1206	1200	600	参照03J603-2制作	1	-1F
C2406	2400	600	参照03J603-2制作	1	F1
C3415	3400	1500	参照03J603-2制作	1	-1F
C3423	3400	2300	参照03J603-2制作	1	F1

图 12-10　“成组”按钮

〈窗明细表〉

A	B	C	D	E	F	G	H
	洞口尺寸			樘 数			
设计编号	宽度	高度	参照图集	总数	标高	备注	类型
C0823	800	2300	参照03J603-2制作	2	-1F	断热铝合金中空玻璃固定窗	固定窗C0823
C0823	800	2300	参照03J603-2制作	3	F1	断热铝合金中空玻璃固定窗	固定窗C0823
C0825	850	2500	参照03J603-2制作	1	F1	断热铝合金中空玻璃固定窗	推拉窗C0624
C0915	900	1500	参照03J603-2制作	2	F1	断热铝合金中空玻璃推拉窗	C0915
C0915	900	1500	参照03J603-2制作	1	F2	断热铝合金中空玻璃推拉窗	C0915
C0923	900	2300	参照03J603-2制作	2	F2	断热铝合金中空玻璃推拉窗	C0923
C1023	1000	2300	参照03J603-2制作	1	F2	断热铝合金中空玻璃固定窗	C0615
C1206	1200	600	参照03J603-2制作	1	-1F	断热铝合金中空玻璃推拉窗	推拉窗C1206
C2406	2400	600	参照03J603-2制作	1	F1	断热铝合金中空玻璃推拉窗	推拉窗C2406
C3415	3400	1500	参照03J603-2制作	1	-1F	断热铝合金中空玻璃推拉窗	C3415
C3423	3400	2300	参照03J603-2制作	1	F1	断热铝合金中空玻璃推拉窗	C3415

图 12-11　增加了一行合并的空白标题格

> **小知识**
>
> 在某一列标题中单击并按住鼠标拖曳到相邻单元格后松开鼠标，则可选择几个单元格。

> **小知识**
>
> 如果选中已经“成组”明细表参数，可以通过“修改明细表 / 数量”上下文选项卡→“标题和页眉”面板中的“解组”按钮进行解组操作，读者可以自行尝试练习。

（7）鼠标选中某个单元格，单击“修改明细表 / 数量”上下文选项卡→“列”面板中的“隐藏”按钮，则自动隐藏该列所有数据；鼠标选中任意单元格，在右键菜单中选择“取消隐藏全部列”，则取消隐藏。

（8）在导出明细表之前，读者可以尝试模型中修改一个窗户的类型，或添加或删除一个窗户，观察明细表相关数据的自动更新，体验“一处修改，处处自动更新”建筑信息化模型的特点。

（9）接下来导出窗明细表，也就是实际工程中的工程量清单的导出。单击“文件下拉菜单→导出→报告→明细表”选项，如图 12-12 所示，在导出对话框中指定明细表的名称和路径，单击“保存”按钮，将文件保存为“*.txt”文本，后续利用 Excel 电子表格程序，将导出的明细表进行相应的编辑修改等。

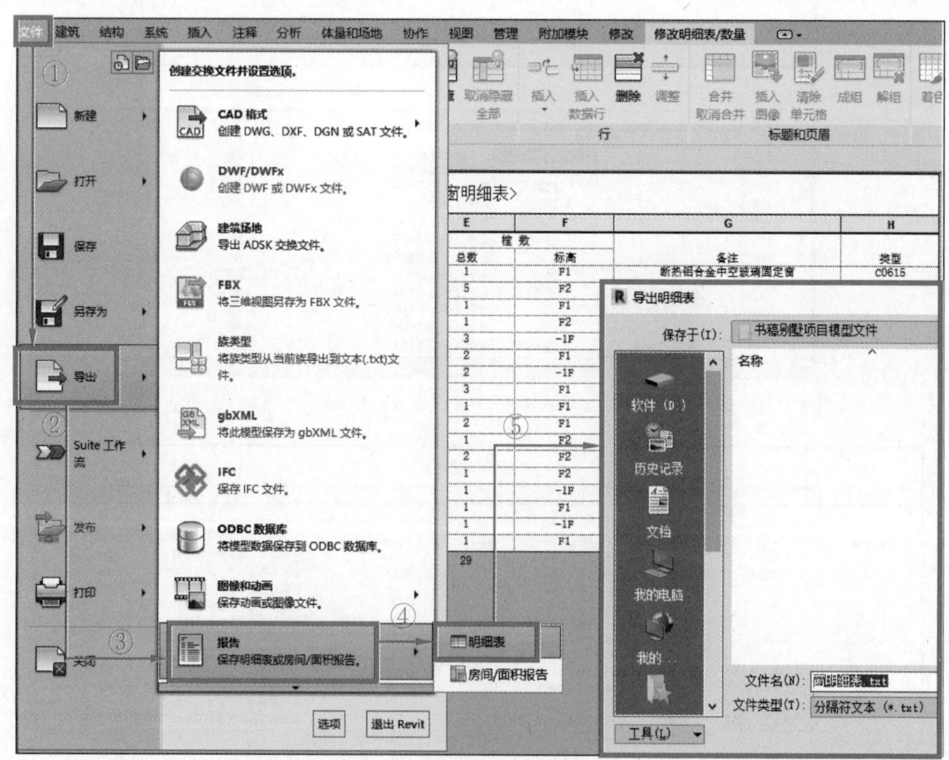

图 12-12　导出窗明细表

至此已创建完成窗明细表的讲解，读者可以尝试创建本别墅项目的门明细表。保存模型文件。

小知识

设置 BIM 属性：①为所有门窗增加属性，名称为“编号”；②根据图纸中的标注，对所有门窗的“编号”属性赋值。切换到“-1F”楼层平面视图；单击“管理”选项卡→“设置”面板→“项目参数”按钮，系统弹出“项目参数”对话框，单击“添加”按钮，系统弹出“参数属性”对话框，“参数类型”选择“项目参数”，“参数数据”下“名称”为“编号”，勾选“实例”，“参数类型”设置为“文字”，“参数分组方式”设为“文字”，“类别”勾选“门”“窗”，连续单击两次“确定”按钮，完成门窗参数的添加，操作过程如图 12-13 所示；选中 C1206 窗，在左侧“实例属性”对话框中对“编号”赋值为“C1206”，如图 12-14 所示；同理，完成所有门窗的赋值。

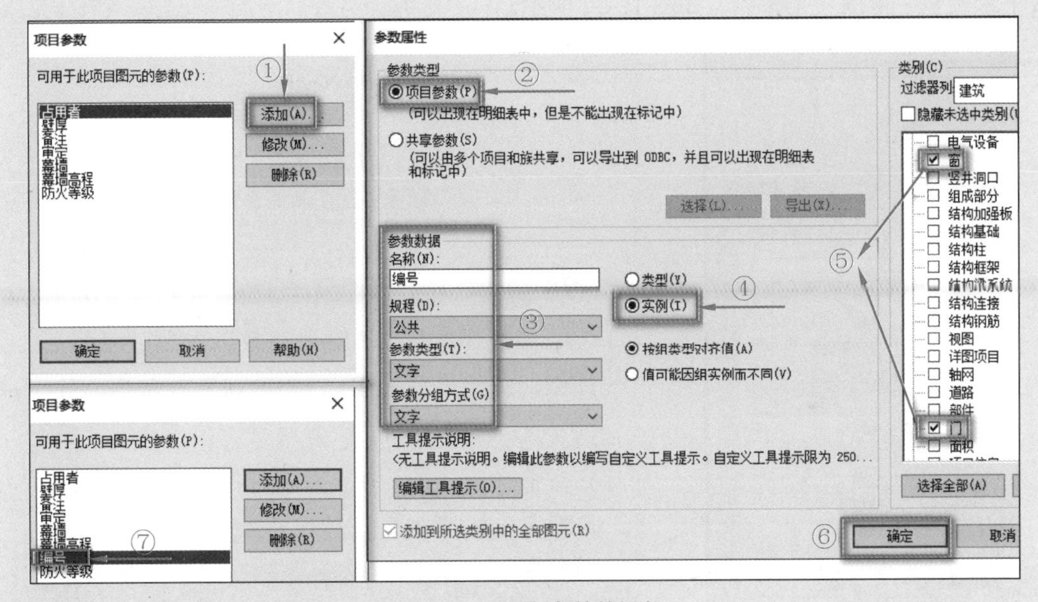

图 12-13　门窗参数的添加

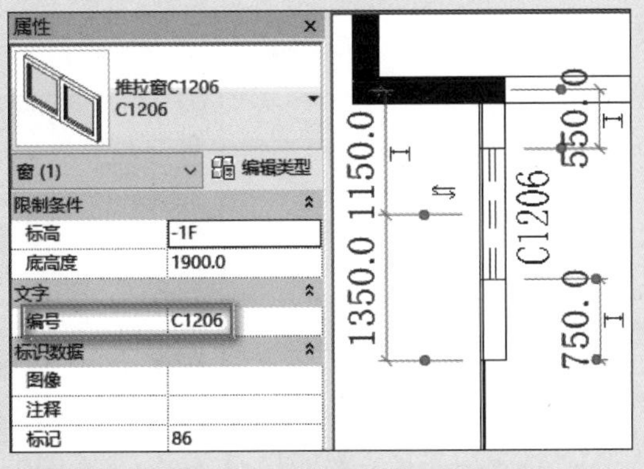

图 12-14　窗的赋值

12.2　视图外观效果控制

> **小知识**
>
> 在布图打印之前，还需要设置视图的视图比例、详细程度、设置构件可见性、调整轴网标头，并标注尺寸、处理门窗标记和文字注释等。

打开刚完成的“别墅 41- 门窗表的创建 .rvt”文件，将其另存为“别墅 42- 视图外观效果控制 .rvt”。

12.2.1　视图属性设置

首先调整标高“-1F”楼层平面视图的视图属性。切换到标高“-1F”楼层平面视图。首先调整“图形”类参数，如图 12-15 所示。然后调整“基线”类参数，如图 12-16 所示。接下来调整“范围”类参数，如图 12-17 所示。

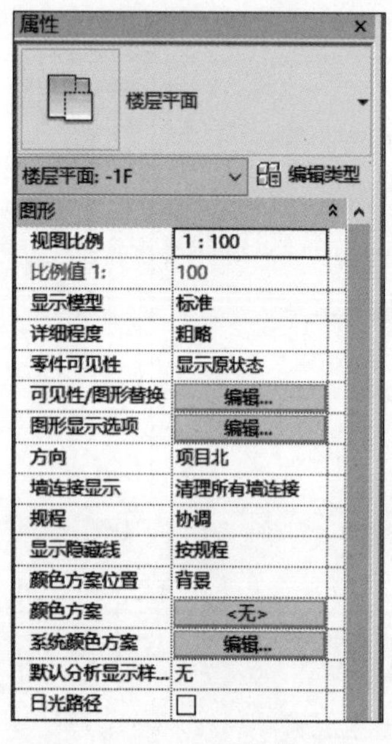

属性

楼层平面

楼层平面: -1F　编辑类型

图形	
视图比例	1 : 100
比例值 1:	100
显示模型	标准
详细程度	粗略
零件可见性	显示原状态
可见性/图形替换	编辑...
图形显示选项	编辑...
方向	项目北
墙连接显示	清理所有墙连接
规程	协调
显示隐藏线	按规程
颜色方案位置	背景
颜色方案	<无>
系统颜色方案	编辑...
默认分析显示样...	无
日光路径	☐

图 12-15　“图形”类参数

微课：视图属性设置

> **小知识**
>
> 单击“可见性 / 图形替换”右侧“编辑”按钮，打开“可见性 / 图形替换”对话框，可以设置“模型类别、注释类别、导入类别”等在当前视图的可见性；在本视图中关闭“模型类别”中的“地形”“场地”“植物”及“环境”的可见性，关闭“注释类别”中的“参照平面”“立面”的可见性。

基线	
范围: 底部标高	无
范围: 顶部标高	无边界
基线方向	俯视

图 12-16　“基线”类参数

范围	
裁剪视图	☐
裁剪区域可见	☐
注释裁剪	☐
视图范围	编辑...
相关标高	-1F
范围框	无
柱符号偏移	304.8
截剪裁	不剪裁

图 12-17　“范围”类参数

（1）裁剪视图：勾选“裁剪视图”复选框，可启动模型周围的裁剪边界，本视图不选择此选项。

（2）裁剪区域可见：可通过勾选或取消勾选“裁剪区域可见”来显示或隐藏裁剪区域，本视图不选择此选项。

（3）注释裁剪：如果在项目视图中“裁剪区域可见”，则可通过勾选或取消勾选“注释裁剪”来控制文字注释、尺寸标注等图元是否被裁剪，本视图不选择此选项。

12.2.2　视图样板

小知识

视图样板提供了初始视图条件，例如视图比例、规程、详细程度以及类别和子类别的可见性设置。可以将样板应用于指定视图。

微课：视图样板

小知识

通过使用“将样板属性应用于当前视图”命令，还可以应用现有视图的视图属性。

把对“-1F”楼层平面视图中进行的设置，通过视图样板的方式应用到其他的楼层平面视图中，步骤如下。

（1）单击“视图”选项卡→“图形”面板→“视图样板”的小箭头，系统会下拉出三个操作选项，如图 12-18 中①所示；选择“从当前视图创造样板”选项，系统弹出“新视图样板”对话框，如图 12-18 中②所示，输入新视图样板名称为“平面图”。

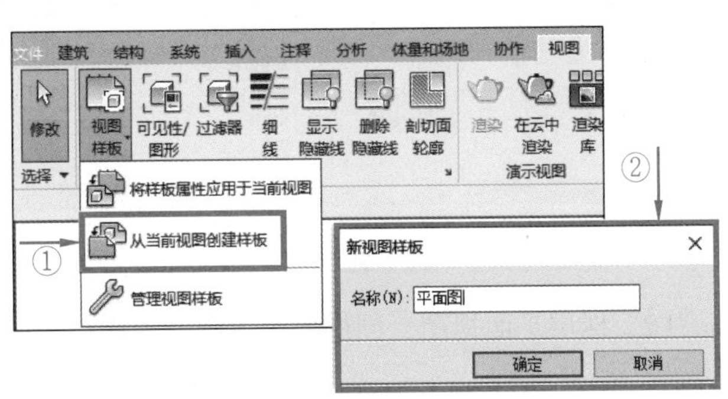

图 12-18　创建新样板“平面图”

（2）单击“确定”按钮，关闭“新视图样板”对话框；系统弹出“视图样板”对话框，如图 12-19 所示，这时新建立的视图样板便在名称列表之中可见和可选择；单击“确定”按钮，退出“视图样板”对话框，完成视图样板的创建。

（3）切换到标高“F1”楼层平面视图。

（4）在标高“F1”楼层平面视图左侧“实例属性”对话框中找到“标识数据”下“视图样板”属性选项，单击右侧参数框“无”，系统便会弹出“应用视图样板”对话框，如图 12-20 所示；在名称列表中选择新建的“平面图”样板，单击“确定”按钮关闭“应用视图样板”对话框，这样便把该视图样板所设置的属性参数传递给标高“F1”楼层平面视图。

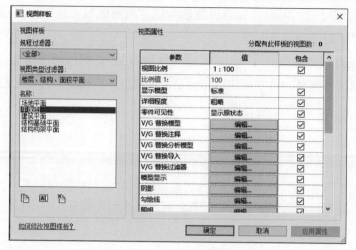

图 12-19 “视图样板”对话框

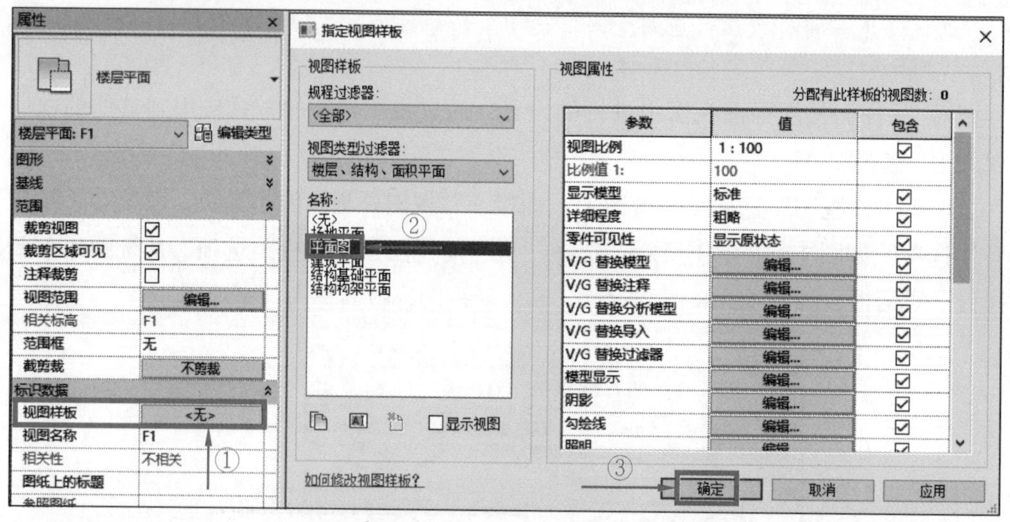

图 12-20 “应用视图样板”对话框

(5)切换到标高“F2”楼层平面视图，同样应用视图样板进行平面图设置。

12.2.3 过滤器的应用

小知识

对于在视图中共享公共属性的图元，过滤器提供了替换其图形显示和控制其可见性的快捷方法。

微课：过滤器的应用

在本别墅项目案例中，我们将应用过滤器来快速控制轻质隔墙在视图中的图形样式，其步骤如下。

1. 过滤器设置

(1)切换到标高“F1”楼层平面视图；选中任意一道“基本墙 普通砖 -100mm”墙体，单击“编辑类型”按钮，在系统弹出的“类型属性”对话框中“标识数据”选项下的

“说明”右侧的值中输入文字“轻质隔墙”，单击“确定”按钮，关闭“类型属性”对话框，完成设置，如图 12-21 所示。

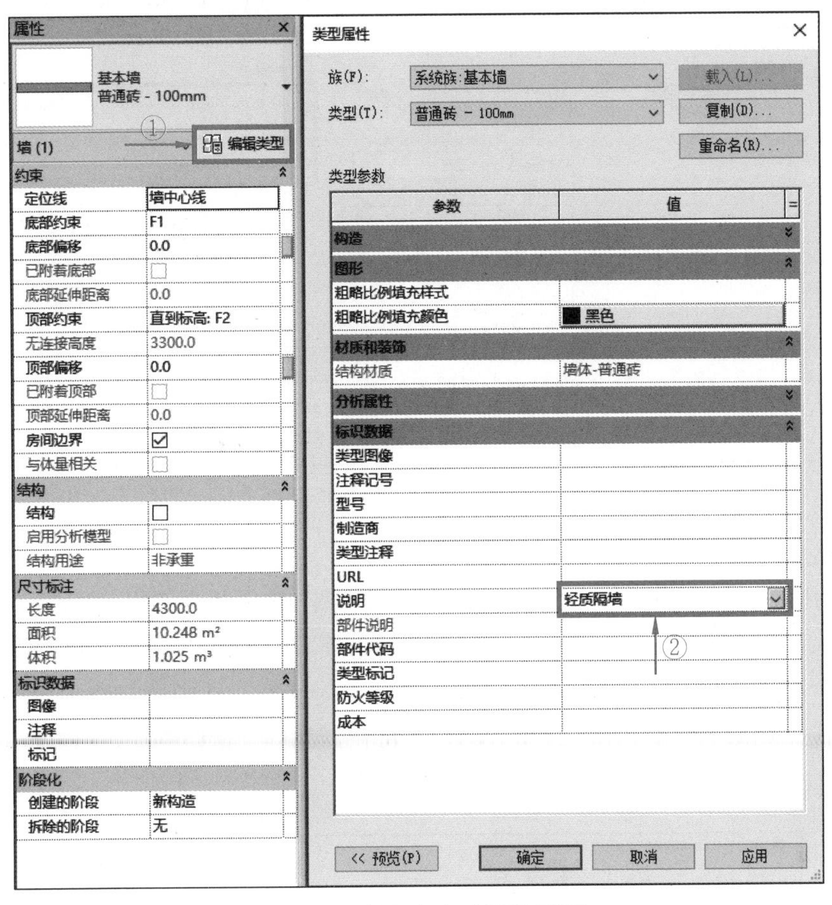

图 12-21　输入文字“轻质隔墙”

（2）单击“视图”选项卡→“图形”面板→“过滤器”按钮，在弹出的“过滤器”对话框中单击“新建”按钮，系统弹出“过滤器名称”对话框，输入名称“轻质隔墙”，如图12-22所示；单击“确定”按钮，关闭“过滤器名称”对话框后，回到“过滤器”对话框。

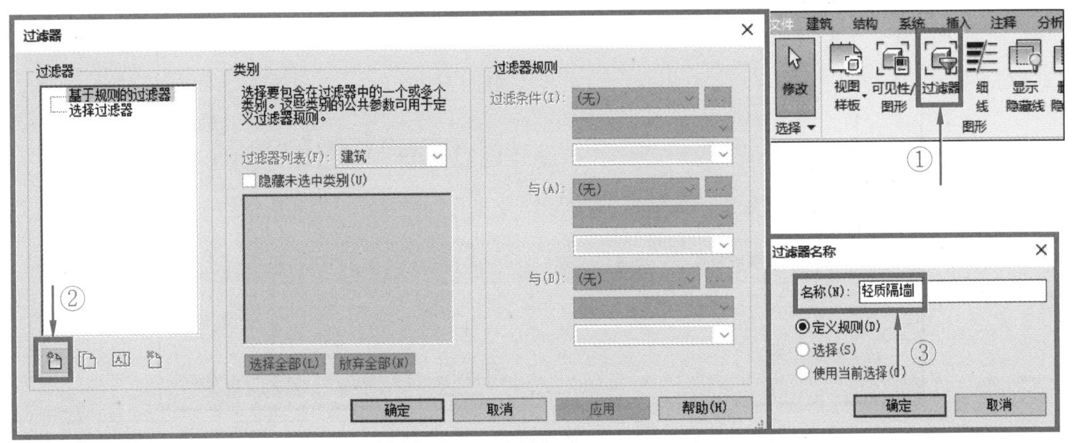

图 12-22　“过滤器名称”对话框

（3）在“类别”列表中选择“墙”，过滤条件选择“说明”“等于”“轻质隔墙”，如图 12-23 所示；单击“确定”按钮关闭“过滤器”对话框，完成对新建过滤器的设置。

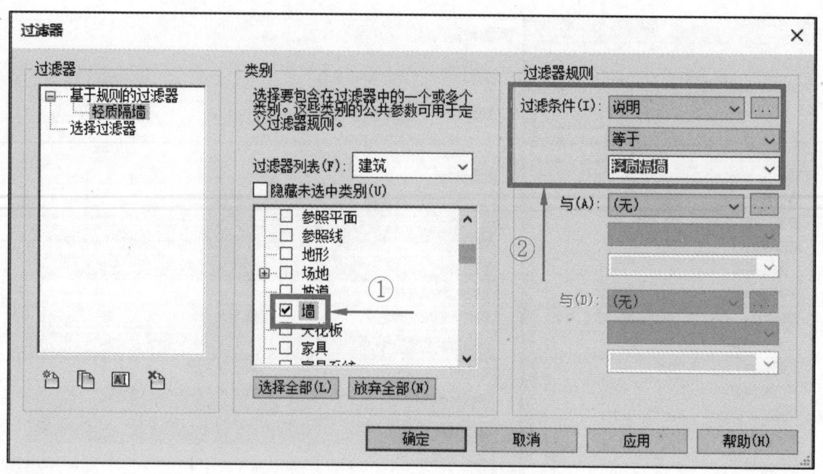

图 12-23　新建过滤器的设置

2. 过滤器应用

（1）切换到标高“-1F”楼层平面视图；单击“视图”选项卡→“图形”面板→“可见性/图形”按钮，打开“楼层平面：-1F 的可见性/图形替换”对话框，切换到“过滤器”选项卡。

（2）单击“添加”按钮，进入“添加过滤器”对话框，从中选择刚才建立的过滤器“轻质隔墙”，如图 12-24 所示；单击“确定”按钮后回到“楼层平面：-1F 的可见性/图形替换”对话框。

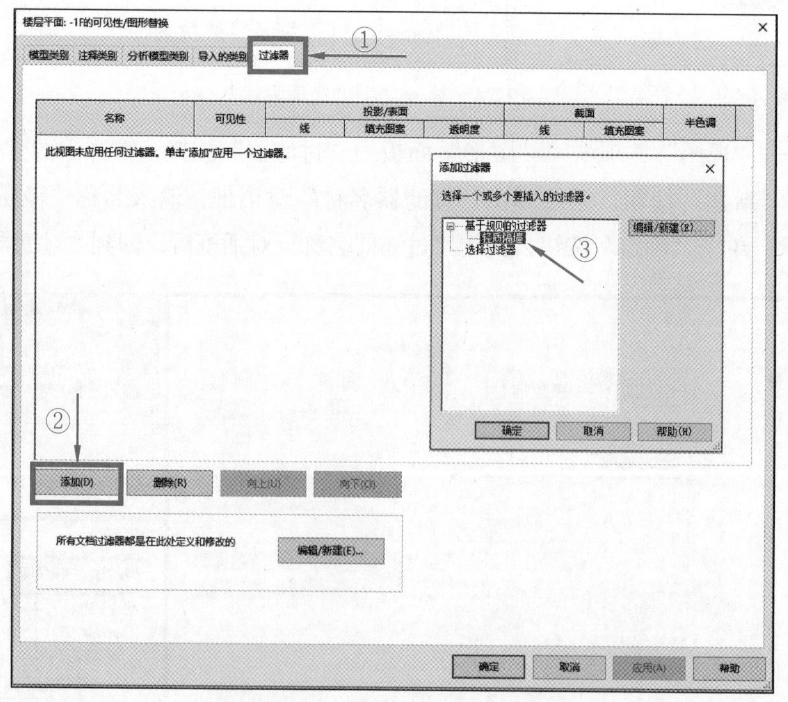

图 12-24　“添加过滤器”对话框

（3）单击对话框中“截面→线”列下面的“替换”按钮，打开“线图形”对话框，在“填充图案”后的下拉选项中选择“出挑”类型的线型图案，如图 12-25 所示。

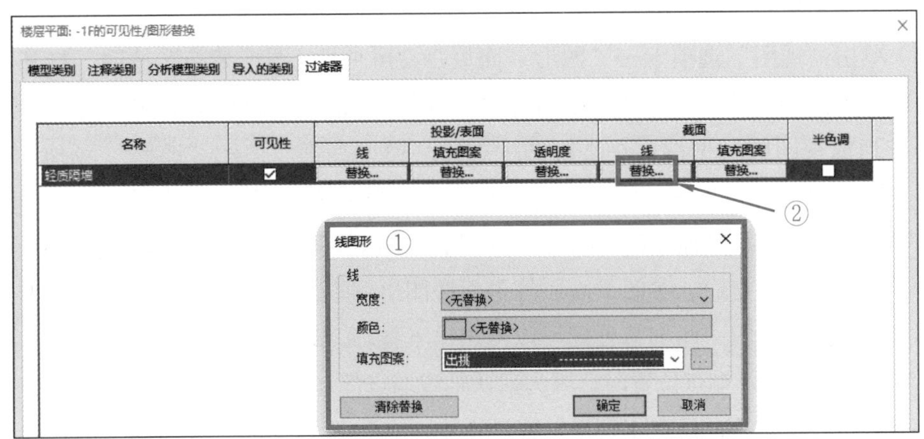

图 12-25　“线图形”对话框

（4）逐级单击“确定”按钮关闭对话框，完成对过滤器在“-1F”楼层平面视图中的应用；图 12-26 为应用过滤器后的墙体样式；分别切换到“F1 房间”以及标高“F2 房间”楼层平面视图，使用同样的步骤将过滤器“轻质隔墙”应用到视图当中。保存别墅项目模型文件。

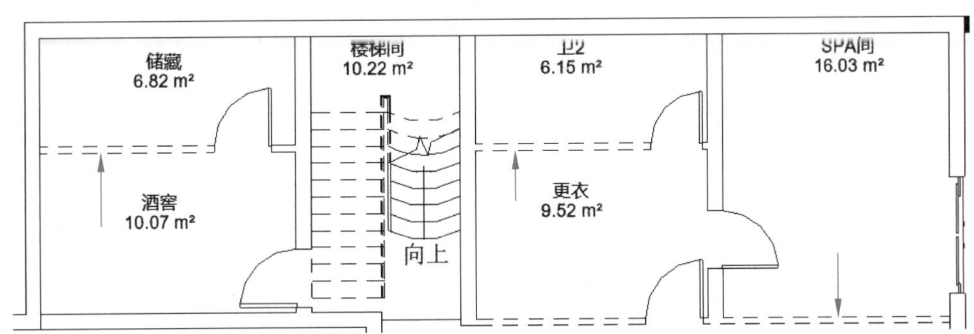

图 12-26　应用过滤器后的墙体样式

12.2.4　其他图形细节处理

小知识

使用 Revit 2018 创建三维模型之后，用项目浏览器能够直接查看的各楼层平面视图与国家建筑施工图出图规范存在很多细节差异，其中很多图元不需要显示，同时缺少工程图样最重要的尺寸标注信息，故必须进行平面视图出图的深化处理。

（1）切换到标高“F1”楼层平面视图；在项目浏览器上选择“F1”楼层平面视图，右键菜单选中“复制视图”下拉菜单中的“带细节复制”选项，将新生成的“F1 副本 1”选中后，右键菜单重命名为“F1 出图”。

微课：其他图形细节处理

（2）切换到标高“F1 房间”楼层平面视图；选中全部房间标记，单击

“剪贴板”面板→“复制到剪贴板”按钮；切换到标高“F1 出图”楼层平面视图，单击“剪贴板”面板→“粘贴”下拉列表→“与同一位置对齐”按钮，则标高“F1 出图”楼层平面视图中各个房间都有了房间标记。

(3) 单击“视图”选项卡→“图形”面板→“可见性 / 图形替换”按钮，打开“楼层平面：F1 出图的可见性 / 图形替换”对话框，可以设置“模型类别、注释类别、导入类别”等在当前视图的可见性；在本视图中关闭“模型类别”中的“地形”“场地”“植物”及“环境”的可见性，关闭“注释类别”中的“参照平面”“立面”的可见性；单击“确定”按钮，关闭“楼层平面：F1 出图的可见性/图形替换”对话框，这样便隐藏了“地形、场地、环境、植物、立面、参照平面”等平面视图出图不需要的图形。

(4) 对平面图形的一些细节处理可以使用以下技巧，以提高设计效率。

在轴网标头调整及端点位置时，因为默认轴线端点都是“3D”模式，所有平面视图的标头位置都是同步联动的，只有将每根轴线端点由“3D”模式改为“2D”模式，才可以做到仅调整当前视图轴网标头位置，如果逐一操作，步骤比较麻烦。这时可以尝试以下技巧。

① 勾选左侧“实例属性”对话框中“范围”选项下的“裁剪视图”和“裁剪区域可见”选项，图形中显示裁剪边界。

② 选择裁剪边界，使用鼠标拖曳中间的蓝色双三角符号，将边界范围缩小，使所有轴网标头位于裁剪区域之外，如图 12-27 所示。

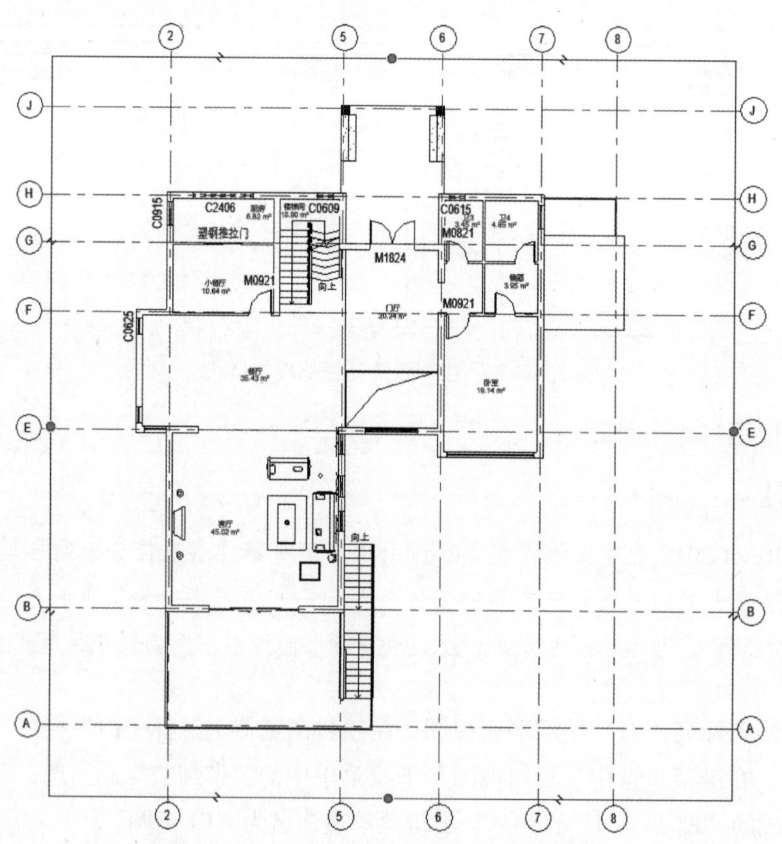

图 12-27　所有轴网标头位于裁剪区域之外

③ 这时逐一选中轴线，可以观察到所有轴线端点已经全部由“3D”模式改为“2D”模式，如图 12-28 所示。

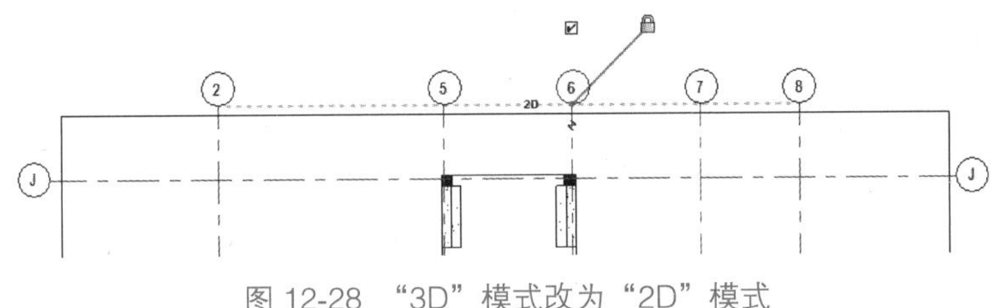

图 12-28　“3D”模式改为“2D”模式

④ 选择其中的一条轴线，使用鼠标拖曳标头下的蓝色实心圆点，即可统一调端点与之对齐的轴网标头位置，调整完所有轴网标头的位置之后，在左侧“实例属性”对话框中取消选择“裁剪区域可见”参数，隐藏裁剪边界即可。

⑤ 选中轴线后，取消端点处“□”内的勾选后，会取消该端点的轴网标头。

⑥ 如果需要单独调整某条轴线的端点，选中该轴线，单击其需要调整一侧端点处的“锁”标记使其保持解锁状态，然后可以单独拖曳解锁后的端点到需要的位置，如图 12-29 所示。

⑦ 按照以上三种方法，调整“F1 出图”楼层平面视图中的轴网端点。

在绘制详图线时，对于一些视图表达中的细节，可以使用“注释”选项卡→“详图”面板→“详图线”，“区域”下拉列表中的“填充区域”，或者使用“构件”下拉列表中的“详图构件”和“重复详图构件”等命令创建二维图元来完成。

在替换图元时，在“F1 出图”楼层平面视图中，⑦轴 ~ ⑧轴之间的玻璃雨棚无法看见玻璃每层下的骨架，这时我们可以单独替换图元样式来解决，步骤如下。

① 切换到标高“F1 出图”楼层平面视图；选中玻璃雨棚，单击“右键菜单→替换视图中的图形—按图元”按钮，如图 12-30 所示，打开“视图专有图元图形”对话框。

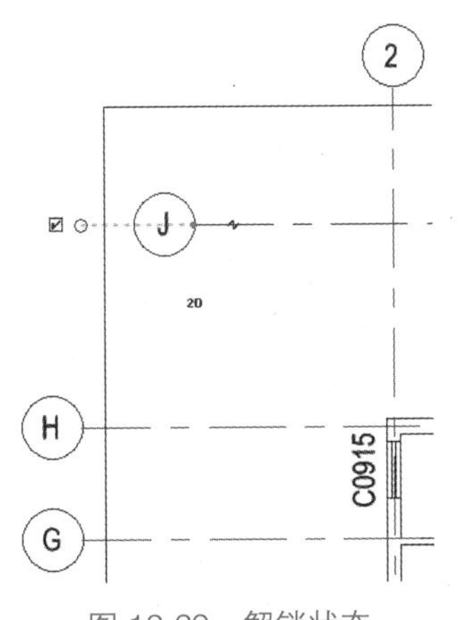

图 12-29　解锁状态

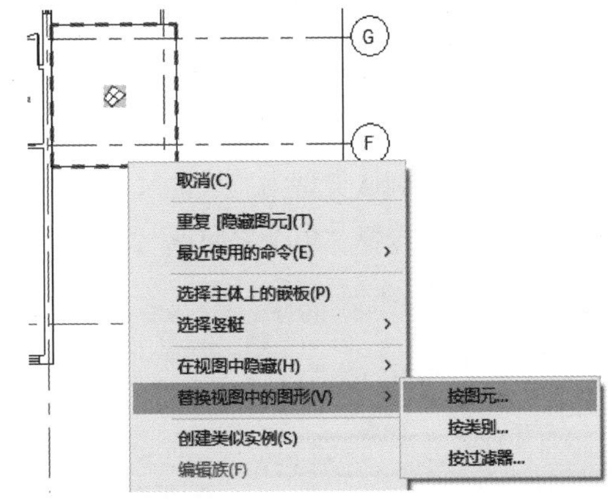

图 12-30　单击“右键菜单→替换视图中的图形—按图元”按钮

② 单击“曲面透明度”选项，设置“透明度”值为“90”，如图 12-31 所示，单击“确定”按钮，退出“视图专有图元图形”对话框，得到图 12-32 所示的效果。

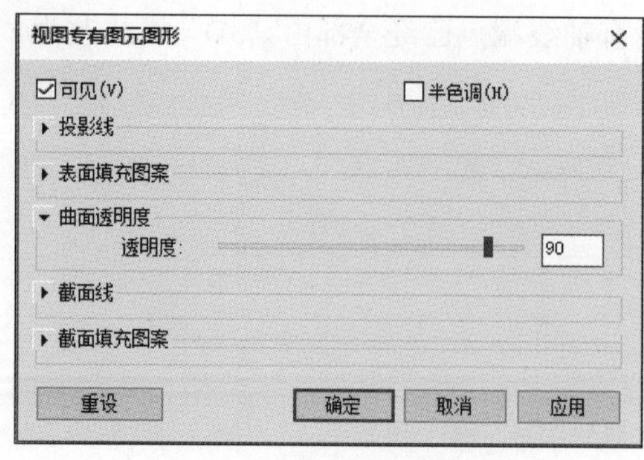

图 12-31　设置曲面透明度

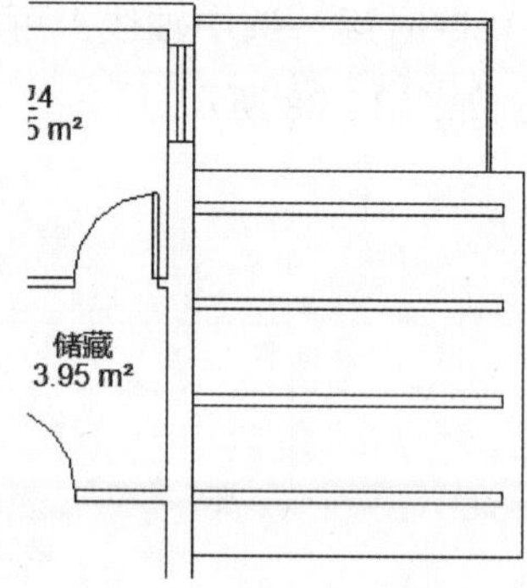

图 12-32　显示出骨架

（5）根据上述平面图形处理技巧，对标高“F1 出图”楼层平面视图轴网等进行调整和处理即可。保存别墅项目模型文件。接下来补充和完善平面图出图最重要的尺寸标注和文字注释信息。

12.3　尺寸标注与文字注释

小知识

为了在图纸上明确标示各构件的位置、尺寸、样式，我们将在视图上添加各种尺寸标注、标记及注释。

下面的讲解中仅以“F1 出图”楼层平面视图为例添加各种尺寸标注和标记，读者可使用类似的方法为其他平面视图添加尺寸标注和标记。

12.3.1　添加尺寸标注

微课：添加尺寸标注

常用的平面图第一、二、三道尺寸线、立剖面层高和门窗洞口高度尺寸、墙厚等尺寸标注，都可以使用“对齐”尺寸标注进行创建。

1. 标注平面图第一道和第二道尺寸

单击“注释”选项卡→“尺寸标注”面板→“对齐”按钮，系统切换到“修改 | 放置尺寸标注”上下文选项卡；确认类型为“线性尺寸标注样式 对角线 -3mm 固定尺寸”，并在“选项栏”→“拾取”选项中选择“单个参照点”，如图 12-33 所示，按照图 12-34 所示来标注尺寸。

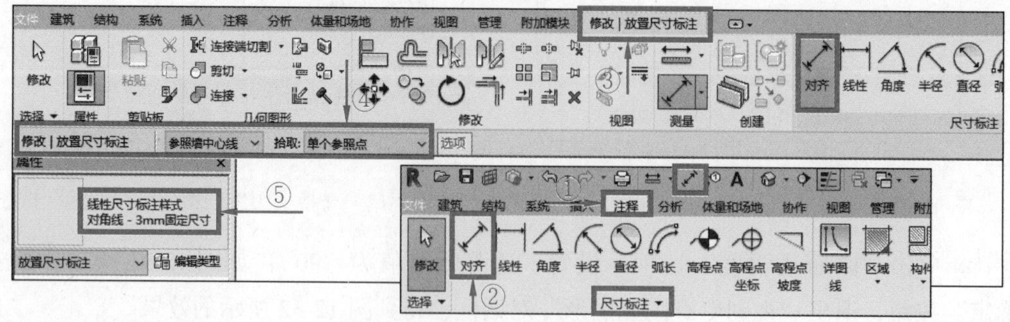

图 12-33　单击“对齐”按钮

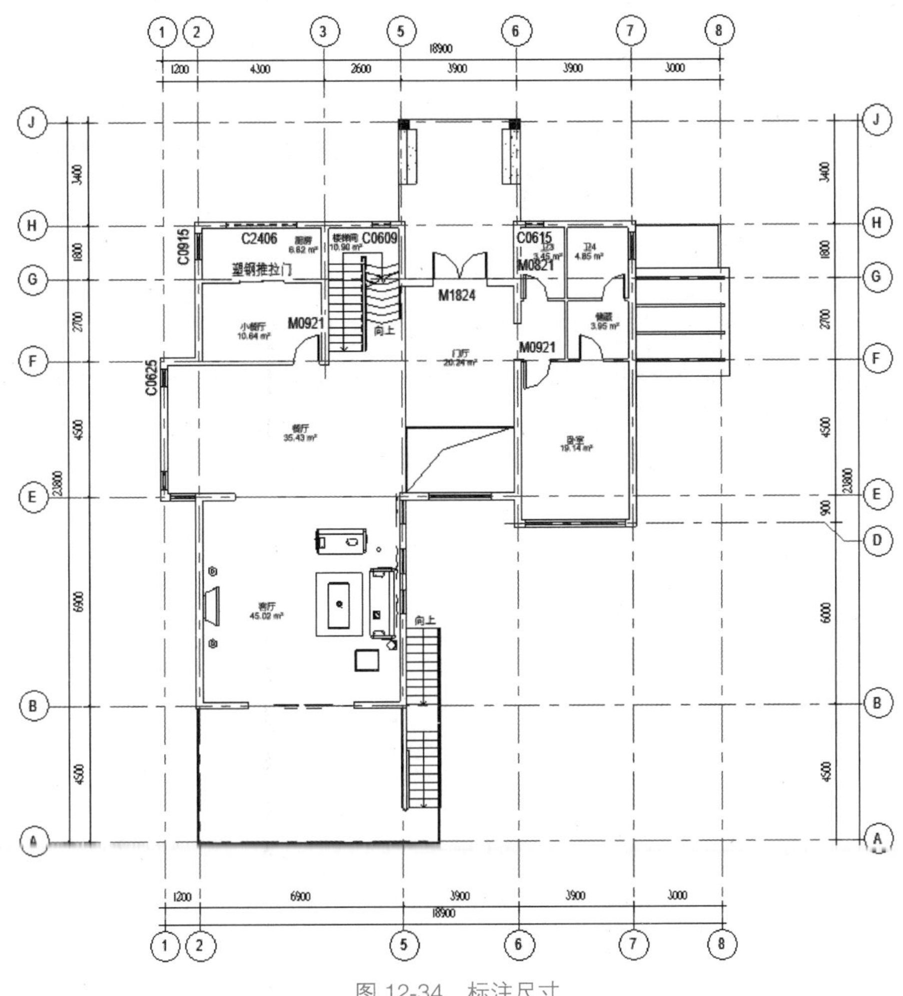

图 12-34　标注尺寸

小知识

在“选项栏”设置“首选”的下拉选项包括“参照墙中心线”“参照墙面”“参照核心层中心”或“参照核心层表面”。捕捉墙时，系统会自动捕捉首选位置，也可以按 Tab 键在墙面、墙中心线和轴线间切换单击捕捉。

小知识

在“选项栏”中“拾取”选项时，选项栏设置捕捉尺寸界线参考位置的方式为“单个参考点”，即逐点捕捉。移动光标并连续单击拾取尺寸界线参考点，光标位置出现灰色显示的尺寸标注预览，并随光标移动，在合适位置单击即可放置尺寸标注。

小知识

常用的平面图第一、二道尺寸线、立剖面层高和门窗洞口高度尺寸、墙厚等常见尺寸标注都可以使用“单个参照点”方式标注。

2. 标注平面图第三道尺寸

小知识

在标注平面图的第三道门窗洞口尺寸线时，可以使用选项栏中拾取“整个墙”选项来快速创建。

(1) 单击“注释”选项卡→“尺寸标注”面板→“对齐”按钮，系统切换到“修改 | 放置尺寸标注”上下文选项卡，确认类型为“线性尺寸标注样式 对角线 -3mm 固定尺寸”，设置“首选”选项选择“参照墙中心线”，“拾取”选项选择“整个墙”，并单击后面的“选项”按钮，打开“自动尺寸标注选项”对话框，按照图 12-35 所示进行设置，单击“确定”按钮，退出“自动尺寸标注选项”对话框后，开始标注尺寸。

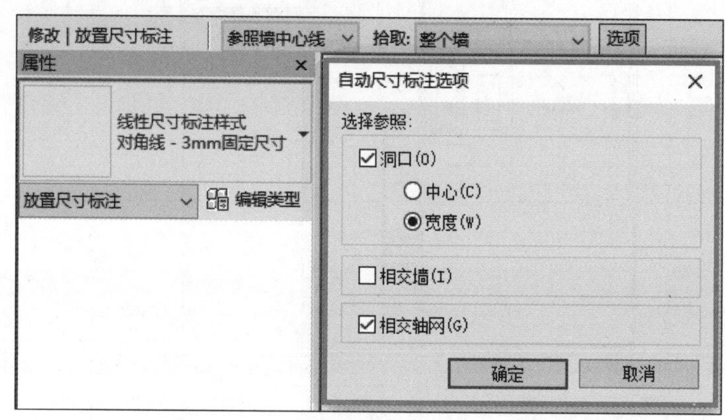

图 12-35 “自动尺寸标注选项”对话框

(2) 移动光标，在要标注第三道尺寸线的墙上单击，如此连续捕捉同一侧需要标注尺寸的所有墙体，然后向墙外侧移动光标，光标位置出现灰色显示的尺寸标注预览，并随光标移动，在合适位置单击放置尺寸标注。

(3) 使用上述方法标注四边的第三道尺寸。

小知识

对于轴线很多的第二道开间、进深尺寸标注，使用“整个墙”是最快的标注方法：首先绘制一道贯穿左右或上下两侧轴线范围的辅助墙体，然后用“对齐”工具并设置选项栏为拾取“整个墙”模式，并按照图 12-35 所示设置“自动尺寸标注选项”，标注时，单击拾取辅助墙体，即可自动创建第二道尺寸线，如图 12-36 所示。Revit 2018 尺寸标注依附于标注图元而存在，删除参照图元，尺寸标注同时被删除，上述尺寸标注是借助墙体来捕捉相交的轴网图元，其依附图元是轴网而不是墙体。标注完成后且删除辅助墙体后，仅端部尺寸被删除，重新“对齐”尺寸标注指令，补全端部墙体的尺寸标注便可。

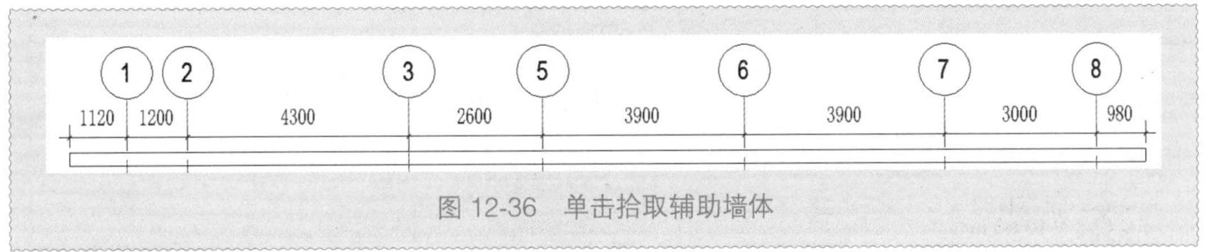

图 12-36　单击拾取辅助墙体

（4）按图 12-37 添加各种更详细的尺寸标注。

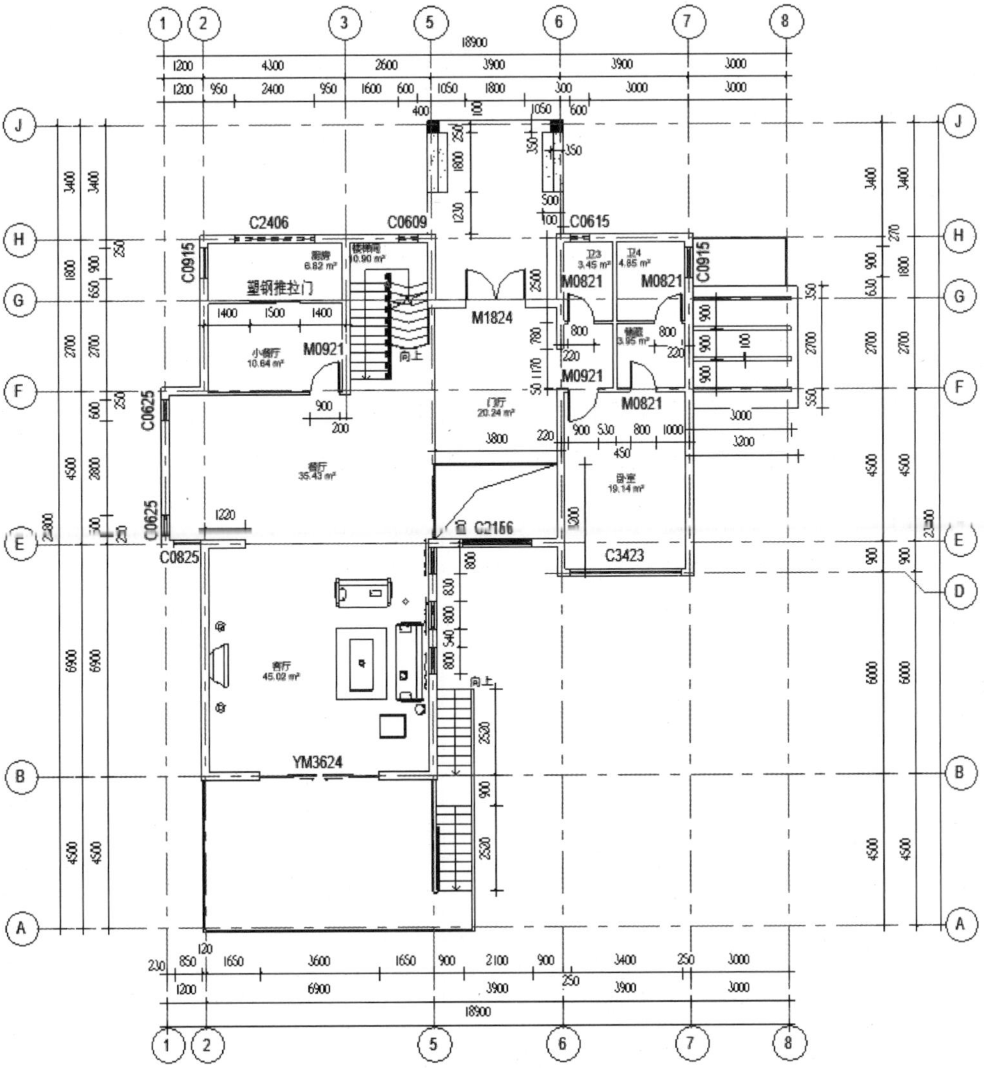

图 12-37　更详细的尺寸标注

3. 尺寸标注文字设置

在标注楼梯梯段尺寸时，如果需要达到图 12-38 所示的效果，可以进行如下设置。

（1）双击梯段尺寸标注的文字（默认为“2860”），打开“尺寸标注文字”对话框。

（2）在“前缀”中输入文字“260*11=”，如图 12-39 所示，单击“确定”按钮，关闭“尺寸标注文字”对话框即可。

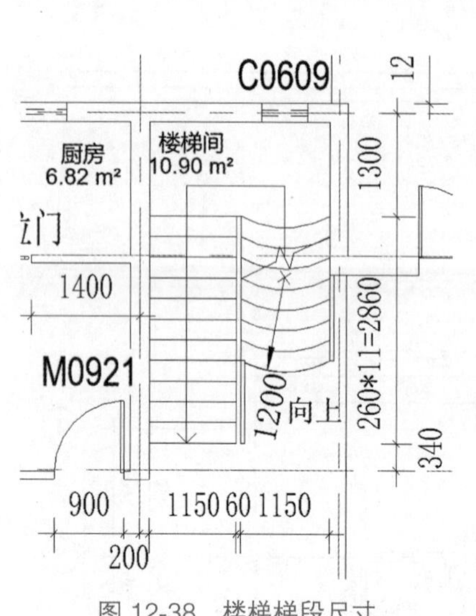

图 12-38　楼梯梯段尺寸

尺寸标注文字

注意：本工具可将尺寸标注值替换为文字或将文字附加到尺寸标注值，但对模型几何图形没有任何影响。

尺寸标注值

◉ 使用实际值(U)　2860

○ 以文字替换(R)　260*11=2860

○ 在视图中显示标签(S)

文字字段

高于(A)：

前缀(P)：260*11=　值：2860　后缀(S)：

低于(B)：

线段尺寸标注引线的可见性：按图元

确定　取消　应用

图 12-39　“尺寸标注文字”对话框

小知识

在“尺寸标注文字”对话框中，还有其他修改尺寸标注文字的方式，例如按照图 12-40 所示的设置，可以达到图 12-41 所示对梯段进行尺寸标注的另一种形式。

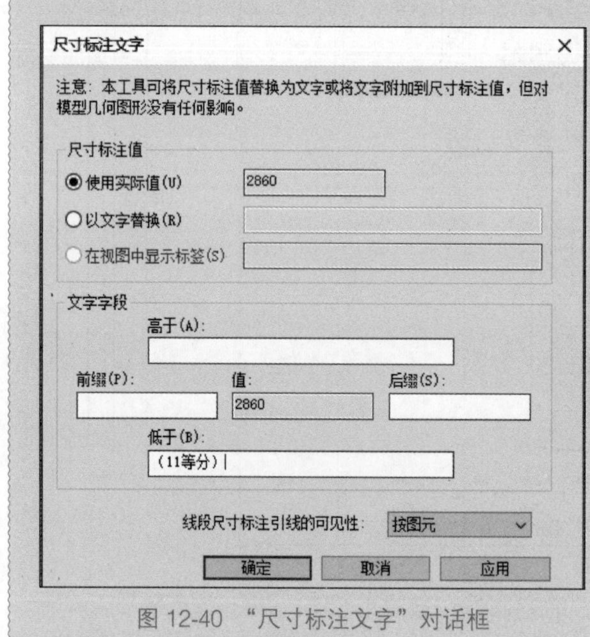

图 12-40　“尺寸标注文字”对话框

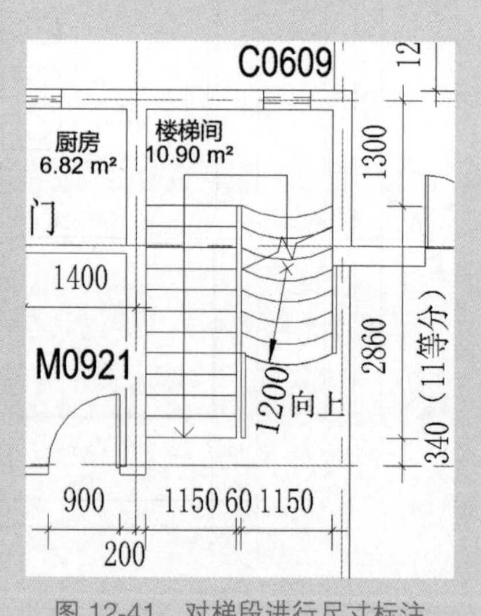

图 12-41　对梯段进行尺寸标注

12.3.2　高程点标注

微课：高程点标注

对室内外标高、坡道、地形表面、楼梯平台高程点、立剖面图门窗洞口高程及屋脊高程等，可以使用“高程点”标注命令自动标注。

（1）单击“插入”选项卡→“从库中载入”面板→“载入族”按钮，定位到“China→注释→符号→建筑”文件夹，选中如图 12-42 所示的族文件，单击“打开”按钮，即可将该文件载入项目文件中。

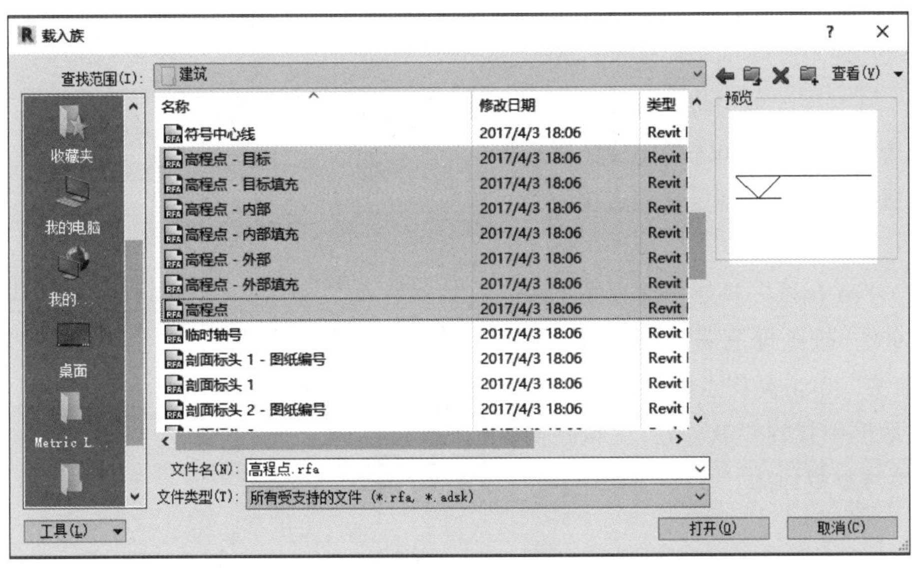

图 12-42　载入族

（2）单击“注释”选项卡→“尺寸标注”面板→“高程点”按钮，系统切换到“修改 | 放置尺寸标注”上下文选项卡；选择类型“高程点 垂直”，单击“编辑类型”按钮，在弹出的“类型属性”对话框中找到“符号”参数框下拉选中“高程点”；单击“类型属性”对话框中“单位格式”右侧的“编辑”按钮，在弹出的“格式”对话框中不勾选“使用项目设置”复选框，“单位”设置为“米”，“舍入”设置为“3 个小数位”，如图 12-43 所示。单击“确定”按钮关闭“格式”对话框，再次单击“确定”按钮，关闭“类型属性”对话框，返回视图。

（3）取消“选项栏”中的“引线”选项，并保持其他默认选项，如图 12-44 所示。

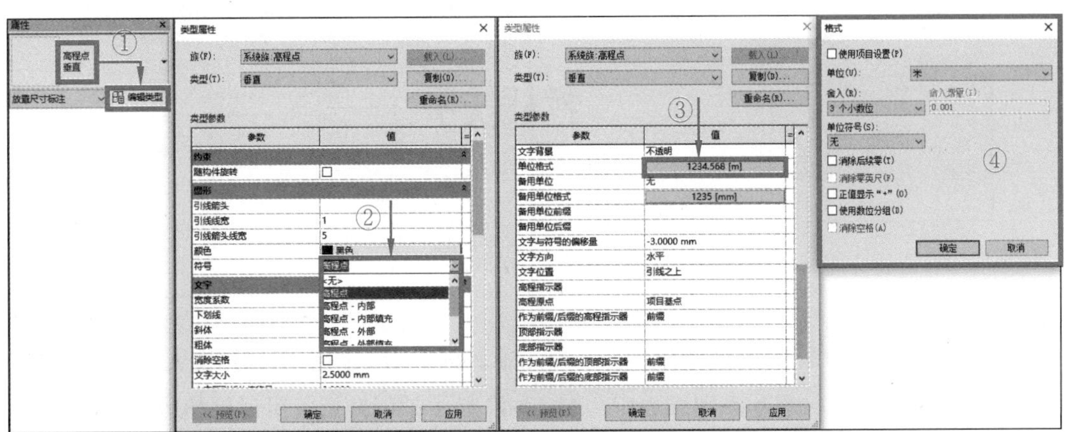

图 12-43　设置类型参数

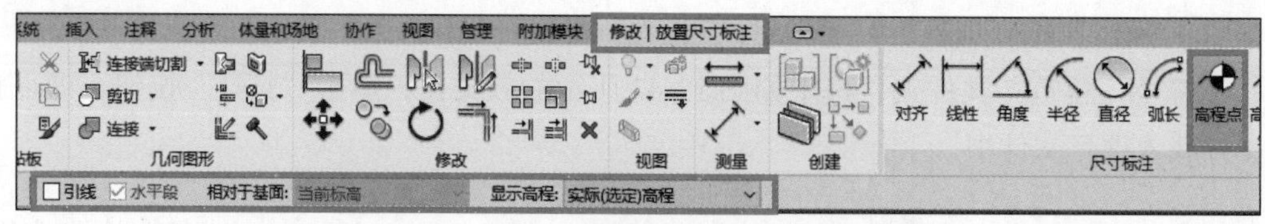

图 12-44 取消“选项栏”中的“引线”选项

(4)选择图元的边缘、表面，或选择地形表面上的点，单击确定标注高程点的位置，再次单击确定高程点符号的方向。

(5)“F1 出图”楼层平面视图标高值为 0.000，按照规范需要在前面加上“±”前缀，单击高程点图元，“实例属性”对话框中找到“单一值 / 上偏差前缀”，填写参数值为“±”，如图 12-45 所示。

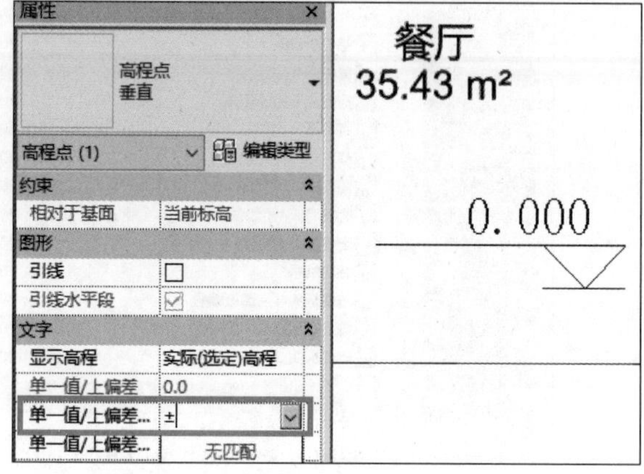

图 12-45 填写参数值为“±”

12.3.3 添加文字及符号标记

1. 添加文字

根据设计要求，在图面中需要添加文字。

微课：添加文字及符号标记

单击“注释”选项卡→“文字”面板→“文字”按钮，选择类型“文字 标注说明 3.5mm”；在“格式”面板中设置文字排布，默认添加引线及字形修改的选项(其中对默认添加引线的设置必须在进入文字输入状态之前设置)；在视图中单击进入文字输入状态。图 12-46 为一处添加了引线的文字。

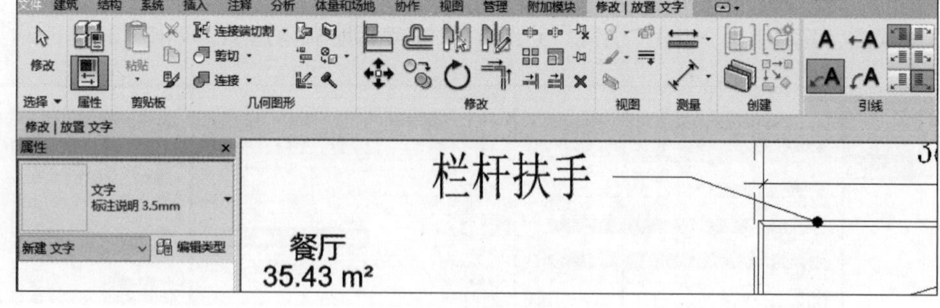

图 12-46 添加文字

2. 添加标记

使用“标记”命令将标记附着到所选图元中。标记是在图纸中识别图元的专有注释。与标记相关联的属性会显示在明细表中。图 12-47 显示了门标记、窗标记和房间标记。

(1)单击“注释”选项卡→“标记”面板→“按类别标记”按钮，“选项栏”如图 12-48 所示。

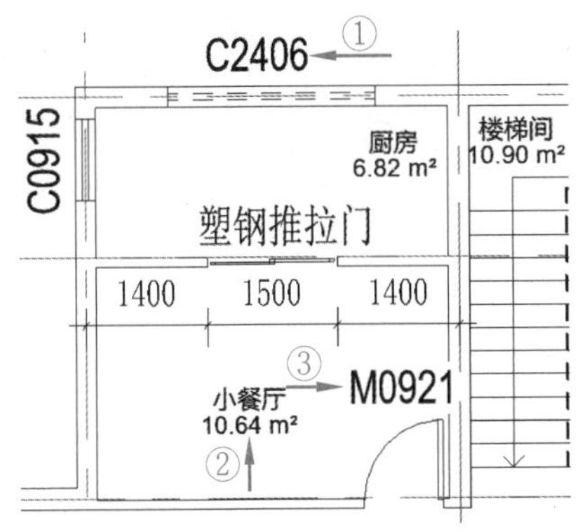

图 12-47　门标记、窗标记和房间标记

小知识

我们在创建对应图元的时候，都默认选择同时放置对应的门标记、窗标记、房间标记，但需要补充其中的遗漏部分。

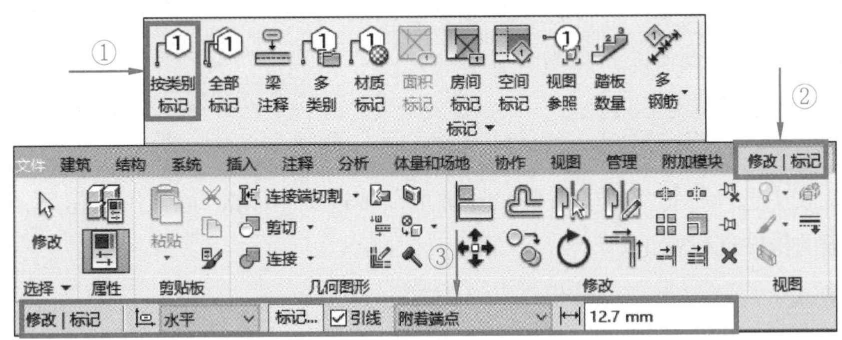

图 12-48　“选项栏”

（2）单击“选项栏”中“标记”按钮，打开“载入的标记和符号”对话框，如图 12-49 所示，可以为每个构件族类别选择一个需要的标记族。对于未载入标记的构件族，可以单击“载入的标记和符号”对话框中的“载入族”按钮，定位到“China →注释→标记→建筑”库中载入需要的标记族。

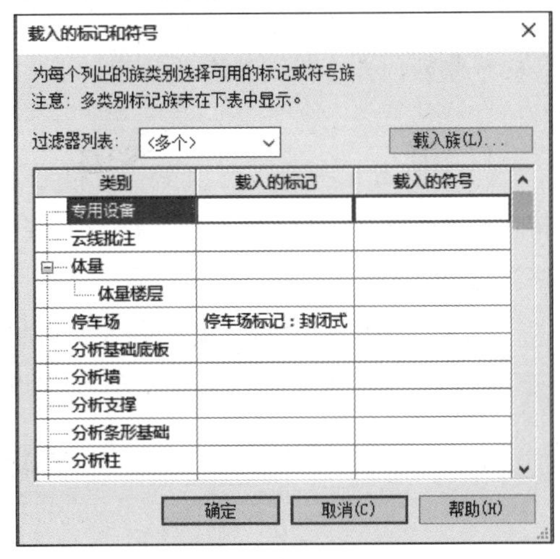

图 12-49　“载入的标记和符号”对话框

（3）选项栏中引线：勾选“引线”将创建带引线的标记，可以设置引线端点为“附着端点”（端点附着在构件上不可移动）或“自由端点”（端点位置可自由移动）形式，还可以输入引线长度值。

（4）移动光标单击拾取构件，自动创建标记，如图 12-50 所示（根据标记族的参数设置不同，有的标记需要手工输入标记内容）。

3. 自动标记

（1）单击“注释”选项卡→“标记”面板→“全部标记”按钮，打开“标记所有未标记的对象”对话框（顶部默认的选项为当前视图中的所有对象），如图 12-51 所示。

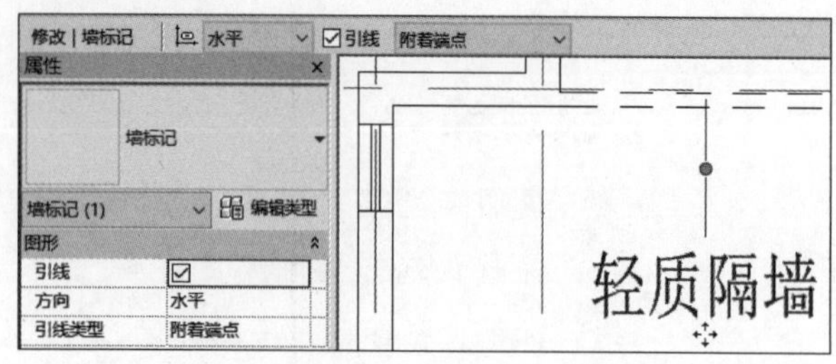

图 12-50 自动创建标记

小知识

如果拾取的构件没有载入标记族，系统将提示并询问是否载入。同时如果选择了自由端点形式，拾取构件时，将先放置引线起点、折点和终点后创建标记。

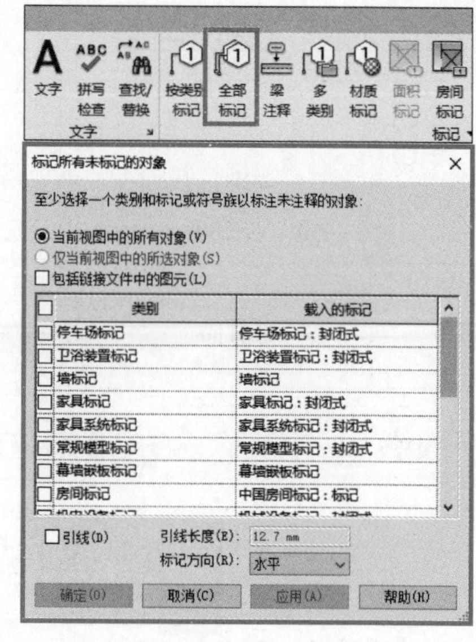

图 12-51 “标记所有未标记的对象”对话框

（2）从表中选择标记类别（按住 Ctrl 键可以多选），单击“确定”按钮后，系统自动为没有标记的构件创建标记。

4. 符号

小知识

如设计中需要添加指北针、坡度符号、参考图集之类的标注，我们可以定制专门的符号族，并将其放置在项目中。

（1）单击“注释”选项卡→“符号”面板→“符号”按钮，选择类型“排水符号”，将鼠标放到阳台中央准备放置符号，按空格键旋转将要放置符号的方向（每按一次“空格”键旋转 90°），单击放置符号。

（2）单击符号中的文字，进入编辑状态，按照要求输入坡度值，如图 12-52 所示，在文字外单击完成编辑。保存别墅项目模型文件。

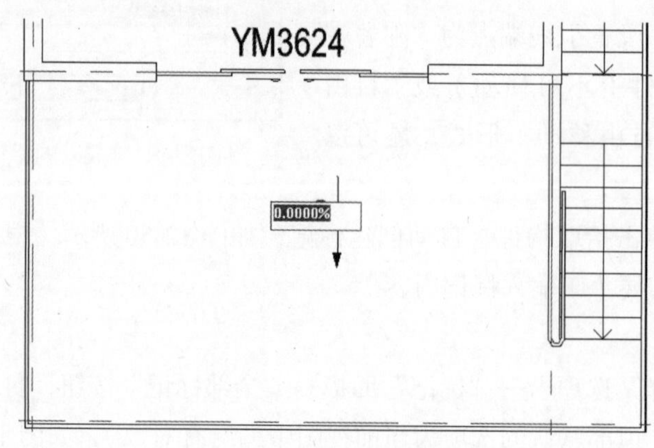

图 12-52 输入坡度值

至此，我们完成了“F1 出图”楼层平面视图的深化工作。同理，可完成“-1F 出图”“F2 出图”“F3 出图”各楼层平面视图的深化工作。保存别墅项目模型文件，将其命名为“别墅 43- 平面视图 .rvt”文件。

本章介绍了房间边界和房间标记的设置，以及通过定义面积方案分析空间关系的方法，学习了创建门窗表的方法，同时学习了视图属性和视图样板的应用、尺寸标注的添加和设置等平面工具，完成了“F1 出图”“-1F 出图”“F2 出图”“F3 出图”各楼层平面视图的深化工作。

第 13 章将开始学习立面和剖面视图的处理方法和常用工具。

第 13 章　立、剖面视图处理

概　述

第 12 章我们学习了平面视图的处理方法；和平面视图一样，Revit 2018 可以根据 4 个立面符号（俗称“小眼睛”）自动生成 4 个正立面视图，并可以通过绘制剖面线来自动创建剖面视图。Revit 2018 自动生成的立、剖面图不能完全满足出图要求，需要手动调整轴网和标高的标头位置、隐藏不需要显示的构件、创建标注与注释等，并将其快速应用到其他立、剖面视图中，以提高设计效率。

本章将详细讲解立面视图的处理方法，包括视图属性与视图样板、裁剪视图、立面视图轴网与标高调整、标注与注释等；同时详细讲解剖面图的创建与编辑方法。

课程目标

- 视图属性参数设置方法；
- 视图样板的创建与应用方法；
- 裁剪视图的用途与方法；
- 立面视图轴网与标高调整方法；
- 温习第 12 章尺寸标注与注释的创建方法；
- 剖面图的创建与编辑方法。

13.1　视图属性与视图样板

打开项目文件“别墅 43- 平面视图 .rvt”，将其另存为“别墅 44- 立面视图 .rvt”。

13.1.1　视图可见性

小知识

视图属性是当前视图的比例、详细程度、显示模式、可见性、基线等特性，视图属性可以解决很多视图的显示特性。

微课：视图可见性

（1）在项目浏览器中展开“立面（建筑立面）”项，双击视图名称“西”，打开“西”立面视图，如图 13-1 所示，观察“西”立面视图。

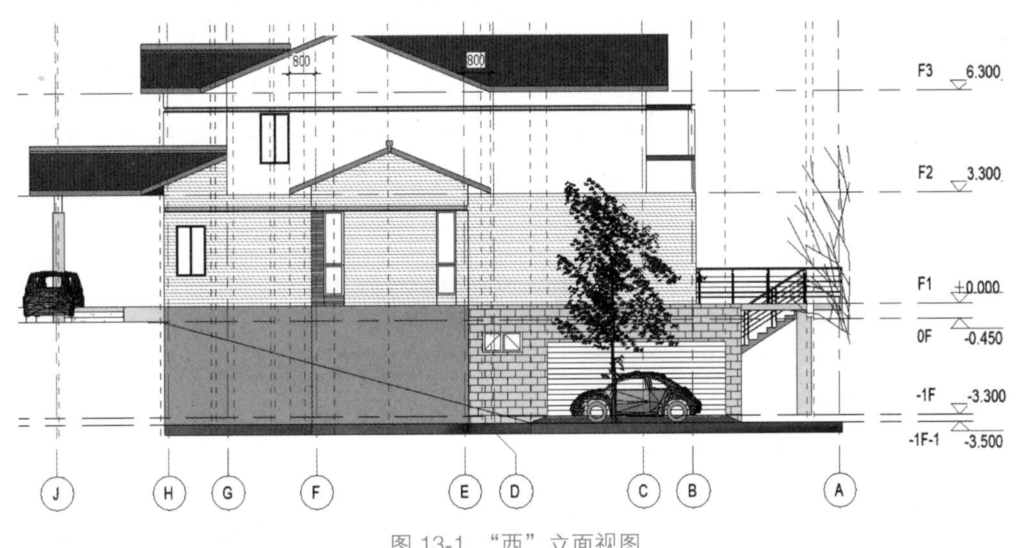

图 13-1 “西”立面视图

小知识

通过对比，可以看出“西”立面图与出图要求有一些出入，图中的植物、汽车等环境构件及参照平面无须显示；场地显示得过长；立面中轴线只需显示第一根和最后一根，且轴网线较长；无材料标记等注释内容。

（2）单击左侧“实例属性”对话框→“图形”类参数→“可见性 / 图形替换”后的“编辑”按钮，打开“立面：西的可见性 / 图形替换”对话框，如图 13-2 所示。此对话框包含“模型类别”“注释类别”“导入的列表”“过滤器”四个选项卡，分别用来控制各类别构件的显示。

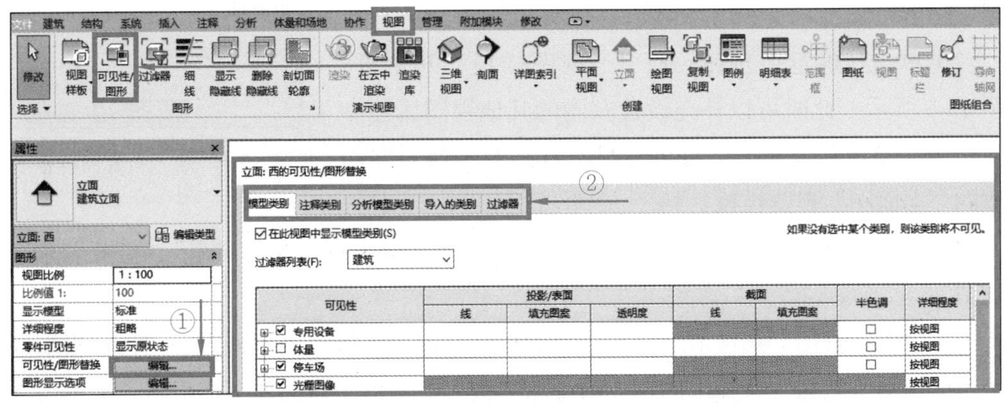

图 13-2 “立面：西的可见性 / 图形替换”对话框

（3）在“模型类别”选项卡中，向下拉右侧的滚动条，找到“植物”类别，取消勾选“植物”，同理取消勾选“环境”“地形”“常规模型”和“场地”。

小知识

确定后此操作，将隐藏视图中所有植物和车等物体。

（4）切换到“注释类别”选项卡，取消勾选“参照平面”“立面”“剖面”“剖面框”类别，单击“确定”按钮，关闭“立面：西的可见性/图形替换”对话框。观察“西”立面图中的“树木”“车”以及“参照平面”等均被隐藏，如图 13-3 所示。保存别墅项目模型文件。

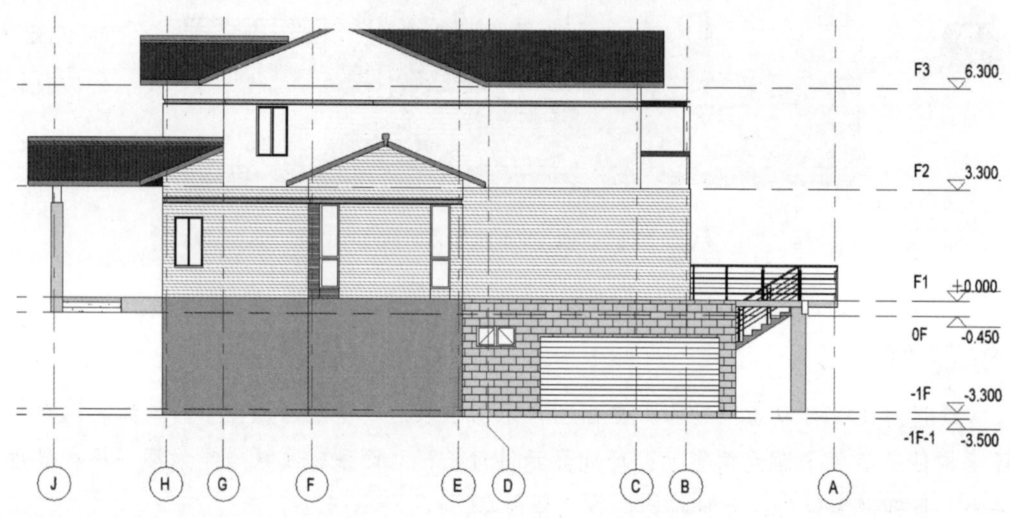

图 13-3 “西”立面图中的“树木”“车”以及“参照平面”等均被隐藏

13.1.2 视图样板

微课：视图样板

（1）单击“视图”选项卡→“图形”面板→“视图样板”下拉列表→“从当前视图创造样板”按钮，系统弹出“新视图样板”对话框，输入新视图样板名称为“立面图”，如图 13-4 所示。

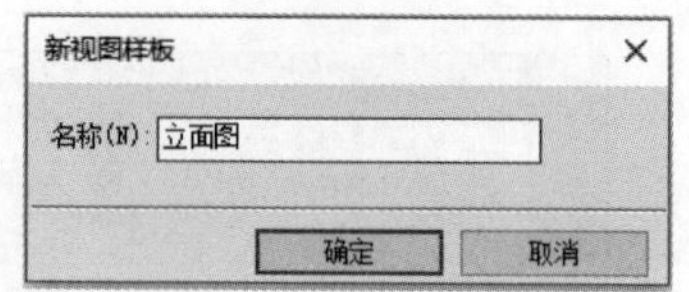

图 13-4 输入新视图样板名称为“立面图”

（2）单击“确定”按钮，打开“视图样板”对话框，如图 13-5 所示。此时可以补充设置右侧的其他视图属性参数。单击“确定”按钮，即可创建显示样式与“西”立面一致的“立面图”视图样板。

（3）在项目浏览器中展开“立面（建筑立面）”，双击视图名称“东”，打开“东”立面视图。

（4）单击“视图”选项卡→“图形”面板→“视图样板”下拉列表→“将样板属性应用于当前视图”按钮，在弹出的“应用视图样板”对话框左边的视图样板列表中单击选择刚创建的“立面图”样板，单击“确定”按钮，应用“立面图”视图样板。

（5）可看到“东”立面视图中的“树木”“车”以及“参照平面”等同样被隐藏。保存别墅项目模型文件。

小知识

图 13-5 中右边视图属性中，单击“V/G 替换模型”参数后的“编辑”按钮，即可打开“立面图”的“可见性 / 图形替换”对话框，此时同样可以继续调整样板的可见性。

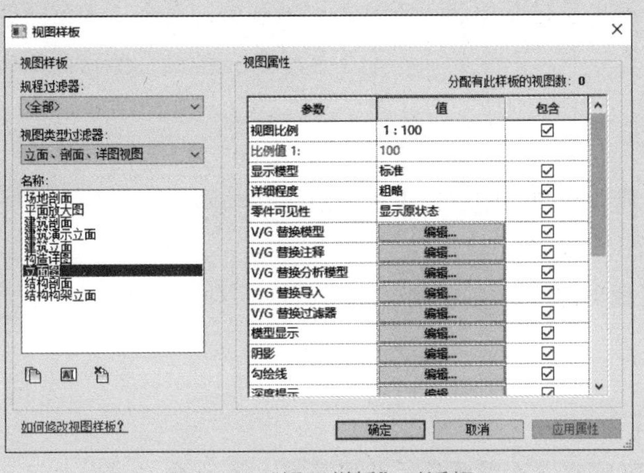

图 13-5　“视图样板”对话框

小知识

在视图中选择构件，右击，在弹出的快捷菜单中单击“在视图中隐藏”→“图元”命令的隐藏操作，这属于永久性隐藏，但是不能被保存在视图样板并应用到其他视图中。

13.2　视图剪裁

（1）在项目浏览器中展开“立面（建筑立面）”，双击视图名称“西”，打开“西”立面视图。

微课：视图剪裁

（2）勾选左侧“实例属性”对话框→“范围”选项下“裁剪视图”和“裁剪区域可见”复选框，则“西”立面视图中显示裁剪范围框，如图 13-6 所示。

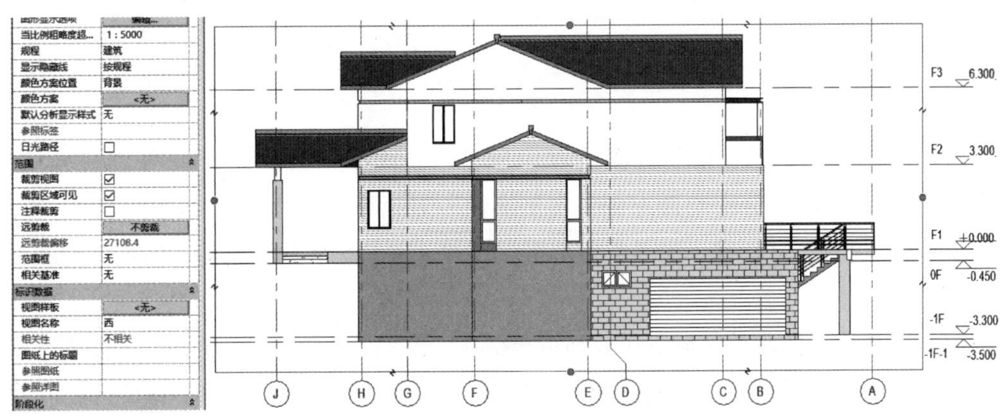

图 13-6　“西”立面视图中显示裁剪范围框

小知识

“裁剪视图”和“裁剪区域可见”两个工具均可控制视图范围裁减框；其中“裁剪视图”用来控制视图裁减框是否起作用，不勾选为不起作用；“裁剪区域可见”用于控制视图范围裁减框是否显示，不勾选为不显示；两个工具互不影响，在勾选“裁剪视图”复选框状态下，不管裁减框是否显示都起作用，都将隐藏范围框以外的构件部分。

（3）单击选中裁剪框四周的“拖曳控制点”移动到适当位置，调整视图至适当的显示范围，如图 13-6 所示。

（4）完成视图裁剪之后，在左侧“实例属性”对话框中，取消“裁剪区域可见”勾选，裁剪框消失。

小知识

在布图、打印时，均不需要显示裁剪区域，因此在完成对裁剪区域的操作后，请隐藏裁剪区域的显示。此外，上面的操作将不裁剪注释类图元，如轴网、标高等。如需要隐藏超出区域外的注释图元，请在左侧“实例属性”对话框“范围”类参数下勾选“注释裁剪”参数，即可出现如图 13-7 所示的外围注释裁剪范围框，此范围框可裁剪范围外的注释图元。

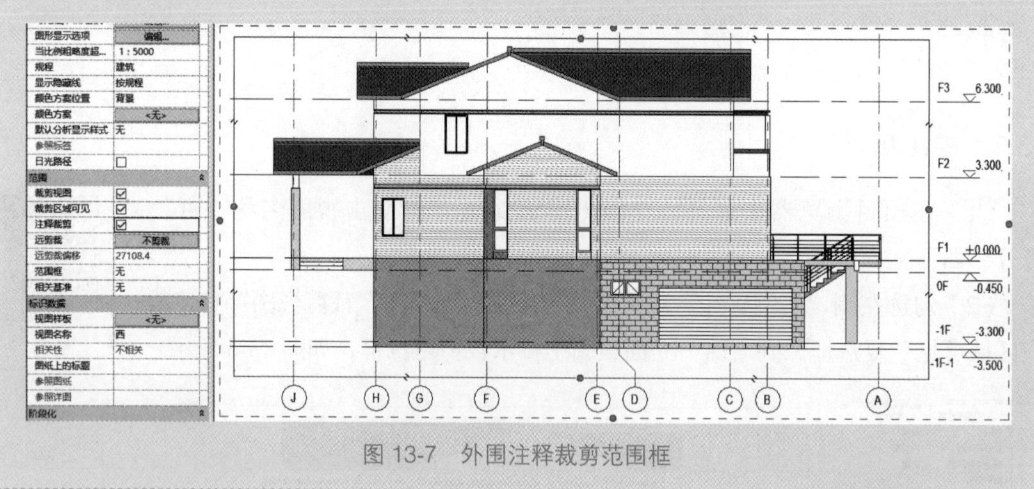

图 13-7 外围注释裁剪范围框

（5）采用同样方法，在项目浏览器中展开“立面（建筑立面）”，分别打开“东”“北”“南”立面视图，分别勾选左侧“实例属性”对话框→“范围”选项下“裁剪视图”和“裁剪区域可见”复选框，显示裁剪范围框，并分别调整各视图的剪裁区域，隐藏不需显示的部分。

（6）“北”立面的裁剪区域下边要拖曳至标高“0F”，因为地下一层在北立面不需要看到，如图 13-8 所示。调整完后，在左侧“实例属性”对话框中取消勾选“裁剪区域可见”。保存项目文件。

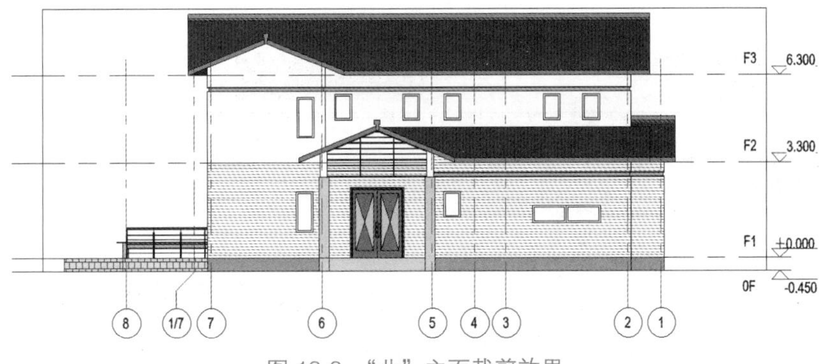

图 13-8 “北”立面裁剪效果

13.3　立面轴网与标高调整

小知识

在立面视图中，一般只需要显示第一根和最后一根轴线（即只显示两端的定位轴线，中间的轴线不需要显示），且轴线及标高的长度也无须太长。

微课：立面轴网与标高调整

13.3.1　隐藏多余轴网

（1）展开项目浏览器“立面（建筑立面）”项，双击视图名称“西”，打开“西”立面视图。

（2）移动光标到“西”立面右侧 B 轴线标头右下方，按住鼠标左键向左侧 H 轴线标头左上方移动光标，直到出现矩形选择预览框，确保矩形框只和 B 到 H 轴线相交后，松开鼠标左键，交叉框选中间的多余轴线。

（3）选择 H 到 B 轴线后右击，在弹出的快捷菜单中单击“在视图中隐藏”→“图元”命令，如图 13-9 所示，便可隐藏“西”立面图的中间轴网，同时保留两端轴网，如图 13-10 所示。

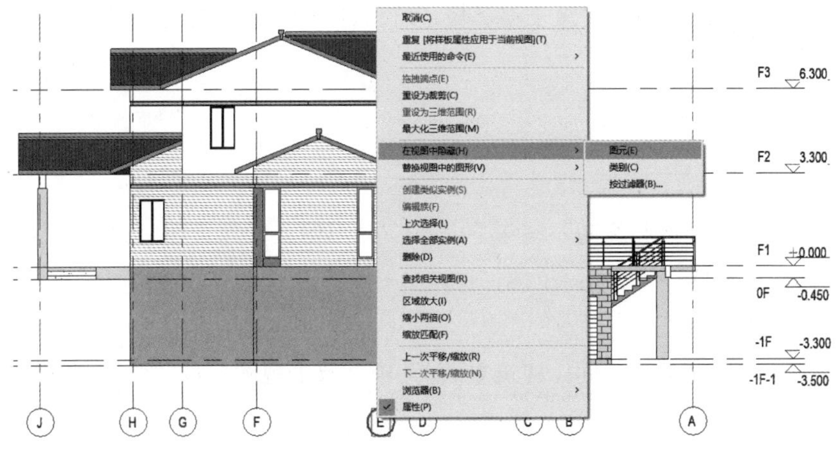

图 13-9　选择 H 到 B 轴线

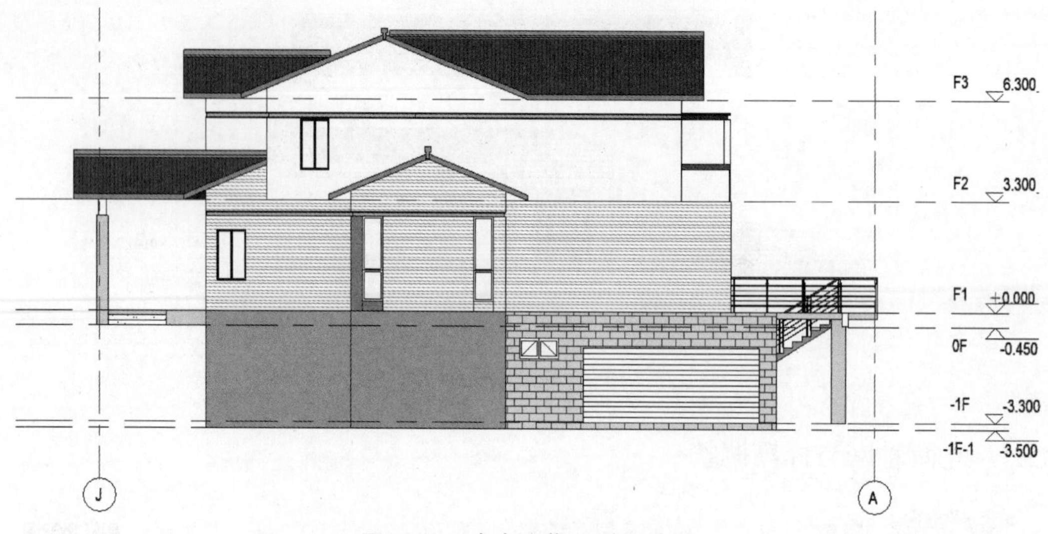

图 13-10 永久隐藏 H 到 B 轴线

小知识

①在视图中选择构件，右键菜单中单击“在视图中隐藏”→“图元”的操作只是部分性的隐藏，不同于“图形 / 可见性替换”整体性隐藏；部分性隐藏不能被保存在视图样板中，因此也就不能通过视图样板传递到其他视图中；②选择轴网右击，在弹出的快捷菜单中单击“在视图中隐藏”→“类别”命令的操作等同于在“立面：西的可见性 / 图形替换”对话框→“注释类别”选项卡中取消勾选轴网，这两种操作都将隐藏视图中的所有轴网。

（4）采用同样的方法，分别打开“东”“北”“南”各立面视图，框选中间的轴线并隐藏，以符合我们的出图要求。保存别墅项目模型文件。

小知识

选择构件，右键在快捷菜单中单击“在视图中隐藏”→“图元”命令，不仅适用于轴网，同样适用于标高、参照平面、墙、门、窗等大多数构件。

13.3.2 编辑轴网、标高长度

小知识

通常出图时，轴网和标高不需要穿过整个立面图，以保证图面清晰，因此需要调整轴网和标高的长度。

（1）展开项目浏览器“立面（建筑立面）”项，双击视图名称“西”，打开“西”立面视图。

（2）标高长度逐一调整：单击选择标高“F3”，标高左侧端点位置下方出现文字标签

“3D”，单击“3D”切换为“2D”，按住端点的蓝色控制点，向右拖曳缩短标高“F3”长度至 A 轴右边，松开鼠标。

小知识

选择标高时，当标高下方的文字标签为“3D”时，直接拖曳标高长度，将不仅改变当前“西”立面的标高长度，也将缩短与其对应的东立面标高长度，但由于两个立面方向不同，所以不能同时调整，必须将文字标签“3D”改为“2D”后，再仅修改当前视图标高长度。

（3）标高长度统一调整：勾选左侧“实例属性”对话框→“范围”选项下“裁剪视图”和“裁剪区域可见”复选框，显示裁剪范围框。单击选择任意标高，按住标高左侧端点的蓝色空心圆控制柄向左拖曳，使标高长度超过裁剪范围之外后松开鼠标，此时所有标高自动切换为“2D”模式，空心圆变为蓝色实心点，如图 13-11 所示。然后用鼠标拖曳蓝色实心点，即可整体调整当前视图的标高长度。

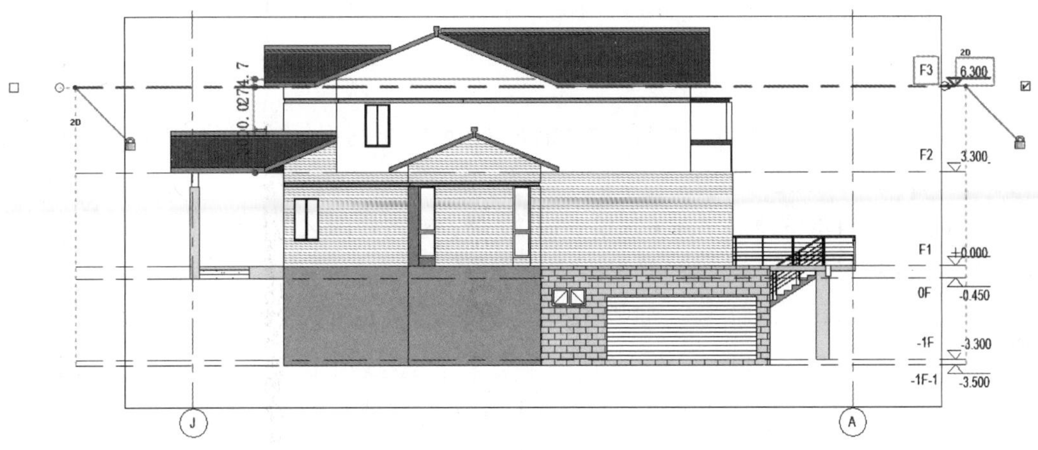

图 13-11　整体调整当前视图的标高长度

小知识

此方法对轴线同样适用，是整体调整立面、剖面视图中标高和轴线标头位置的快捷方法。请读者仔细体会。

（4）轴网的调整方法与标高完全相同：单击 A 轴线，单击轴网旁边出现的“3D”标签，将其切换为“2D”，按住蓝色控制点，向下拖曳至适当位置放开鼠标。此操作需逐一进行。或者按前述方法打开裁剪范围框显示，将轴网向上拖曳，超过裁剪范围框后，将“3D”标签切换为“2D”，然后向下拖曳至适当位置，操作完成后，点隐藏裁剪范围框。

（5）调整完成后的“西”立面图，如图 13-12 所示。

（6）采用同样的方法，分别打开“东”“北”“南”各立面视图，调整轴网及标高的长度，完成后保存别墅项目模型文件。

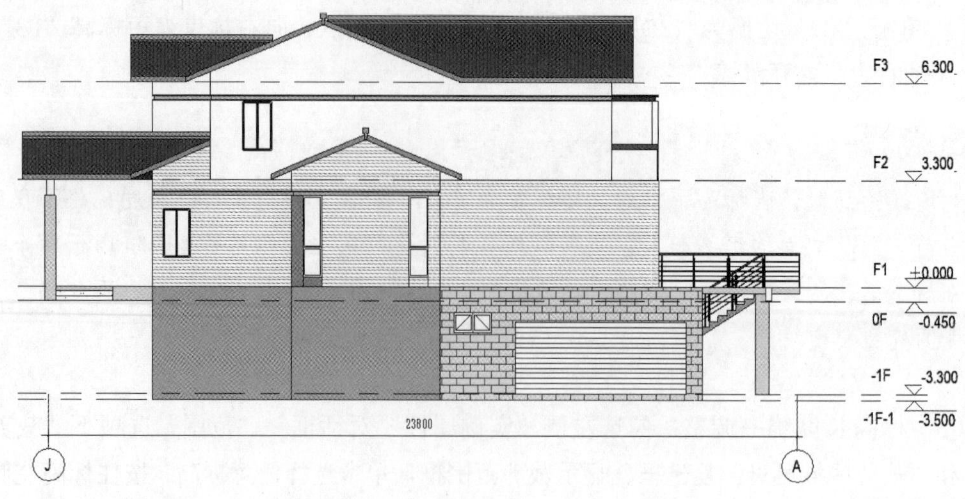

图 13-12　调整完成后的“西”立面图

13.4　为立面添加注释

自动生成的立面图不能完全满足出图要求，需要在立面图添加注释说明。

13.4.1　立面高程点标注

通常立面图需要标注窗台高度、窗顶高度、墙饰条高度等，下面使用“高程点”命令来完成这些标注。

微课：立面高程点标注

（1）展开项目浏览器“立面（建筑立面）”项，双击视图名称“西”，打开“西”立面视图。

（2）单击“注释”选项卡→“尺寸标注”面板→“高程点”按钮，系统切换到“修改|放置尺寸标注”上下文选项卡；在“类型选择器”下拉列表中选择类型“高程点 垂直”。

（3）选项栏取消勾选“引线”；移动光标至绘图区域，单击拾取“西”立面左端窗C0915 顶部位置。此时上下移动光标可以确定高程点标注放置的位置。光标向右上方移动，单击放置一个向上的高程点标注，标注值为“2.400”，如图 13-13 所示。

（4）继续添加高程点标注，移动光标单击拾取窗台位置，光标向右下方移动并单击，放置一个向下的高程点标注。此时高程点数值“0.900”位置较高，单击并按住高程值“0.900”下方的蓝色夹点向下拖曳，调整数值至合适位置松开鼠标，如图 13-13 所示。

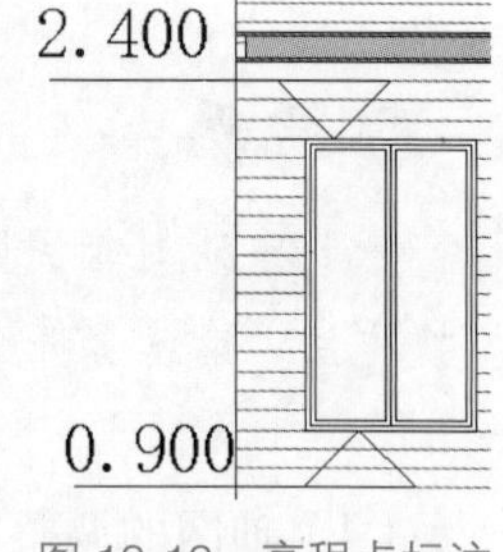

图 13-13　高程点标注

小知识

用鼠标单击高程值“2.400”下方的蓝色夹点，拖曳即可调整数值位置。

（5）采用同样方法，标注“西”立面所有窗台高度和窗顶高度，结果如图 13-14 所示。其他立面视图同样处理。保存别墅项目模型文件。

图 13-14　标注“西”立面高程点

13.4.2　添加材质标记

（1）展开项目浏览器“立面（建筑立面）”项，双击视图名称“西”，打开“西”立面视图。

微课：添加材质标记

（2）单击“注释”选项卡→“标记”面板→“材质标记”，移动光标至绘图区域中要标记材质的首层平面中部左边的窗 C0625 下的木饰面内部，此时光标处出现该构件材质“再造木饰面”的预览。

（3）单击放置引线起点，光标水平向左移动，再次单击捕捉第一段引线终点，垂直向上移动光标，再次单击捕捉第二段引线终点，并放置材质标记文字，结果如图 13-15 所示。

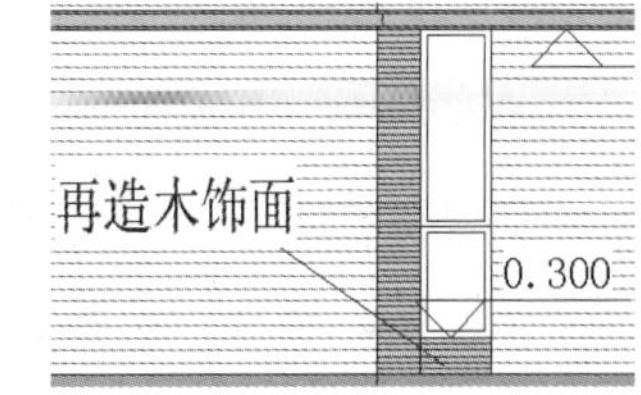

图 13-15　添加“材质标记”

（4）采用同样方法，标记“西”立面地下一层墙体、一层墙体、屋顶等构件的材质，如图 13-16 所示。

图 13-16　标记“西”立面构件的材质

（5）采用同样的方法，分别打开“东”“北”“南”各立面视图，标记各立面上各构件的材料，完成后保存别墅项目模型文件。

(6)为“西”立面图添加“尺寸标注、图名比例”。

至此，我们已完成了“西”立面视图的创建和编辑工作，如图 13-17 所示。采用同样的方法，分别打开“东”“北”“南”各立面视图，标记各立面“尺寸标注”和“图名比例”，完成后保存别墅项目模型文件。

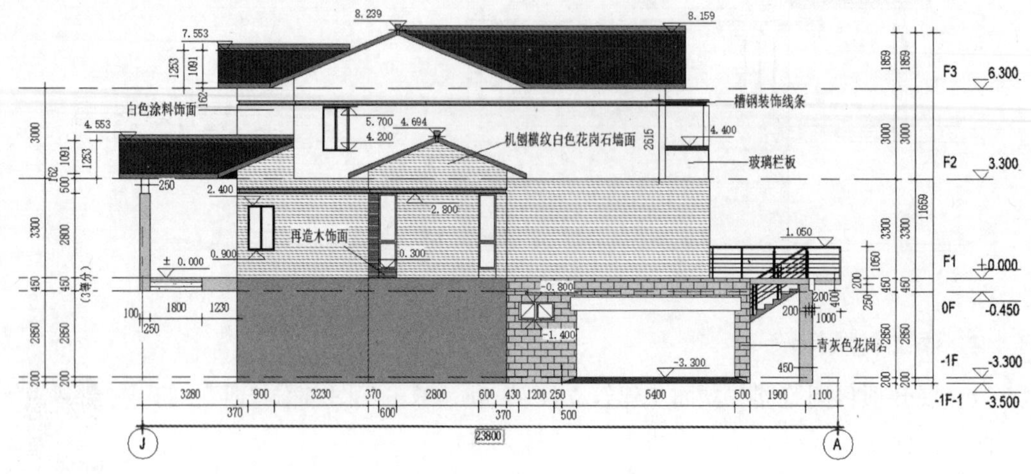

图 13-17 “西”立面视图

13.5 剖面视图

小知识

本别墅项目一开始创建标高和轴网，后续依据标高轴网基准图元，创建墙体、门窗、楼板、楼梯、屋顶、场地等构件，组建出整体建筑信息模型；因为标高和轴网的参照，Revit 2018 在整体建筑信息模型的基础上，能够在项目浏览器上自动形成楼层平面图和“东、西、南、北”主方向的外立面图。

小知识

为了表达建筑内部垂直方向的结构和尺度，通常需要一些特定位置的建筑剖面图，Revit 2018 虽然不能够默认自动形成剖面图，但是能够非常快捷地形成剖面图。只要明确剖切面位置和投影方向，Revit 2018 便可立刻生成特定位置的剖面图，而手工绘图和 CAD 绘图则必须一笔一画绘制剖面图；从出图角度看，Revit 2018 有手工绘图和 CAD 绘图无法比拟的高效率。

小知识

Revit 2018 生成的剖面视图需要像上面的立面视图一样，调整其可见性等视图属性、调整轴线与标高、创建标注与注释等。

13.5.1　创建剖面视图

微课：创建剖面视图

（1）打开“别墅 44- 立面视图 .rvt”文件，将其另存为“别墅 45- 剖面视图 .rvt”文件。

（2）切换到“F1”楼层平面视图。

（3）单击“视图”选项卡→“创建”面板→“剖面”按钮，在“类型选择器”下拉列表中选择“剖面 建筑剖面”类型。

（4）光标变成笔的图标，移动光标至③轴和⑤轴之间，在建筑上方单击确定剖面线上端点，光标向下移动超过 A 轴后单击确定剖面线下端点，绘制剖面线，如图 13-18 所示，系统自动形成剖切范围框。

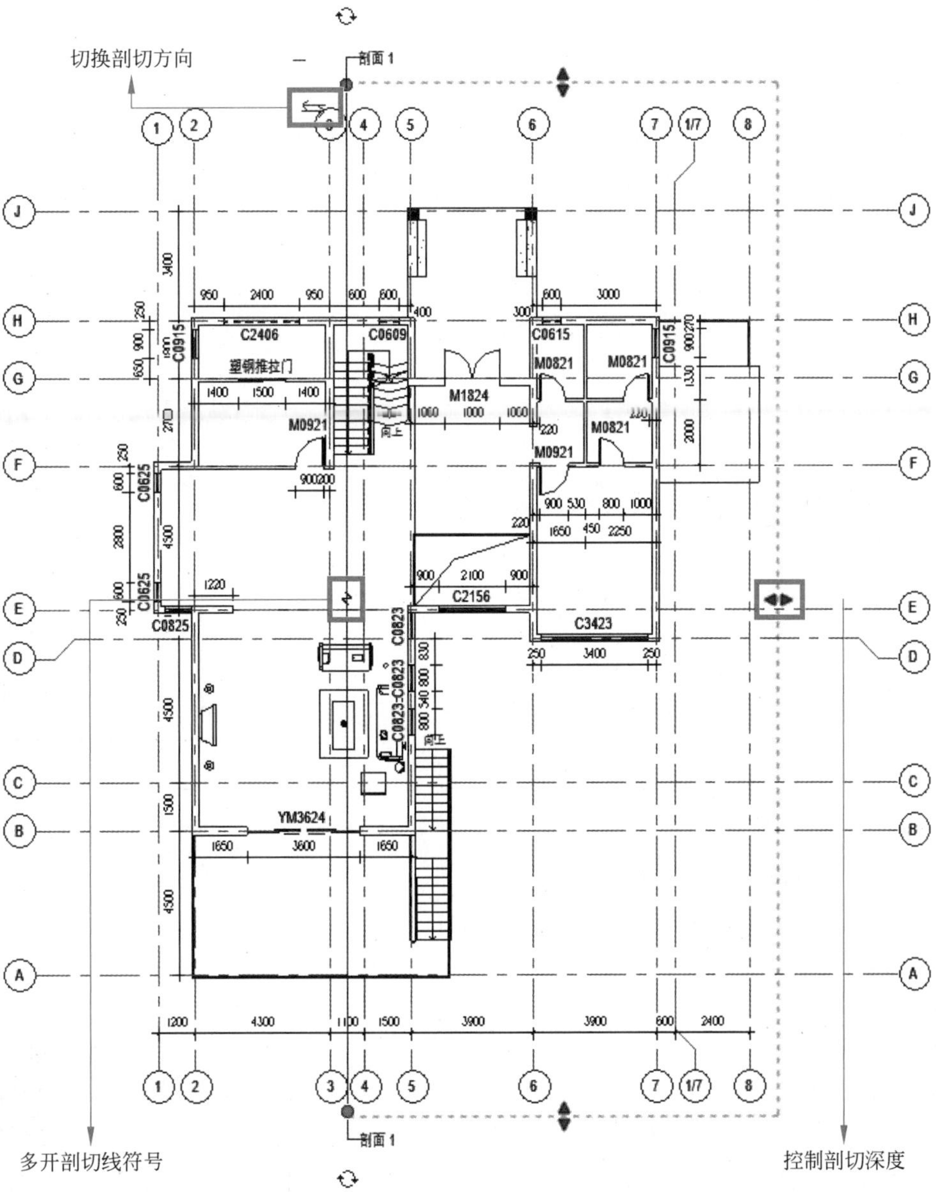

图 13-18　绘制剖面线

（5）此时项目浏览器中增加“剖面（建筑剖面）”项，展开看到刚创建的“剖面 1”。

小知识

在项目浏览器“剖面（建筑剖面）”→“剖面 1”上右击，可在弹出的快捷菜单中单击“重命名”，在系统弹出的“重命名视图”对话框中输入新的名称，确定后即可重命名剖面视图。

（6）选中剖面线，剖面标头位置出现双向箭头标记“⇆”（翻转符号），单击可改变剖切线方向，剖面图自动更新。

（7）选中剖面线，单击翻转符号，投影方向翻转为向左（西）。

（8）单击“剖面”面板→“拆分线段”按钮，在剖面线上 E 轴和 F 轴之间单击，在此处打断剖面线，移动光标到下面一段剖面线上，再向左移动光标一段距离后，单击放置剖面线，创建了折线剖面线，如图 13-19 所示，剖面图自动更新。

小知识

通常剖切面尽可能通过门窗洞口和楼梯，本别墅项目案例可以采用阶梯剖，满足剖切位置同时通过室内楼梯和室外楼梯。拆分线段可以多次拆分，读者可自行尝试多个转折的阶梯剖设置。

（9）单击剖切范围框拖曳控制符号，可以调整剖切视图的范围。

（10）在项目浏览器中展开“剖面（建筑剖面）”项，双击视图名称“剖面 1”，进入剖面 1 视图。保存别墅项目模型文件。

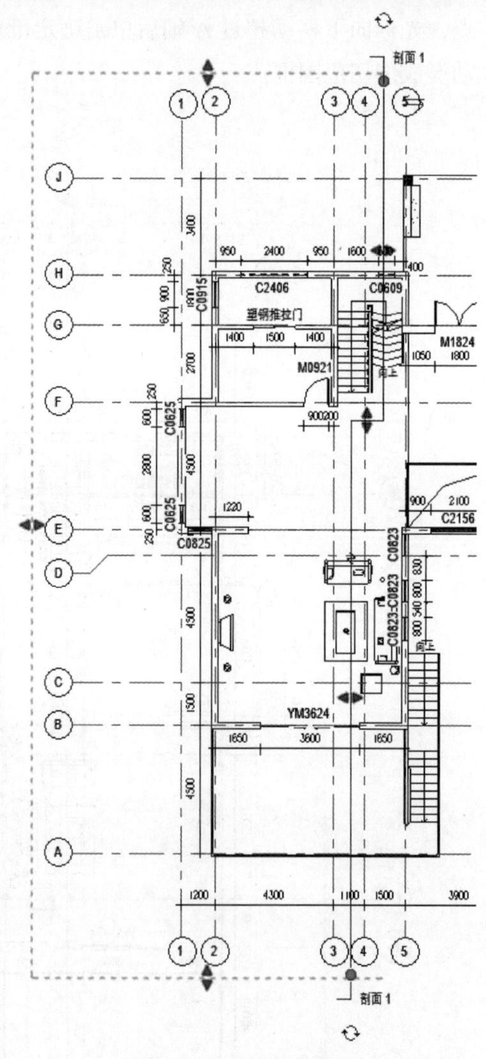

图 13-19 折线剖面线

13.5.2 编辑剖面视图

目前本别墅项目建筑信息模型中仅有一个剖面图，默认剖面图的图名为“剖面 1”；单击该图名，右键菜单选择“重命名”选项，修改图名为“1—1 剖面图”。双击图名“1—1 剖面图”打开“1—1 剖面图”视图。

微课：编辑剖面视图

小知识

选择同一位置剖面图的剖切方向时，应该尽可能观察到更多的项目构造，从前述剖切线方向翻转朝西观察，可以观察到室外楼梯西侧更多的建筑剖面构造，如果从剖切线方向朝东观察，室外楼梯东侧为空白，剖面图的图示内容则也是一片空白。

小知识

当前“1-1 剖面图”视图依然显示视图裁剪框和多个出图需要隐藏的图元。单击选中裁剪框四周的“拖曳控制点”，将其移动到适当位置，调整视图至适当的显示范围，然后在左侧“实例属性”对话框中取消“裁剪框可见”复选框的勾选，便不再显示裁剪框。

小知识

单击左侧“实例属性”对话框→“图形”选项→“可见性 / 图形替换”右侧“编辑”按钮，在弹出的对话框中取消“地形、植物、环境、参照平面、立面、剖面、剖面框、常规模型”勾选，同时保留“场地”的勾选，便可隐藏不需要显示的图元。

小知识

与前述相同，通过“从当前视图创建样板”命令和“将样板属性应用于当前视图”命令的配合，快速完成其余剖面图相关图元的可见性设置，这里不再详述。

（1）按出图要求，屋顶的截面在剖面图中需要黑色实体填充显示。选中屋顶，单击绘图区域左侧“编辑类型”按钮，打开“类型属性”对话框。单击参数“粗略比例填充样式”后的空格，再单击后面出现的矩形“浏览”图标，打开“填充样式”对话框。在“填充样式”对话框中选择“实体填充”样式，单击“确定”按钮两次，关闭所有对话框。

（2）同样选中楼板，单击绘图区域左侧“编辑类型”按钮，打开“类型属性”对话框。单击参数“粗略比例填充样式”后的空格，再单击后面出现的矩形“浏览”图标，打开“填充样式”对话框。在“填充样式”对话框中选择“实体填充”样式，单击“确定”按钮两次，关闭所有对话框完成设置。则在楼板和屋顶截面填充了黑色实体。

小知识

“粗略比例填充样式”工具只对视图的“详细程度”为“粗略”时的视图有效。

小知识

一般情况下处理剖面视图，剖切到的屋顶、楼板、墙体、楼梯等均需要黑色实体显示，这里介绍一个设置的方法，切换到“1—1 剖面图”视图，单击左侧“实例属性”对话框→“图形”选项下的“可见性 / 图形替换”右侧“编辑”按钮，在弹出的“剖面：1—1 剖面图的可见性 / 图形替换”对话框中单击“模型类别”选项卡，同时选中

“楼板”“楼梯”“屋顶”“墙体”，接着单击右侧的“截面填充图案”按钮，弹出“填充样式图形”对话框，设置“填充图案”为“实体填充”，如图 13-20 所示。

剖面: 1-1剖面图的可见性/图形替换

模型类别 注释类别 分析模型类别 导入的类别 过滤器

☑在此视图中显示模型类别(S)　　如果没有选中某个类别，则该类别将不可见。

过滤器列表(F): 建筑

可见性	投影/表面 线	投影/表面 填充图案	投影/表面 透明度	截面 线	截面 填充图案	半色调	详细程度
☑ 墙	替换...	替换...	替换...	替换...	替换...	☐	按视图
☑ 天花板						☐	按视图
☑ 家具						☐	按视图
☑ 家具系统						☐	按视图
☐ 屋顶						☐	按视图
☐ 常规模型						☐	按视图
☑ 幕墙嵌板						☐	按视图
☑ 幕墙竖梃						☐	按视图
☑ 幕墙系统						☐	按视图
☑ 房间						☐	按视图
☑ 机械设备						☐	按视图
☑ 柱						☐	按视图
☑ 栏杆扶手						☐	按视图
☐ 植物						☐	按视图
☑ 楼板						☐	按视图
☑ 楼梯						☐	按视图
☑ 橱柜						☐	按视图
☑ 照明设备						☐	按视图
☐ 环境						☐	按视图

填充样式图形

样式替换

☑可见(V)

颜色: <无替换>

填充图案: 实体填充

清除替换　确定　取消

全选(L)　全部不选(N)　反选(I)　展开全部(X)

替换主体层

☐截面线样式(Y)　编辑(E)...

根据"对象样式"的设置绘制未替代的类别。　对象样式(O)...

确定　取消　应用(A)　帮助

图 13-20　设置“填充图案”为“实体填充”

（3）放大地下一层楼梯部分，观察楼梯缺少梯梁，如图 13-21 所示。单击“视图”选项卡→“图形”面板→“剖切面轮廓”按钮，选项栏勾选“面”，光标移动至楼梯剖面上，单击拾取楼梯剖面，系统切换到“修改 | 创建剖切面轮廓草图”上下文选项卡，剖面轮廓线变为橘黄色，如图 13-22 所示绘制三段线，确保箭头向内。

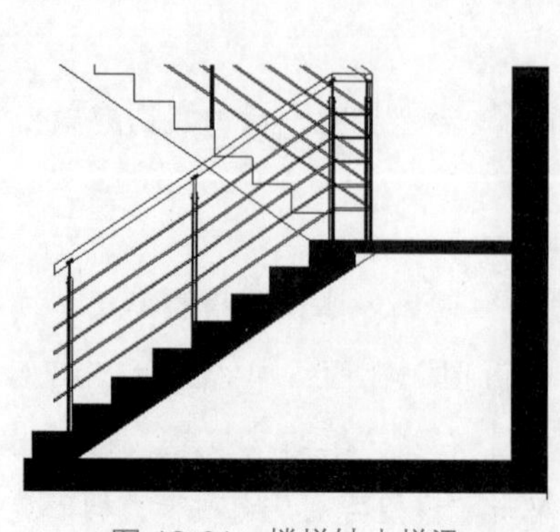

图 13-21　楼梯缺少梯梁

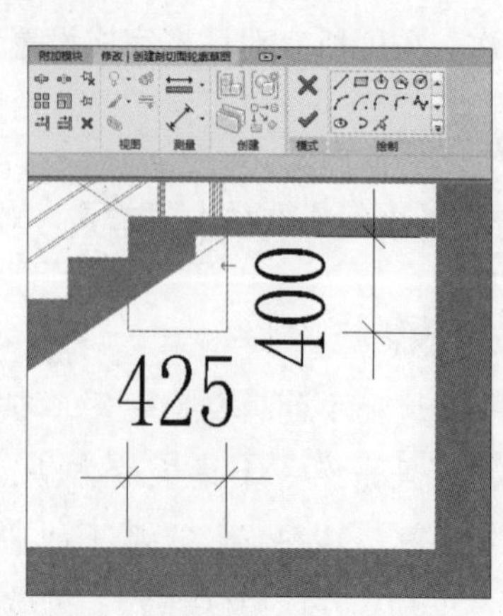

图 13-22　绘制三段线，确保箭头向内

（4）单击“修改 | 创建剖切面轮廓草图”上下文选项卡→“模式”面板→“完成编辑模式”按钮“√”，创建的梯梁，如图 13-23 所示。

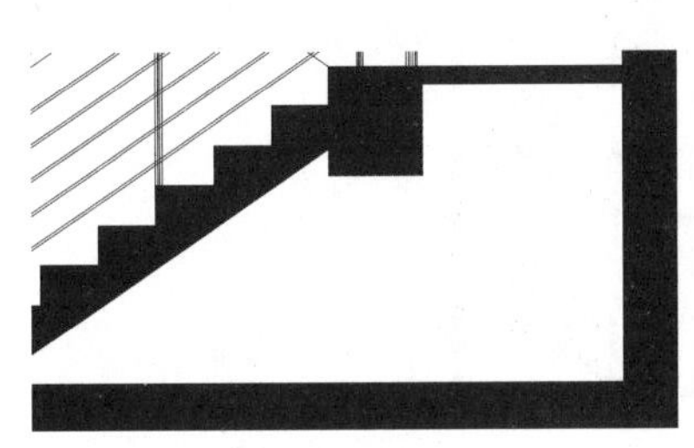

图 13-23　创建的梯梁

小知识

“剖切面轮廓”工具可以在视图中修改被剖切的图元（例如屋顶、楼板、墙和复合结构的层）的形状，该工具只能应用于在当前视图被剖切的图元，且操作只对当前视图有效，对三维模型没有影响。图 13-22 中，箭头向内表示所绘制的轮廓内部添加到楼梯的剖面轮廓内。所绘制线条的两个端点必须落在所编辑剖面的边界上。

（5）采用同样方法，使用“剖切面轮廓”工具为每层的楼梯添加梯梁。

小知识

除了使用“剖切面轮廓”工具为楼板添加梯梁，还可以使用“注释”选项卡→“详图”面板上的“填充区域”命令绘制梯梁。

① 单击“注释”选项卡→“详图”面板→“区域”下拉列表→“填充区域”按钮，系统切换到“修改 | 创建填充区域边界”上下文选项卡，在“类型选择器”下拉列表中选择类型为“填充区域 垂直”，单击“绘制”面板“线”按钮，移动光标至绘图区域，绘制需要填充的闭合轮廓，如图 13-24 所示。

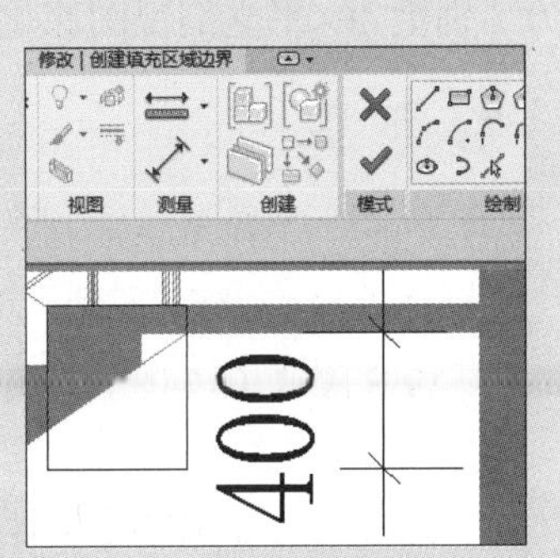

图 13-24　绘制需要填充的闭合轮廓

② 单击“修改 | 创建填充区域边界”上下文选项卡→“模式”面板→“完成编辑模式”按钮“√”，即可得到与“剖切面轮廓”工具看似相同的结果。但“剖切面轮廓”工具得到的梯梁与楼梯是一体的，会随着楼梯截面填充图案的改变而改变，总是与楼梯截面填充图案保持一致；而“填充面域”绘制的梯梁则是单独的构件，与楼梯没有内在的关联。

（6）与前述立面图深化处理相同，最后通过“对齐尺寸标注”“高程点”“文字”等工具，对“1—1 剖面图”进行尺寸标注、标高标注、图名和出图比例的标注，最终结果如图 13-25 所示。具体方法请见第 12 章，在此不再详述。

（7）选择任意一根轴线，单击鼠标按住轴网上端蓝色控制点，向下拖曳缩短剖面轴网长度到合适位置后松开鼠标。

小知识

剖面图中默认轴网为“2D”，无须切换，可直接拖曳。

图 13-25 最终“1—1 剖面图”

至此，我们已完成剖面图的创建和出图深化处理。保存别墅项目模型文件，将其另存为“别墅 46- 平立剖视图深化处理 .rvt”项目文件。

小知识

通常一套建筑施工图的剖面图剖切符号只出现在底层平面图中，本别墅项目建议剖切符号只在“F1 出图”中显示，其余平面图出图可以通过右键菜单“在视图中隐藏”指令隐藏不该显示的剖切符号。

本章学习了利用视图属性、视图样板、裁剪视图等工具处理各立面视图的显示问题，同时讲述了剖面图的创建和编辑方法。

第 14 章　渲染与漫游

概　述

Revit 2018 中，可利用现有的三维建筑信息模型创建效果图和漫游动画，全方位展示建筑师的创意和设计成果。

本章将重点讲解设计表现内容，包括创建室内外相机视图、室内外渲染场景设置及渲染方法以及项目漫游的创建与编辑方法。

课程目标

- 如何创建平行相机视图、鸟瞰图等各种室内外相机视图；
- 室内外场景的设置和渲染方法；
- 创建和编辑漫游的方法。

温馨提醒

在本章学习之前，读者首先扫描右侧二维码，下载讲义，自主学习配套视频课程。

微课：大样与节点详图 阴影 日光研究 新建材质

14.1　创建相机视图

在给构件赋材质之后，渲染之前，一般要先创建相机透视图，生成渲染场景。Revit 2018 提供了相机工具，用于创建任意的静态相机视图。打开项目文件“别墅 48- 阴影与日光研究 .rvt”，将其另存为“别墅 49- 渲染与漫游 .rvt”项目文件。

微课：创建水平相机视图

14.1.1　创建水平相机视图

（1）在项目浏览器中展开“楼层平面”项，双击视图名称“F1 出图”，进入“F1 出图”楼层平面视图。

（2）单击“视图”选项卡→“创建”面板→“三维视图”下拉列表→“相机”按钮，进入相机创建模式，如图 14-1 所示。

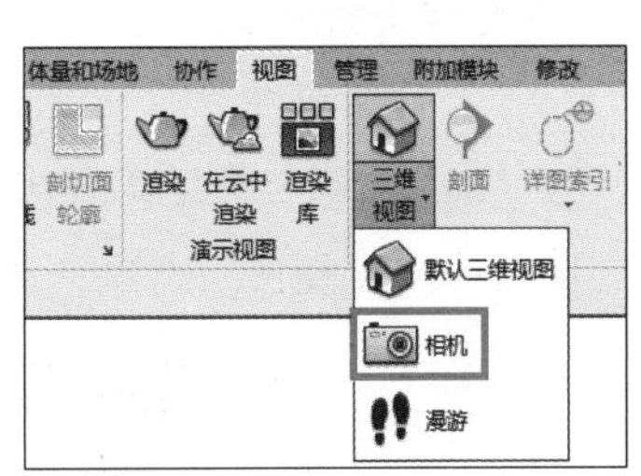

图 14-1　进入相机创建模式

（3）移动光标至绘图区域“F1 出图”视图中，相机图标移到“F1 出图”视图 A 轴下方 2 轴和 3 轴之间单击作为相机位置，镜头朝向北侧，光标向上移动，超过建筑最上端，单击放置相机视点，如图 14-2 所示。Revit 2018 将在该位置生成三维相机视图，并自动切换至该视图。

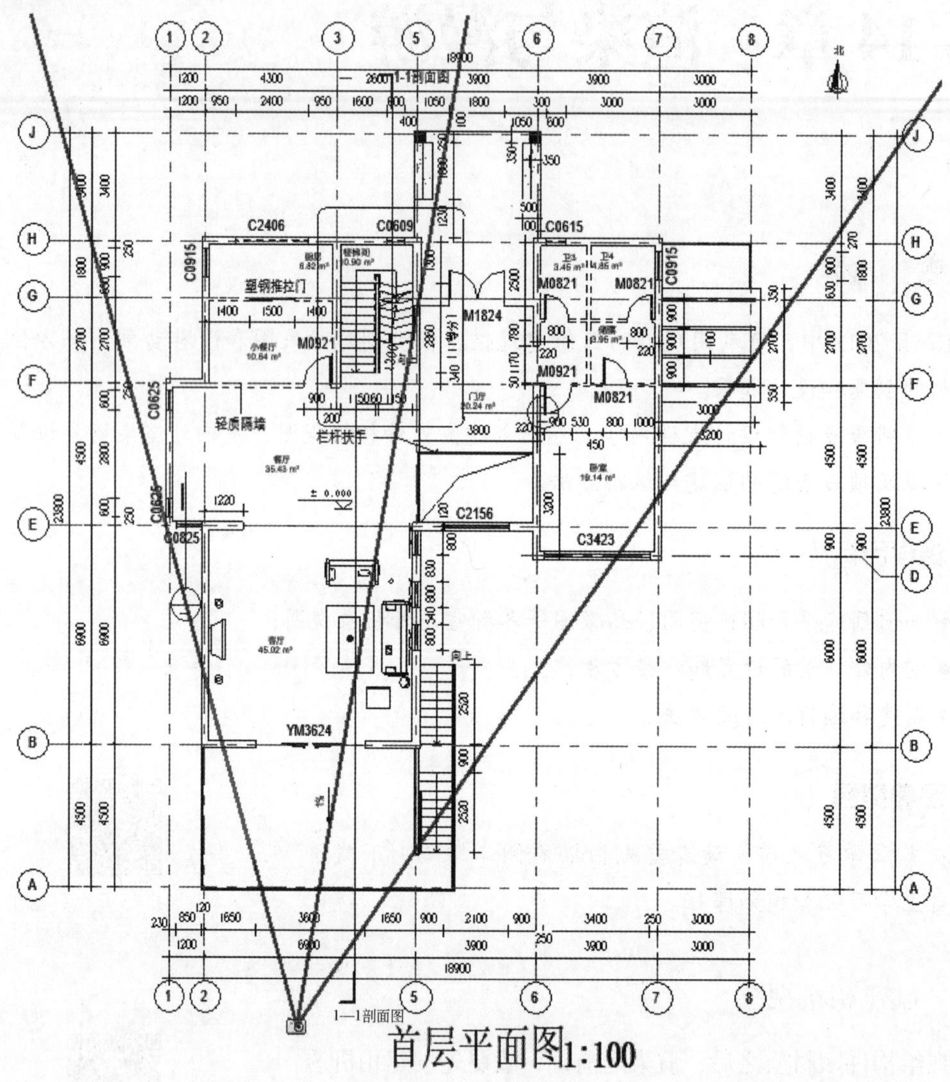

图 14-2 放置相机视点

小知识

执行相机指令后出现选项栏，其中设置相机的偏移量值为“1750.0”，自标高设置为“F1”，即相机距离当前 F1 标高的位置为 1750mm，可手动修改此数据。取消勾选选项栏的“透视图”选项，创建的相机视图为没有透视的正交三维视图，如图 14-3 所示。

☑透视图　比例: 1 : 100　偏移: 1750.0　自 F1

图 14-3 执行相机指令后出现的选项栏

（4）项目浏览器三维视图目录下自动生成三维视图 1，将其重命名为“正面相机透视图”，且打开此相机视图。在视图控制栏，设置视觉样式为“着色”。

（5）再次切换至“F1 出图”楼层平面视图。如图 14-4 所示，在项目浏览器中展开“三维视图”视图类别，第（4）步创建的三维相机视图将显示在该列表中。在该视图名称上右击，在弹出的列表中选择“显示相机”选项，将在当前“F1 出图”楼层平面视图中再次显示相机。

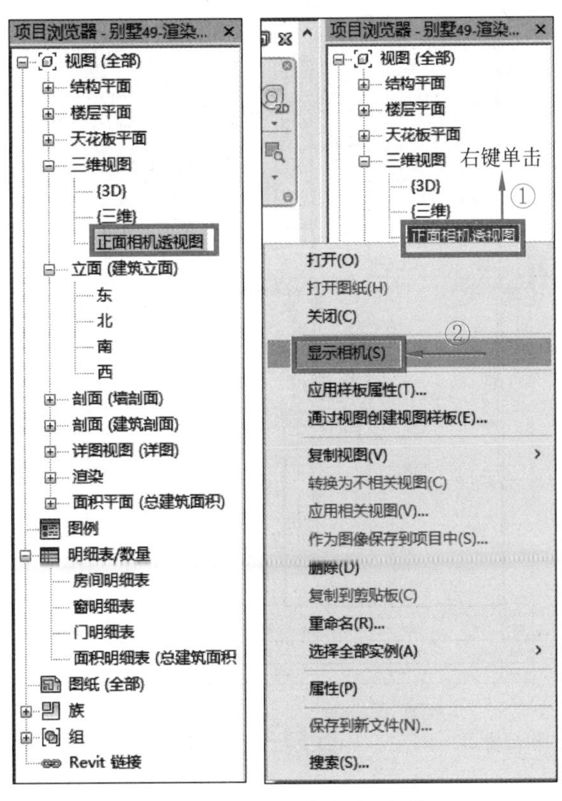

图 14-4 “显示相机”选项

（6）如图 14-5 所示，显示相机后，可以在视图中拖曳相机位置、目标位置（视点）以及远裁剪框范围的位置。

远裁剪框是控制相机视图深度的控制柄，离目标位置越远，场景中的对象就越多；反之，就越少。

（7）确保相机在显示状态，此时左侧“实例属性”对话框中将显示该相机视图的属性。如图 14-6 所示，可以调整相机的“视点高度”和“目标高度”以满足相机视图的要求。本操作中不修改任何参数，按 Esc 键退出显示相机状态。

（8）切换到“正面相机透视图”视图，选择相机视图的视口，视口各边中点出现四个控制点，单击上边控制点，单击并按住向上拖曳，直至超过屋顶，松开鼠标。按住鼠标拖曳左、右两边控制点，向外拖曳，超过建筑后放开鼠标，视口被放大，如图 14-7 所示，至此就创建了一个正面相机透视图。保存别墅项目模型文件。

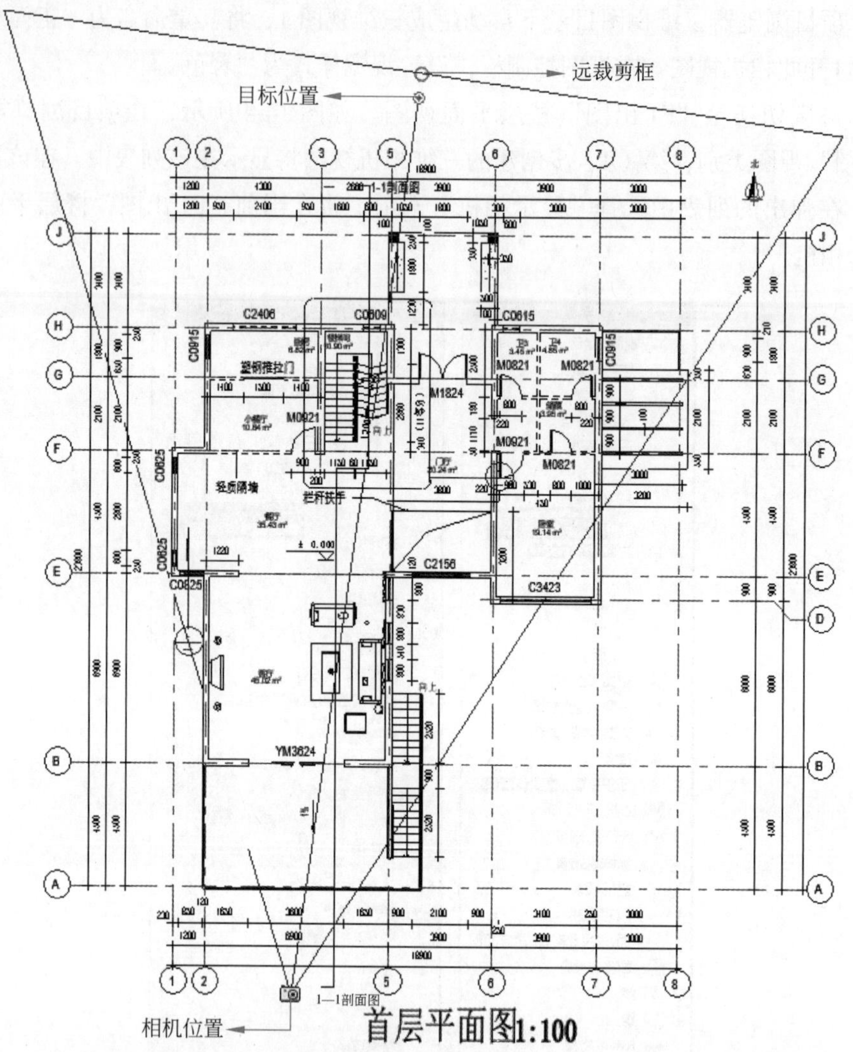

图 14-5　调整相机位置

14.1.2　创建鸟瞰图

微课：创建鸟瞰图

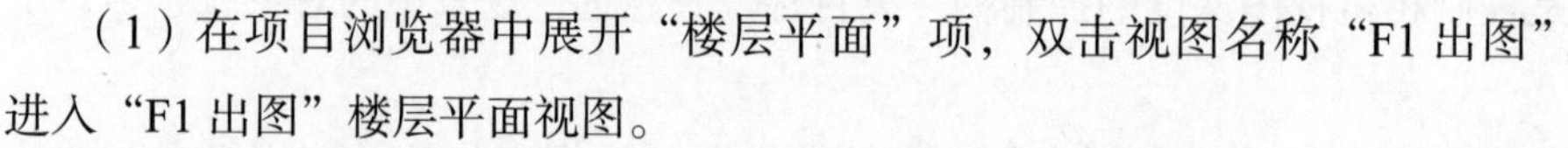

下面开始创建鸟瞰图，即俯视相机视图。

（1）在项目浏览器中展开“楼层平面”项，双击视图名称“F1 出图”，进入“F1 出图”楼层平面视图。

（2）单击“视图”选项卡→“创建”面板→“三维视图”下拉列表→“相机”按钮。设置选项栏中“偏移量”为“2500”。移动光标至绘图区域“F1 出图”楼层平面视图中，在“F1 出图”楼层平面视图的右下角单击放置相机，光标向左上角移动，超过建筑最上端，单击放置视点，创建的视线从右下到左上，此时系统自动弹出一张新创建的“三维视图 2”，将其重命名为“鸟瞰透视图”。在视图控制栏设置视觉样式为“着色”。

（3）选择“鸟瞰透视图”的视口，单击各边控制点，并按住向外拖曳，使视口足够显示整个建筑模型时放开鼠标。

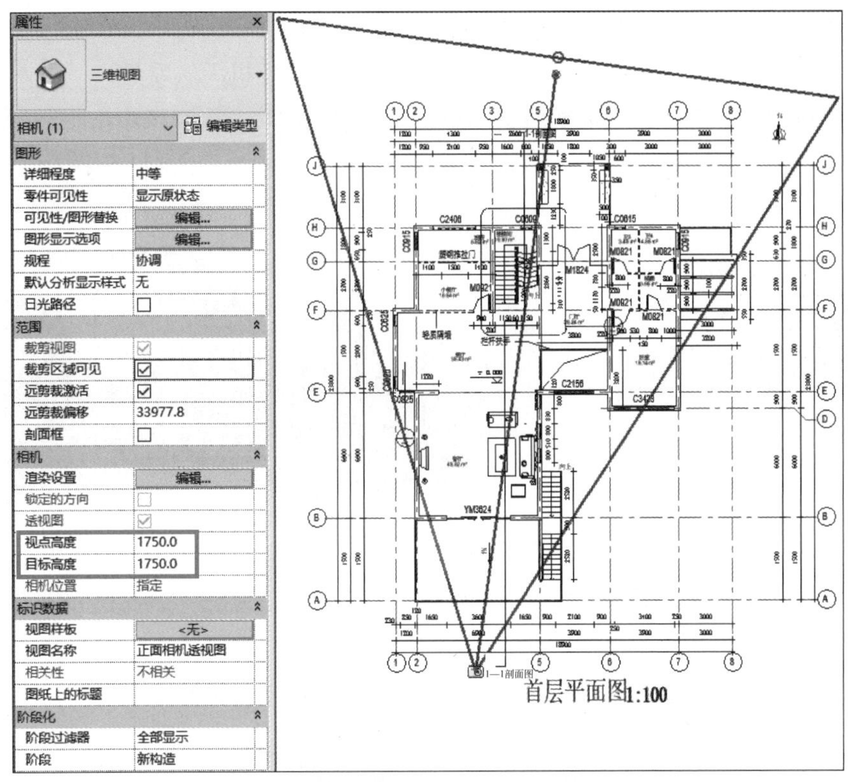

图 14-6　相机视图的属性

图 14-7　正面相机透视图

（4）单击“视图”选项卡→“窗口”面板→“关闭隐藏对象”按钮，关闭除“鸟瞰透视图”视图之外所有已经打开的视图。

（5）在项目浏览器中展开“立面（建筑立面）”项，双击视图名称“南”，进入“南”立面视图。

（6）单击“视图”选项卡→“窗口”面板→“平铺”按钮，此时绘图区域同时打开“鸟瞰透视图”视图和“南”立面视图，在两个视图中分别在任意位置右击，在快捷菜单中单击“缩放匹配”，使两视图放大到合适视口的大小。保证“南”立面视图中的“实例属性”对话框中的“裁剪视图”为不勾选的状态，以防止相机无法看到。

（7）选择“鸟瞰透视图”视图的矩形视口，观察“南”立面视图中出现相机、视线和视点，如图 14-8 所示。

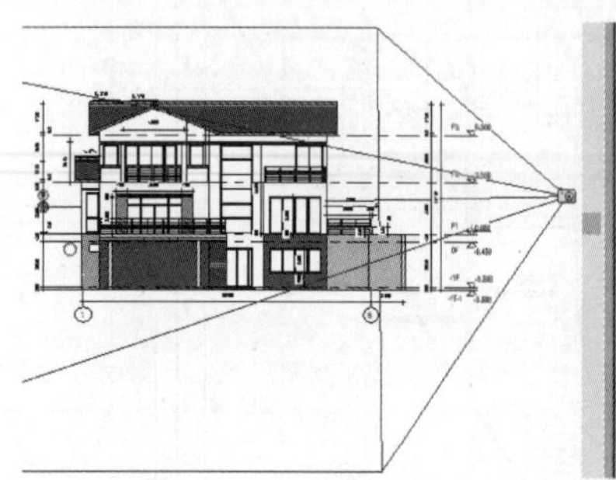

图 14-8　平铺视图效果

（8）单击“南”立面图中的相机，按住鼠标向上拖曳，观察“鸟瞰透视图”视图，随着相机的升高，“鸟瞰透视图”视图变为俯视图，如图 14-9 所示。

（9）至此，我们创建了一个别墅的鸟瞰透视图，保存别墅项目模型文件。

图 14-9　“鸟瞰透视图”视图

14.1.3　室内三维视图

使用相同的方法创建如图 14-10 和图 14-11 所示两室内相机视图用于渲染。

微课：室内三维视图

图 14-10　客厅相机视图

图 14-11　楼梯间相机视图

至此，我们创建了室内和室外的相机视图，并保存别墅项目模型文件。

14.2　渲染

Revit 2018 可以直接给前面的透视视图及正交三维视图渲染，创建照片级效果图，更好地展示设计成果。

14.2.1　室外场景渲染

微课：室外场景渲染

（1）在项目浏览器中展开“三维视图”项，双击视图名称“正面相机透视图”，打开“正面相机透视图”视图。

（2）单击“视图”选项卡→“图形”面板→“渲染”按钮，或单击视图控制栏中“渲染”图标，打开渲染对话框，如图 14-12 所示。

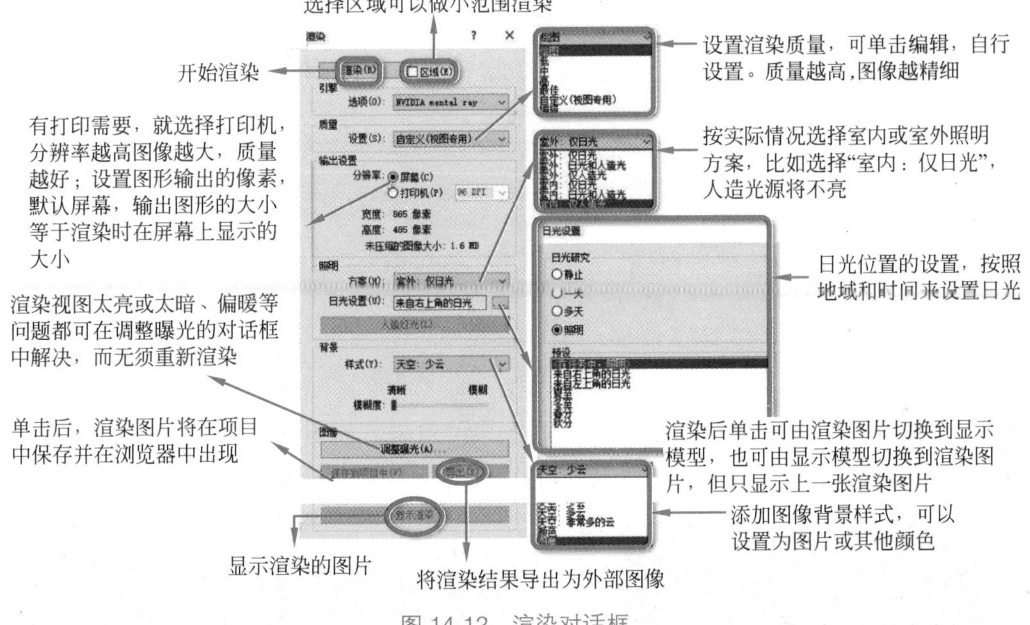

图 14-12　渲染对话框

（3）单击对话框左上角的“渲染”按钮开始渲染，系统弹出渲染进度条，最终得到渲染图像，如图 14-13 所示。

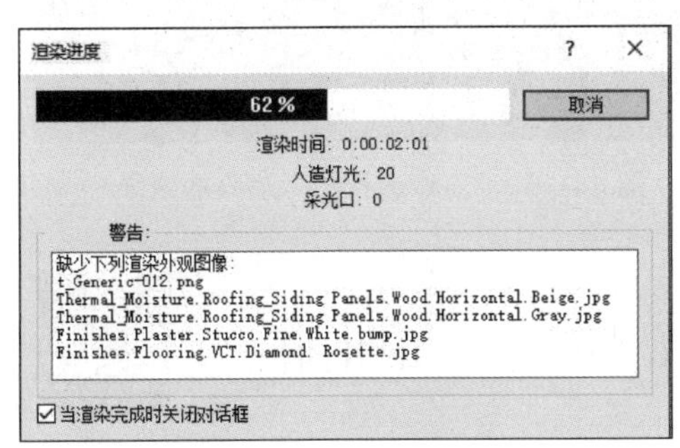

图 14-13　渲染进度条

小知识

可随时单击图 14-13 中“取消”按钮，或按 Esc 键结束渲染。勾选“渲染进度”工具条左下角的“当渲染完成时关闭对话框”，渲染后此工具条自动关闭。

（4）本项目渲染设置方法如下：质量设置选“中”；输出为“屏幕”；照明方案为“室外：日光和人造光”；日光设置为“夏至”；背景为“天空：无云”，如图 14-14 所示。

（5）单击对话框下端的“保存到项目中”按钮，系统弹出“保存到项目中”对话框，输入名称“正面相机透视图”，单击“确定”按钮，关闭“保存到项目中”对话框，如图 14-14 所示。在项目浏览器“渲染”目录下可以看到“正面相机透视图”。

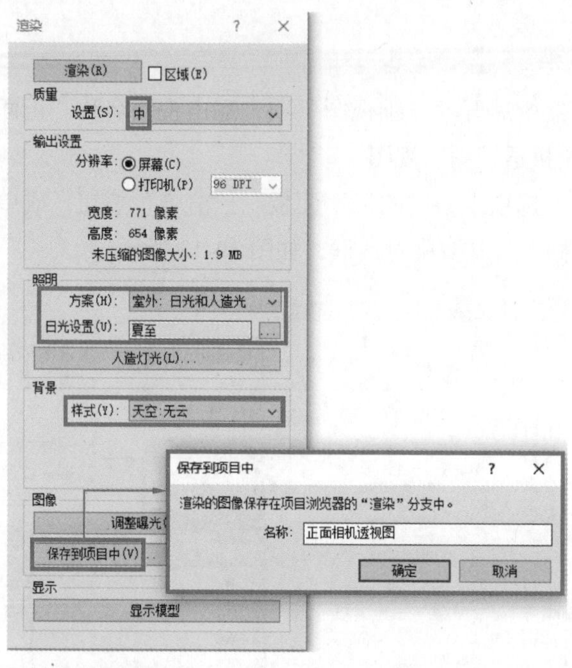

图 14-14　输入名称“正面相机透视图”

（6）切换到“正面相机透视图”，查看渲染的效果，如图 14-15 所示。“鸟瞰透视图”的渲染，如图 14-16 所示，读者可自己练习。

图 14-15　“正面相机透视图”渲染的效果

图 14-16　“鸟瞰透视图”渲染的效果

14.2.2　室内日光场景渲染

微课：室内日光场景渲染

（1）在项目浏览器中展开“三维视图”项，双击视图名称“楼梯间相机视图”，打开“楼梯间相机视图”视图。

（2）单击“视图”选项卡→“图形”面板→“渲染”按钮，打开“渲染”对话框。单击“质量设置”选项后面的下拉箭头，在下拉列表中单击“编辑 ...”按钮，如图 14-17 所示，打开“渲染质量设置”对话框，如图 14-18 所示进行设置，单击“确定”按钮，关闭“渲染质量设置”对话框，回到“渲染”对话框。

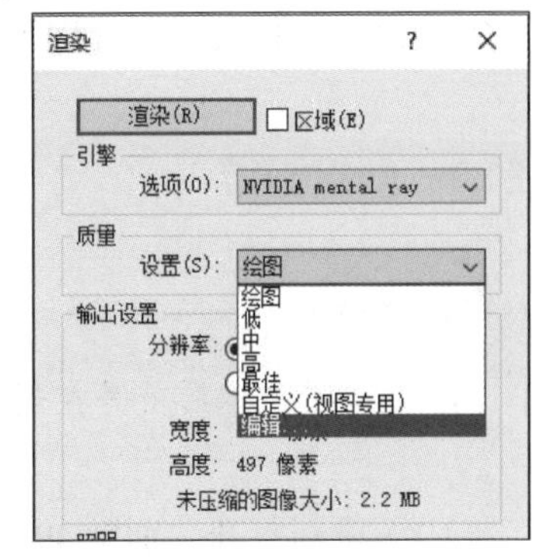

图 14-17　单击“编辑 ...”按钮

（3）与渲染室外场景同样的方法，在“渲染”对话框中设置“照明”方案为“室内：日光和人造光”，单击“日光”后的下拉箭头，选择“漳州春天”，单击“确定”按钮完成设置。

（4）单击“渲染”对话框中的“渲染”按钮，开始渲染。渲染结果，如图 14-19 所示。保存别墅项目模型文件。

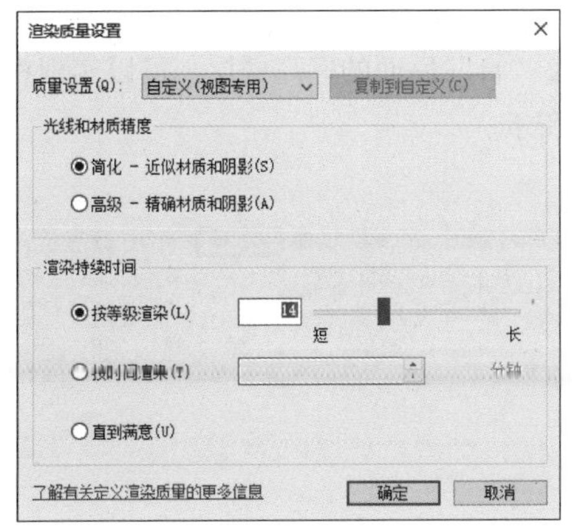

图 14-18　“渲染质量设置”对话框

图 14-19　“楼梯间相机视图”渲染的效果

14.2.3　室内灯光场景渲染

（1）在项目浏览器中展开“三维视图”项，双击视图名称“客厅相机视图”，打开“客厅相机视图”视图。

微课：室内灯光场景渲染

（2）单击“视图”选项卡→“图形”面板→“渲染”按钮，打开“渲染”对话框。单击“质量设置”选项后面的下拉箭头，在下拉列表中单击“编辑 ...”，打开“渲染质量设置”对话框，如图 14-18 所示进行设置，单击“确定”按钮，关闭“渲染质量设置”对话框，回到“渲染”对话框。

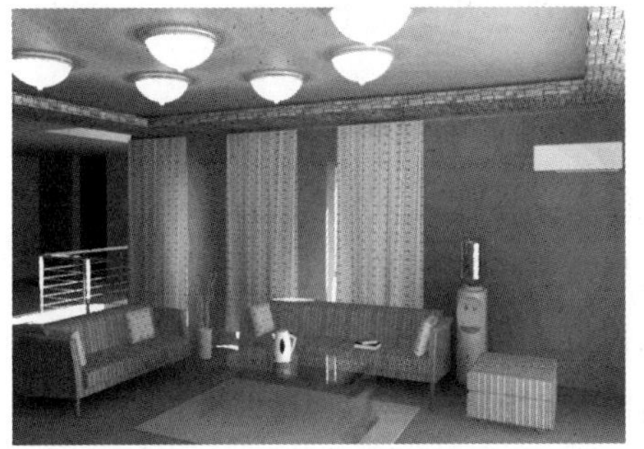

图 14-20　“客厅相机视图”渲染的效果

（3）与渲染室外场景同样的方法，在“渲染”对话框中设置“照明”方案为“室内：仅日光”，单击“日光”后的下拉箭头，选择“漳州春天”，单击“确定”按钮完成设置。

（4）单击“渲染”按钮，开始渲染，结果如图 14-20 所示。

至此，我们完成了室内外场景的渲染，保存别墅项目模型文件。

14.3 创建漫游

微课：创建漫游

小知识

创建漫游本质就是在规划路线上创建多个相机视图。

（1）重新打开“别墅 49- 渲染与漫游”项目文件。

（2）切换到“F1 房间”楼层平面视图。

（3）单击“视图”选项卡→“创建”面板→“三维视图”下拉列表→“漫游”按钮，进入“修改 | 漫游”上下文选项卡，勾选选项栏中的“透视图”，即生成透视图漫游，否则生成正交漫游；设置选项栏中的“偏移”为“1750”，相当于一个成年男子的平均身高，如果将此值调高，可以做出俯瞰的效果；通过调整“自”后面的标高楼层，可以实现相机“上楼”和“下楼”的效果。设置情况如图 14-21 所示。

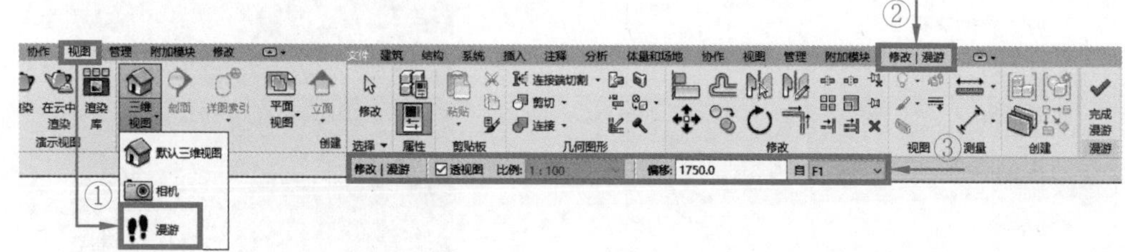

图 14-21 “漫游”按钮

（4）从“F1 房间”视图右下角（东南角）开始放置第一个相机视点，然后逆时针环绕建筑外围放置，相机视点与建筑外墙面距离目测大致相同，不要忽近忽远，通过目测，相邻相机视点之间的距离也要大致相同，主要拐角点要放置相机视点，放置过程可以先不考虑镜头取景方向，这样便于保证规划路线的平滑，最后一个相机视点回到起点附近，便完成了建筑外景漫游路线的规划，如图 14-22 所示。

小知识

光标每单击一个点，即创建一个关键帧，沿别墅项目外围逐个单击放置关键帧，路径围绕别墅一周后，单击“漫游”选项卡中的“完成漫游”按钮或按 Esc 键完成漫游路径的绘制。

（5）单击“修改 | 漫游”上下文选项卡上的“完成漫游”按钮，系统自动切换到“修改 | 相机”上下文选项卡；单击“编辑漫游”按钮，系统出现“编辑漫游”上下文选项卡，此时漫游规划路线上出现多个红色点，即刚放置的相机视点，也是漫游关键帧所在，最后一个关键帧显示取景镜头的控制三角形，单击中间控制柄末端的紫色控制点，即可旋转取景镜头朝向建筑物，拖曳三角形底边控制点，即可调整镜头取景的深度，如图 14-23 所示。

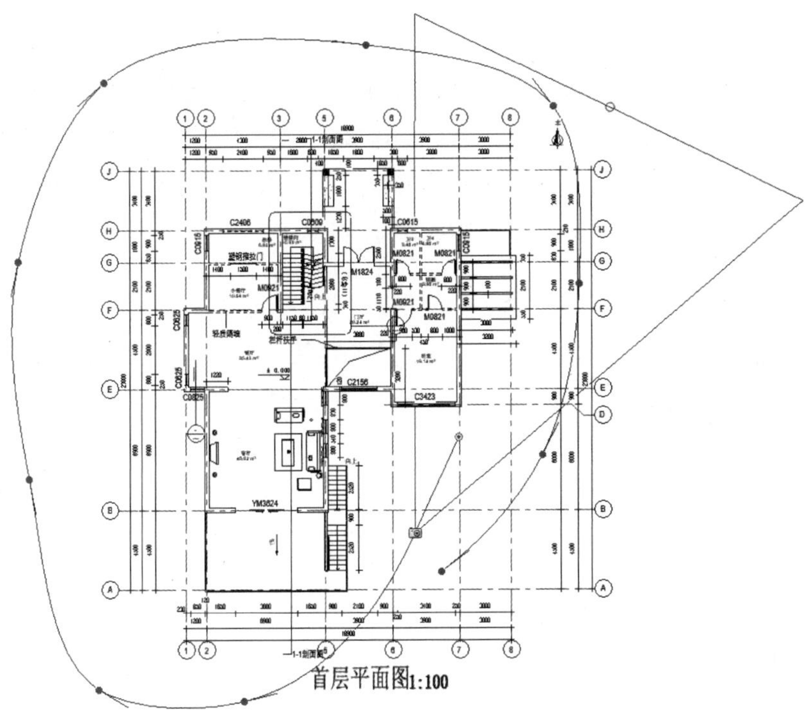

图 14-22　漫游路线

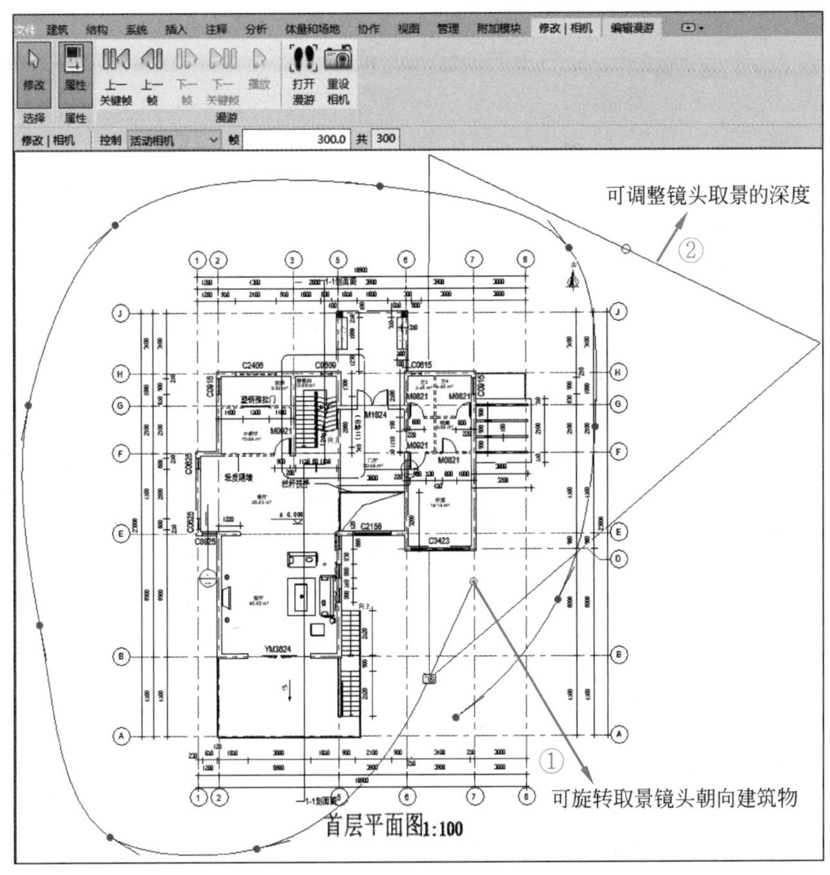

图 14-23　“编辑漫游”

小知识

①若“F1 房间”楼层平面视图中的漫游路径(相机)消失，在项目浏览器中的“漫游→漫游 1”上右击，选中“显示相机”选项，则漫游路径(相机)又会在“F1 房间”楼层平面视图中显示出来；②使用控制命令，可以选择对漫游的相机、路径进行修改，同时可以添加或删除关键帧，如图 14-24 所示。

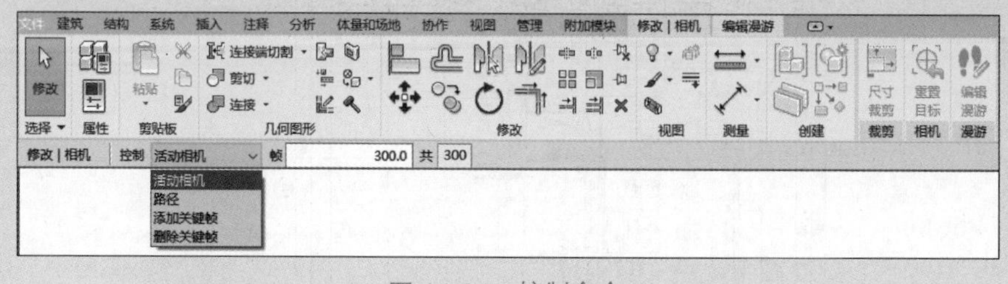

图 14-24　控制命令

（6）单击“编辑漫游”上下文选项卡→“上一关键帧”或“上一帧”指令，顺时针依次编辑每一个关键帧或普通帧的取景镜头朝向建筑物，直到回到第一个相机视点为止，系统默认有 300 个普通帧，选项栏以及“实例属性”对话框中的漫游帧可以对视频进行调整，通过总帧数和“帧 / 秒”调整总时长及视频流畅性，可以获得较高质量的漫游，如图 14-25 所示。

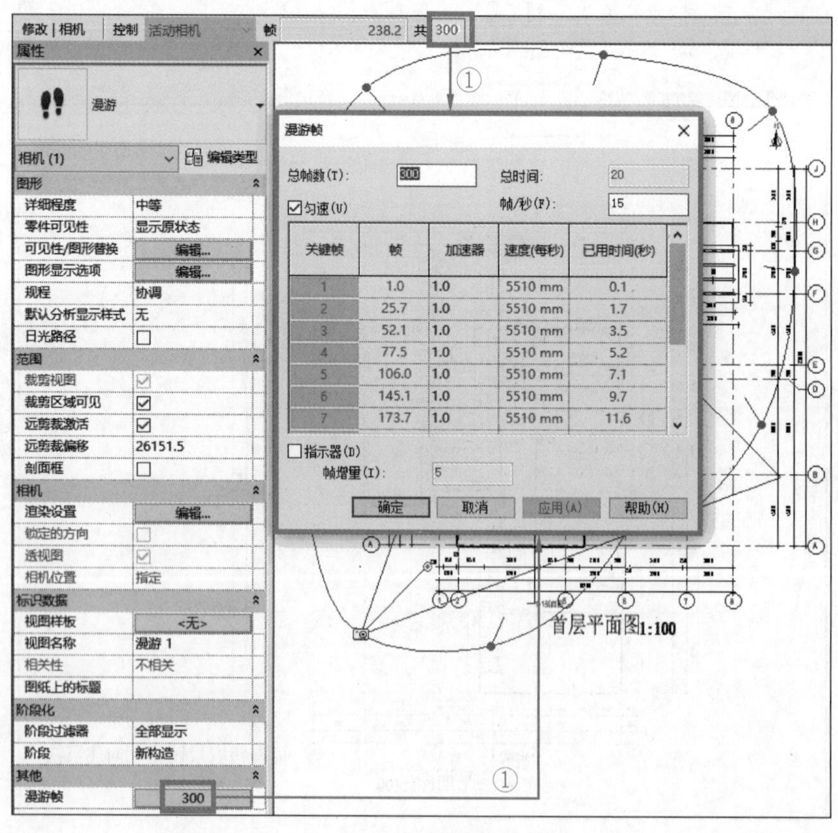

关键帧	帧	加速器	速度(每秒)	已用时间(秒)
1	1.0	1.0	5510 mm	0.1
2	25.7	1.0	5510 mm	1.7
3	52.1	1.0	5510 mm	3.5
4	77.5	1.0	5510 mm	5.2
5	106.0	1.0	5510 mm	7.1
6	145.1	1.0	5510 mm	9.7
7	173.7	1.0	5510 mm	11.6

属性	值
图形	
详细程度	中等
零件可见性	显示原状态
可见性/图形替换	编辑...
图形显示选项	编辑...
规程	协调
默认分析显示样式	无
日光路径	□
范围	
裁剪视图	☑
裁剪区域可见	☑
远剪裁激活	☑
远剪裁偏移	26151.5
剖面框	□
相机	
渲染设置	编辑...
锁定的方向	□
透视图	☑
相机位置	指定
标识数据	
视图样板	<无>
视图名称	漫游 1
相关性	不相关
图纸上的标题	
阶段化	
阶段过滤器	全部显示
阶段	新构造
其他	
漫游帧	300

图 14-25　漫游帧

（7）完成关键帧编辑之后，“编辑 | 漫游”上下文选项卡上的“播放”按钮由灰显变成亮显，单击“播放”按钮，可以看到平面视图中相机在规划路线行走，每一个取景镜头均朝向建筑物，如图 14-26 所示。

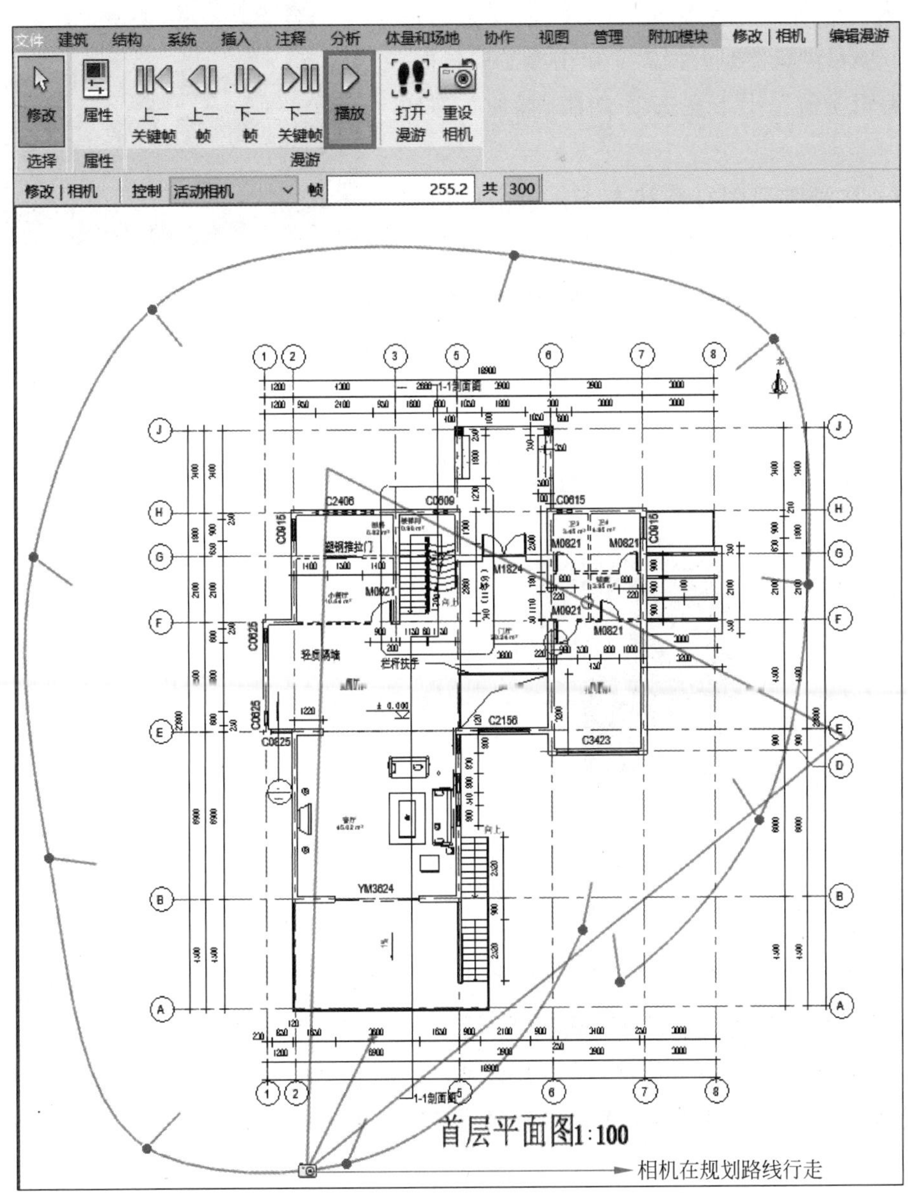

图 14-26　相机在规划路线行走

（8）单击“编辑 | 漫游”上下文选项卡上的“打开漫游”指令，系统返回“编辑 | 相机”上下文选项卡，绘图窗口出现第一个相机视点的立面取景框，此时取景框往往看不到建筑立面全貌，转动鼠标滚轮，调整取景框大小，分别单击取景框四周控制点，拖曳调整取景范围，确保看到建筑物立面全貌，视图控制栏“视觉样式”调整为“着色”，如图 14-27 所示。

（9）再次单击“编辑漫游”按钮，然后单击“播放”按钮，便可观察立面效果的漫游视频；项目浏览器漫游目录之下选中“漫游 1”，右键菜单重命名为“小别墅外景漫游”，后续需要重新播放漫游，项目浏览器打开漫游，单击漫游取景框，单击“编辑漫游”上下文选项卡中“播放”按钮即可。

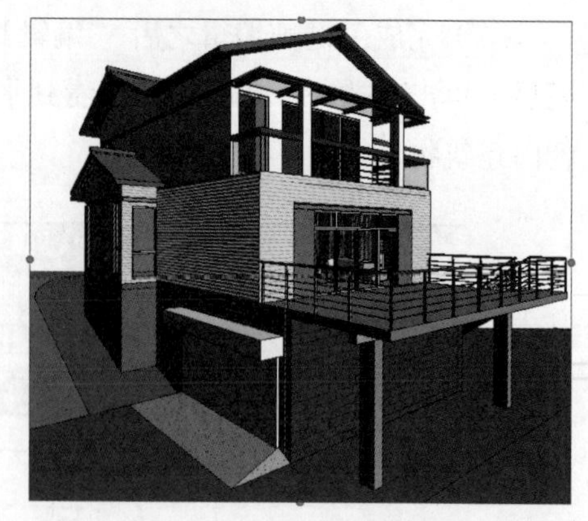

图 14-27　拖曳调整取景范围

（10）在漫游视图打开状态下，单击应用程序菜单下“文件”下拉列表→“图像和动画”→“漫游”按钮，系统弹出“长度 / 格式”对话框，设置视觉样式和输出长度，单击“确定”按钮，退出“长度 / 格式”对话框；最后指定路径和文件名，便可导出 AVI 格式的“小别墅外景漫游”视频文件，如图 14-28 所示。

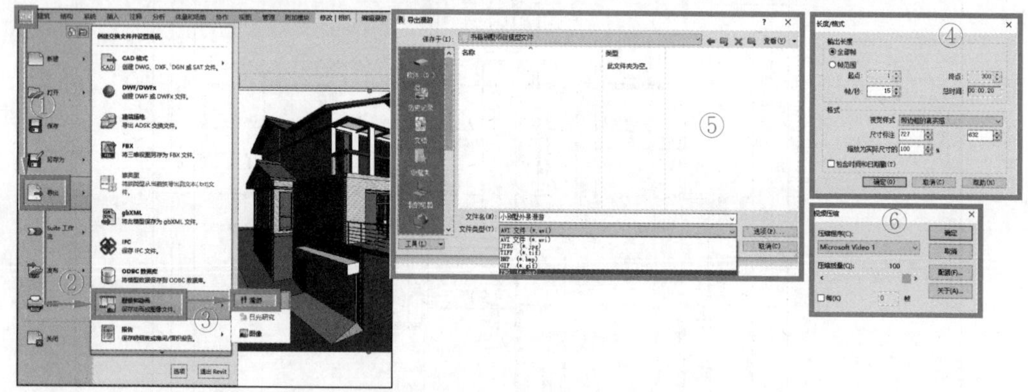

图 14-28　导出 AVI 格式的“小别墅外景漫游”的视频文件

至此，我们已完成别墅外景漫游的制作。保存别墅项目模型文件。

小知识

如果关键帧过少，可以单击选项栏“控制”→“活动相机”后下拉箭头，将其替换为“添加关键帧”。光标可以在现有两个关键帧中间直接添加新的关键帧，而“删除关键帧”则是删除多余关键帧的工具。

微课：小别墅外景漫游

小知识

为使漫游更顺畅，Revit 2018 可以在两个关键帧之间创建很多非关键帧。

小知识

如需创建上楼的漫游，如从“F1”到“F2”，可在“F1”起始绘制漫游路径，沿楼梯平面向前绘制，当路径走过楼梯后，可将选项栏“自”设置为“F2”，路径即从“F1”

向上，至“F2”，同时可以配合选项栏的“偏移值”，每向前几个台阶，将偏移值增高，可以绘制较流畅的上楼漫游。也可以在编辑漫游时，打开楼梯剖面图，将选项栏“控制”设置为“路径”，在剖面上修改每一帧位置，创建上下楼的漫游。

本章学习了 Revit 2018 的材质创建和附着、创建相机视图、室外和室内常见的渲染以及漫游的创建，第 15 章将学习如何在 Revit 2018 项目内创建图纸以及导出 DWG 文件的设置方法。

第 15 章　布图与打印

概　述

到第 14 章为止，我们已经完成了别墅项目的模型、各种视图及建筑表现等各项内容的设计，本章将完成别墅项目的最后一项设计内容：布图与打印。

本章将重点讲解布图与打印的有关内容，包括在 Revit 2018 项目内创建施工图图纸、设置项目信息、布置视图及视图设置、多视口布置，以及将 Revit 2018 视图导出为 DWG 文件、导出 CAD 时图层设置等。

课程目标

- 创建图纸与项目信息的设置方法；
- 布置视图和视图标题的设置方法、多视口布置方法；
- 门窗表图纸的创建方法；
- “打印”命令及其设置方法；
- 导出 DWG 图纸及导出图层设置方法。

15.1　创建图纸与项目信息

15.1.1　创建图纸

微课：创建图纸

在打印出图之前，需要先创建施工图图纸。Revit 2018 在“视图”选项卡中提供了专门的图纸工具来生成项目的施工图纸。每个图纸视图都可以放置多个图形视口和明细表视图。

（1）打开项目文件“别墅 49- 渲染与漫游 .rvt”，将其另存为“别墅 50- 布图与打印 .rvt”项目文件。

（2）单击“视图”选项卡→“图纸组合”面板→“图纸”按钮，系统弹出“新建图纸”对话框，如图 15-1 所示。

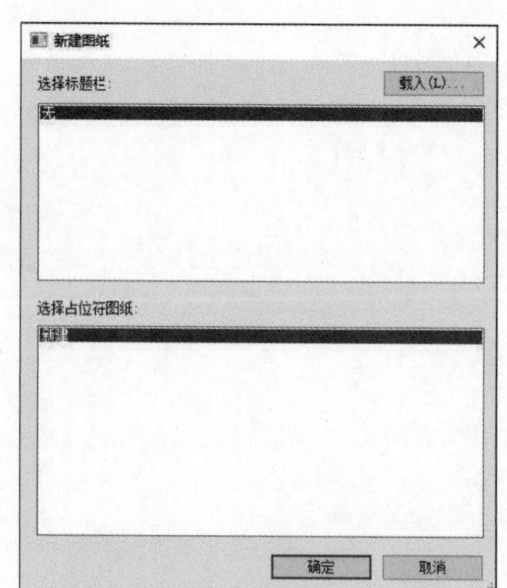

图 15-1　“新建图纸”对话框

（3）此时项目文件中并没有标题栏可供使用，单击“新建图纸”对话框中的“载入”按钮，系统弹出“载入族”对话框，如图 15-2 所示。

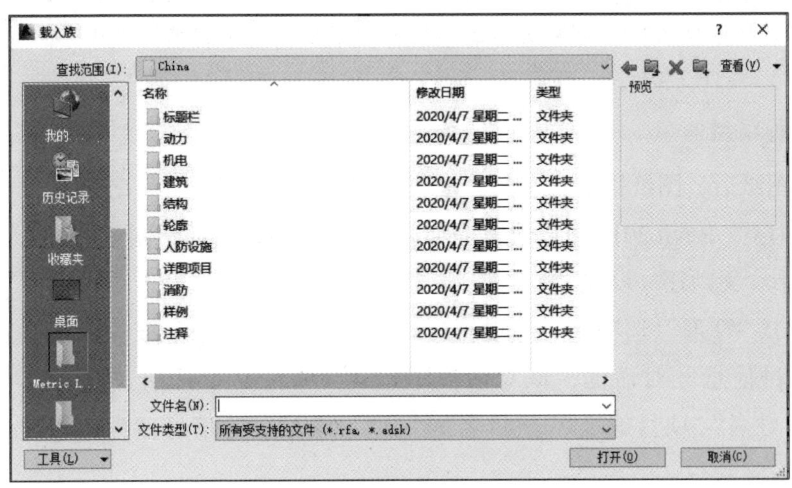

图 15-2　“载入族”对话框

（4）在该对话框中，定位到“素材文件夹→族”文件夹中，单击选择族文件“自定义标题栏 .rfa”，单击“打开”按钮，返回到“新建图纸”对话框。将“自定义标题栏 .rfa”族文件载入项目中。

（5）此时，“新建图纸”对话框→“选择标题栏”列表中已有自定义标题栏 A0、A1、A2、A3 可供选择。单击选择“自定义标题栏：A2”，单击“确定”按钮关闭“新建图纸”对话框。

（6）此时绘图区域将打开一张刚创建的图纸，如图 15-3 所示，创建图纸后，在项目浏览器中“图纸”项下自动增加了图纸“A102- 未命名”。保存别墅项目模型文件。

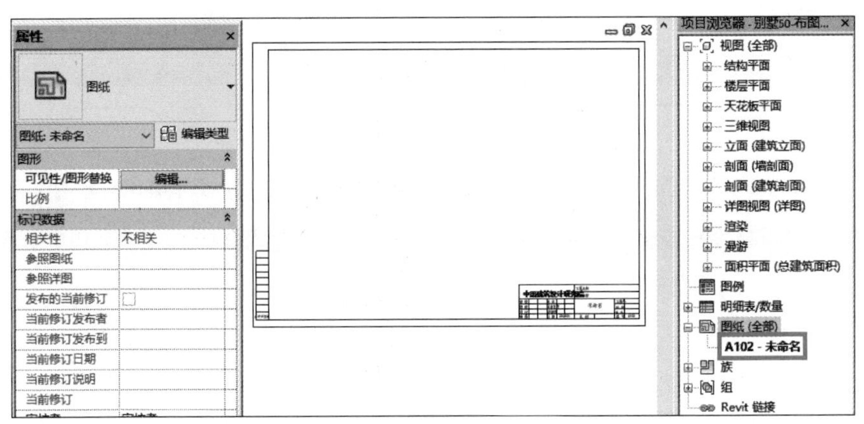

图 15-3　创建图纸“A102- 未命名”

小知识

我们只载入了一个图框族文件“自定义标题栏 .rfa”，但在“新建图纸”列表中出现了自定义标题栏 A0、A1、A2、A3 四种不同大小的标题栏，是因为“自定义标题栏 .rfa”

族文件中已经定义好了多种标题栏样式。载入后，在绘图区域选择标题栏，“类型选择器”下拉列表中也会出现“自定义标题栏 A0”“自定义标题栏 A1”“自定义标题栏 A2”“自定义标题栏 A3”，可随时在类型选择器下拉列表中切换图纸大小。

15.1.2 设置项目信息

创建完图纸后，图纸标题栏上的“工程名称”和“项目名称”等公共项目信息都为空。Revit 2018 可以设置一次这些项目信息，后面新创建的图纸将自动提取，无须逐一设置。

微课：设置项目信息（1）

（1）单击“管理”选项卡→“设置”面板→“项目信息”按钮，系统打开“项目信息”对话框，该对话框中包含“项目发布日期”“项目状态”“客户姓名”“项目地址”“项目名称”“项目编号”等信息参数，如图 15-4 所示。

微课：设置项目信息（2）

（2）单击“项目发布日期”的值“发布日期”，输入新的日期，如“2021-02-28”；单击“客户姓名”的值“×× 职业技术学院”；单击“项目地址”后的“编辑”按钮，打开“编辑文件”对话框，输入地址信息，如“中国福建漳州”，单击“确定”按钮，关闭“编辑文件”对话框；单击“项目名称”的值，输入“别墅项目”等项目名称；单击“项目编号”的值，输入“20210228”等项目编号，如图 15-5 所示。设置完成后，单击“确定”按钮，关闭“项目信息”对话框。

图 15-4 “项目信息”对话框

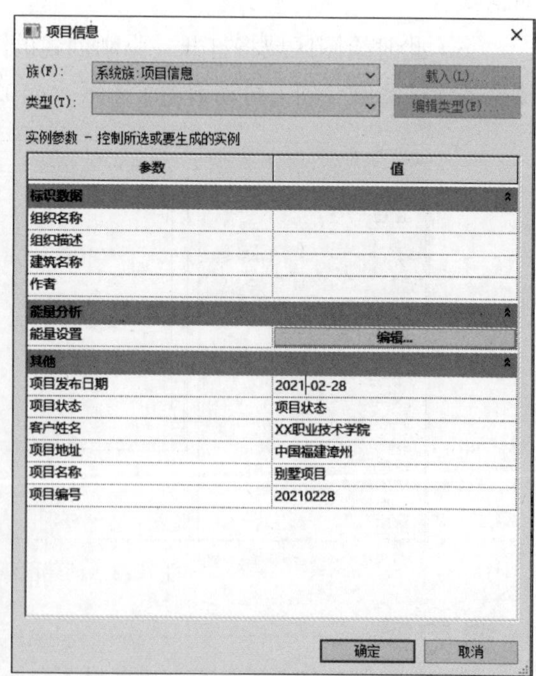

图 15-5 “项目信息”设置信息

（3）观察图纸标题栏部分，“工程名称”和“项目名称”等信息已自动更新，如图 15-6 所示。

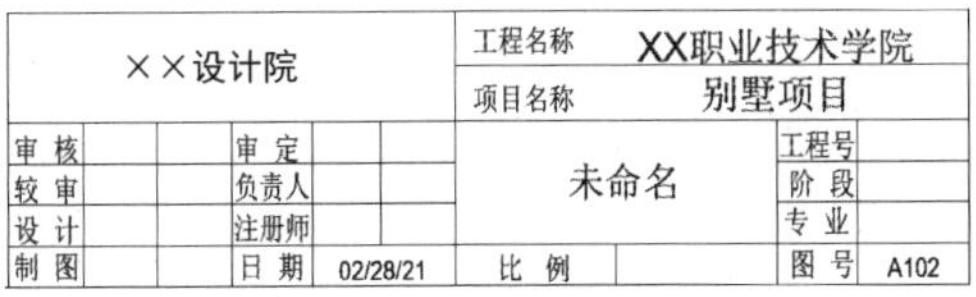

××设计院					工程名称	XX职业技术学院	
					项目名称	别墅项目	
审 核		审 定		未命名		工程号	
校 审		负责人				阶 段	
设 计		注册师				专 业	
制 图		日 期	02/28/21	比 例		图 号	A102

图 15-6　图纸标题栏

> **小知识**
>
> 标题栏中有的项目信息，如图 15-6 中的“工程名称”和“项目名称”，可以直接双击名称值，在标题栏中直接修改该信息。此操作同单击“管理”选项卡→“设置”面板→“项目信息”按钮，在打开的“项目属性”对话框中的设置结果相同。

至此，我们已完成了图纸的添加和项目信息的设置，保存别墅项目模型文件。

15.2　布置视图

创建图纸之后，即可在图纸中添加建筑的一个或多个视图，包括楼层平面、场地平面、天花板平面、立面、三维视图、剖面、详图视图、绘图视图、渲染视图及明细表视图等。将视图添加到图纸后，还需要对图纸位置、名称等视图标题信息进行设置。

微课：布置视图

15.2.1　布置视图

（1）在项目浏览器中展开“图纸”项，双击图纸“A102- 未命名”，打开图纸。

（2）单击“视图”选项卡→“图纸组合”面板→“视图”按钮，系统弹出“视图”对话框，如图 15-7 所示。

（3）单击选择“楼层平面：-1F 出图”，然后单击“在图纸中添加视图”按钮对话框关闭。此时光标周围出现矩形视口以代表视图边界，移动光标到图纸中心位置，单击，在图纸上放置“-1F 出图”楼层平面视图，如图 15-8 所示。保存别墅项目模型文件。

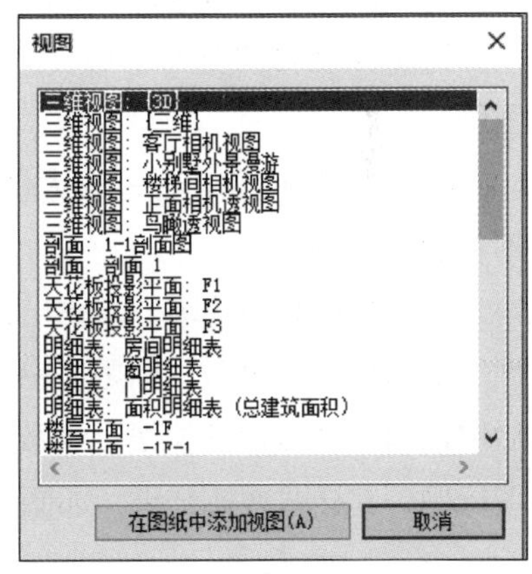

图 15-7　“视图”对话框

> **小知识**
>
> 也可以在项目浏览器中展开“楼层平面”视图列表，选择“-1F 出图”视图，按住左键不放，并移动光标到图纸中松开鼠标，在图纸中心位置单击放置“-1F 出图”视图。此拖曳的方法等同于“视图”选项卡→“图纸组合”面板→“视图”命令中的“添加视图”方法。

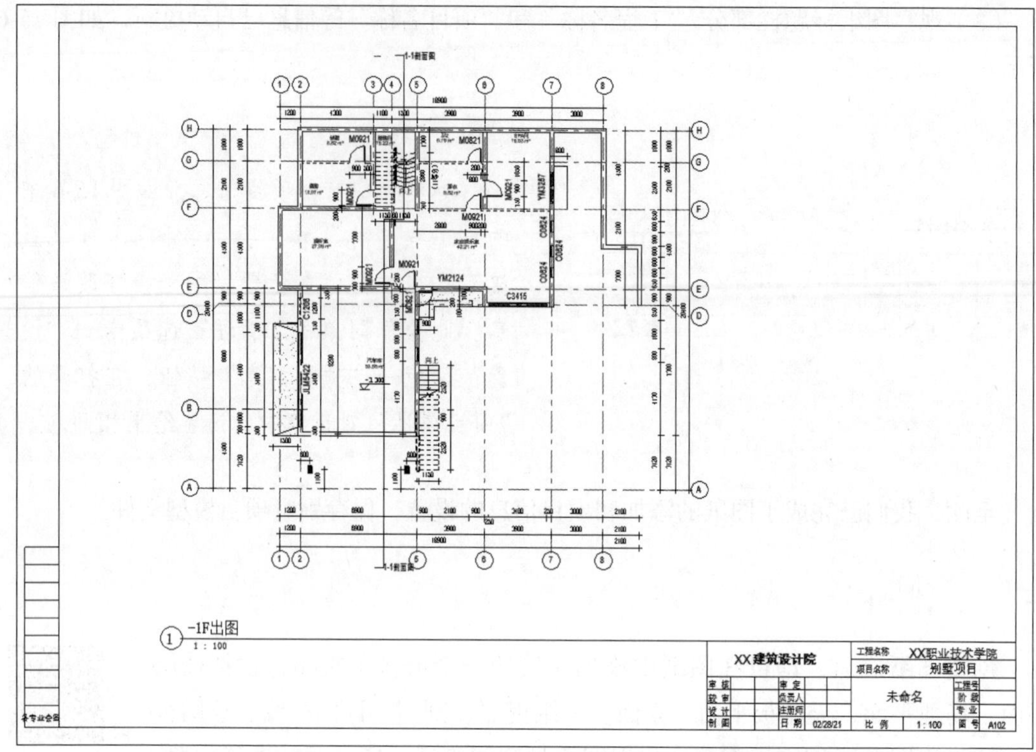

图 15-8 在图纸上放置“−1F 出图”楼层平面视图

15.2.2 视图标题设置

向图纸布置视图后，还应设置视图标题名称、调整标题位置及图纸名称。

微课：视图标题设置

（1）在项目浏览器中展开“图纸”项，双击图纸“A102- 未命名”打开图纸。

（2）使用鼠标滚轮，放大图纸上的视口标题，其样式如图 15-9 所示，不符合中国样式。

（3）选择视口边界，单击“编辑类型”按钮，打开“类型属性”对话框，在“类型属性”对话框中，单击“标题”→“M- 视图标题”后面的下拉箭头，选择“图名样式”，然后取消勾选“显示延伸线”参数，单击“确定”按钮，关闭“类型属性”对话框。观察视图标题，其样式替换结果，如图 15-10 所示。

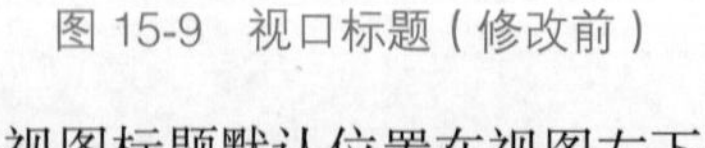

1 −1F出图
1 : 100

图 15-9 视口标题（修改前）

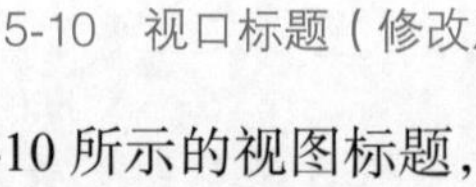

−1F出图 1 : 100

图 15-10 视口标题（修改后）

（4）视图标题默认位置在视图左下角。单击如图 15-10 所示的视图标题，按住鼠标左键不放，拖曳视图标题至视图中间正下方后放开鼠标，视图标题如图 15-11 所示。

（5）使用鼠标滚轮放大标题栏，单击图纸标题栏，单击默认图纸标题“未命名”，输入新值“地下一层平面图”后按 Enter 键确认。单击“图号”的值“A102”，输入新值“建施 01”后按 Enter 键确认，结果如图 15-12 所示。

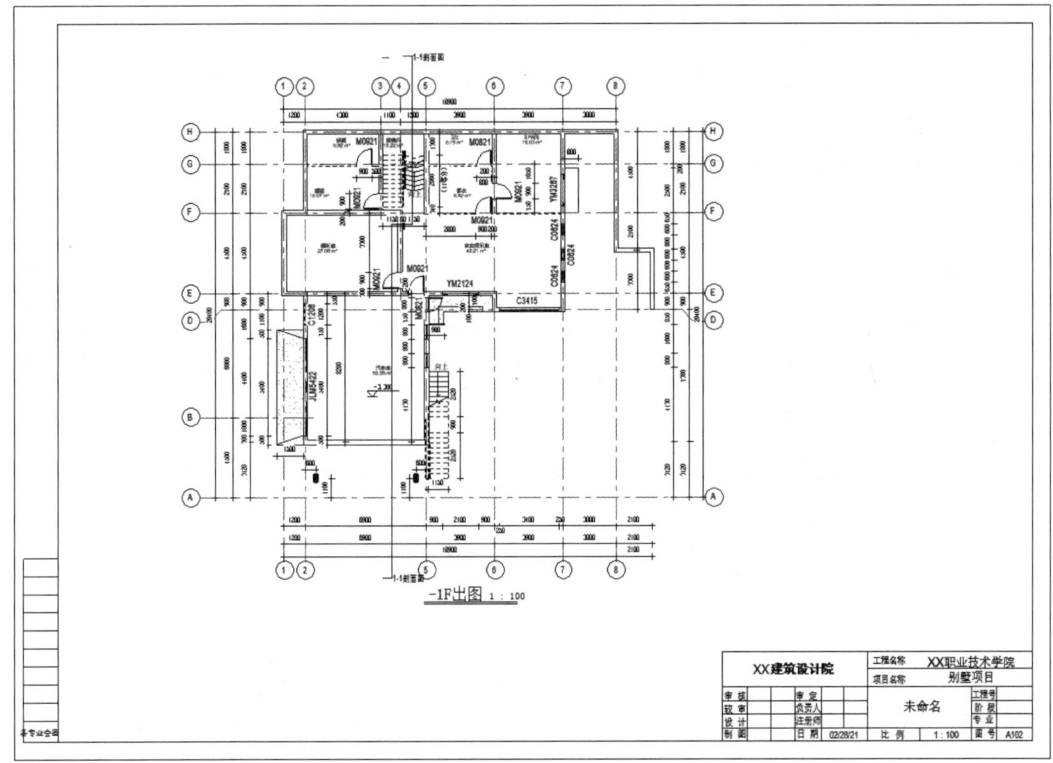

图 15-11　视图标题

标识数据	
图纸名称	地下一层平面图
图纸编号	建施01
日期/时间标记	02/28/21
图纸发布日期	02/28/21
绘图员	作者
审图员	审图员
设计者	设计者
审核者	审核者
图纸宽度	594.0
图纸高度	420.0
其他	
水平会签栏	☑
文件路径	D:\01---- 《Revit...

XX设计研究院				工程名称	XX职业技术学院		
				项目名称	别墅项目		
审 核		审 定		地下一层平面图		工程号	
校 审		负责人				阶 段	
设 计		注册师				专 业	
制 图		日 期	02/28/21	比 例	1 : 100	图 号	建施01

图 15-12　图纸标题栏

小知识

图 15-12 中蓝色字体的标题栏信息都可以通过上面的方法单击后输入新值，而其他空格可直接使用“注释”选项卡→“文字”面板→“文字”工具直接输入。

（6）如需修改视口比例，请在图纸中单击选择“-1F 出图”视口并右击，在快捷菜单中选择“激活视图”，此时图纸标题栏灰显，单击绘图区域左下角视图控制栏第一项“1 : 100”，系统弹出比例列表，可选择列表中的任意比例值，也可单击第一项“自定义”选项，在弹出的“自定义比例”对话框中，设置新值为“100”后，单击“确定”按钮。然后在视图中右击，在快捷菜单中单击“取消激活视图”选项返回图纸布局状态。保存别墅项目模型文件。

小知识

单击图纸中“-1F 出图”视口，视口线粗实线显示，右键菜单选择“激活视图”指令，或者视口中间双击，便激活该视口中的视图，此时视图所有修改，与项目浏览器直接打开该视图修改的效果相同。

15.2.3 添加多个图纸和视口

微课：添加多个图纸和视口

（1）单击“视图”选项卡→“图纸组合”面板→“图纸”按钮，在“新建图纸”对话框中单击选择“自定义标题栏 -A1”，单击“确定”按钮，关闭“新建图纸”对话框，创建 A1 图纸。

（2）从项目浏览器“楼层平面”下，拖曳“F1 出图”“F2 出图”和“首层楼梯平面详图”楼层平面视图至图纸中左右布置。用前述方法调整视图标题位置至视图正下方，设置图纸名称“未命名”为“一层平面图 二层平面图 楼梯详图”。

小知识

在上一张图纸中，我们将图号修改为“建施 01”，Revit 2018 可以对图号自动排序，因此，新的图纸无须再次设置“图号”，而是自动以“建施 02”“建施 03”……顺次排序。

小知识

每张图纸可布置多个视图，但每个视图仅可以放置到一个图纸上。要在项目的多个图纸中添加特定视图，请在项目浏览器中该视图名称上右击，“复制视图”→“带细节复制”，创建视图副本，可将副本布置于不同图纸上。

（3）采用同样的方法创建 A2 图纸，从项目浏览器“楼层平面”下，拖曳“F3 出图”至图纸中合适位置，调整视图标题位置至视图正下方，设置图纸名称“未命名”为“屋顶平面图”。

（4）采用同样的方法创建 A1 图纸，从项目浏览器“立面（建筑立面）”下，拖曳“东立面”“北立面”“南立面图”和“西立面图”至图纸中合适位置；从项目浏览器“剖面（建筑剖面）”下，拖曳“1—1 剖面图”放置于图纸左下方位置单击放置。调整视图标题位置至视图正下方，设置图纸名称“未命名”为“立面图 剖面图”。

小知识

如需创建建筑做法说明，可用同样的方法创建 A2 图纸，使用“注释”选项卡→“文字”面板→“文字”工具，直接书写文字。

15.2.4　创建门窗表图纸

微课：创建门窗表 房间明细表 面积明细表图纸

除图纸视图外，对于明细表视图、渲染视图、三维视图等，也可以直接将其拖曳到图纸中，下面以门窗表为例简要说明。

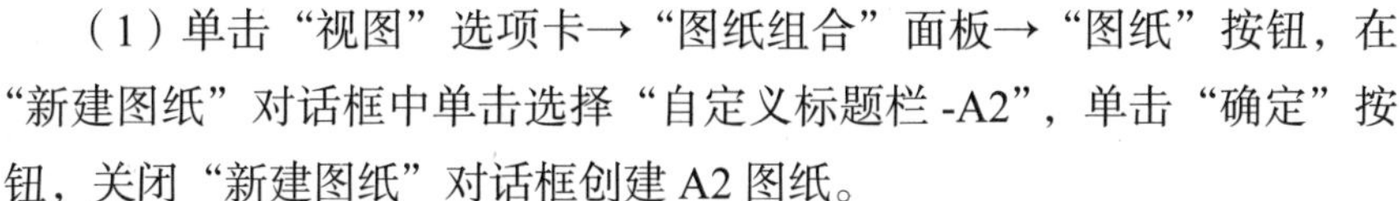

（1）单击“视图”选项卡→“图纸组合”面板→“图纸”按钮，在“新建图纸”对话框中单击选择“自定义标题栏 -A2”，单击“确定”按钮，关闭“新建图纸”对话框创建 A2 图纸。

（2）展开项目浏览器“明细表 / 数量”项，单击选择“窗明细表”，按住鼠标左键不放，移动光标至图纸中适当位置单击以放置表格视图。

（3）单击“门明细表”，按住鼠标左键不放，移动光标至图框适当位置，单击放置。

（4）单击“房间明细表”，按住鼠标左键不放，移动光标至图框适当位置，单击放置。

（5）单击“面积明细表（总建筑面积）”，按住鼠标左键不放，移动光标至图框适当位置，单击放置。

（6）放大图纸标题栏，选择标题栏，单击图纸名称“未命名”，输入新的名称“门窗表 房间明细表 面积明细表”，按 Enter 键确认。

至此，我们已完成所有项目信息的设置及施工图图纸的创建与布置，保存别墅项目模型文件。

15.3　打印

微课：打印

创建图纸之后，可以直接打印出图。

（1）单击“文件”下拉列表→“打印”按钮，打开“打印”对话框，如图 15-13 所示。

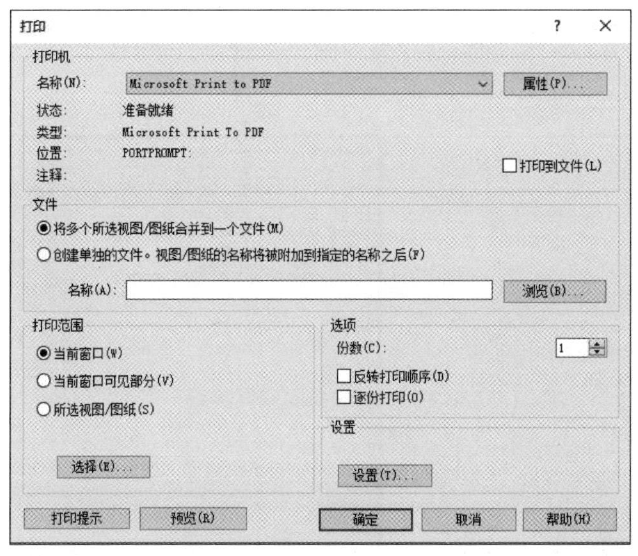

图 15-13　“打印”对话框

（2）单击“打印机”→“名称”后的下拉箭头，选择可用的打印机名称。

（3）单击“名称”后的“属性”按钮，打开打印机“文档属性”对话框。如图 15-14

所示，选择方向“横向”，并单击“高级”按钮，打开“高级选项”对话框，如图 15-15 所示。

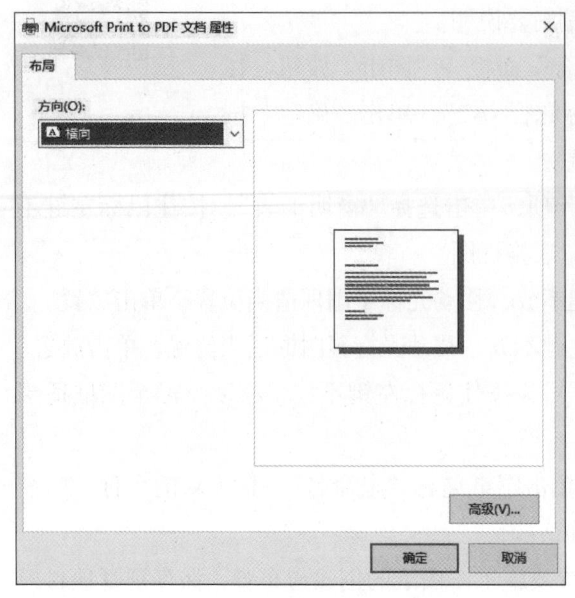

图 15-14 “文档属性”对话框

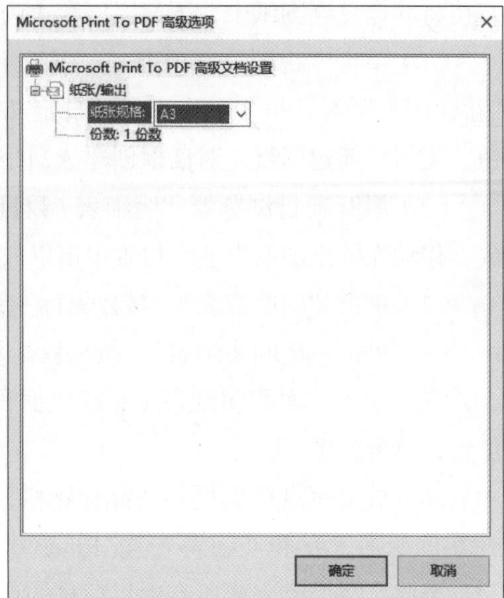

图 15-15 “高级选项”对话框

（4）单击“纸张规格：A3”后的下拉箭头，在下拉列表中选择纸张“A3”，单击两次“确定”按钮，返回“打印”对话框。

（5）在“打印范围”中单击选择“所选视图 / 图纸”项图标，下面的“选择”按钮由灰色变为可选项，单击“选择”按钮，打开“视图 / 图纸集”对话框。

（6）勾选对话框底部“显示”项下面的“图纸”，取消勾选“视图”，对话框中将只显示所有图纸。单击右边按钮“选择全部”，自动勾选所有施工图图纸，如图 15-16 所示，单击“确定”按钮，回到“打印”对话框。

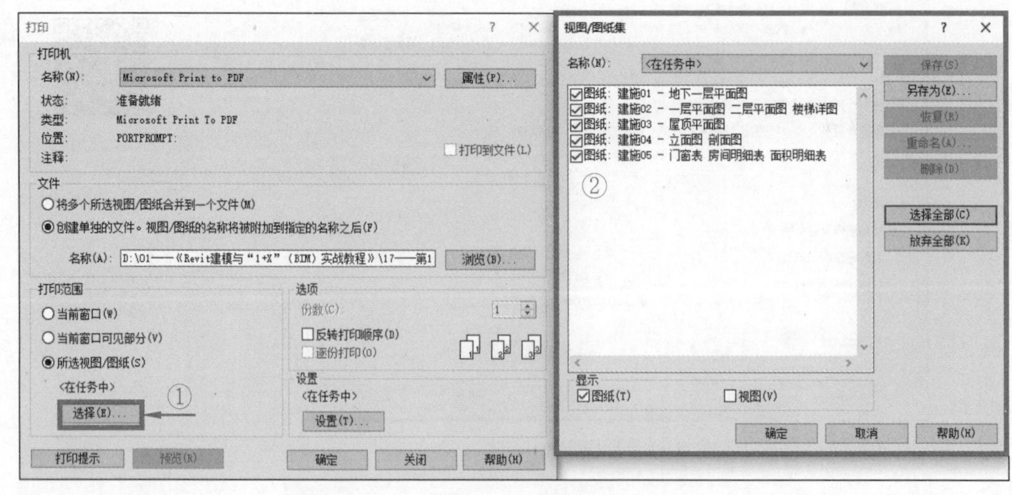

图 15-16 “视图 / 图纸集”对话框

（7）单击“确定”按钮，关闭“打印”对话框，即可自动打印图纸。

小知识

在“打印”对话框中，选择“当前窗口”选项，可打印 Revit 2018 绘图区域当前打开的视图；选择“当前窗口可见部分”，可打印 Revit 2018 绘图区域当前显示的内容。此时可单击“预览”按钮，预览打印视图。当选择“所选视图 / 图纸”选项时，“预览”为灰显，不可用。

15.4　导出 DWG

微课：导出 DWG

Revit 2018 所有的平、立、剖面、三维视图及图纸等都可以导出为 DWG 等 CAD 格式图形，而且导出后的图层、线型、颜色等可以根据需要在 Revit 2018 中自行设置。

（1）打开要导出的视图，如在项目浏览器中展开“图纸（全部）”项，双击图纸名称“建施 02 一层平面图 二层平面图 楼梯详图”，打开图纸。

（2）单击“文件下拉列表→导出→ CAD 格式→ DWG”按钮，系统弹出“DWG 导出”对话框，直接单击“下一步”按钮，系统弹出“导出 CAD 格式 保存到目标文件夹”对话框，如图 15-17 所示，文件名输入“小别墅一层二层平面图和楼梯详图”，文件类型设置为“AutoCAD 2007 DWG 文件”，勾选“将图纸上的视图和链接作为外部参照导出”，最后单击“确定”按钮，退出“导出 CAD 格式 - 保存到目标文件夹”对话框。保存别墅项目模型文件。

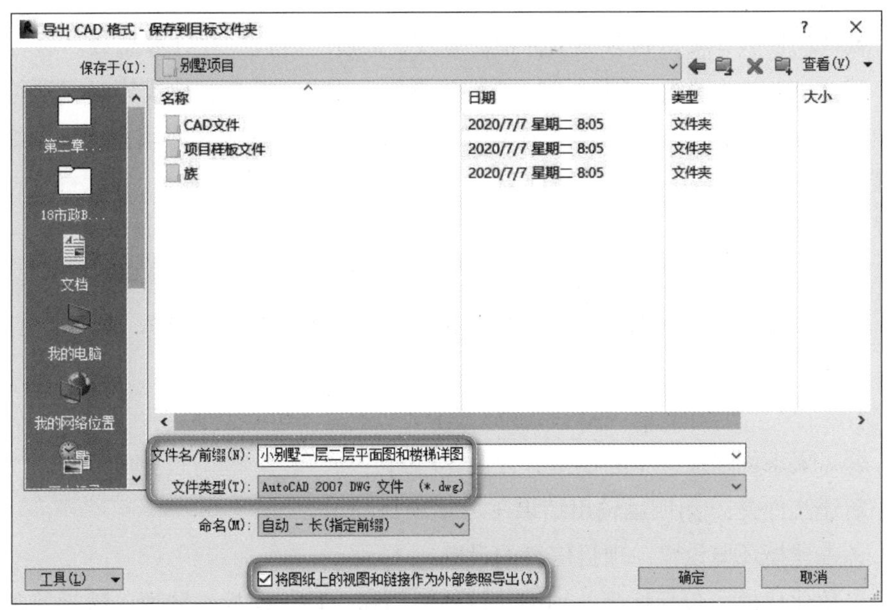

图 15-17　“导出 CAD 格式 - 保存到目标文件夹”对话框

小知识

在对话框上部的“保存于”下拉列表中设置保存路径。单击“文件类型”后的下拉箭头，从下拉列表中选择 CAD 格式文件的版本，系统默认为“AutoCAD 2007 DWG 文件（*.dwg）”，在“文件名 / 前缀”后输入文件名称。

15.5 经典真题解析

下面通过对精选考试真题（综合建模）的详细解析来介绍一个完整的项目的建模和解题步骤。

（第十六期全国 BIM 技能等级考试一级试题第四题“接待中心”）根据以下要求和提供的图纸，创建接待中心建筑模型并将结果输出。在考生文件夹下新建名为“第四题输出结果 + 考生姓名”的文件夹，并将结果文件保存在该文件夹中。

1. 建模环境设置

设置项目信息：①项目发布日期：2020 年 3 月 20 日；②项目编号：80139×××

2. BIM 参数化建模

（1）根据提供的图纸创建标高、轴网、建筑形体，包括墙、柱、门、窗、屋顶、楼板、楼梯、扶手、洞口。其中，图中未注明定位尺寸的墙均沿轴线居中布置，标明尺寸的门窗须准确定位，未标明尺寸与样式的不做要求，大致示意即可。

（2）主要建筑构件参数要求见二维码中表 1~ 表 3 图纸。

（3）根据首层平面图为首层房间命名。

3. 创建图纸

（1）创建门窗表，要求包含类型标记、宽度、高度、合计，并计算总数。

（2）建立 A4 尺寸图纸，创建“2—2 剖面图”，尺寸、标高、轴线等标注须符合国家房屋建筑制图标准。要求：作图比例为 1∶200；截面填充样式为实心填充；将图纸命名为 2—2 剖面图。

4. 模型文件管理

（1）用“接待中心 + 考生姓名 .×××”为项目文件命名，并保存项目。

（2）将创建的“2—2 剖面图”图纸导出为 AutoCAD DWG 文件，命名为“2—2 剖面图”。

【解析】

（1）题目要求创建接待中心模型，分值 50 分；

（2）新建文件夹：“第四题输出结果 + 考生项目”；

（3）考查建模环境设置：项目信息的设置；

（4）参数化建模：包括标高、轴网、墙体、门窗、柱、楼板、屋顶、楼梯等常规建筑形体；

（5）要求对首层的房间按照图纸所给名称命名；

（6）考查剖面图的创建及样式修改，如尺寸标注、截面填充样式等；

（7）考查明细表、图纸的创建以及图纸的导出；

（8）文件保存：命名为“接待中心＋考生姓名”，格式为 .rvt；导出的图纸命名为“2—2 剖面图”，格式为 .dwg；两个文件放在“第四题输出结果＋考生姓名”文件夹中。

【本题注意点】

（1）本题楼板错层较多，需要特别注意平面图中的标高；

（2）可以将图纸导入 Revit 中创建墙体，加快建模速度；

（3）默认的门族中没有四扇平开门，不必过于纠结，可以用门联窗或者直接用双扇门代替；

（4）房间标记时，可配合“房间分隔”命令；

（5）室外台阶可以用楼板边缘或者楼梯创建。

【本题考点】

本题考点见图 15-18。

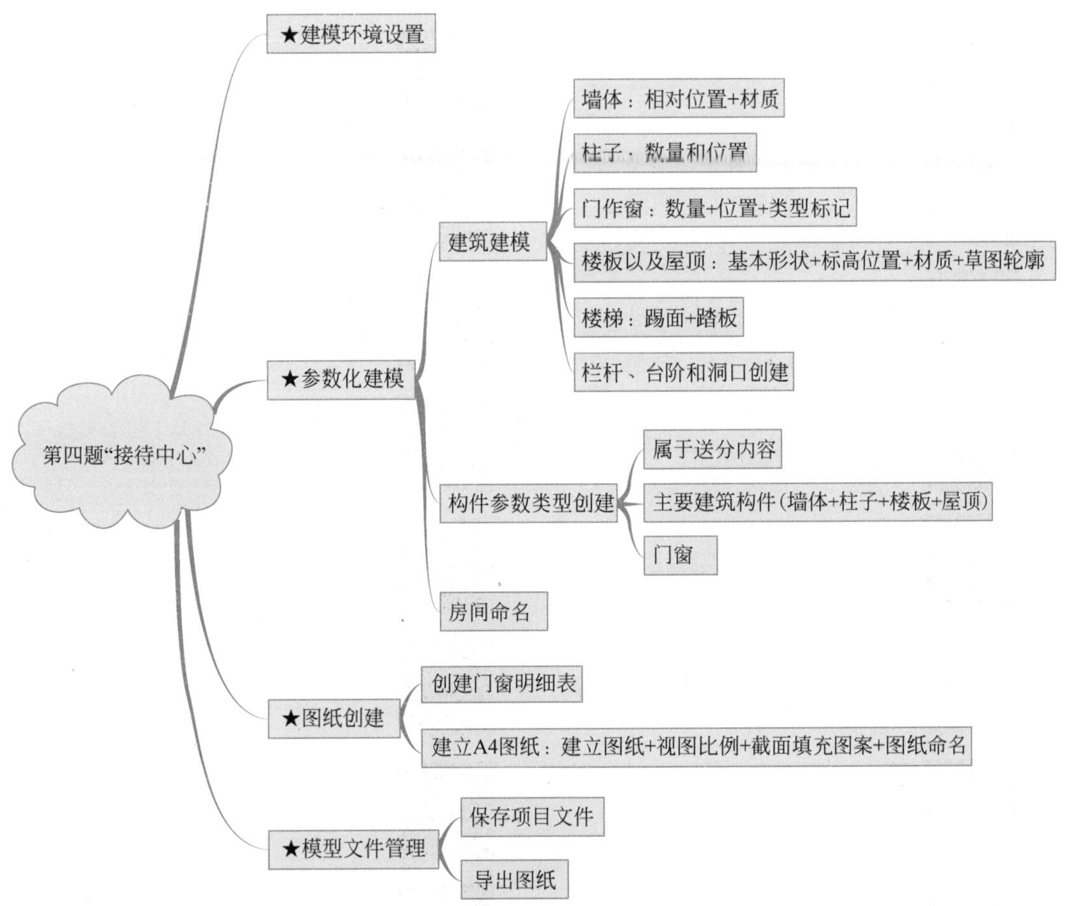

图 15-18　第十六期第四题“接待中心”考点

本题完成模型见图 15-19。

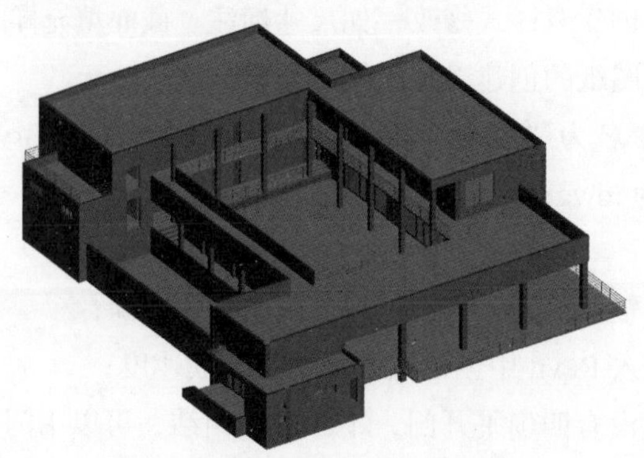

图 15-19　第四题接待中心模型

扫描下方二维码，进入建模讲解视频学习。

[二维码]	微课：建模环境设置和保存文件	[二维码]	微课：创建标高
[二维码]	微课：创建标高	[二维码]	微课：创建主要建筑构件
[二维码]	微课：创建墙体	[二维码]	微课：创建墙体
[二维码]	微课：创建墙体	[二维码]	微课：创建墙体
[二维码]	微课：创建楼板	[二维码]	微课：创建 4.2 米位置楼板和标高 4.8 位置栏杆
[二维码]	微课：创建结构柱	[二维码]	微课：创建楼板和楼板边缘
[二维码]	微课：创建楼板和楼板边缘	[二维码]	微课：创建台阶（楼梯）
[二维码]	微课：创建栏杆扶手	[二维码]	微课：创建标高 4.2 米位置楼板和开洞
[二维码]	微课：创建屋顶以及女儿墙	[二维码]	微课：插入门窗和创建北立面视图

	微课：首层平面图处理		微课：首层门窗布置与细化
	微课：东立面视图细化		微课：布置首层门窗
	微课：东立面视图处理		微课：南立面视图处理
	微课：西立面图处理		微课：屋顶平面图
	微课：创建 1—1 剖面图		微课：创建室内楼梯
	微课：创建图纸、门窗明细表和图纸导出		

第 16 章 “1+X”（BIM）职业技能等级考试实操试题实战

16.1 “1+X”建筑信息模型（BIM）职业技能等级考试—初级—实操试题实战

16.1.1 2019 年第一期

温馨提醒

“1+X”建筑信息模型（BIM）职业技能等级考试—初级—实操试题每期包含三道大题，其中第三题属于综合建模（两道考题考生二选一作答），考虑到选做题二属于机电设备建模，难度比较大，故本书不提供第三题中的选做题二的模型文件。

考生须知

1. 每位考生在计算机桌面上新建考生文件夹，文件夹以“准考证号 + 考生姓名”命名。
2. 所有成果文件必须存放在该考生文件夹内，否则不予评分。
3. 第一题、第二题为必做题，第三题两道考题，考生二选一作答。

第一题：绘制图 16-1 墙体，墙体类型、墙体高度、墙体厚度及墙体长度自定义，材质为灰色普通砖，并参照下图标注尺寸在墙体上开一个拱门洞。以内建常规模型的方式沿洞口生成装饰门框，门框轮廓材质为樱桃木，样式见 1—1 剖面图。创建完成后以“拱门墙 + 考生姓名”为文件名保存至考生文件夹中。（20 分）

要求：（1）绘制墙体，完成洞口创建；

（2）正确使用内建模型工具绘制装饰门框。

第二题：创建图 16-2 所示模型，①面墙为厚度 200m 的“常规 -200mm 厚面墙”，定位线为“核心层中心线”；②幕墙系统为网格布局 600 × 1000mm（即横向网格间距为 600mm，竖向网格间距为 1000mm），网格上均设置竖梃，竖梃均为圆形竖梃半径 50mm；③屋顶为厚度为 400mm 的“常规 -400mm”屋顶；④楼板为厚度为 150mm 的“常

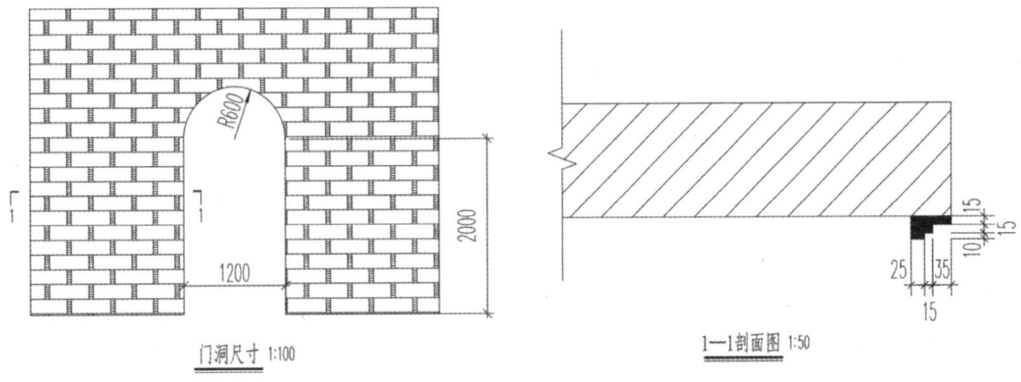

图 16-1 2019 年第一期第一题“拱门墙”

规 -150mm”楼板，标高 1 至标高 6 上均设置楼板。请将该模型以“体量楼层 + 考生姓名”为文件名保存至考生文件夹中。（20 分）

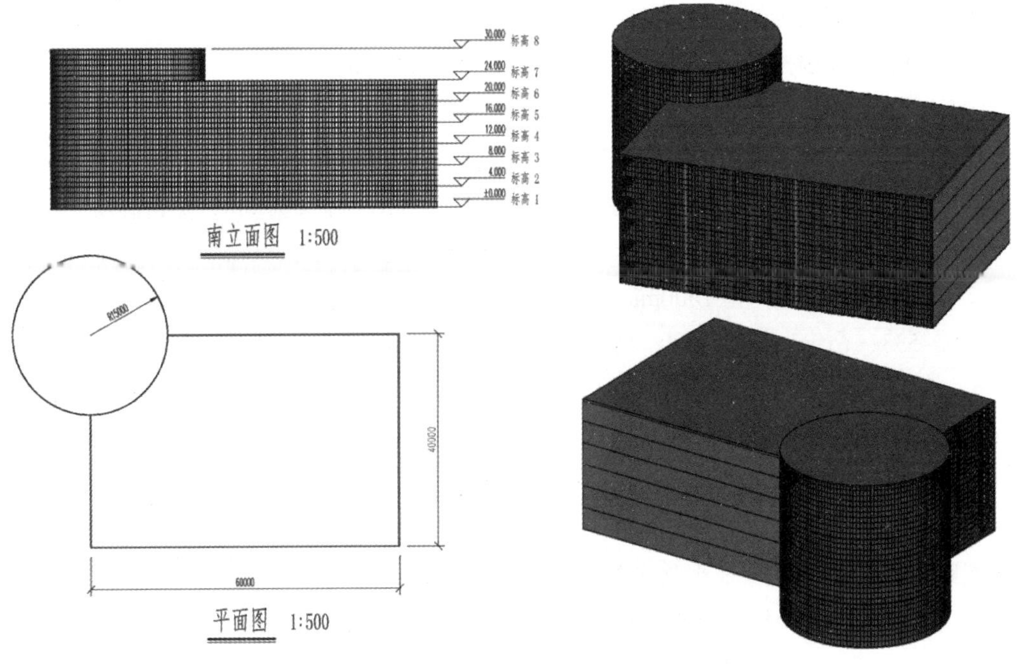

图 16-2 2019 年第一期第二题“体量楼层”

第三题：综合建模（以下两道题考生二选一作答）。（40 分）

【考题一】 根据以下题目要求及图纸给定的参数，建立“样板楼”模型，平面图详见图纸。（为节省篇幅，考题一图表请读者下载真题进行实战）

1. BIM 建模环境设置（1 分）

设置项目信息：①项目发布日期：2019 年 11 月 23 日；②项目编号：2019001-1。

2. BIM 参数化建模（30 分）

1）布置墙体、楼板、屋面

（1）建立墙体模型。

①“外墙 -240- 红砖”，结构厚 200m，材质“砖，普通，红色”，外侧装饰面层材质“瓷砖，机制”，厚度 20mm；内侧装饰面层材质“涂料，米色”，厚度 20mm。

②“内墙 200- 加气块”结构厚 200mm，材质为“混凝土砌块”。

（2）建立各层楼板和屋面模型。

①“楼板 -150- 混凝土”，结构厚 150mm，材质“混凝土，现场浇注 -C30”，顶部均与各层标高平齐。

②“屋面 -200 混凝土”，结构厚 200mm，材质“混凝土，现场浇注 -C30”，各坡面坡度均为 30°，边界与外墙外边缘平齐。

2）布置门窗

（1）按平、立面图要求，精确布置外墙门窗，内墙门窗位置合理布置即可，不需要精确布置。

（2）门窗要求。

① M1527：双扇推拉门 - 带亮窗，规格宽 1500mm，高 2700mm。

② M1521：双扇推拉门，规格宽 1500mm，高 2100mm。

③ M0921：单扇平开门，规格宽 900mm，高 2100mm。

④ JLM3024：水平卷帘门，规格宽 3000mm，高 2400mm。

⑤ C2425：组合窗双层三列 - 上部双窗，宽 2400mm，高 2500mm，窗台高度 500mm。

⑥ C2626：单扇平开窗，宽 2600mm，高 2600m，窗台高度 600mm。

⑦ C1515：固定窗，宽 1500mm，高 1500mm，窗台高度 800mm。

⑧ C4533：凸窗 - 双层两列，窗台外挑 140mm，宽 4500mm，高 3300mm，框架宽度 50mm，框架厚度 80mm，上部窗扇宽度 600mm，窗台外挑宽度 840mm，首层窗台高度 600mm，二层窗台高度 30mm。

3）布置楼梯、栏杆扶手、坡道

（1）按平、立面要求布置楼梯，采用系统自带构件，名称为“整体现浇楼梯”，并设置最大踢面高度 210mm，最小踏板深度 280mm，梯段宽度 1305mm。

（2）楼梯栏杆：栏杆扶手 900mm。

（3）露台栏杆：玻璃嵌板 - 底部填充，高度 900mm。

（4）坡道：按图示尺寸建立。

3. 建立门窗明细表（2 分）

门窗信息表中均应包含“类型、类型标记、宽度、高度、标高、底高度、合计”字段，按类型和标高进行排序。

4. 添加尺寸、创建门窗标记、高程注释（2 分）

（1）尺寸标记。尺寸标记类型为：对角线 3mm RomanD，并修改文字大小为 4mm。

（2）门窗标记。修改窗标记：编辑标记，编辑文字大小为 3mm，完成后载入项目中覆盖。

（3）标高标记。对窗台、露台、屋顶进行标高标记。

5. 创建一层平面布置图及南立面布置图两张图纸（2 分）

（1）图框类型：A2 公制图框。

（2）类型名称：A2 视图。

（3）标题要求：视图上的标题必须和考题图纸一致；图纸名称和考题图纸一致。

6. 模型渲染（2 分）

对房屋的三维模型进行渲染，设置背景为“天空：少云”，照明方案为“室外：日光和人造光”，质量设置为“中”，其他未标明选项不做要求，结果以“样板房渲染 + 考生姓名 .JPG”为文件名保存至本题文件夹中。

请以“样板房 + 考生姓名”命名保存至考生文件夹中。（1 分）

16.1.2 2019 年第二期

考生须知

1. 每位考生在计算机桌面上新建考生文件夹，文件夹以“准考证号 + 考生姓名”命名。

2. 所有成果文件必须存放在该考生文件夹内，否则不予评分。

3. 第一题、第二题为必做题，第三题两道考题，考生二选一作答。

第一题：根据图 16-3 给定尺寸，创建柱结构，请将模型以文件名“柱体 + 考生姓名”保存至考生文件夹中。（20 分）

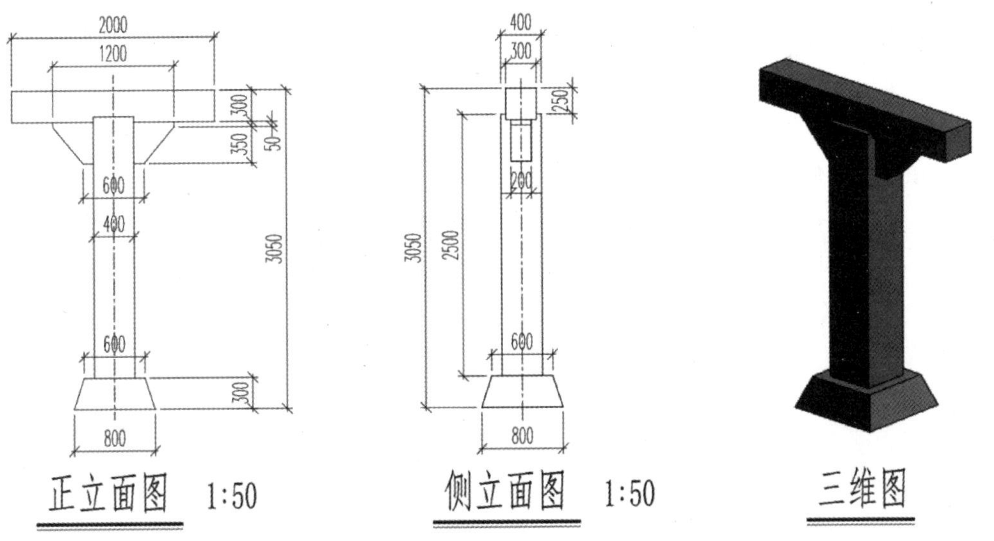

图 16-3 2019 年第二期第一题“柱体”

第二题：按要求建立钢结构雨篷模型（包括标高、轴网、楼板、台阶、钢柱、钢梁、幕墙及玻璃顶棚），尺寸、外观与图 16-4 一致，幕墙和玻璃雨篷表示网格划分即可，见节点详图，钢结构除图中标注外均为 GL2 矩形钢，请自定义图中未注明尺寸。将建好的模型以“钢结构雨篷 + 考生姓名”为文件名保存至考生文件夹。（20 分）

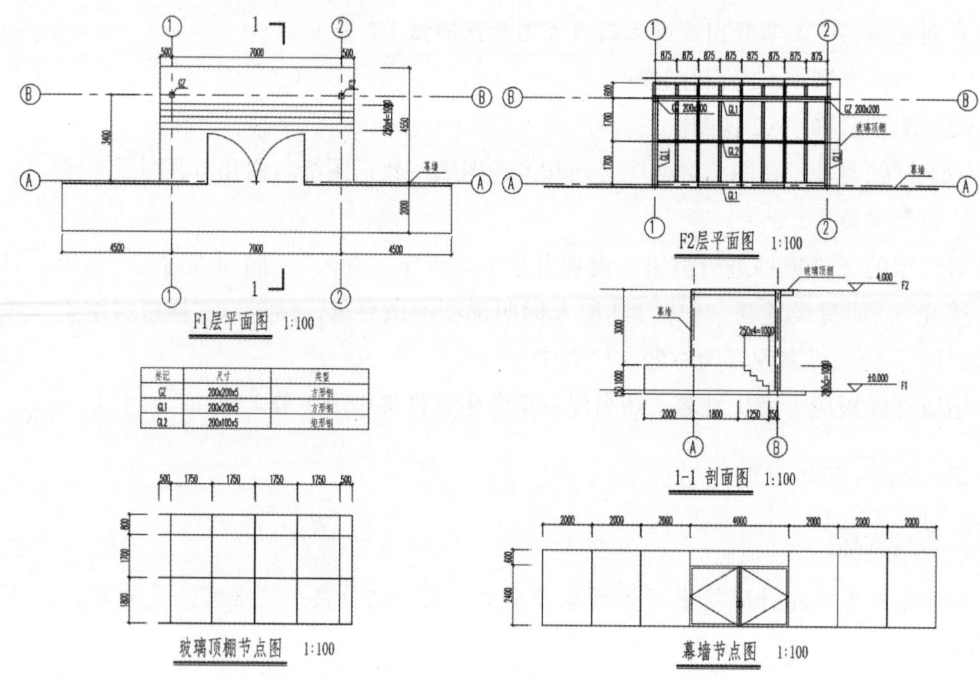

图 16-4 2019 年第二期第二题“钢结构雨篷”

第三题：综合建模（以下两道考题，考生选一作答）。（40 分）

【考题一】根据以下要求和给出的图纸，创建模型并将结果输出。在考生文件夹下新建名为“第三题输出结果 + 考生姓名”的文件夹，将本题结果文件保存至该文件夹中。（40 分）

1. BIM 建模环境设置（2 分）

设置项目信息如下。①项目发布日期：2019 年 10 月 19 日；②项目名称：小别墅；③项目地址：中国北京市。

2. BIM 参数化建模（30 分）

（1）根据给出的图纸创建标高、轴网、柱、墙、门、窗、楼板、屋顶、台阶模型，楼梯、栏杆扶手不作要求。门窗需按图示尺寸布置，窗台自定义，未标明尺寸不作要求。（24 分）

（2）主要建筑构件参数要求如表 16-1 所示。（6 分）

表 16-1 主要建筑构件参数

<table>
<tr><td rowspan="4">外墙 240</td><td>10 厚咖啡色涂料</td><td rowspan="2">结构柱</td><td>Z1：400 × 400（混凝土柱）</td></tr>
<tr><td>20 厚聚苯乙烯泡沫保温板</td><td>Z2：300 × 300（混凝土柱）</td></tr>
<tr><td>200 厚混凝土砌块</td><td rowspan="2">楼板</td><td>15 厚瓷砖 - 茶色</td></tr>
<tr><td>10 厚米色涂料</td><td>135 厚混凝土</td></tr>
<tr><td rowspan="3">内墙 220</td><td>10 厚米色涂料</td><td>屋顶</td><td>150 厚混凝土：一楼为平屋顶；
二楼屋顶坡度都是 25°</td></tr>
<tr><td>200 混凝土砌块</td><td rowspan="2"></td><td rowspan="2"></td></tr>
<tr><td>10 厚米色涂料</td></tr>
</table>

3. 创建图纸（5 分）

（1）创建门窗明细表（见表 16-2），门明细表要求包含类型标记、宽度、高度、合计字段；窗明细表要求包含类型标记、底高度、宽度、高度、合计字段；并计算总数。（3 分）

表 16-2 门、窗明细表

门	M0921	900 × 2100	窗	C0615	600 × 1500
	M1022	1000 × 2200		C1815	1800 × 1500
	M2525	2500 × 2500		LDC4530	4500 × 3000
	TLM2222	2200 × 2200			
	TLM3822	3800 × 2200			

（2）根据一层平面图在项目中创建 1—1 剖面图，创建 A2 公制图纸，将 1—1 剖面图插入，并将视图比例调整为 1 : 75。（2 分）

4. 模型渲染（2 分）

对房屋的三维模型进行渲染，质量设置为“中”，设置背景为“天空：少云”，照明方案为“室外：日光和人造光”，其他未标明选项不作要求，结果以“小别墅渲染 .JPG”为文件名保存至本题文件夹中。

5. 模型文件管理（1 分）

将模型文件命名为“小别墅 + 考生姓名”，并保存项目文件。

16.1.3 2020 年第一期

考生须知

1. 每位考生在计算机桌面上新建考生文件夹，文件夹以“准考证号 + 考生姓名”命名。

2. 所有成果文件必须存放在该考生文件夹内，否则不予评分。

3. 第一题、第二题为必做题，第三题两道考题，考生二选一作答。

第一题：绘制仿交通锥模型，具体尺寸如图 16-5 给定的投影图尺寸所示，创建完成后以“仿交通锥 + 考生姓名”为文件名保存至考生文件夹中。（20 分）

第二题：按照图 16-6 中尺寸创建储水箱模型，并将储水箱材质设置为“不锈钢”，结果以“储水箱 + 考生姓名”为文件名保存在考生文件夹中。（20 分）

第三题：综合建模（以下两道考题，考生二选一作答）。（40 分）

【考题一】根据以下要求和给出的图纸，创建模型并将结果输出。在考生文件夹下新建名为“第三题输出结果”的文件夹，将结果文件保存在该文件夹中。（40 分）

1. BIM 建模环境设置（1 分）

项目发布日期：2020 年 2 月 20 日。

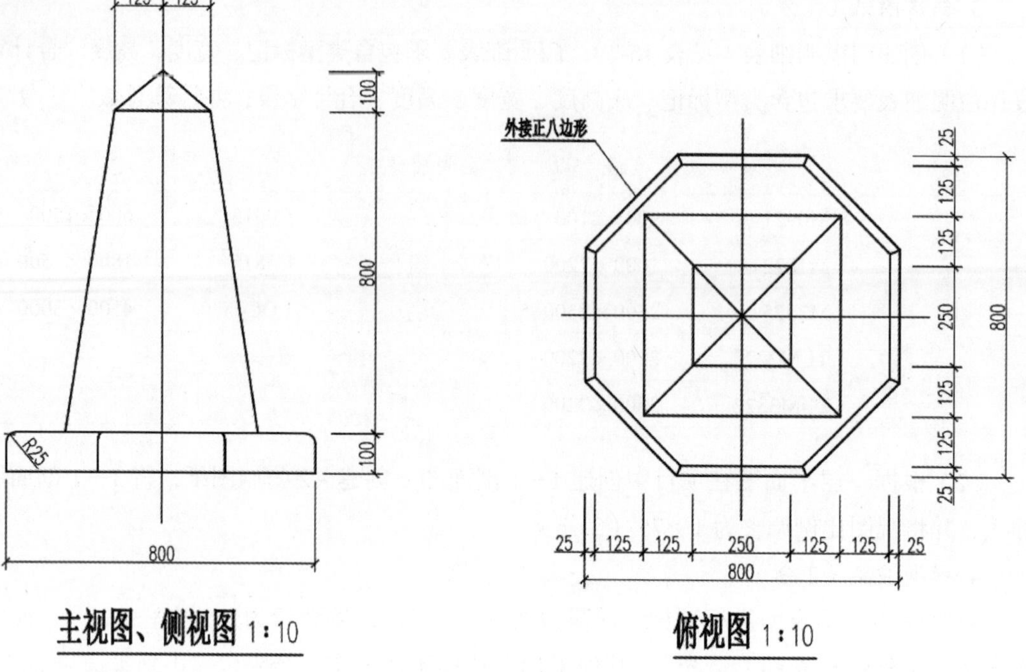

图 16-5　2020 年第一期第一题“仿交通锥”

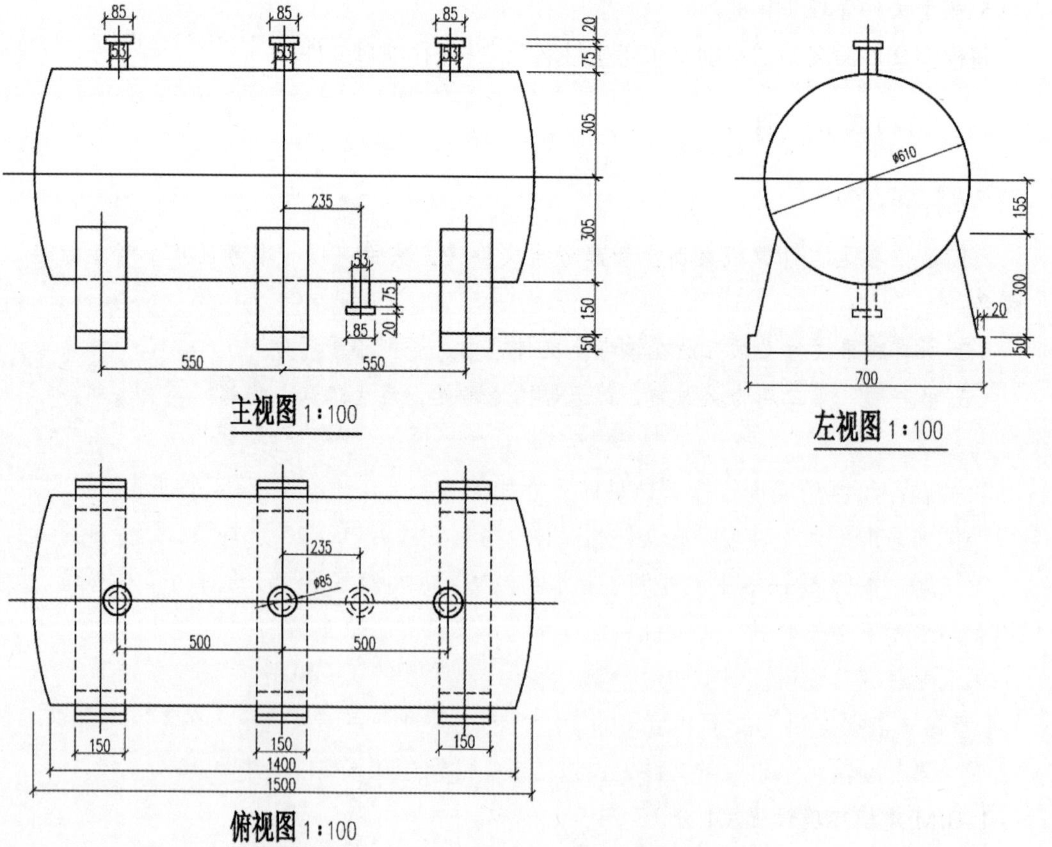

主视图 1:100

左视图 1:100

俯视图 1:100

图 16-6　2020 年第一期第二题“储水箱”

2. BIM 参数化建模（30 分）

根据给出的图纸创建标高、轴网、墙、门、窗、楼板、屋顶、台阶、坡道、楼梯、栏杆扶手等土建模型，要求参照结构表、门窗表和图纸，未明确部分考生可自行定义。

3. 建立门窗明细表

明细表均应包含“类型、类型标记、宽度、高度、标高、底高度、合计”字段，按类型和标高进行排序。（2 分）

4. 创建图纸

创建二层平面布置图及正（南）立面布置图两张图纸。（4 分）

（1）图框类型：A3 公制图框；类型名称：A3 视图。

（2）对外部主要尺寸进行标注。

（3）标题要求视图上的标题必须和考题图纸一致；图纸名称和考题图纸一致。

5. 模型渲染（2 分）

对房屋的三维模型进行渲染，设置渲染照明方案为“仅日光”，背景为“天空：无云”，质量设置为“高”，其他未标明选项不做要求，结果以“小别墅渲染 + 考生姓名 .JPG”为文件名保存至本题文件夹中。

请以“小别墅 + 考生姓名”命名项目文件，保存至考生文件夹中。（1 分）

16.1.4 2020 年第二期

小知识

1. 第一题、第二题为必做题，第三题两道考题，考生二选一作答。

2. 考生需要将每道实操题的所有成果放入以“考题号”命名的文件夹内，并以 zip 格式压缩上传至考试平台（例：0.zip）。

3. 实操题答完一题上传一题，重复上传以最后一次上传的成果答案为准。

第一题：根据图 16-7 给定尺寸，创建球形喷口模型；要求尺寸准确，并对球形喷口材质设置为“不锈钢”，请将模型以文件名“球形喷口 + 考生姓名”保存至本题文件夹中。（20 分）

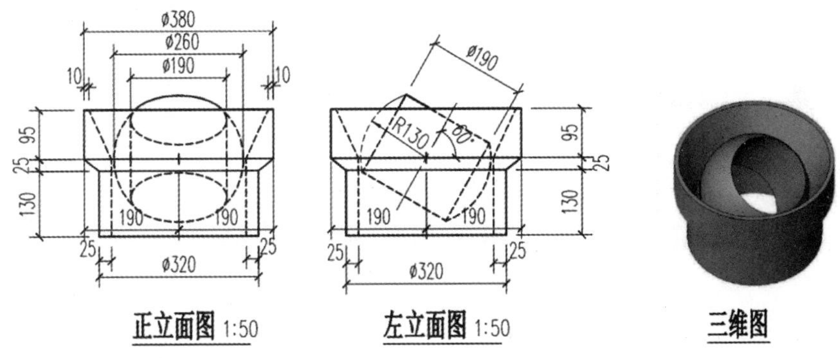

图 16-7 2020 年第二期第一题“球形喷口”

第二题：按照要求创建图 16-8 所示体量模型，参数详见图（1），半圆圆心对齐。并将上述体量模型创建幕墙（图（2）），幕墙系统为网格布局 1000mm × 600mm（横向竖梃间距为 600mm，竖向竖梃间距为 1000mm）；幕墙的竖向网格中心对齐，横向网格起点对齐；网格上均设置竖梃，竖梃均为圆形竖梃，半径为 50mm。创建屋面女儿墙以及各层楼板。请将模型以文件名“体量幕墙 + 考生姓名”保存至本题文件夹中。（20 分）

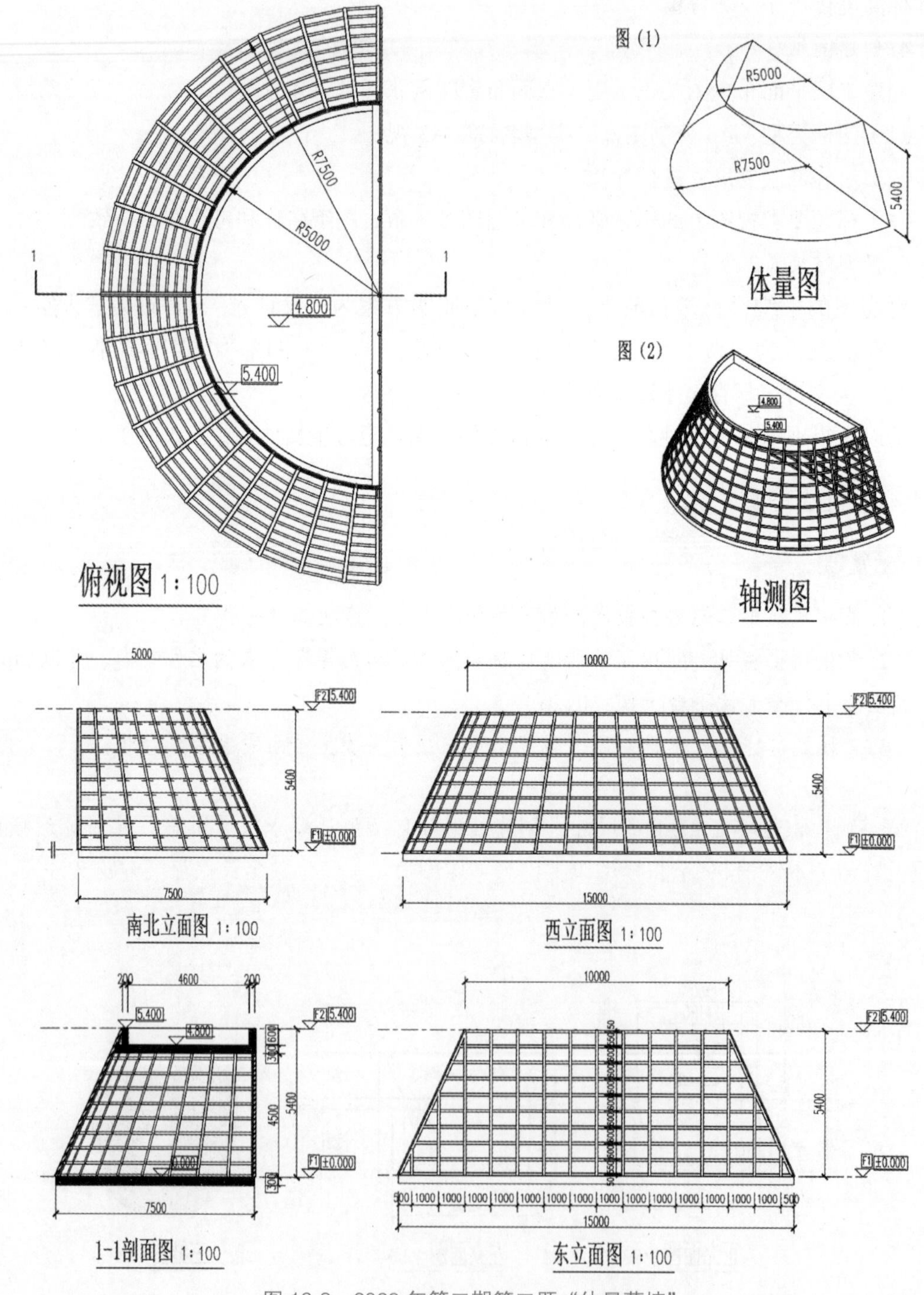

图 16-8 2020 年第二期第二题“体量幕墙”

第三题：综合建模（以下两道考题，考生二选一作答）。（40 分）

【考题一】根据以下要求和给出的图纸，创建模型并将结果输出。新建名为“第三题输出结果 + 考生姓名”的文件夹，将本题结果文件保存至该文件夹中。（40 分）

1. BIM 建模环境设置（2 分）

设置项目信息：①项目发布日期：2020 年 9 月 26 日；②项目名称：别墅；③项目地址：中国北京市。

2. BIM 参数化建模（30 分）

（1）根据给出的图纸创建标高、轴网、柱、墙、门、窗、楼板、屋顶、台阶模型、楼梯、散水等，阳台栏杆尺寸及类型自定。门窗需按门窗表尺寸完成，窗台自定义，未标明尺寸不做要求。（24 分）

（2）主要建筑构件参数要求如下。（6 分）

外墙：240，10 厚灰色涂料、20 厚泡沫保温板、200 厚混凝土砌块、10 厚白色涂料；内墙：240，10 厚白色涂料、220 厚混凝土砌块、10 厚白色涂料；隔墙：120，120 砖砌体；楼板：150 厚混凝土；屋顶 200 厚混凝土；柱子尺寸为 300 × 300，散水宽度 800。

3. 创建图纸（5 分）

（1）创建门窗明细表，门明细表要求包含类型标记、宽度、高度、合计字段；窗明细表要求包含类型标记、底高度、宽度、高度、合计字段；并计算总数。（3 分）

（2）创建项目一层平面图，创建 3 公制图纸，将一层平面图插入，并将视图比例调整为 1∶100。（2 分）

4. 模型渲染（2 分）

对房屋的三维模型进行渲染，质量设置为“中”，设置背景为“天空：少云”，照明方案为“室外：日光和人造光”，其他未标明选项不作要求，结果以“别墅渲染 .JPG”为文件名保存至本题文件夹中。

5. 模型文件管理（1 分）

将模型文件命名为“别墅 + 考生姓名”，并保存项目文件。

16.1.5 2020 年第三期

考生须知

1. 第一题、第二题为必做题，第三题两道考题，考生二选一作答。

2. 考生需要将每道实操题的所有成果放入以“考题号”命名的文件夹内，并以 zip 格式压缩上传至考试平台（例：0.zip）。

3. 实操题答完一题上传一题，重复上传以最后一次上传的成果答案为准。

第一题：根据图 16-9 给定尺寸，创建装饰柱（柱体上下、前后、左右均对称），要求柱身材质为“砖，普通，红色”，柱身两端材质为“混凝土，现场浇筑，灰色”，请将模型以文件名“装饰柱 + 考生姓名”保存至考生文件夹中。（20 分）

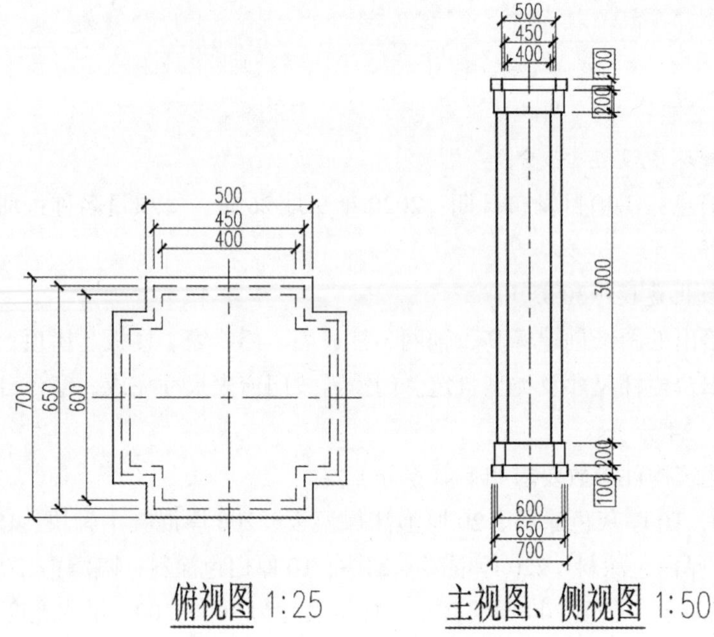

图 16-9 2020 年第三期第一题“装饰柱”

第二题：按要求建立地铁站入口模型，包括墙体（幕墙）、楼板、台阶、屋顶，尺寸外观与图 16-10 所示一致，幕墙需表示网格划分，竖梃直径为 50mm，屋顶边缘见节点详图，图中未注明尺寸自定义，请将模型以文件名“地铁站入口 + 考生姓名”保存至考生文件夹中。(20 分)

第三题：综合建模（以下两道考题，考生二选一作答）。(40 分)

【考题一】根据以下要求和给出的图纸，创建模型并将结果输出。新建名为“第三题输出结果 + 考生姓名”的文件夹，将本题结果文件保存至该文件夹中。(40 分)

1. BIM 建模环境设置（2 分）

设置项目信息：①项目发布日期：2020 年 10 月 26 日；②项目名称：别墅；③项目地址：中国北京市。

2. BIM 参数化建模（30 分）

（1）根据给出的图纸创建标高、轴网、柱、墙、门、窗、楼板、屋顶、台阶模型、楼梯等，阳台栏杆尺寸及类型自定。门窗需按门窗表尺寸完成，窗台自定义，未标明尺不做要求。(24 分)

（2）主要建筑构件参数要求如下。(6 分)

外墙：240，10 厚灰色涂料、20 厚泡沫保温板、200 厚混凝土砌块、10 厚白色涂料；内墙：240，10 厚白色涂料、220 厚混凝土砌块、10 厚白色涂料；隔墙：120，120 砖砌体；楼板：200 厚混凝土；屋顶：200 厚混凝土；柱子尺寸为 300 × 300，散水宽度 600。

3. 创建图纸（5 分）

（1）创建门窗明细（见表 16-3），门明细表要求包含类型标记、宽度、高度、合计字段；窗明细表要求包含类型标记、底高度、宽度、高度、合计字段；并计算总数。(3 分)

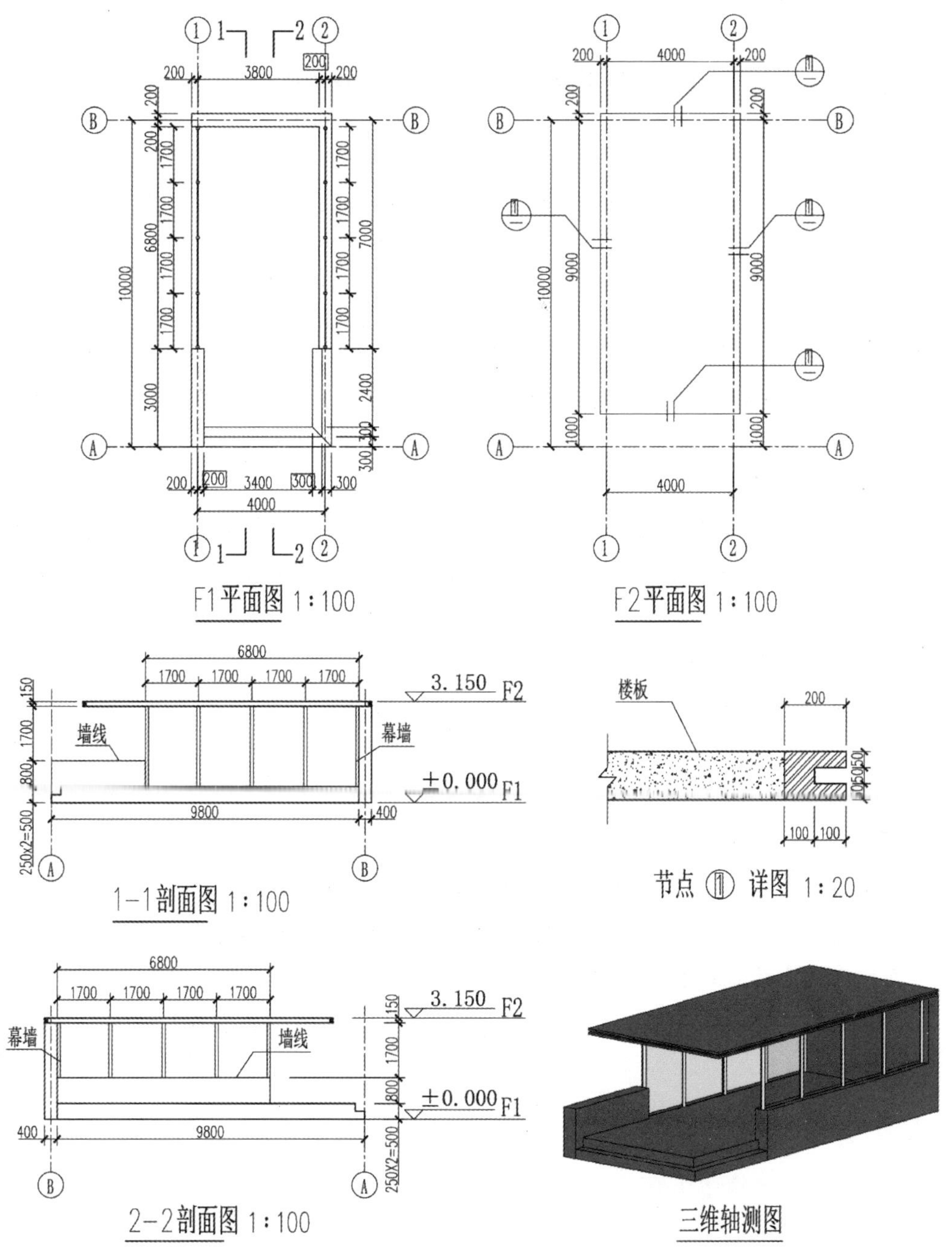

图 16-10　2020 年第三期第二题“地铁站入口”

表 16-3　门窗表

类　型	设计编号	洞口尺寸 /mm	数　量
普通门	M0921	900 × 2100	6
	M0721	700 × 2100	3
	M1521	1500 × 2100	2
	M1518	1500 × 1800	1

续表

类　型	设计编号	洞口尺寸 /mm	数　量
普通窗	C1518	1500 × 1800	12
	C3030	3000 × 3000	2
	C1818	1800 × 1800	6
	C2118	2100 × 1800	2
	C1218	1200 × 1800	1
	C1815	1800 × 1500	1

（2）创建项目一层平面图，创建 A3 公制图纸，将一层平面图插入，并将视图比例调整为 1：100。（2 分）

4. 模型渲染（2 分）

对房屋的三维模型进行渲染，质量设置为“中”，设置背景为“天空：少云”，照明方案为“室外：日光和人造光”，其他未标明选项不作要求，结果以“别墅渲染 .JPG”为文件名保存至本题文件夹中。

5. 模型文件管理（1 分）

将模型文件命名为“别墅 + 考生姓名”，并保存项目文件。

16.1.6　2020 年第四期

考生须知

1. 第一题、第二题为必做题，第三题两道考题，考生二选一作答。

2. 考生需要将每道实操题的所有成果放入以“考题号”命名的文件夹内，并以 zip 格式压缩上传至考试平台（例：0.zip）。

3. 实操题答完一题上传一题，重复上传以最后一次上传的成果答案为准。

第一题：根据图 16-11 给定尺寸，创建路边装饰门洞模型，门洞内框及中间拉杆材质为“不锈钢”，其余材质为“混凝土”，拉杆半径 R=l5mm，请将模型以“装饰门洞 + 考生姓名”保存至本题文件夹中。（20 分）

第二题：根据图 16-12 给定尺寸，创建以下鸟居模型，鸟居基座材质为“石材”，其余材质均为“胡桃木”；鸟居额束厚度 15mm，尺寸见详图，水平方向居中放置，垂直方向按图大致位置准确即可，未标明尺寸与样式不做要求。请将模型以文件名“神社鸟居 + 考生姓名”保存至本题文件夹中。（20 分）

第三题：综合建模（以下两道考题，考生二选一作答）。（40 分）

【考题一】根据以下要求和给出的图纸，创建模型并将结果输出。在本题文件夹下新建名为“第三题输出结果 + 考生姓名”的文件夹，将本题结果文件保存至该文件夹中。（40 分）

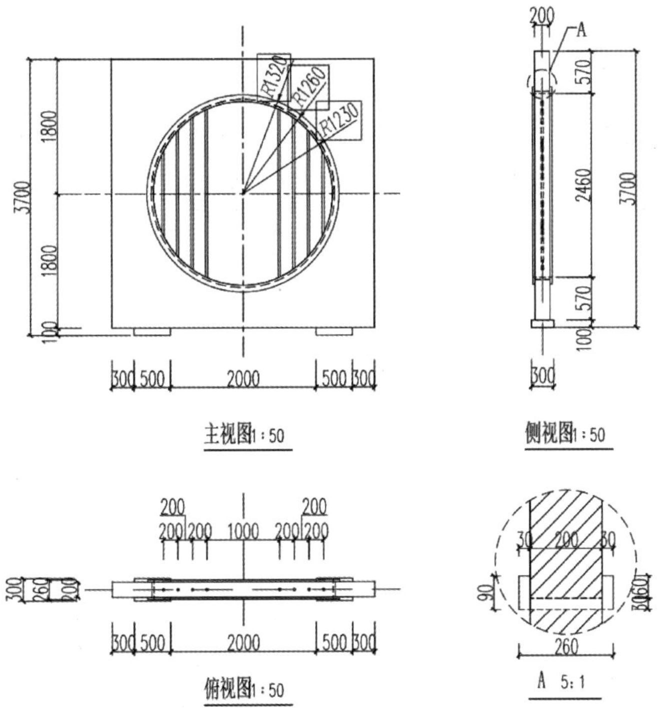

图 16-11　2020 年第四期第一题“装饰门洞”

1. BIM 建模环境设置（2 分）

设置项目信息如下。①项目发布日期：2020 年 11 月 26 日；②项目名称：别墅；③项目地址：中国北京市。

2. BIM 参数化建模（30 分）

（1）根据给出的图纸创建标高、轴网、柱、墙、门、窗、楼板、屋顶、台阶、散水、楼梯等，阳台栏杆尺寸及类型自定。门窗需按门窗表尺寸完成，窗台自定义，未标明尺寸不做要求。（24 分）

（2）主要建筑构件参数要求如下。（6 分）

外墙：350，10 厚灰色涂料、30 厚泡沫保温板、300 厚混凝土砌块、10 厚白色涂料；内墙：240，10 厚白色涂料、220 厚混凝土砌块、10 厚白色涂料；女儿墙：120 厚砖砌体；楼板：150 厚混凝土；屋顶：125 厚混凝土；柱子尺寸为 300×300；散水宽度 600，厚度 50。

3. 创建图纸（5 分）

（1）创建门窗明细表，门明细表要求包含类型标记、宽度、高度、合计字段；窗明细表要求包含类型标记、底高度、宽度、高度、合计字段；并计算总数。（3 分）

（2）创建项目一层平面图，创建 A3 公制图纸，将一层平面图插入，并将视图比例调整为 1：100。（2 分）

4. 模型渲染（2 分）

对房屋的三维模型进行渲染，质量设置为“中”，设置背景为“天空：少云”，照明方案为“室外：日光和人造光”，其他未标明选项不做要求，结果以“别墅渲染.JPG”为

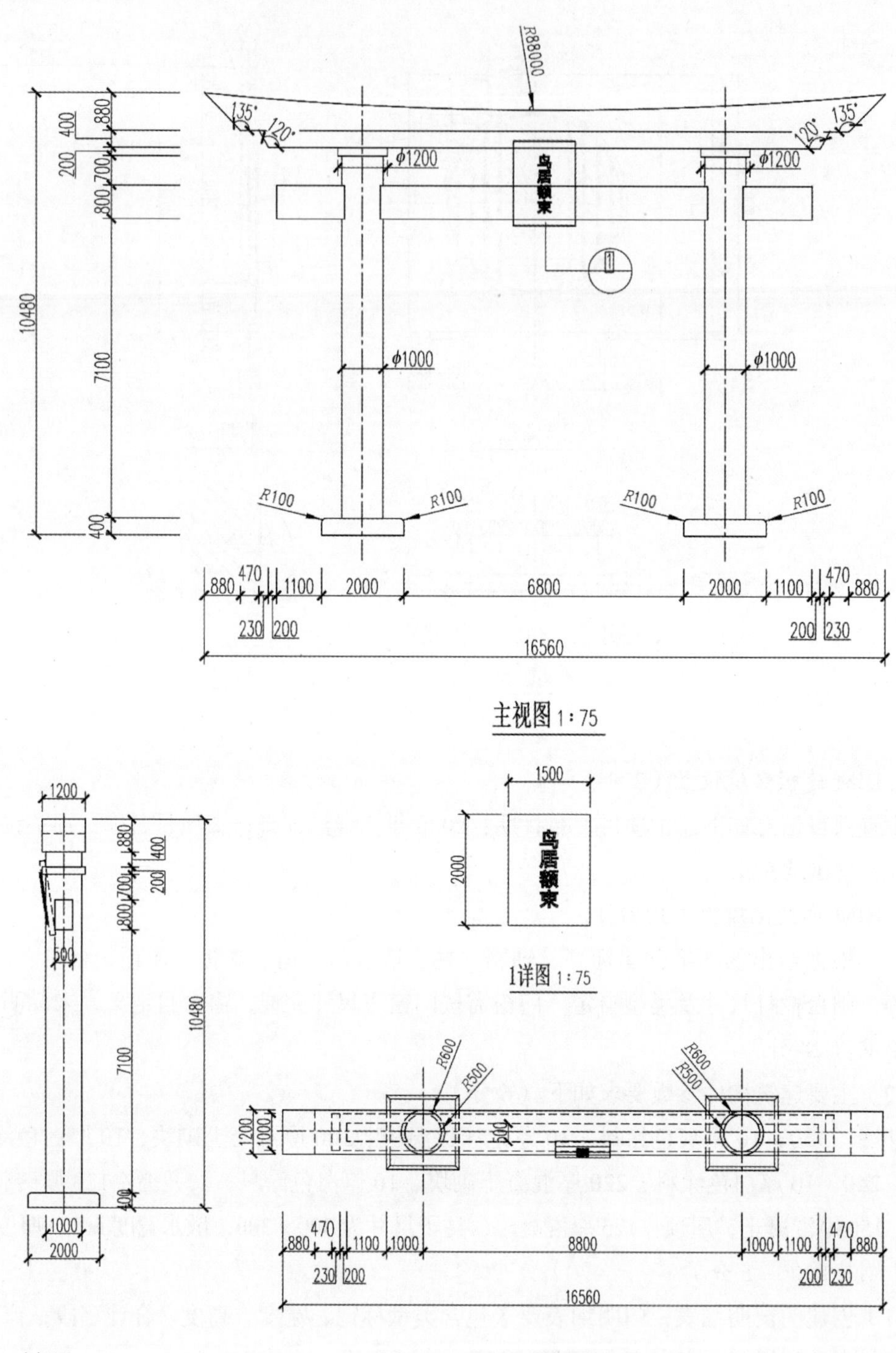

图 16-12　2020 年第四期第二题“神社鸟居”

文件名保存至本题文件夹中。

5. 模型文件管理（1 分）

将模型文件命名为“别墅 + 考生姓名”，并保存项目文件。

18.1.7 2020 年第五期

考生须知

1. 第一题、第二题为必做题，第三题两道考题，考生二选一作答。

2. 考生需要将每道实操题的所有成果放入以“考题号”命名的文件夹内，并以 zip 格式压缩上传至考试平台（例：0.zip）。

3. 实操题答完一题上传一题，重复上传以最后一次上传的成果答案为准。

第一题：根据图 16-13 给定尺寸，创建过滤器模型，材质为“不锈钢”，请将模型以“过滤器 + 考生姓名”保存至本题文件夹中。（20 分）

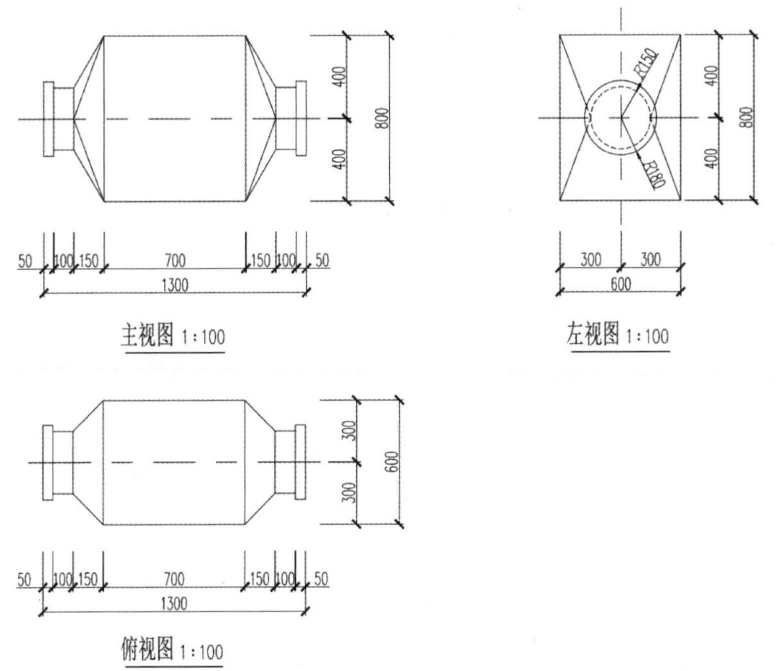

图 16-13 2020 年第五期第一题“过滤器”

第二题：根据图 16-14 给定尺寸，创建塔状结构模型，材质为“花岗岩”，塔状结构整体中心对称，请将模型以“纪念塔 + 考生姓名”保存至本题文件夹中。（20 分）

第三题：综合建模（以下两道考题，考生二选一作答）。（40 分）

【考题一】根据以下要求和给出的图纸，创建模型并将结果输出。在本题文件夹下新建名为“第三题输出结果 + 考生姓名”的文件夹，将本题结果文件保存至该文件夹中。（40 分）

1. BIM 建模环境设置（2 分）

设置项目信息如下。①项目发布日期：2020 年 12 月 26 日；②项目名称：别墅；③项目地址：中国北京市。

2. BIM 参数化建模（30 分）

（1）根据给出的图纸创建标高、轴网、柱、墙、门、窗、楼板、屋顶、台阶、楼梯等

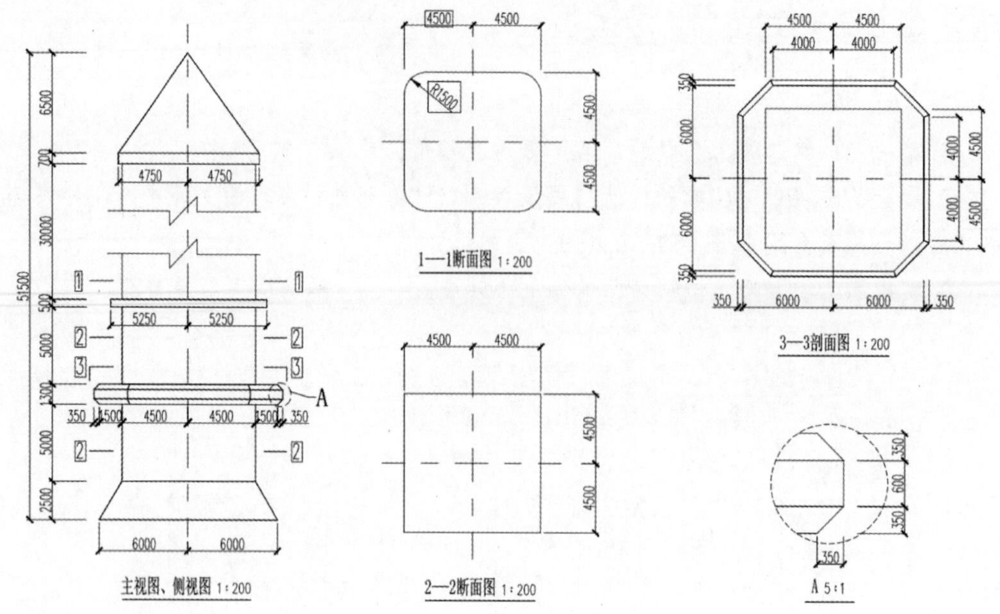

图 16-14　2020 年第五期第二题“纪念塔”

构件，栏杆尺寸及类型自定。门窗需按门窗表尺寸完成，窗台自定义，未标明尺寸不作要求（见表 16-4）。（24 分）

表 16-4　门窗表

类　　型	设计编号	洞口尺寸 /mm	数　　量
普通门	M0924	900×2400	8
	M0724	700×2400	2
	M2124	2100×2400	1
	M2427	2400×2700	1
卷帘门	M3024	3000×2400	1
普通窗	C1821	1800×2100	5
	C0921	900×2100	2
拱形平开窗	C1816	1800×1600	4
	C2033	2000×3300	1
	C3055	3000×5500	1

（2）主要建筑构件参数要求如下。（6 分）

外墙：30，10 厚黄色涂料、280 厚混凝土砌块、10 厚白色涂料；内墙：240，10 厚白色涂料、220 厚混凝土砌块、10 厚白色涂料；一楼底板 450 厚混凝土；楼板 150 厚混凝土；屋顶 200 厚混凝土；散水宽度 800。

3. 创建图纸（5 分）

（1）创建门窗明细表，门明细表要求包含类型标记、宽度、高度、合计字段；窗明细表要求包含类型标记、底高度、宽度、高度、合计字段；并计算总数。（3 分）

（2）创建项目一层平面图，创建 A3 公制图纸，将一层平面图插入，并将视图比例调

整为 1∶100。（2 分）

4. 模型渲染（2 分）

对房屋的三维模型进行渲染，质量设置为“中”，设置背景为“天空：少云”，照明方案为“室外：日光和人造光”，其他未标明选项不作要求，结果以“别墅渲染 .JPG”为文件名保存至本题文件夹中。

5. 模型文件管理（1 分）

将模型文件命名为“别墅 + 考生姓名”，并保存项目文件。

16.1.8 2021 年第一期

考生须知

1. 第一题、第二题为必做题，第三题两道考题，考生二选一作答。

2. 考生需要将每道实操题的所有成果放入以“考题号”命名的文件夹内，并以 zip 格式压缩上传至考试平台（例：01.zip）。

3. 实操题答完一题上传一题，重复上传以最后一次上传的成果答案为准。

第一题：根据图 16-15 给定尺寸，创建椅子模型，坐垫材质为“皮革”，其余材质为“红木”，请将模型以“椅子 + 考生姓名”保存至本题文件夹中。（20 分）

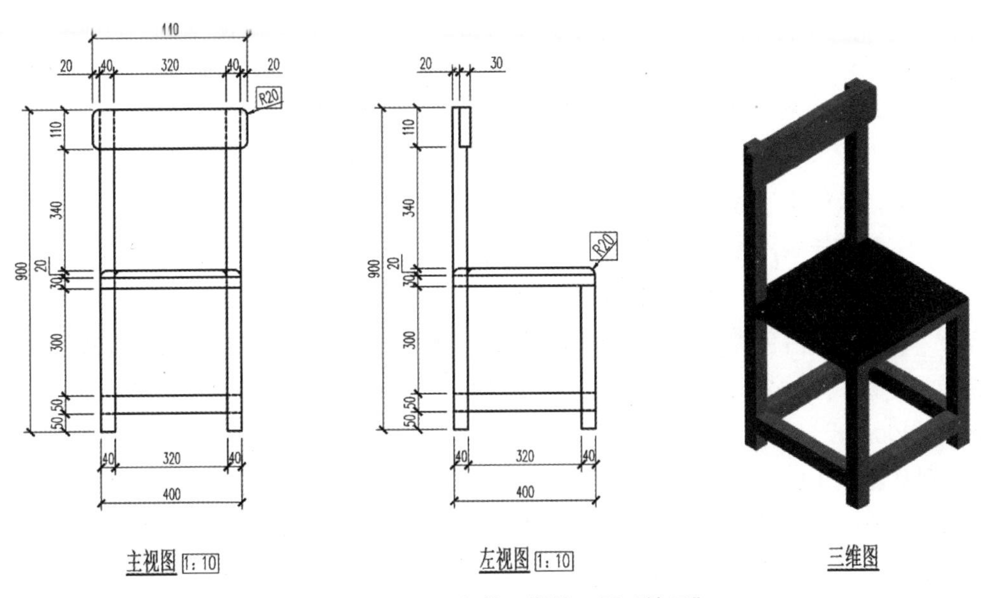

图 16-15 2021 年第一期第一题“椅子”

第二题：根据图 16-16 给定尺寸，创建气水分离器模型，气水分离器三个基脚间角度 120°，材质整体设为“不锈钢”，请将模型以“气水分离器 + 考生姓名”保存至本题文件夹中。（20 分）

第三题：综合建模（以下两道考题，考生二选一作答）。（40 分）

【考题一】根据以下要求和给出的图纸，创建模型并将结果输出。在考生文件夹下新

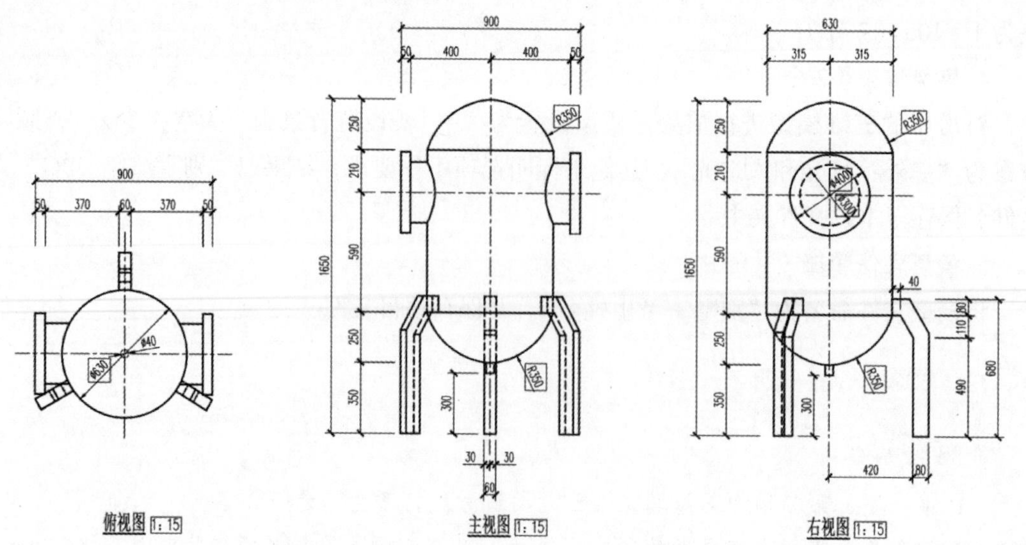

图 16-16　2021 年第一期第二题“气水分离器”

建名为“第三题输出结果 + 考生姓名”的文件夹，将本题结果文件保存至该文件夹中。（40 分）

1. BIM 建模环境设置（2 分）

设置项目信息：①项目发布日期：2021 年 4 月 21 日；②项目名称：别墅；③项目地址：中国北京市。

2. BIM 参数化建模（30 分）

（1）根据给出的图纸创建标高、轴网、柱、墙、门、窗、楼板、屋顶、台阶、散水、楼梯等，栏杆尺寸及类型自定，幕墙划分与立面图近似即可。门窗需按门窗表尺寸完成，窗台自定义，未标明尺寸不做要求。（24 分）

（2）主要建筑构件参数要求如下。（6 分）

外墙：240mm，10mm 厚灰色涂料、220mm 厚混凝土砌块、10mm 厚白色涂料；内墙：120mm，10mm 厚白色涂料、100mm 厚混凝土砌块、10mm 厚白色涂料；楼板：150mm 厚混凝土；楼底板 450mm 厚混凝土；屋顶 100mm 厚混凝土；散水宽度 800mm；柱子：300mm × 300mm。

3. 创建图纸（5 分）

（1）创建门窗明细表，门明细表要求包含：类型标记、宽度、高度、合计字段；窗明细表要求包含：类型标记、底高度、宽度、高度、合计字段；并计算总数。（3 分）

（2）创建项目一层平面图，创建 A3 公制图纸，将一层平面图插入，并将视图比例调整为 1 : 100。（2 分）

4. 模型渲染（2 分）

对房屋的三维模型进行渲染，质量设置：中，设置背景为“天空：少云”，照明方案为“室外：日光和人造光”，其他未标明选项不做要求，结果以“别墅渲染 .JPG”为文件名保存至本题文件夹中。

5. 模型文件管理（1 分）

将模型文件命名为“别墅 + 考生姓名”，并保存项目文件。

18.1.9 2021 年第二期

考生须知

1. 第一题、第二题为必做题，第三题两道考题，考生三选一作答。

2. 考生需要将每道实操题的所有成果放入以“考题号”命名的文件夹内，并以 zip 格式压缩上传至考试平台（例：01.zip）。

3. 实操题答完一题上传一题，重复上传以最后一次上传的成果答案为准。

第一题：根据图 16-17 给定尺寸，创建柱基模型，整体材质为“混凝土”，请将模型以“柱基 + 考生姓名”保存至本题文件夹中。（20 分）

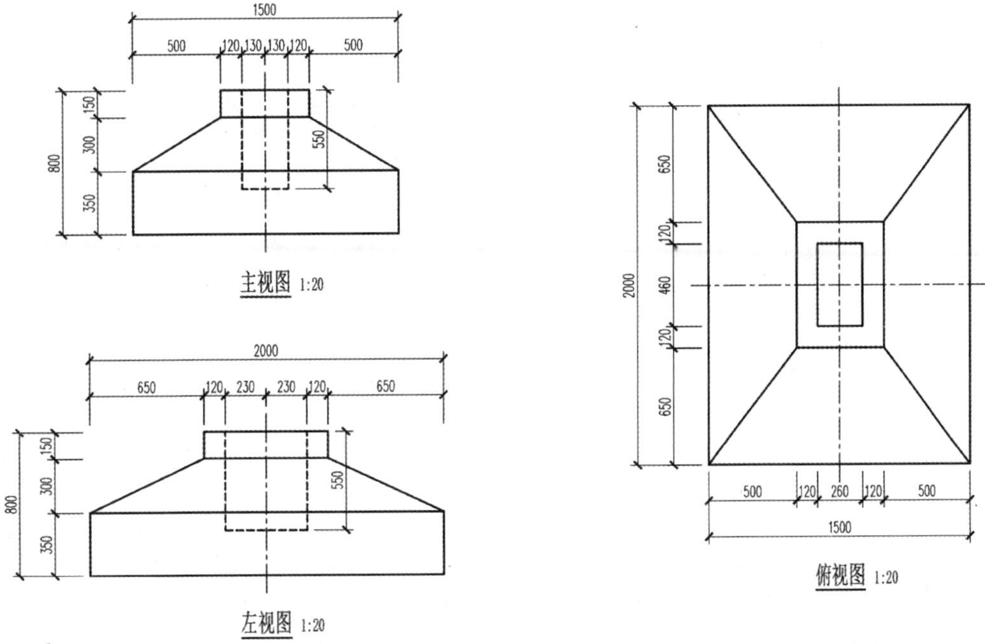

图 16-17 2021 年第二期第一题“柱基”

第二题：根据图 16-18 给定尺寸，创建篮球架模型，要求尺寸准确，其中篮板内侧材质设置为“玻璃”，篮板外侧材质设置为“油漆面层，象牙白”，篮筐材质设置为“油漆面层，红色”，其余材质设置为“油漆面层，青色”，请将模型以文件名“篮球架 + 考生姓名”保存至本题文件夹中。（20 分）

第三题：综合建模（以下三道考题，考生三选一作答）。（40 分）

【考题一】根据以下要求和给出的图纸，创建模型并将结果输出。在本题文件夹下新建名为“第三题输出结果 + 考生姓名”的文件夹，将本题结果文件保存至该文件夹中。（40 分）

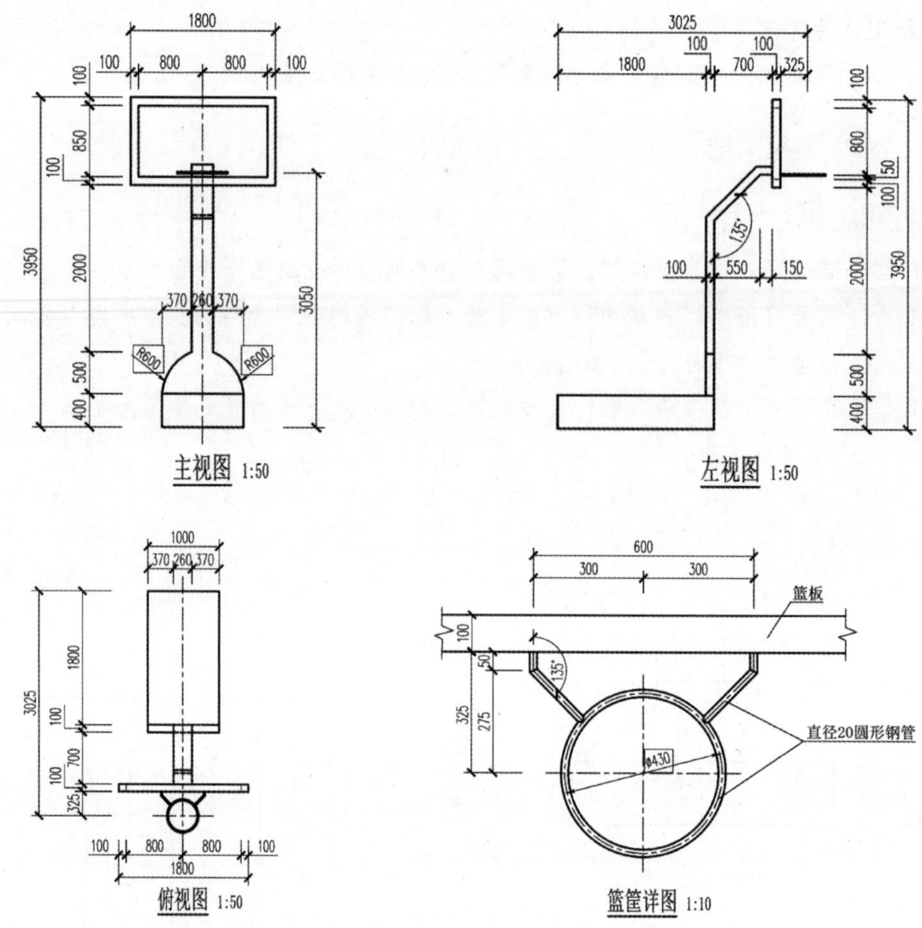

图 16-18　2021 年第二期第二题“篮球架”

1. BIM 建模环境设置（2 分）

设置项目信息：①项目发布日期：2021 年 5 月 29 日；②项目名称：别墅；③项目地址：中国南京市。

2. BIM 参数化建模（30 分）

（1）根据给出的图纸创建标高、轴网、柱、墙、门、窗、楼板、屋顶、台阶、散水、楼梯等，栏杆尺寸及类型自定。门窗需按门窗表尺寸完成，窗台自定义，未标明尺寸不做要求。（24 分）

（2）主要建筑构件参数要求如下。（6 分）

外墙：300mm，10mm 厚灰色涂料、280mm 厚混凝土砌块、10mm 厚白色涂料；内墙：200mm，10mm 厚白色涂料、180mm 厚混凝土砌块、10mm 厚白色涂料；三层墙顶标高 10.2m；楼板：150mm 厚混凝土；一楼底板 450mm 厚混凝土；屋顶 100mm 厚混凝土；散水宽度 80mm；柱子：300mm × 300mm、400mm × 400mm。

3. 创建图纸（5 分）

（1）创建门窗明细表，门明细表要求包含：类型标记、宽度、高度、合计字段；窗明细表要求包含：类型标记、底高度、宽度、高度、合计字段；并计算总数。（3 分）

（2）创建项目一层平面图，创建 A3 公制图纸，将一层平面图插入，并将视图比例调整为 1∶100。（2 分）

4. 模型渲染（2 分）

对房屋的三维模型进行渲染，质量设置：中，设置背景为“天空：少云”，照明方案为“室外：日光和人造光”，其他未标明选项不做要求，结果以“别墅渲染 .JPG”为文件名保存至本题文件夹中。

5. 模型文件管理（1 分）

将模型文件命名为“别墅 + 考生姓名”，并保存项目文件。

18.1.10 2021 年第三期

考生须知

1. 第一题、第二题为必做题，第三题两道考题，考生三选一作答。

2. 考生需要将每道实操题的所有成果放入以“考题号”命名的文件夹内，并以 zip 格式压缩上传至考试平台（例：01.zip）。

3. 实操题答完一题上传一题，重复上传以最后一次上传的成果答案为准。

第一题：根据图 16-19 给定尺寸，创建混凝土空心砖模型，整体材质为“混凝土”，请将模型以“空心砖 + 考生姓名”保存至本题文件夹中。（20 分）

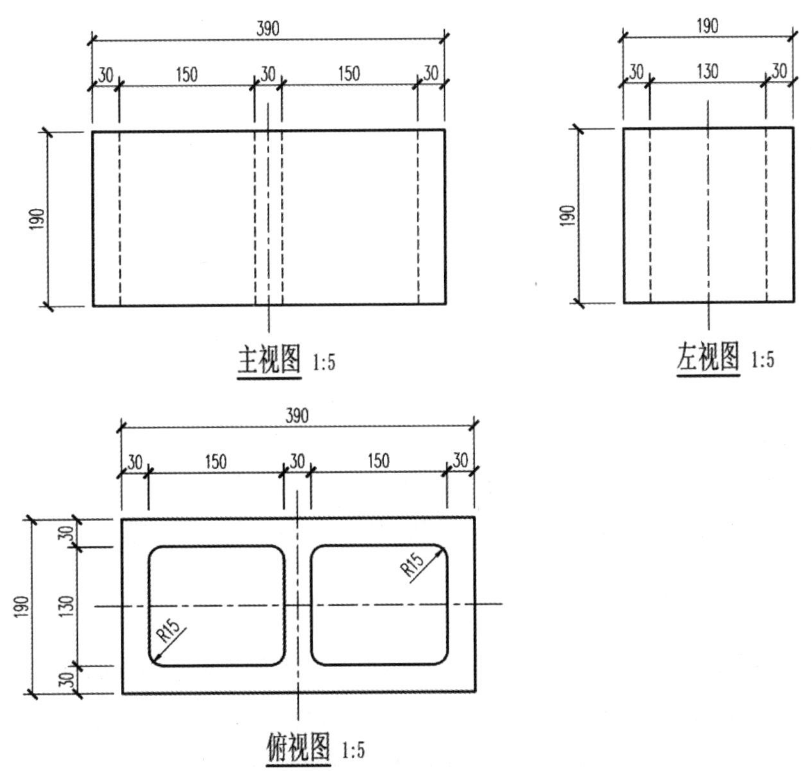

图 16-19 2021 年第三期第一题“空心砖”

第二题：根据图 16-20 给定尺寸，创建一段城墙模型，要求尺寸准确，材质设置为“石材”，请将模型以文件名“城墙 + 考生姓名”保存至本题文件夹中。(20 分)

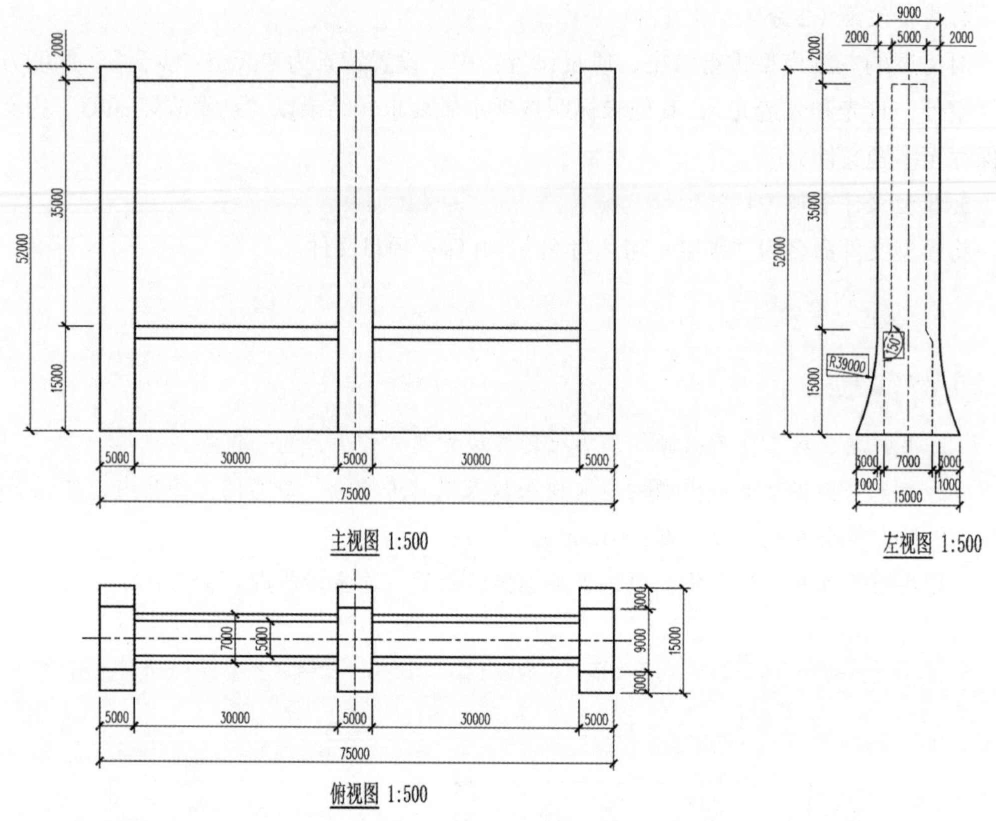

图 16-20　2021 年第三期第二题“城墙”

第三题：综合建模（以下三道考题，考生三选一作答）。(40 分)

【考题一】根据以下要求和给出的图纸，创建模型并将结果输出。在本题文件夹下新建名为“第三题输出结果 + 考生姓名”的文件夹，将本题结果文件保存至该文件夹中。(40 分)

1. BIM 建模环境设置（2 分）

设置项目信息：①项目发布日期：2021 年 6 月 25 日；②项目名称：别墅；③项目地址：中国上海市。

2. BIM 参数化建模（30 分）

（1）根据给出的图纸创建标高、轴网、柱、墙、门、窗、楼板、屋顶、台阶、散水、楼梯等，栏杆尺寸及类型自定。门窗需按门窗表尺寸完成，窗台自定义，未标明尺寸不做要求。(24 分)

（2）主要建筑构件参数要求如下。(6 分)

外墙：240mm，10mm 厚灰色涂料、20mm 厚泡沫保温板、200mm 厚混凝土砌块、10mm 厚白色涂料；内墙：240mm，10mm 厚白色涂料、220mm 厚混凝土砌块、10mm 厚白色涂料；楼板：150mm 厚混凝土；一楼底板：450mm 厚混凝土；屋顶：100mm 厚混凝土；散水：800mm 宽；柱子：240mm × 240mm。

3. 创建图纸（5 分）

（1）创建门窗明细表，门明细表要求包含：类型标记、宽度、高度、合计字段；窗明细表要求包含：类型标记、底高度、宽度、高度、合计字段；并计算总数。（3 分）

（2）创建项目一层平面图，创建 A3 公制图纸，将一层平面图插入，并将视图比例调整为 1：100。（2 分）

4. 模型渲染（2 分）

对房屋的三维模型进行渲染，质量设置：中，设置背景为“天空：少云”，照明方案为“室外：日光和人造光”，其他未标明选项不做要求，并将图片以“别墅渲染.JPG”为文件名保存至本题文件夹中。

5. 模型文件管理（1 分）

将模型文件命名为“别墅 + 考生姓名”，并保存项目文件。

16.2 “1+X”建筑信息模型（BIM）职业技能等级考试—中级（结构工程方向）—实操试题实战

16.2.1 2019 年第一期

温馨提醒

第三、第四题和第五题属于三选一作答，由于第三题和第四题分别考查的是结构设计和脚手架、模板方面的内容，需要用到第三方商业软件才能完成作答，故本书不对第三题和第四题提供模型文件以及在线观看建模同步讲解视频。

考生须知

1. 每位考生在计算机桌面上新建考生文件夹，文件夹以“准考证号 + 考生姓名”命名。每道题输出的所有成果存到以题号命名的文件夹，如第一题的文件存于名为“第一题”的文件夹中。

2. 所有成果文件必须存放在该考生文件夹内，否则不予评分。

3. 第一题、第二题为必做题，第三题、第四道、第五题任选一道作答。

第一题：根据图 16-21 中的平法标注，创建钢筋混凝土梁模型。混凝土强度等级为 C30；混凝土保护层厚度 25mm；梁两端箍筋加密区长度为 1200。未标明尺寸可自行定义。将模型以“钢筋混凝土梁”为文件名保存到相应题号文件夹。（20 分）

第二题：根据图 16-22 创建七桩二阶承台基础，上阶承台平面为正六边形、外接圆半径 3600mm，下阶承台平面为正六边形、外接圆半径 1800mm，七根桩直径均为 800mm，中间桩位于正多边形形心、其余六根桩距中间桩 2400mm、环形均匀分布，基础混凝土强度等级为 C30。请将模型以“七桩二阶承台基础”为文件名保存到相应题号文件夹。（20 分）

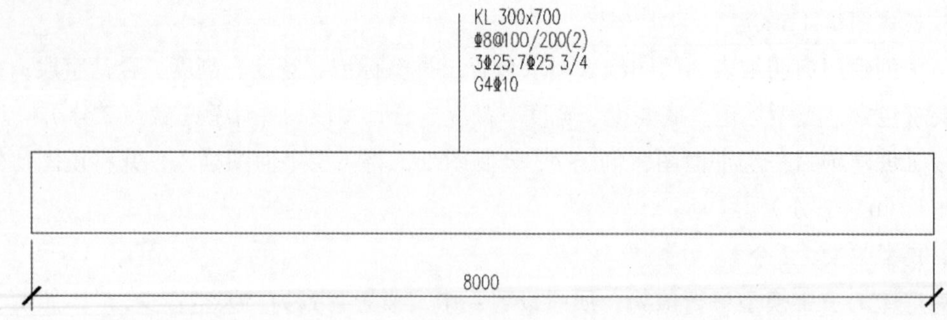

图 16-21　2019 年第一期第一题“钢筋混凝土梁”

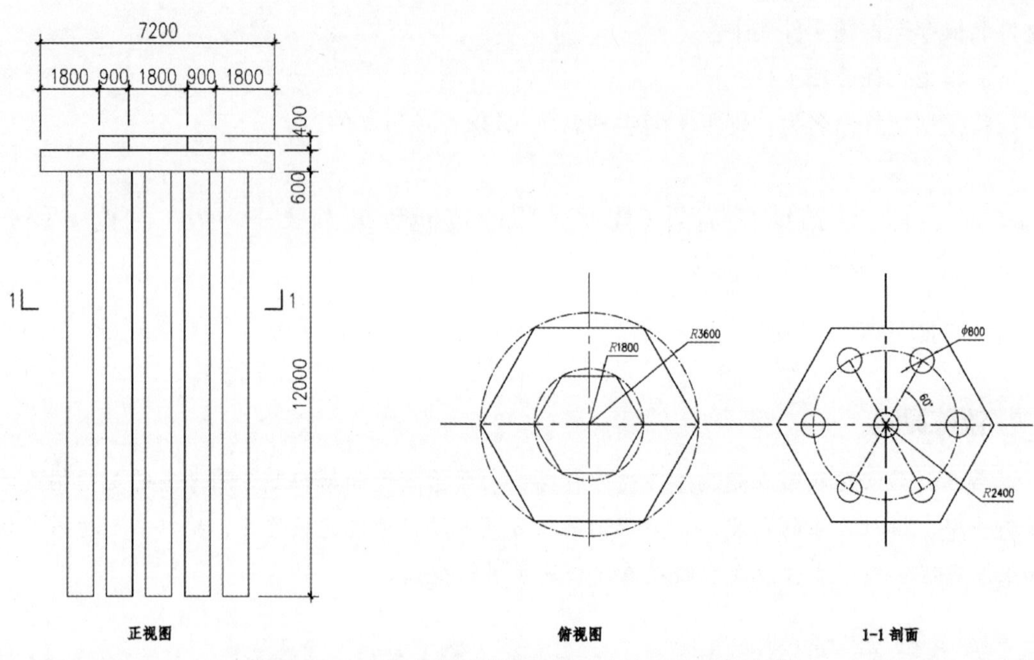

图 16-22　2019 年第一期第二题“七桩二阶承台基础”

第五题：根据以下图纸，创建结构模型、明细表及图纸，图纸未注明尺寸可以自行定义。（40 分）

（1）建立整体结构模型，包括基础、梁、柱、楼板。其中，柱中心位于轴网相交处，外围框架梁与柱外边缘齐（6、7 轴梁除外），构件尺寸、混凝土标号、保护层厚度见表 16-5。（22 分）

表 16-5　构件细节

构　　件		尺寸 /mm	混凝土标号	混凝土保护层厚度 /mm
梁（KL）		300 × 650	C30	25
柱（Z）		600 × 600	C30	25
板		120	C20	20
基础	独立基础	三阶	C30	30
	条形基础	三阶	C30	30

（2）创建混凝土用量统计表，统计混凝土材质、混凝土用量信息，如图 16-23 所示。（5 分）

（3）建立基础结构平面图、二至四层结构平面图、屋顶结构平面图、南立面图，要求根据给定的图纸进行尺寸标注、构件标注。（8 分）

（4）将混凝土用量统计表、基础结构平面图、二至四层结构平面图、屋顶结构平面图、南立面图一起放置于图纸中。（3 分）

（5）将结果以“操作题 - 第五题”为文件名保存到相应题号文件夹。（2 分）

混凝土用量统计

A	B
材质: 名称	材质: 体积
混凝土，现场浇注 - C20	
混凝土，现场浇注 - C30	
总计:	

图 16-23　混凝土用量统计

16.2.2　2019 年第二期

考生须知

1. 每位考生在计算机桌面上新建考生文件夹，文件夹以“准考证号 + 考生姓名”命名。每道题输出的所有成果存到以题号命名的文件夹，如第一题的文件存于名为“第一题”的文件夹中。

2. 所有成果文件必须存放在该考生文件夹内，否则不予评分。

3. 第一题、第二题为必做题，第三题、第四道、第五题任选一道作答。

第一题：根据图 16-24 中的平法标注，创建钢筋混凝土柱模型。混凝土强度等级为 C30；混凝土保护层厚度 35mm；柱上端箍筋加密区长度 700、下端加密区 1000；柱高 4.2m。未标明尺寸可自行定义。请将模型以“钢筋混凝土柱”为文件名保存到考生文件夹。（20 分）

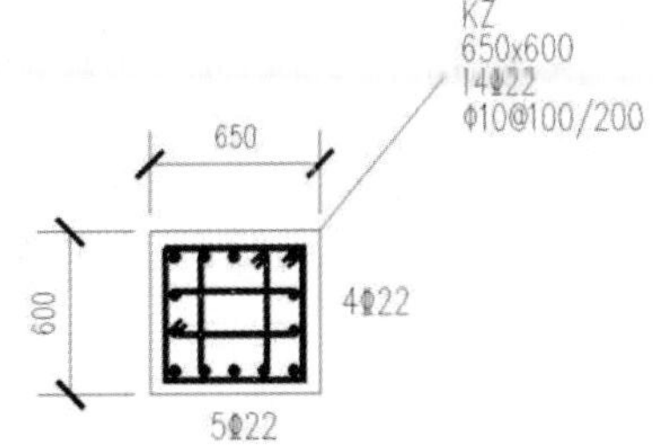

图 16-24　2019 年第二期第一题“钢筋混凝土柱”

第二题：根据图 16-25 创建牛腿柱，混凝土强度等级为 C30。请将模型以“牛腿柱”为文件名保存到相应题号文件夹。（20 分）

第五题：根据以下图纸，创建结构模型、明细及图纸，图纸未注明尺寸自行定义。（40 分）

（1）建立整体结构模型，包括基础、梁、柱、楼板。其中，柱中心位于轴网相交处，框架梁与轴线的关系见题目中图 2 首层结构平面图，构件尺寸、混凝土强度等级、保护层厚度见表 16-6。（22 分）

（2）创建混凝土用量统计表，统计混凝土材质、混凝土用量信息，如图 16-26 所示。（5 分）

（3）建立基础结构平面图、首层结构平面图、屋顶结构平面图、南立面图，要求根据给定的图纸进行尺寸标注、构件标注。（8 分）

（4）将混凝土用量统计表、基础结构平面图、首层结构平面图放置于图纸中。（3 分）

（5）将结果以“操作题 - 第五题”为文件名保存到相应题号文件夹。（2 分）

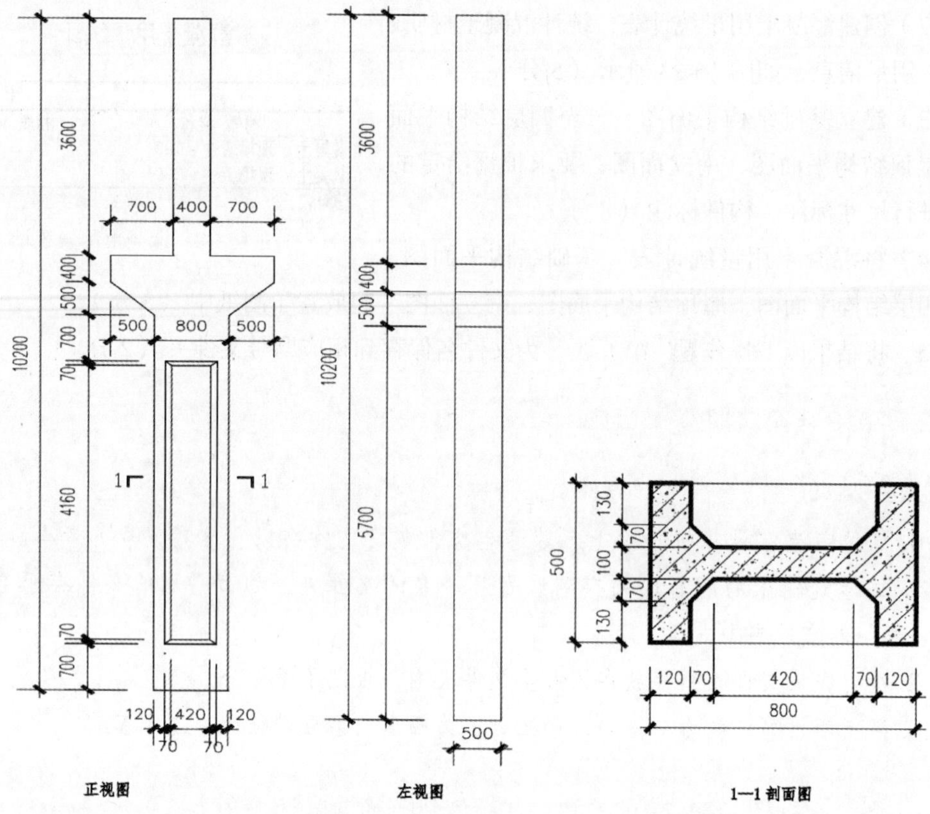

图 16-25 2019 年第二期第二题“牛腿柱”

表 16-6 构件细节

构　件		尺寸 /mm	混凝土标号	混凝土保护层厚度 /mm
梁	KL1	300 × 700	C30	25
	KL2	300 × 500	C30	25
柱	KZ1	600 × 600	C30	25
	KZ2	Ø600	C30	25
板		120	C30	20
基础	J1	三阶	C30	30
	J2	二阶	C30	30
	TJ1	条基	C30	30

混凝土用量统计

A	B
材质: 名称	材质: 体积
混凝土，现场浇注 - C20	
混凝土，现场浇注 - C30	
总计:	

图 16-26 混凝土用量统计

16.2.3 2020 年第三期

考生须知

1. 第一题、第二题为必做题，第三题、第四题、第五题三道考题，考生三选一作答。

2. 考生需要将每道实操题的所有成果放入以“考题号”命名的文件夹内，并以 zip 格式压缩上传至考试平台（例：01.zip）。

3. 实操题答完一题上传一题，重复上传以最后一次上传的成果答案为准。

第一题：根据图 16-27 所示钢筋标注，创建剪力墙钢筋模型。混凝土强度为 C35，混凝土保护层厚度为 25mm，剪力墙水平钢筋选用直径 12mm 的 HRB335 钢筋，钢筋间距为 200mm；竖向钢筋选用直径 10mm 的 HRB35 钢筋，钢筋间距为 150mm；所有钢筋起点、终点末端均为 180° 弯钩；拐角钢筋排布不作要求。墙高 3.6m，墙细部尺寸如图 16-27 所示。请将模型以“剪力墙钢筋模型 . rvt”为文件名保存到考生文件夹（压缩上传为“01.zip”）。（20 分）

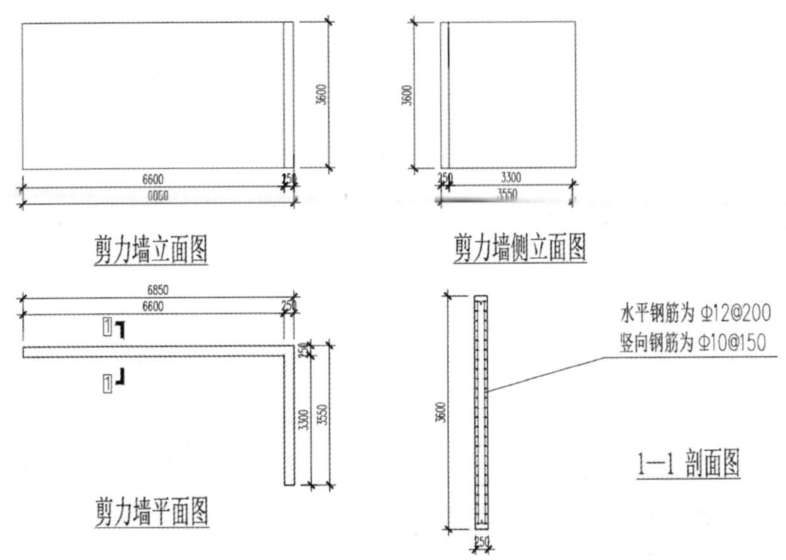

图 16-27　2020 年第三期第一题“剪力墙钢筋模型”

第二题：根据图 16-28，建立以下斗拱柱模型，该斗拱柱含斗拱、柱身、柱墩三部分，材质均为混凝土 C30，以“斗拱柱模型 .rvt”为文件名保存到考生文件夹（压缩上传为“02.zip”）。（20 分）

第五题：已知某办公楼项目基础类型为梁板基础（筏板＋基础梁），根据图 16-29 中图纸，创建结构模型、明细表及图纸，未注明尺寸可自行定义。创建名为“05”的文件夹，将本题完成模型及出图文件保存至此文件夹中（最终压缩上传为“05.zip”）。（40 分）

（1）建立整体结构模型，1~4 层为标准层，包括垫层、基础、剪力墙、柱、梁、楼板。其中外围剪力墙、框架梁与柱外边缘齐，垫层、基础向外延伸 100mm，构件名称、尺寸、混凝土标号、高度见表 16-7。（25 分）

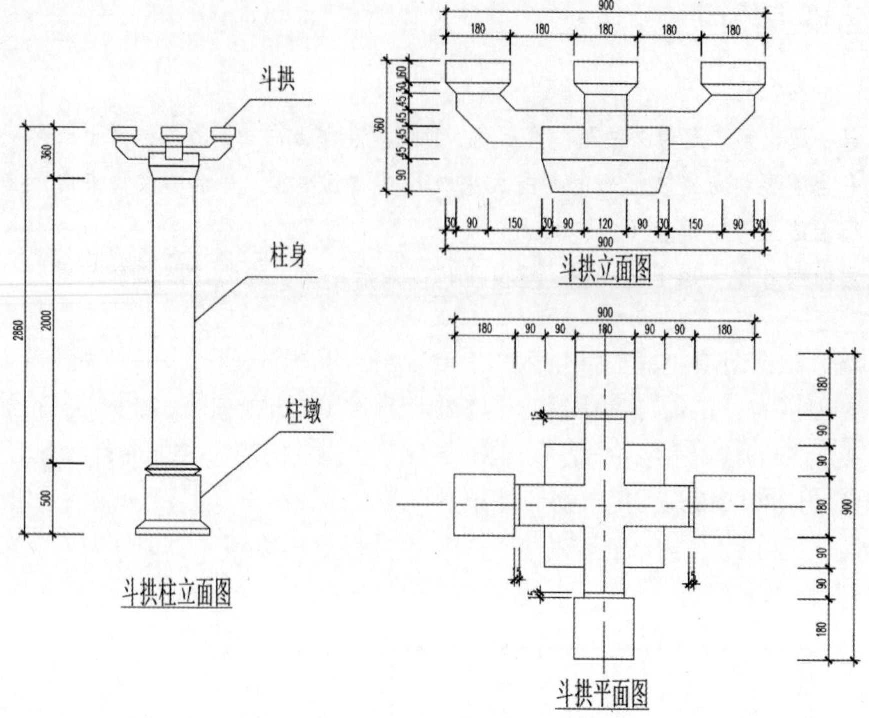

图 16-28 2020 年第三期第二题“斗拱柱模型”

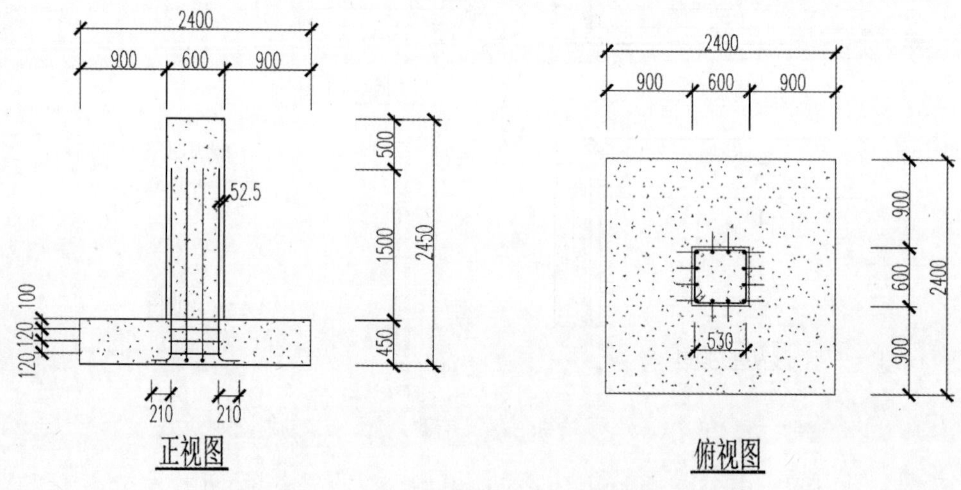

图 16-29 2020 年第四期第一题“基础插筋模型”

表 16-7 构件细节

构件（名称）	尺寸 /mm	混凝土标号	高度 /m
垫层（垫层 100）	100	C15	−4.6
筏板（FB1）	600	C35	−4.0
基础梁（JCL1）	400 × 900	C35	−3.7
剪力墙（Q1）	300	C35	−4.0~0.05
柱（Z1）	800 × 800	C30	—

续表

构件（名称）	尺寸 /mm	混凝土标号	高度 /m
柱（Z2）	700 × 700	C30	—
梁（KL1）	300 × 600	C30	—
板（LB1）	120	C30	—

（2）分类创建混凝土明细表，明细表应包含族、类型、材质、合计、体积等参数，如表 16-8 所示。（5 分）

表 16-8　结构柱明细表

A	B	C	D	E
族	类型	结构材质	合计	体积
混凝土 - 矩形 - 柱	Z1	混凝土，现场浇注 -C35	46	113.03m^3
混凝土 - 矩形 - 柱	Z2	混凝土，现场浇注 -C30	196	378.57m^3
总计：242				491.60m^3

（3）建立 −4.000m 平面图、−0.050m 至 19.000m 各层结构平面图及 1—1 剖面图，根据给定的图纸进行尺寸标注、构件名称标注。（5 分）

（4）将 −4.000m 平面图、−0.050m 至 19.00m 各层结构平面图及 1—1 剖面图一起放置在图纸中，将混凝土明细表一起放置在图纸中（各图图纸比例为 1∶150）。（3 分）

（5）将以上全部结果以"结构模型 .rvt"为文件名保存到本题文件夹中，再将第（3）、（4）题答案以"图纸 .dwg"为文件名保存到本题文件夹中。（2 分）

16.2.4　2020 年第四期

考生须知

1. 第一题、第二题为必做题，第三题、第四题、第五题三道考题，考生三选一作答。

2. 考生需要将每道实操题的所有成果放入以"考题号"命名的文件夹内，并以 zip 格式压缩上传至考试平台（例：01.zip）。

3. 实操题答完一题上传一题，重复上传以最后一次上传的成果答案为准。

第一题：根据图 16-30 创建基础插筋模型并按要求进行标注。钢筋混凝土柱、基础的混凝土强度等级均为 C35，混凝土保护层厚度均为 30mm；钢筋混凝土柱截面尺寸 600mm × 600mm，主筋为 12 根直径为 25mm 的 HRB400，主筋均伸入基础底部，基础内的三道箍筋为直径为 10mm 的 HRB335。未标明尺寸可自行定义。在"北立面图"及"场地"视图中如题目所示进行尺寸标注。请将模型以"基础插筋模型"为文件名保存到"01"文件夹，最终压缩上传为"01.zip"。（20 分）

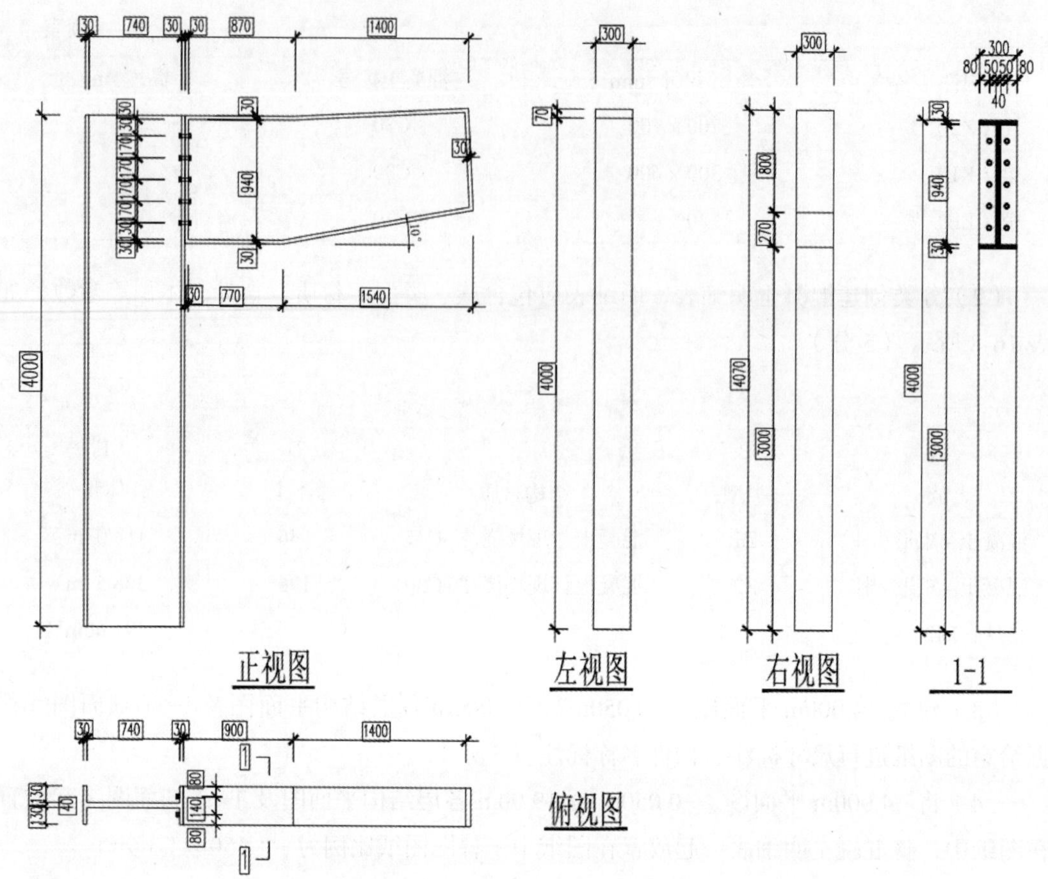

图 16-30　2020 年第四期第二题“钢结构梁柱节点模型”

第二题：根据图 16-30 给定的尺寸创建钢结构梁柱节点模型。其中，钢柱、钢梁材质为 Q345，截面均为 H 形；螺栓为普通 B 级六角头螺栓“M24”螺栓，螺杆长度 60mm；柱高度及其他未标明尺寸取合理值即可。请将模型以“钢结构梁柱节点模型”为文件名保存到“02”文件夹，最终压缩上传为“02.zip”。（20 分）

第五题：综合建模。（40 分）

根据以下图纸，创建某综合楼项目的结构模型、明细表及图纸，未注明尺寸可自行定义。请考生建立“05”文件夹，工程文件及按要求正确命名后的成果文件一并提交，最终压缩上传为“05.zip”。

（1）建立整体结构模型，构件名称、尺寸、混凝土标号见表 16-9。（25 分）

表 16-9　构件细节

构件		尺寸 /mm	混凝土标号
独立基础	DJ01	/	C35
	DJ02	/	C35
	DJ03	/	C35
地梁	DL01	300 × 600	C30
	DL02	250 × 500	C30

续表

构　件		尺寸 /mm	混凝土标号
框架梁	KL01	300 × 600	C30
	KL02	250 × 500	C30
柱	Z01	500 × 500	C30
	Z02	200 × 400	C30
板	LB01	板厚 120	C30

（2）分类统计基础、柱、梁、板混凝土用量，明细表参数应包含类型、材质、数量、体积，并体积计算总数。（5 分）

（3）建立 -0.050m、4.450m、14.950m、26.950m 结构平面图及东南西北立面图，并进行尺寸标注、构件标注。（5 分）

（4）将以上平面图、立面图和混凝土用量统计表放置在一张图纸中（比例为 1∶100）。（3 分）

（5）将结果以“结构模型 .rvt”为文件名保存到“05”文件夹中。（2 分）

16.2.5　2020 年第五期

考生须知

1. 第一题、第二题为必做题，第三题、第四题、第五题三道考题，考生三选一作答。
2. 考生需要将每道实操题的所有成果放入以“考题号”命名的文件夹内，并以 zip 格式压缩上传至考试平台（例：01.zip）。
3. 实操题答完一题上传一题，重复上传以最后一次上传的成果答案为准。

第一题：根据图 16-31 平法标注的楼板创建楼板及楼板钢筋，其中钢筋均为 180° 弯钩，楼板（LB1）材质为 C35，保护层厚度 20mm。请将模型以“楼板钢筋模型”为文件名保存到“01”文件夹，最终压缩上传为“01.zip”。（20 分）

第二题：根据图 16-32 给定的尺寸创建方钢管柱与 H 形钢的钢结构梁柱节点模型。其中，钢柱由材质为 Q345 厚 30mm 的钢板制成，钢梁由材质为 Q345 的钢板制成，翼缘板厚 15mm，腹板厚 20mm，角钢连接件由材质为 Q390 厚 10mm 的钢板制成；螺栓为高强度大六角头螺栓“M24”螺栓，螺杆长度参数为 40mm；其他未标明尺寸取合理值；请在“东立面图”进行尺寸标注。将模型以“钢结构梁柱节点模型”为文件名保存到“02”文件夹，最终压缩上传为“02.zip”。（20 分）

第五题：综合建模。（40 分）

根据表 16-10，创建某商业楼项目的结构模型、明细表及图纸，未注明尺寸可自行定义。请考生建立“05”文件夹，工程文件及按要求正确命名后的成果文件一并提交，最终压缩上传为“05.zip”。

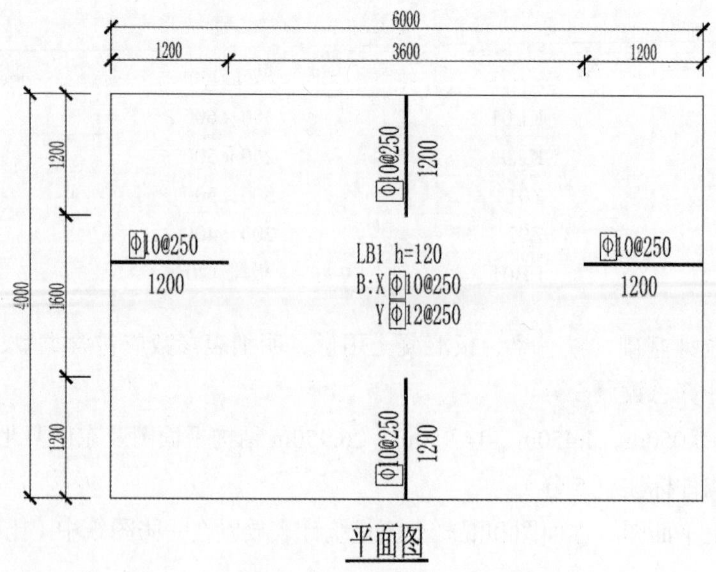

图 16-31　2020 年第五期第一题“楼板钢筋模型”

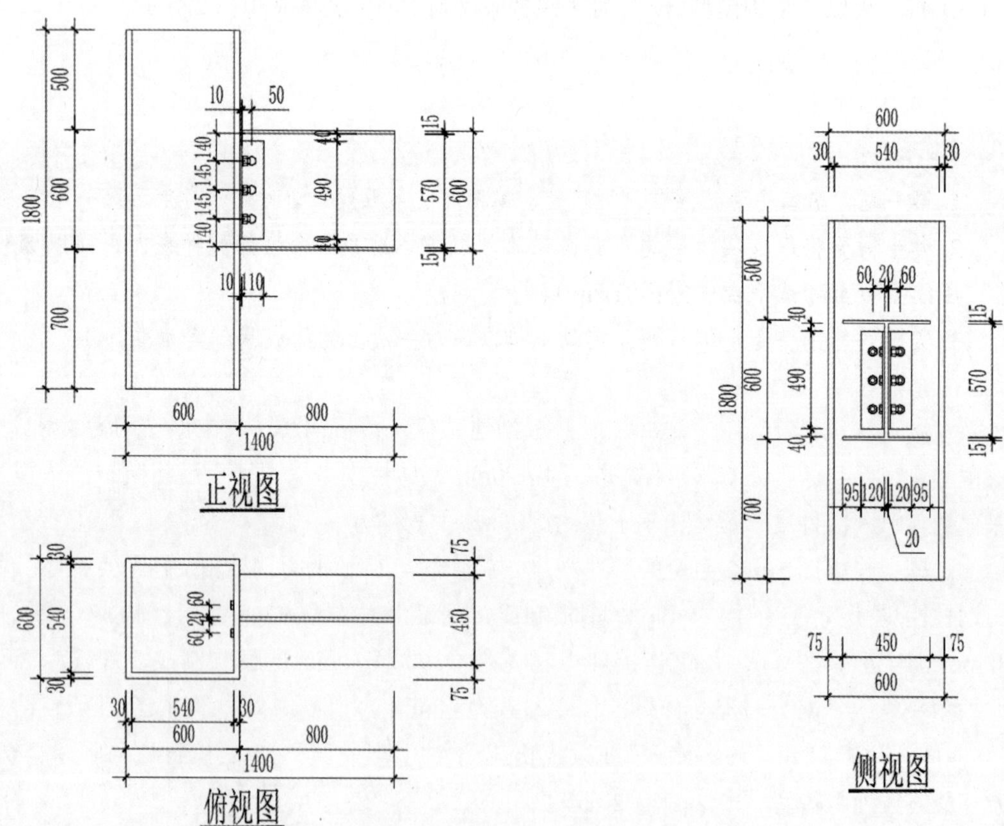

图 16-32　2020 年第五期第二题“钢结构梁柱节点模型”

（1）建立整体结构模型。该商业楼为五层，层高 3.6m；柱中心、基础中心位于轴线交点；基础、柱采用 C30 混凝土，梁、楼板、屋面采用 C25 混凝土。构件尺寸及相关参数见表 16-10。（25 分）

表 16-10 构件细节

构件（名称）	尺寸 /mm	混凝土标号
独立基础（DJ1）	1500 × 1500，具体见 DJ1 详图	C30
条形基础（TJ1）	具体见 TJ1 详图	C30
梁（KL1）	150 × 300	C25
柱（Z1）	500 × 500	C30
柱（Z2）	300 × 300	C30
柱（Z3）	250 × 400	C30
板（LB1）	100	C25
屋面板（WB1）	100	C25

（2）分类统计基础、柱、梁、板混凝土用量，明细表参数应包含类型、材质、截面尺寸、混凝土用量，并计算混凝土总用量。（5 分）

（3）建立首层、二至五层、屋顶结构平面图及南立面图，并进行尺寸标注、构件标注。（5 分）

（4）将以上平面图、立面图和混凝土用量统计表分别放置在多张图纸中（比例为 1 : 100）。（3 分）

（5）将结果以“结构模型 .rvt”为文件名保存到“05”文件夹中。（2 分）

16.2.6 2021 年第二期

考生须知

1. 第一题、第二题为必做题，第三题、第四题、第五题三道考题，考生三选一作答。
2. 考生需要将每道实操题的所有成果放入以“考题号”命名的文件夹内，并以 zip 格式压缩上传至考试平台（例：01.zip）。
3. 实操题答完一题上传一题，重复上传以最后一次上传的成果答案为准。
4. 考生必须按照考卷规定方式命名提交文件，提交文件名未按要求的答案无效。

第一题：创建钢筋混凝土圆柱以及螺旋箍筋。其中，钢筋混凝土圆柱混凝土强度等级为 C30，截面直径 800mm，高度 3000mm，混凝土保护层厚度 25mm；螺旋箍筋为 $\phi 8$，螺距 120mm，底部和顶部面层匝数均为 5，起点和终点弯钩均为 135°，三维视图中可实体查看到该箍筋。未标明尺寸可自行定义。请将模型以“钢筋混凝土圆柱及螺旋箍筋”为文件名保存到“01”文件夹，最终压缩上传为“01.zip”（见图 16-33）。（20 分）

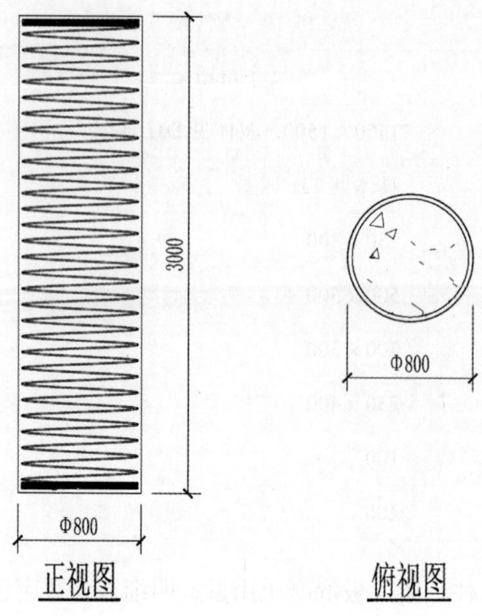

图 16-33　2021 年第二期第一题“钢筋混凝土圆柱及螺旋箍筋”

第二题：创建混凝土空心板模型。板长 3000mm，截面尺寸见题目下方“剖面图”，板材质为混凝土 C35，并在适当位置进行标注，标注方式如题所示。请将模型以“混凝土空心板模型”为文件名保存到“02”文件夹，最终压缩上传为“02.zip”（见图 16-34）。（20 分）

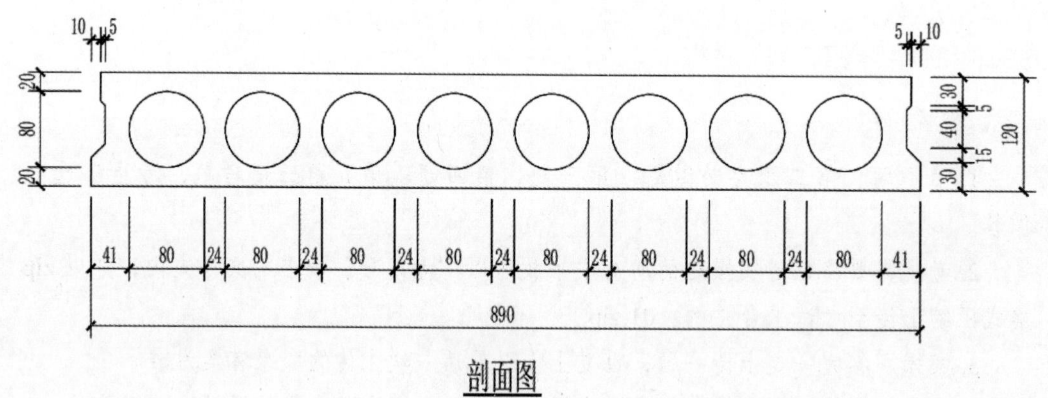

图 16-34　2021 年第二期第二题“混凝土空心板模型”

第五题：综合建模。（40 分）

根据以下图纸，创建某商业楼项目的结构模型、明细表及图纸，未注明尺寸可自行定义。请考生建立“05”文件夹，工程文件及按要求正确命名后的成果文件一并提交，最终压缩上传为“05.zip”。

（1）整体结构模型。构件名称、尺寸、混凝土标号见表 16-11。（25 分）

表 16-11 构件名称、尺寸、混凝土标号

构　　件		尺寸 /mm	混凝土标号
桩承台基础	CT1	承台长 1800、宽 1800、厚 700；4 根桩，钢管桩直径 500，桩边距 400，桩长默认	C40
	CT2	承台长 1600、宽 1600、厚 700；4 根桩，钢管桩直径 500，桩边距 300，桩长默认	C40
	CT3	承台基础厚度 700；9 根桩，钢管桩直径 600，平面定位见“CT3 平面”，桩长默认	C40
剪力墙	Q	厚 200	C40
框架梁	KL	350×500	C30
	L	200×350	C30
柱	Z1	500×500	C40
	Z2	350×350	C40
板	LB	板厚 120	C30

（2）建立基础平面图、二至五层结构平面图、南立面图，并进行尺寸标注、构件标注。（6 分）

（3）分类统计基础、柱、梁、板、剪力墙混凝土用量，明细表参数应包含类型、材质、数量、体积，并体积计算总数。（4 分）

（4）将以上平面图、立面图和混凝土用量统计表放置在 A0 图纸中（比例为 1∶100）。（3 分）

（5）将结果以“结构模型 .rvt”为文件名保存到“05”文件夹中。（2 分）

16.2.7 2021 年第三期

考生须知

1. 第一题、第二题为必做题，第三题、第四题、第五题三道考题，考生三选一作答。

2. 考生需要将每道实操题的所有成果放入以“考题号”命名的文件夹内，并以 zip 格式压缩上传至考试平台（例：01.zip）。

3. 实操题答完一题上传一题，重复上传以最后一次上传的成果答案为准；

第一题：按照图 16-35 中平法标注创建钢筋混凝土剪力墙及钢筋模型。该剪力墙高度 3000mm，材质为 C30 混凝土，保护层厚度为 30mm，墙的厚度为 250mm，外墙外侧贯通筋的水平贯通筋为 Φ18@200，竖向贯通筋 Φ20@200；外墙内侧贯通筋的水平贯通筋 Φ16@200，竖向贯通筋 Φ18@200，并在适当位置标注尺寸，未注明尺寸可自行定义。请将模型以“钢筋混凝土剪力墙配筋 + 考生姓名”为文件名保存到“01”文件夹，最终压缩

上传为“01.zip”。(20 分)

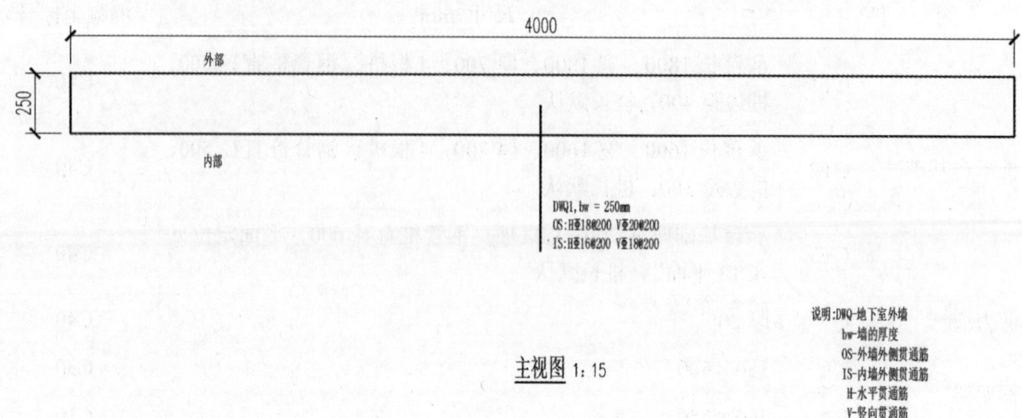

图 16-35　2021 年第三期第一题“钢筋混凝土剪力墙配筋”

第二题：根据图 16-36 创建混凝土杯形基础。基础材质为 C35 混凝土，并在适当位置如图进行标注，标注方式如图所示。请将模型以“混凝土杯形基础 + 考生姓名”为文件名保存到“02”文件夹，最终压缩上传为“02.zip”。(20 分)

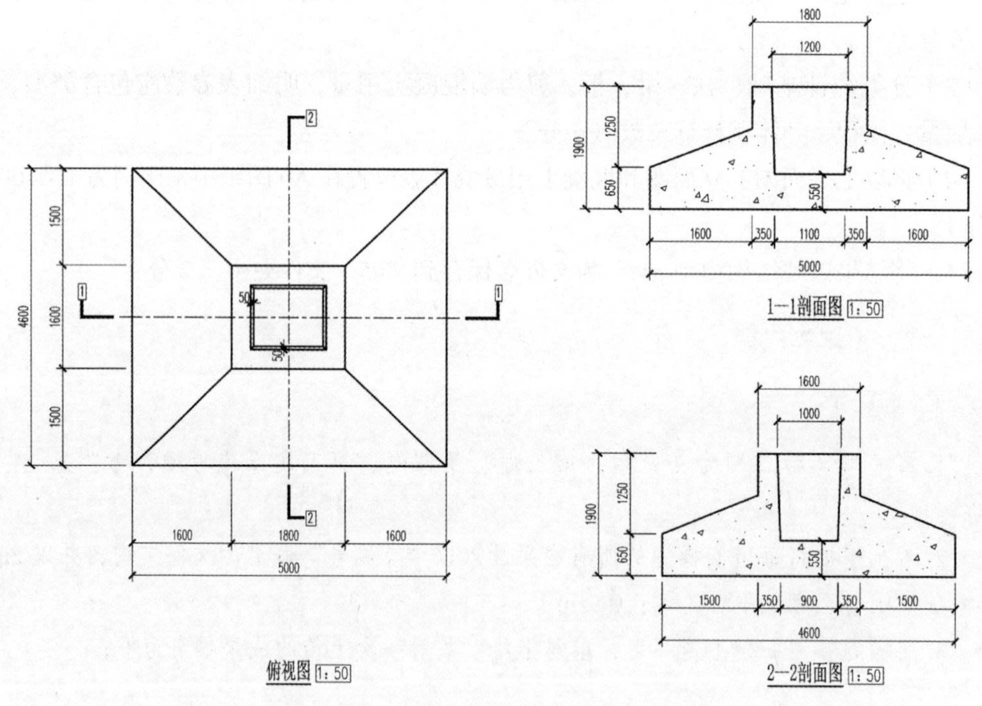

图 16-36　2021 年第三期第二题“混凝土杯形基础”

第五题：综合建模。(40 分)

根据以下要求创建结构模型，未注明尺寸可自行定义。请考生建立“05”文件夹，工程文件及按要求正确命名后的成果文件一并提交，最终压缩上传为“05.zip”。

(1) 建立整体结构模型，构件名称、尺寸、混凝土标号见表 16-12。(25 分)

表 16-12 构件名称、尺寸、混凝土标号

构　件		尺寸 /mm	混凝土标号
基础板		厚 500；外边缘距轴线 400	C35
剪力墙	Q	厚 300，未标明定位的墙体沿轴线对称	C35
梁	KL1	350×850，未标明定位的梁沿轴线对称	C35
	KL2	350×600，未标明定位的梁沿轴线对称	C35
	KL3	350×750，未标明定位的梁沿轴线对称	C35
	KL4	200×400，未标明定位的梁沿轴线对称	C35
	KL5	250×600，未标明定位的梁沿轴线对称	C35
柱	KZ1	700×900，外墙柱外边缘与剪力墙外边缘平齐，内部柱中心位于轴线交点	C35
	KZ2	700×700，外墙柱外边缘与剪力墙外边缘平齐，内部柱中心位于轴线交点	C35
	KZ3	600×600，外墙柱外边缘与剪力墙外边缘平齐，内部柱中心位于轴线交点	C35
	KZ4	850×1100，外墙柱外边缘与剪力墙外边缘平齐，内部柱中心位于轴线交点	C35
剪力墙	LB	板厚 120	C30

（2）建立基础（-6.050m）、二层（4.450m）、三层（11.950m）的结构平面图以及南立面图，并进行尺寸标注、构件标注。（6 分）

（3）分类统计基础板、剪力墙、梁、柱、楼板混凝土用量，明细表参数包含类型、材质、数量、体积，并计算总数。（4 分）

（4）将以上结构平面图、立面图和混凝土用量统计表放置在 1 张图纸中（比例为 1：100）。（3 分）

（5）将结果以“结构模型 + 考生姓名 .rvt”为文件名保存到“05”文件夹中。（2 分）

参考文献

[1] 徐桂明 .BIM 建模与信息应用 [M]. 南京：南京大学出版社，2018.

[2] 王帅 .BIM 应用与建模技巧（初级篇）[M]. 天津：天津大学出版社，2018.

[3] 祖庆芝 . 全国 BIM 技能等级考试一级试题解析 [M]. 北京：中国建筑工业出版社，2020.

[4] 曾浩，王小梅，唐彩虹 .BIM 建模与应用教程 [M]. 北京：北京大学出版社，2018.

[5] 王婷，应宇垦，陆烨 . 全国 BIM 技能培训教程 Revit 初级 [M]. 北京：中国电力出版社，2015.

[6] 陈文香 .Revit 2018 中文版建筑设计实战教程 [M]. 北京：清华大学出版社，2018.

[7] 田婧 . 中文版 Revit 2015 基础与案例教程 [M]. 北京：清华大学出版社，2018.

[8] 叶雯 . 建筑信息模型 [M]. 北京：高等教育出版社，2016.

[9] 祖庆芝 . 全国 BIM 技能等级考试一级考点专项突破及真题解析 [M]. 北京：北京大学出版社，2021.